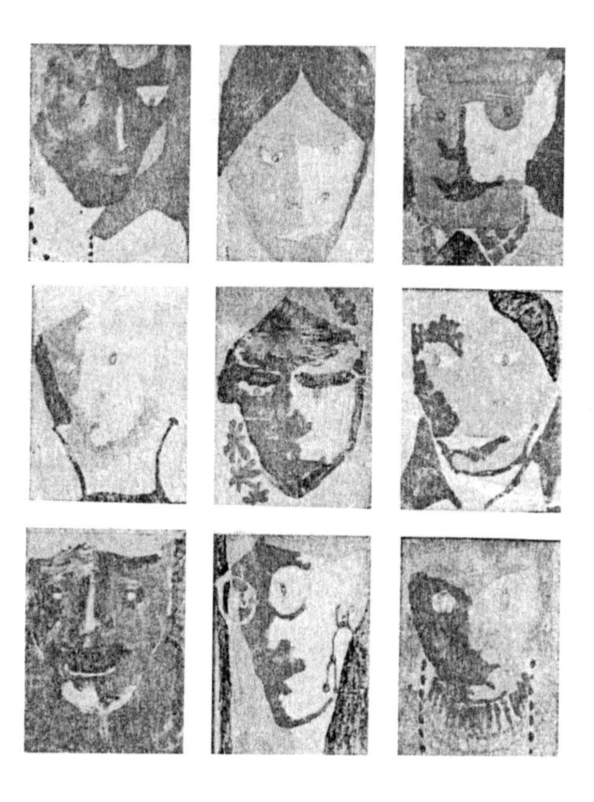

希腊建筑师思想集

通往建筑真理之路

On the Way to Architruth

[希腊]安东尼 · C. 安东尼亚德斯　著
（Anthony C. Antoniades）
李冰心　马立　译
张成龙　校

中国建筑工业出版社

著作权合同登记图字：01-2016-0719 号

图书在版编目（CIP）数据

通往建筑真理之路 /（希）安东尼 · C. 安东尼亚德斯著；李冰心，马立译 . — 北京：中国建筑工业出版社，2021.7

（希腊建筑师思想集）

书名原文：On the Way to Architruth

ISBN 978–7–112–25207–7

Ⅰ. ①通… Ⅱ. ①安…②李…③马… Ⅲ. ①建筑学—文集 Ⅳ. ① TU-53

中国版本图书馆 CIP 数据核字（2020）第 093899 号

责任编辑：戚琳琳　董苏华
文字编辑：吴　尘
责任校对：党　蕾

希腊建筑师思想集
通往建筑真理之路
On the Way to Architruth
[希腊]安东尼 · C. 安东尼亚德斯　著
李冰心　马立　译
张成龙　校

*

中国建筑工业出版社出版、发行（北京海淀三里河路9号）
各地新华书店、建筑书店经销
北京点击世代文化传媒有限公司制版
北京中科印刷有限公司印刷

*

开本：880毫米 × 1230毫米　1/32　印张：12¾　字数：455千字
2021年7月第一版　2021年7月第一次印刷
定价：**48.00** 元
ISBN 978-7-112-25207-7
（35813）

目　录

献给

玛丽 · 伊丽莎白 · 麦克唐纳（Mary Elizabeth MacDonald）
雷芭博士（Dr. Leyba）
约翰 · 查克斯（John Chockas）
迪诺斯 · 安格海丽斯（Dnos Anghelis）
里拉 · 艾米比瑞库（Lila Embiricou）
玛利亚 · 安东尼亚多（Maria Antoniadou）
莫里欧斯兄弟（The Melios Brothers）
安迪 · 克里斯考斯（Andy Chryssikos）
吉米 · 思得吉欧主教（+Jimmy Stergiou）
麦克 · 斯蒂芬尼蒂斯（+Michael Stephanides）

感谢工作室中长期彼此信任、合作共事的同事们，感谢他们不断给予我动力和信心，面对挑战，一路攀登至此。

我怀着无比的感激之情将这本书献给他们。

安东尼 · C. 安东尼亚德斯
2012年5月于海德拉

照片资料来源: 作者或详见文中注释

作者于日本: 1975 年 / (未留下姓名的游客摄影师)

作者 / 布鲁斯·高夫 / 詹克斯(未留下姓名的学生)

查尔斯·詹克斯的肖像(由"The Shorthorn"提供)

纳撒尼尔·奥因斯和比尔·加内特(由奥因斯提供)

许德拉的花(由美国建筑师学会成员简·莱皮柯维斯基提供)

马利布的波音 747 飞机(由美国建筑师学会会员戴维·赫兹提供)

研究地点信息: 研究范围:美国(纽约、新墨西哥州、得克萨斯州、密苏里州、加利福尼亚州)、英国、墨西哥、日本、斯堪的纳维亚、希腊

新墨西哥州相关文献资料: 作者个人资料整理(简称 ACA 档案)

鸣谢: 感谢本书中所有提到名字的朋友,尤其感谢 Margaret(Paul Rudolph 的秘书)、Margaret Moore、Don Schlegel、Nat Owings、Sophia Peron、Barbara Francis、Leland Decker、Natassa Triviza、Jan Lepicovisky、Costas Xanthopoulos、Panos Raftopoulos 和 Mariki Anagnostou 等,感谢那些帮助过作者的所有建筑师以及每一位朋友,你们的支持使这部作品的完成成为可能。

前 言

“……用愉悦的心情从葡萄中挤出滴滴醇香……”

托马斯·穆尔（Thomas Moore），《阿那克里翁诗体》，第5卷

有些人建议我把这部书更名为《寻找乌托邦》，然而我更倾向彼得·布莱克（Peter Blake）的观点：这个世界上根本就不存在乌托邦。托马斯·穆尔在他《阿那克里翁诗体》（*Odes of Anacreon*）中多处用过“挤压（那粒）葡萄！”它们使我思考了多年。但是我并不想直接盗用托马斯·穆尔的词语，于是最终选择了一种更平凡且有争议的表达方式：“通往……之路”，以强调通过付出努力从而收获（葡萄精华）的美妙过程。我认同世界上并不存在唯一的真理或权威，葡萄也不会产生唯一仅存的美酒。但如果我们不去尝试探索自己的酿制秘方，生活又会有什么意义？人们难道不都想或多或少闻到那酿制葡萄的醇香和体验那生活的美好吗？自然环抱着人类并使我们提出很多问题，驱使我们学习质疑普世真理的存在，所以我们必须“在路上”，去努力“捕捉”，去寻求真理的“含义”。如果能够将人生多年走过路上的点滴经历总结成一小时的演讲，我们已经有所成就了。

在本书之前我在《建筑逻辑》（*ARCHILOGOS*）的写作中，就遵循了上述思想。这本书目前仅有希腊语的版本。“建筑与生命阶段相适应”的原则概括了我的建筑理念，即建筑要满足人类从出生到年迈不同生命阶段的使用需求。我们应当思考并尝试设计这样的适应性建筑，而非一味地因循守旧，甚至更糟糕的、遵循标榜为前卫派艺术风格的“解构（肢解）形态”以及“违反生命阶段适应性”的建筑风格。如那种使你在其中必须时常挤压弯曲自身或来回躲闪的装饰性建筑，那种层数过多以至于特定年龄段的人群根本无法上下的建筑，那种令人感到窒息的地下空间或者让人胆战心惊的高空悬挑。我们一直忽视处于动态变化状态中的不同年龄阶段人群的需求，而经常建造出令人焦虑、痛苦、难过和废弃的建筑空间。随后的10年里，在经历了“9·11”事件、海啸、地震、金融危机、没完没了的战争，以及网络和平板电脑之后，我开始有了更进一步的认识。而这次我意识到，我们应该停下来反思过去，我并无意以对当今的否定而肯定过去的一切。但是这个时代太过拘泥于“美学”和“虚拟”。我们应该把新的技术与过去解决普通问题的成熟经验相结合，抵抗一切反人性的怪相，并且致力

于解决海啸和地震、龙卷风和飓风、火灾、恐怖主义和战争等一系列由最基本的自然灾害衍生出的问题。以人类生活和安全性作为设计和规划的出发点，坚持以人为本，遵循“人性尺度”的原则，永远坚持高品质设计追求。这才是建筑师终身必修的素养。

当今世界正处于技术万能、电子产品全面操控的时代。我们必须以全球化为背景，认真思考并有意识地重新“规划”、构建与此相适应的生活社区。否则我们只能依赖笔记本电脑、iPad或“MePad”，而被动地沉迷于那些“后–欧帕里诺风格”明星建筑师所创造的“虚拟奇迹”的未来之中。以上观点受保罗·瓦莱里（Paul Valery）对话录《欧帕里诺斯，或建筑师》（*Eupalene ou L'Architecte*）一书启发，相关内容我将在本书的最后一章中用对话形式加以表述。

在我漫长的人生经历中积累了大量的一手影像资料，从山崎实（Minoru Yamasaki）设计的曼哈顿世界贸易中心的动工，到后来一些由得克萨斯州讲师赠予的初级设计课中影像，其中一张是一架飞机撞向摩天大楼幕墙的图片，另外有一张是宣传“炸毁并重建白宫”的主题影像。我并无意宣扬这种“愚蠢”行径，甚至认为其中一些已经为可怖的恶魔提供了“灵感”！我想最好还是不要在此提及那些人的名字，但是他们确实把很多错误的思想传播给了一些特殊的人。

跟随自己的本心！这是我与他人交往中一定会坚持的原则。与那些私下认识的朋友一起真诚地交流，用无所畏惧的态度去不断探索和学习，并且在工作室里和学生们一起研讨并检验我的研究成果。一路走来，我感到自己无比幸运。而我在新墨西哥州、墨西哥、日本、得克萨斯州、纽约、英格兰、斯堪的纳维亚半岛，以及希腊与许多杰出人物的会面，是其中很重要的一部分。这些人中包括谷崎润一郎（Tanizaki）、维奥莱–勒–迪克（Viollet le Duc），以及弗兰克·劳埃德·赖特（Frank Lloyd Wright）和维克托·F. 克里斯特–雅内尔（Victor F. Christ-Janer）等。太多人没办法在此一一列出。我希望书中能有使你惊喜的内容，尽管书中提到的名字很多都被大家所熟知，但我相信通过本书中的描述与总结，你所得到的都将是十分有意义的。最初，我想把这书命名为《挤压葡萄》，但后来又根据自己名字的首字母ACA命名为《建筑资本自传》（*Autobiographical Capital in Architecture*），因为这也是我自己所积攒的资本的一部分。顺便强调一下，这里并没有所谓的“K”。我相信自己预期的未来已经不远了，最多到下个世纪就会实现。到那时，希望美国、欧洲和中国可以借助非洲团结起来，共同改善并提升这个星球的生命力。这将是会超越资本社会的规划环境的未来；人们将利用时代赋予的高科技手段，实现“人性化尺度”这一建筑理念。而像“哈迪德式解构形态风格”“埃森曼－盖里”的反超理性风格、“屈米式的混乱风格”“普雷多克便携式地域主义风格”“MVDRV事务所极端怪异的风格”、卡拉特拉瓦“极度浪费”的形式,以及全球性“商业媚俗化”建筑形态潮流等,都将被彻底颠覆。

本书将通过与一些知名人物的交流经历，为读者开启一条通向我心目中的建筑真理之路，并以工作室中的学生为例，解读他们的成才之路。书中主要描述了20世纪后25年到21世纪前10年期间，我个人内心深处与建筑的对话。本书将我从遥远美国西南部到希腊伊兹拉岛从事建筑教学和专业活动的、从东到西又从北到南的旅途经历，以及我的学生和我工作成果的原始文件和图片总结下来。这些资料就像一个由思考和理念碎片集合而成的后台系统。本书是我终生汲取建筑中真相的乐趣的一部分，也是我挣扎着对全球化危机、建筑中人性化尺度的缺失，以及环境和民主意识所面临问题的挑战与批判。同时，本书也是一位建筑师发挥个体和社会责任，努力恢复人文精神、抵抗强权个体和困境的展现。

这是一部建筑师与教育家的资本自传。

“我的 8 毫米石英相机”……

“……我给他们播放了我的 8 毫米系列电影……”

……玩笑也可以！

"一个不允许自己犯傻的人，终将被令人讨厌的事折磨致死。"
尼可罗·马基雅弗利（Niccolo Manchiavelli），选自《莱昂纳多·达·芬奇》（*Leonardo da Vinci*）
作者季米特里斯·麦乐杰科沃斯基（DIMITRI MEREJKOVSKI），1931 年出版，第 419 页

马基雅弗利（Manchiavelli，意大利新兴资产阶级思想政治家、历史学家）继续说道："我厌倦了这种无聊的生活，每天只能打牌找女人打发时间，时不时地还要给佛罗伦萨的伍斯特斯（Woolsters）写些毫无意义的报告！"（*Leonardo da Vinci*，第 419 页）。有一天，一位 16 岁的纯洁修女被恺撒·博尔基亚（Caesar Borgia，意大利暴君）的士兵抓走了，于是马基雅弗利向自己的朋友莱昂纳多求助，希望他能和自己一起去解救这位少女。这个修女被士兵们囚禁在圣米歇尔（San Michele）的堡垒中，而士兵们时不时地会去她住的牢房里对她动手动脚（第 418 页）。于是，马基雅弗利决定犯一次傻，当一次英雄。他带着堡垒的平面图找到莱昂纳多，是因为刚好他当年是这座堡垒的工程师，所以他希望莱昂纳多能看在他们多年朋友的份上和他一起去解救这位名为玛利亚的修女。而且马基雅弗利向莱昂纳多保证，他已经为这次"冲动的行动"设计了一个天衣无缝的救援计划。后来所发生的，正是麦乐杰科沃斯基（Merejkowski）著名的《莱昂纳多·达·芬奇》，全书围绕着一件蠢事和两个建筑师展开了一系列搞笑的故事！以一种诙谐朴实的方式阐释了一条通向建筑真理的道路，同时也以一种独特的方式记录了这座老建筑的记忆。其实，这样的趣闻轶事是建筑学的调味剂，在漫长的教学事业中，以连贯的故事、课业和案例，使年轻一代懂得融会贯通，去伪存真。有时正是这些趣闻轶事才促进了历史的发展！那些故事是真的也好，随着时间推移被人们"神化"了也罢，它们都促使了人们不断地重新阅读和评价历史，让人们更加透彻地分析理解，进而最终一步步接近所谓真理。

自从发表了一系列建筑圈子里的趣闻轶事之后，我收到了前所未有数量的读者来信。一直以来，当与同事或建筑师会面时，只要我感觉到某一刻发生的，或者听到的事件是对我个人的事业生涯至关重要

的，我便会连忙将这件轶事系统地记下，即便是在餐巾纸上。这些事中有的来源于系列演讲的嘉宾建筑师，有的则来源于被邀请到我任职的学校、为我学生课程设计进行“裁判”的评审建筑师们。我从他们那了解到很多圈子里有趣的小故事，而这些契机通常都是发生在最终评审结束后我们导师和学生们一起轻松愉快的酒会气氛当中。我轶事收集的习惯最初起始于鲍勃·沃尔特斯（Bob Walters）。我还记得那是一家位于阿尔伯克基（美国新墨西哥州中部城市）格兰德河（Rio Grande Blvd）大街上小有名气，名为“啤酒和墨西哥玉米片”（Beer and Nachos）的墨西哥餐厅，自那次经历之后我便从得克萨斯州（美国西南部的一个州）开始，一路从日本、希腊、华盛顿再到纽约，一直在全世界继续着我的收集工作。我还会收集如汉斯·阿斯普隆德（Hans Asplund）、米歇尔·毕耶（Michel Pillet）和乔治·安塞利威士斯（George Anselevicius）这样身在异乡的外籍建筑师的趣闻轶事。我曾经常会带我的建筑师朋友去一家位于科拉莱斯（Corrales）的希腊餐厅。每次去那里时，我的友人科斯塔斯·卡萨帕基斯（Costas Kasapakis）便会和韦森特（Vicente）一起边弹边唱。米歇尔·毕耶便是其中一位拥有许多关于欧洲建筑师有趣经历的人。他操着一口法式英语，每次我们见面，他都会给我讲很多有趣的故事。我还曾去过几次他位于佩尔希塔斯（Palcitas）桑迪亚山背面山脚下的现代风格的别墅。而很大一部分有关他的有趣经历，我都是在那里的一天晚上获悉的。当天，米歇尔邀请了汉斯·阿斯普隆德和我一起到他家里做客，

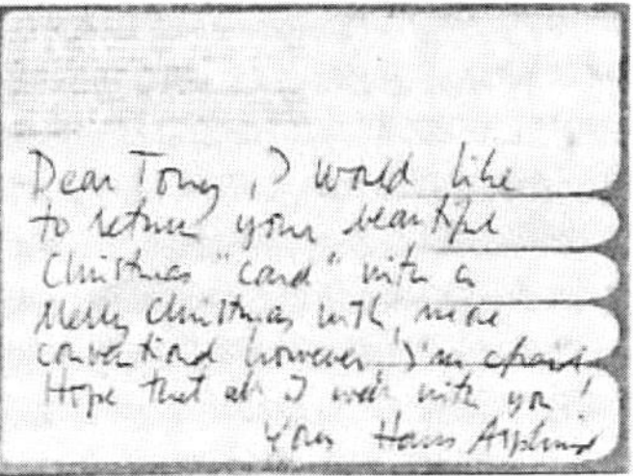

Dear Tony, I would like
to return your beautiful
Christmas "card" with a
Merry Christmas with, more
conventional however I'm afraid.
Hope that all I wish with you!
Yours Hans Asplund

米歇尔·毕耶（左）于兰乔德陶斯（Rancho de Taos，新墨西哥州城市名）
汉斯·阿斯普隆德写给笔者的圣诞贺卡（右，照片由笔者拍摄）
贺卡内容：亲爱的托尼，你的朋友在圣诞来临之际为你送上所有最美好的祝福。圣诞快乐！希望你一切都好。
你的友人，汉斯·阿斯普隆德

我们一起聊了很多十分有趣的事。而且那天我还给他们二人放映了一段我那段时间一直在推敲研究的自制 8 毫米胶片动画。观看结束后，我们三人都异常激动。开始还略微沉默寡言的汉斯，在看过影片后也变得十分健谈，并向我们讲了很多他自己的故事，也回答了我的很多关于斯堪的纳维亚半岛（Scandinavia，欧洲西北部文化区，主要包括挪威、瑞典和丹麦），以及他父亲设计的图书馆的问题。这些问题自 1963 年我第一次出国参观这个图书馆就一直跟随我。那时我还只是一个大学三年级的建筑学学生。就在这时，米歇尔打破了略显严肃的气氛，开始讲起了他自己的故事。他先是炫耀了一下自己用 35000 美元在新墨西哥州买下的一栋住宅，然后谈起了那些他在法国巴黎做梦也想不到、至今也难以忘怀的事情。他曾与克劳德·帕朗（Claude Parent）合作，帕朗的设计作品曾多次在《今日建筑》（*L'architecture d'Aujourdhui*）杂志上发表。米歇尔也谈到了很多与欧洲上一代建筑师相关的故事，以及勒·柯布西耶时代的几乎所有欧洲先锋事件。还有关于柯布自己的故事，以及他对客户的态度、粗糙的细部处理手法等诸如此类。而为了让我高兴，他还特意说了记忆中所有关于在巴黎的希腊建筑师的趣事。包括乔治·坎迪利斯（Georges Candilis）和泽内托斯（Zenetos），他们是除了道萨迪亚斯之外，唯二可称得上是享誉世界的希腊建筑师。汉斯·阿斯普隆德还聊到了许多我从未听说过的，关于他知名父亲的信息和趣事，这直接点燃了我对斯堪的纳维亚半岛地区的兴趣。当地的一些希腊建筑师和政治难民都是我长期通信的友人。而汉斯所讲的事，进一步加深了我对一些事情的看法。自

1978年开始，亚诺什·波利蒂斯（Yannos Politis，希腊籍建筑师）便经常会从奥尔胡斯（Aarhus，丹麦港口城市）写信给我，谈及的全是各种关于希腊的事。然而,使我的轶事藏品库大幅扩充并最终定型的，是兹维·黑克尔（Zvi Hecker，以色列籍建筑师）。在一次他造访得克萨斯州的契机中,兹维同我讲了许多他记忆中与建筑相关的玩笑趣事，给我带来了无穷的快乐。他告诉我他与西蒙·佩雷斯（Shimon Perez，以色列前总统）是幼时好友，而一次他不合时宜地将他儿时的回忆公之于世的经历，给了他出乎意料的启示，而这件事可以说是我所收集的建筑趣闻轶事中不可多得的珍品。与兹维相识之后，我开始进一步思考这些趣事本身之外的事情，并且逐渐尝试将它们与更广义的“建筑中的幽默元素”的课题联系起来。于是我便开始收集历史上那些含有明显幽默元素的建筑，并通过这些建筑对社会进行“批判”与评论。而关于这一课题研究成果的书一直也没有出版。因为一个曾对此表示兴趣的著名英国出版商在我要求稿费时，就对此不了了之了。此事我也不想再多作任何评价！不过还好，感谢上帝，我把当年的轶事趣闻记录在纸巾上并保存了起来。而后，我将它们进行了整理，并与我关于“玩笑趣事”的文章一同,寄给了日本的中村敏男（Toshio Nakamura，《A+U》杂志编辑），他看后立刻表示很感兴趣，于是我便又对文章进行了一些加工，然后将修改后的最终版再次发给了中村。中村亲自将他们翻译成日文，并发表在了《A+U》杂志上（详见1979年3月9日的信件）。随后他还借鉴了文章中的内容，并融入了许多20世纪著名建筑师们的小品和轶事，做了一次十分精彩的讲座。

在《A+U》杂志发行之后，忽然之间涌现了很多要求再版这篇文章的人。于是我便首先将这篇文章翻译成了希腊语，发给了《A+X》杂志（《人类+空间》，希腊建筑类期刊）。《A+X》当时刚刚成立不久，由年轻的希腊建筑师科斯塔斯·卡拉古尼斯（Costas Karagounis）主持出版，他曾在意大利留学，并且我也能感受到，“他并没有什么强权主义的固执与腐朽（Junta Skeleton）”。他不仅给了我机会把20世纪70年代早期的那些先锋作品展示给世人，还让我得以把“环境心理学”“用户–输入”以及“后现代主义”的理念引进到希腊。同时也让我得以通过这本杂志，向人们介绍了很多非包豪斯、非柯布的其他同样伟大的建筑师，如里卡多·波菲（Ricardo Bofill）、ARQUITECTONICA建筑事务所的安托内·普雷多克（Antonie Predock）、里卡多·莱戈雷塔（Ricardo Legorreta）等。《A+X》杂志是一本清新民主且敢于讲真话的杂志。不幸的是，这本杂志后来却遭到权威主流学术机构的反对。这些在学术界呼风唤雨的学院派从来都对“政治气候”趋之若鹜，他们实则只是一群内心充满腐朽与固执的所谓学者和私通之人罢了。

后来有关我收集的建筑师轶事趣闻的文章，大多发表在了《AIA》杂志（*AIA Journal*）上。唐纳德·康迪（Donald Canty）对我的文章给予了热切的支持与肯定，他特意将我的文章和另一篇附有巨大照片的关于弗兰克·劳埃德·赖特的文章紧挨着放在了同一个版面。然而，一直困扰我的事还是发生了。杂志社认为我的这篇文章版面篇幅过长，版面的空间完全不够，所以我只能再次交给康迪帮我删减了内容。当然，也不出意料的，杂志社只发表了那部分美国读者希望看到，且并不会让他们感到脸红的内容。而关于弗兰克·劳埃德·赖特和布鲁斯·高夫（Bruce Goff）两位大师的玩笑话也是没什么大问题的。毕竟在我的文章发表之后，他们便立即对赖特进行了大肆宣传和褒奖。有很多所谓对此关切的、在“轶事”发生现场的人会专门写信给我“纠正”这些故事中的内容，说是为了保证这些事件发生的过程没有被篡改。不幸的是，他们中的很多人根本就是在讲述完全不同的、与此毫无关联的他们自己的经历和记忆，简直是各种无趣，乏味到就好像班门弄斧的“仿造版大师建筑”。此外，还有很多所谓的“绅士建筑师”会打电话给我，表示很喜欢这些文章并予以祝贺，有的则告诉我不应该写这些有着“至高荣誉”建筑大师的轶事文章。不过即使如此，我依旧收到过两三封不同于此的来信，我把它们保留了起来。其中一封是老一辈美国建筑师学会的成员，休· M. K. 琼斯（Hugh M. K. Jones）从康涅狄格州的吉尔福德市寄给我的来信，写信的时间 1979 年 3 月 20 日，我将此信的内容也放在了本书中，与大家一同分享。

这位老建筑师在信中所说的内容的确属实，我也回信向他表达了我的歉意，并且告诉他当杂志社准备发表这篇文章时，我本人正在希腊，因为不想耽误他们发刊的时间，所以没能及时地进行排版后的核查。还有就是我所写的内容是鲍勃·诺里斯（Bob Norris）转述给我的，并不是布鲁斯·高夫亲口所说的，而且鲍勃也曾告诉过我，他也是从别人那里听到的这件事。鲍勃当时是注册建筑师委员会（NCARB）的主席，同时在专程为了他在阿灵顿的课程从休斯敦飞来的那段时间里，也在我任教的大学里教授专业实践课程，而且他的办公室就在我旁边。我一直十分尊重他，所以当时我认为他的信息来源十分可靠。不过无论如何，这都是我个人的责任。于是我写信给编辑，

HUGH McK. JONES, ARCHITECT F. A. I. A.
SEVENTY-ONE WHITFIELD STREET TEL. (203) 453-5216
POST OFFICE BOX 361, GUILFORD, CONNECTICUT 06437

20 March 1979

Mr. Anthony C. Antoniades, AIA
c/o The AIA Journal
1735 New York Aveenue, N.W.
Washington, D.C. 20006

Dear Mr. Antoniades;

Reference your "Anecdotes about Celebrated Architects", AIA Journal, January 1979, which I found thoroughly enjoyable, but wherein I also detect a gross error.

At the top of page 74, Bruce Goff tells a little tale about Frank Lloyd Wright at the time he received the AIA Gold Medal. I find it probable that Mr. Goff was not present and was told a garbled story by one of the many who could not stand Wright. I was there.

It was thirty years ago, March 17, 1949, after dinner in the ballroom of the Rice Hotel in Houston, Texas. My wife and I were seated just below the head table, about as close as we could get to F.Ll.W. and our friend, Douglas W. Orr, FAIA, Institute President who made the presentation. If there was any stalling around about a check, it had to be so hidden, that no one could notice. I think the story is wrong.

Further, considering how very caustic Wright often was, his speech in this instance, was mellow. Of course he couldn't resist getting off a few remarks about The Institute, and more about "Hooston", as he insisted on pronouncing it, but we felt he was genuinely touched at the honor, and for once, even a tiny bit humble!

Every year or so, I play the recording of the presentation and his talk. Over the years it is amazing to notice, first, how what he had to say sounded "far out" in the beginning, then 15 years or so back, he seemed to be saying what we all were thinking, and now it even seems a bit passè. I recommend listening to that recording to all interested.

All this reminds me of a talk of Wright's in Boston, probably in 1940, after which he fielded a few questions. To one, he answered in his usual style, that he most certainly would not prostitute his art! At that, in the middle of the rather large hall, one of those very proper Boston ladies, you find nowhere else, got up and stalked from the room. Everyone, including Wright, I am sure, knew why, but no one laughed.

I hope you will see fit to set the record straight on Wright's 1949 talk that evening, and I would be interested to know if anyone else writes to you on the subject, as well as to know what their recollections are.

Very truly yours,

Hugh McK. Jones, FAIA

休·M. K. 琼斯，建筑师，美国建筑师学会会员

惠特菲尔德大街 71 号　　　电话:(203)453-5216
063437 康涅狄格州吉尔福德，邮政信箱: 361

1979 年 3 月 20 日 安东尼·C. 安东尼亚德斯，美国建筑师学会会员
由美国建筑师学会杂志社转交
华盛顿哥伦比亚特区 邮编: 20006

亲爱的安东尼亚德斯先生，

关于您于 1979 年 1 月在《AIA》杂志上发表的文章"那些著名建筑师的趣闻轶事"，在拜读后我感到意犹未尽，但同时也发现一个严重的错误。

在杂志第 74 页的顶部，文章中提到：布鲁斯·高夫说过一个关于弗兰克·劳埃德·赖特来领取美国建筑师学会所颁发给他的金奖的小故事。我注意到，当时高夫先生似乎并不在场，我想这个故事应当是那些反对赖特的人编造出来的，因为当时我就在颁奖现场。

这件事发生在大约 30 年前的 1949 年 3 月 17 日，地点是得克萨斯州休斯敦市的莱斯(Rice)大酒店的宴会厅。我和我的妻子就坐在主席台下，弗兰克·劳埃德·赖特近在咫尺。晚餐后，我的朋友道格拉斯·W. 奥尔（Douglas W . Orr）作为美国建筑师学会的主席，为颁奖典礼致辞。如果当晚典礼过程中真的出现了任何需要暂停宴会去巡查的状况，也一定会是十分突然的，然而实则并没有任何人作出反应，所以我认为这个故事一定是编造的。

而且，尽管赖特说话一向比较刻薄，但是在这次颁奖典礼中，他的获奖感言还是比较温和的。当然，他还是免不了稍微调侃了一下整个学会机构，讽刺了一下"呼斯敦"（Hooston，"Huston" 的谐音）的发音，而且他坚持不作出调整。但是从整体上来说，我们一致认为，在此次颁奖典礼上，赖特是真的被这个奖项所感触到了，而且甚至这一次，他是真的让人感到有那么一些谦逊！

每隔一年左右的时间，我都会重播这个颁奖典礼的录像带，都会再听一次赖特的发言。通过这么多年的反复观看，我惊奇地发现，赖特在 15 年前所说的那些在开始听起来有些"偏激"的言论，在 15 年后的今天想来，其实也是我们当时都在思考的问题。尽管这些观点在今天看来已经有些过时。我推荐有兴趣的人都去听听那天会议的录音。

写到这些使我想起大概在 1940 年的时候，当赖特在波士顿举办的讲座过后，他回答了一些听众的问题，对其中一个问题，他用他惯有的态度回答说，他肯定不会像一个妓女出卖肉体一样出卖我的艺术作品。他话音刚落，大礼堂中间一个穿着十分讲究的女士立刻起身，轻轻走了出去。我十分确信在场的所有人，包括赖特自己，都知道是怎么回事，但没有任何一个人在笑。

我希望您能更正您文章中关于 1949 年那个晚上赖特所做的演讲相关的内容，同时我也十分乐意了解是否有其他人也给您写信说起过关于这件事的问题，同时也很想知道他们对于赖特这件事的感受和想法。

祝好，

美国建筑师学会会员

休·M. K. 琼斯

希望他能尽量把文章的内容修改过来，同时我也会注意确保未来重新影印的版本都是修正过且准确无误的。在我给康迪寄去信件之后，很多其他杂志社的编辑会把他们在各处得知的一些趣闻从各种渠道告知我，从而进一步丰富了我的轶事藏品库［如：1979年9月5日，玛丽·奥斯曼（Mary Osman）的来信］。根据休·M. K. 琼斯提出的那些修改要求，我在后来《建筑师的真相》（*The Truth about Architects*）这篇文章发表期间进行了相应的修改，这篇文章发表在安德鲁·麦克·奈尔（Andrew Mac Nair）负责的《表达》（*Express*）杂志上（详见：*Express*，Summer 1981，第10页）。在《表达》杂志之前，安德鲁是文化小报《大都市》（*Metropolis*）和《天际线》（*Skyline*）的编辑。其中《天际线》获得了彼得·埃森曼城市研究所（Institute of Urban Studies of Peter Eisenman），以及一些20世纪晚期的建筑大师如菲利普·约翰逊（Philip Johnson）、贝聿铭（I. M. Pei）和保罗·鲁道夫（Paul Rudolph）等纽约前卫精英建筑阶层的肯定和支持。《天际线》曾刊登过一篇斯特凡诺·波利佐伊迪（Stephano Polyzoide）的文章，其内容主要介绍了建筑师理查德·诺依特拉（Richard Neutra）设计的位于洛杉矶的洛佛尔住宅（Lovell house）。也正是这篇文章让我开始对这本杂志另眼相看（详见《天际线》，1979年12月，第8页）。当麦克·奈尔看到我在美国建筑师学会杂志上刊登的那篇关于建筑师的趣闻轶事玩笑的文章后，便立刻写信给我，希望也能在他即将创刊的《表达》杂志上发表这篇文章。他还在来信中告诉我，他会让《天际线》的插画师迈克尔·摩斯托勒（Michael Mostoller），专门为这篇文章画一系列插图。此后，《建筑师的真相》一文在已经于全世界范围引起部分关注的情况下，再次通过《表达》在世界文化之都的纽约出现于公众面前。

从那以后，我源源不断地的收到各种有关趣闻轶事的来信。当然，由于其中很多故事都是来源于我的朋友兹维·黑克尔，他的圈子便也因此在以色列有了一定的知名度。自那篇文章发表后的两年里，我终于完成了《建筑中的幽默》（*Humor in Architecture*）的手稿。不过我宁愿这本书一直不出版，也不想免费送给不愿支付版税的出版社。我甚至宁愿将这本手稿的影印版送给以色列某科技大学的老师，仅因为他私下写信给我并向我请求一份复印件。我据此认为这本书可能已经被翻译，并且被很多人传阅过了。渐渐地，我开始不再担心这类私下传播的问题，因为我发现，随着互联网的到来，我的两本书都已经有韩语版了。当我给韩国出版商写信咨询此事时，我不但没有得到任何回复，甚至还不得不花 49 美元在洛杉矶的阿拉丁（ALLADIN）书店买一本我自己《建筑诗学》（*Poetics of Architecture*）的韩国盗版译本。据我推断，在远东地区传播的许多擅自出版的书籍，一定会选择这一类书来出版。加利福尼亚有很多来自远东地区的学生，而能有这样一家“装备齐全”的书店，对学生来说是再好不过了。不过就我个人的感受而言，这些学生对我真的是格外友善，我所收到的东西真的都是别有用心的好（Hydra fine）。不过从另一个角度来说，可以收到被翻译成各种异国语言的自己的书，又何尝不是一件令人感到愉悦的事呢？

也许你会问我：“这样做值得吗？”我的回答是，还好，不过是在只有韩国人这么做的情况下！对于层出不穷的类似事件，我都已经感到有心无力了。比如前面说到的那本书的波兰语版本，竟然是他们自己的“建筑师珍藏系列书籍”中的“14 部必读经典建筑书籍”之一（详见：2001 年 9 月 3 日的邮件，邮箱地址：Magda Malczewska/Ksziaske@Murator.comratorj.pl），我甚至感觉是我的美国出版商在背后“操控”了一切。我只能说不管是什么版本，这本书都包含了我所付出的全部心血，甚至也包含他们那些盗版商的心血，无论他们从这些版本中得到了什么。对于这本书的波兰语版本，我确实还有一点想说，那就是这本书确实付了“国际版权”费，但是也仅此而已。甚至先前我写作时就应允我的翻译版本，在我再三要求之后依旧毫无音讯，什么也没有。哎！还是忘记这些令人不快的事为好。不过我要说，即使如此，这一切依旧是值得的。因为“世界就是这么运作的”。人的大脑也永远不会停止以这种方式运作。类似的事情不仅发生在韩国、波兰或者是希腊，而是每天在世界各地都无休无止地发生着。所有参与其中的人，清楚年轻人对创作的迫切需求，更心知肚明他们的少不更事，因此一直有气宇轩昂的天真年轻人成为意料之外难以置信所谓“既定规律”的受害者。不过这一切都是人生这场游戏中的一个关卡，一场旅行必经的某个地方，登山时所必须攀爬的一段山路。我们不断学习，逐渐积累，直到有一天，你到达了一个临界点，并从那时起，事物的本质便开始越来越多地在你面前揭露。

在这个过程中，我们逐渐开始理解他人，尝试真正地去交流，去“进化”自我，有时或许还可以创造出真正美好的事物。通往真理的路上满是荆棘，同样的，任何学习和能让自己感到愉悦的过程都是充满艰难的，但这也正是处在世间万物运行的整体中塑造你自己的过程。在这个过程中，你逐渐学会分享、奉献、助人为乐，你不再疑惑，也不再抱怨那些令你感到无所适从的境况，因为你知道，那只是更大局势中的冰山一角罢了。而渐渐地，在无意识的情况下，你便已经开始积累人生的资本了。不论是内心的财富，或自己所具备的能力。人们会接近你，向你寻求帮助；即使你不是一位牧师或是受人追随敬仰的教授，你也要去帮助他们。无论向你寻求帮助的人是谁，是你的家人兄长，抑或是毫不相干的陌生人，你也要去帮助他们。一个小小的玩笑、一段趣闻轶事，即使是这些微不足道的事，或许都能给别人带来启发，甚至可以引领他们走向最终的真理。而你要做的，便是剔除这些故事中的荒诞与神奇，将它从虚伪和谎言、错误或遗漏的泥沼中解救出来，清理干净。为那些愿意追随他们的人，将最简单、纯粹的故事加以呈现。这些“玩笑”就像是藏在地毯下晦涩模糊的细小微尘，没人愿意去注意，而当你将这等收集玩笑趣事的“蠢事”坚持到底，它们最终会由“地毯下的腌臜之物”蜕变成为未来赞美之诗中的耀眼火花。届时再抬眼望去，眼前已是一条充满宝藏的寻宝之路。

The Truth About Architects

笔者发表于《表达》杂志上的文章，《建筑师的真相》，（*The Truth about Architects*，Express，A. C. Antoniades，New York，Spring，1981年，第10页）

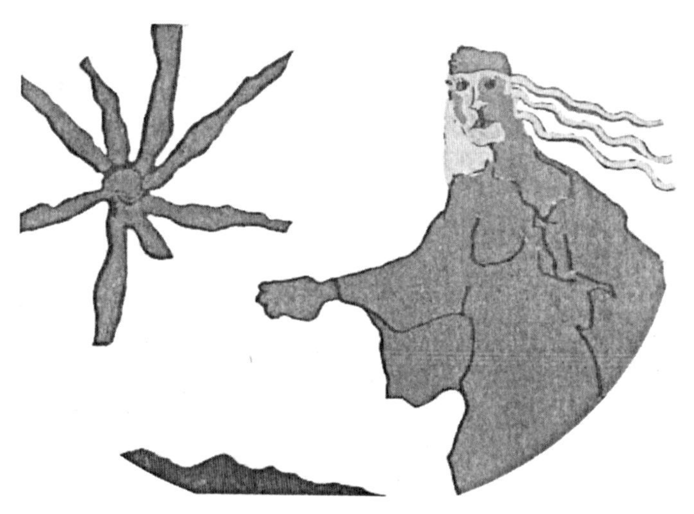

“诗人”，绘制于亚克力
材质的玻璃砖上，
ACA，1996 年

荒唐之举与戈登 · 吉尔

我一直好奇，让一帮连一块砖头都没碰过的人去设计一个拥有1200个房间的兼具会议/赌场功能的专用酒店，若不是一件蠢事，又能是什么呢。暂不提伦理道德和所谓“彰显财富”，经常会碰到诸如“必须在豪华套房边上设置游艇停靠设施”，而后又同时要求在大阳台上搞出一个直升机停机坪，说什么就是愿意从阳台进屋子的荒唐事。当然，如果类似的事情发生在得克萨斯州就说得过去了，因为那里的许多建筑师都有飞行员驾驶证，而他们也时常用小型利尔喷气式飞机接送与他们合作的客户。不过像这种事，最好还是离机场越近越好。什么？你说他们在拉斯韦加斯就这么干？那你可是不知道，纳撒尼尔 · 奥因斯（Nathaniel Owings）去阿灵顿那样的小型都市也会搭乘小型喷气飞机。这样荒谬的事在哪里都可能出现。随便找个海滩，可能就有。这种事莫不是傻事又能是什么呢？

还有更疯狂的呢！曾有一个老师，他频繁地租用飞机只是为了在空中拍摄一些用于他个人授课幻灯片的照片素材。他装作异常严肃地给他的那些学生听众们讲述在地球上一处偏远地区的建筑项目，而这

照片里的人即笔者，虽然笔者并没有飞行员驾驶证，但是却曾多次租用附近机场的飞机。在1970年的新墨西哥州阿尔伯克基市，租用这样的飞机每小时收费15美元，而在1988年的得克萨斯州阿灵顿市每小时的租金为49美元［照片由季米特里斯 · 维拉提斯（Dimitris Vilaetis）提供］

个地方事实上压根儿没人去过甚至听说过。他将这些幻灯片展示给他的学生们，作为引人入胜的噱头，而后象征性地播“数秒”赛奥多拉基（Mikis Theodoraki）、查茨达基（Chatzidaki）和齐扎尼（Vassilis Tsitsani）的音乐，并以卡瓦菲（Kavafy）、塞弗利斯（Seferis）和伊利提斯（Elytis）的诗歌对它们进行解说，说什么这些莫名其妙的事都是为这次历史资料馆的项目所做的准备，然而在它的建筑用地边上其实已经有一栋早已建成的资料馆了。而这个老师只会给学生展示空中拍摄的岛屿照片，却从来不会展示地块旁边那栋“已建成”的资料馆。由此，他的这些学生完全可以根据自己的臆想，随意无限制地在这座岛上定位这个不存在的项目。

而后，他会继续向他们严肃地强调道：“从这一刻，你们要忘记自己的自由思维，忘记你们来自美国，不要考虑那些新兴的技术手段，只能从幻灯片中选择你喜欢的设计元素，任何元素都行，任何细节，道路、树木、花朵等，只要是幻灯片当中的，都可以用来设计资料馆。当然，设计过程中也要结合幻灯片中所展示的当地的建筑环境与条件。不过在那之前，应先为这座岛屿上一直以来居住的居民，将米奥乌利斯之心 [米奥乌利斯的纪念碑或纪念馆（the Heart of Miaulis）] 建在这座岛屿之上，以表示当地人对他的尊崇和感谢。”而后，这位老师与他的学生们谈到了一些关于这位土耳其和希腊革命英雄的事迹，而这位老师就是我。在这些听众中，有一位名为哈桑·塔里克的年轻人，在我去土耳其之前，分享了他个人关于圣索菲亚大教堂的一些照片供我参考。那学期，哈桑的设计小组中并没有希腊人或土耳其人，所以他十分专心地听着关于这座岛与米奥乌利斯的事情。多么文雅礼貌的年轻人啊，所有人都应当像他这样认真。再看他旁边的两个泰国女孩，假装在听似的在下面窃窃私语，都可以看得见她们努力藏在头巾下面的“微笑”了。与此同时，有两个叙利亚的学生和一个黎巴嫩的年轻人，总是轰炸式地提出各种问题打断我的话。除此之外，还有一个加拿大的年轻人，你可以看出他内心十分严肃紧张，而当他听到接下来的补充内容之后，才表现出一种如释重负的神情：“这是一个只持续两周的前期设计练习。如果顺利，达到了课程要求，那么第二阶段你们便可以完全自由发挥！！！”我继续说道：“不过，如果你们不能严格地按照课程要求的指示，合理地选择当地环境条件允许的材料、细节、形式，以及肌理等要素，那么你的设计就没办法获得施工许可证，在实际项目中即使你已经跟客户签订了合同，也不会有人付给你设计费用。事实上，依据现有的法律规定，因设计拖延而导致的损失，需要由设计者自己进行赔偿，有时还要倒贴许多额外的费用。不过，这也是作为建筑师的你们所必要承担的风险。如果一切顺利，之后你所获得的回报也将是相当丰厚的，如未来更多的设计委托等。假如，你的项目成功地进入了下一个更自由无拘束的阶段，那么同样，无论什么样的风险，只要是值得的，就应当大胆勇敢地承担！因为在任何设计中，都有特殊的场地限制条件，无论你喜欢与否，它都将是那样，无人例外，哪怕是对全世界最著名的建筑师也一样。然而，如果你在第一阶段就失败了，那么很可能便也不会再有第二阶段以及之后的种种可能了，没有好的项目委托，而没有好的项目委托，就没有见识更广阔天地的通路，一条可以指引你走向人生巅峰，甚至无人之巅顶点的通路会就此关闭。因此，你们当下面临的这个项目，很可能就是你人生中最重要的那一个项目。”在学生们按照历史分区的要求完成了第一阶段的设计之后，接下来的便是一件比之前的荒唐还要更加荒唐的工作。我告诉他们说：“很好！祝贺你们！你们做到了。那么现在，把你们自己设计的总平面图与建筑一层的平面图彻底颠倒过来，不管是自助餐厅还是米奥乌利斯的纪念碑区域，全部让它们踮起脚，翻转过来。然后将这张颠倒后的图纸看作一个巨型建筑的剖面图，我跟你们讲，这张图一定要够大，因为它将会是一个拥有 1200 个房间包括会议和赌场功能的酒店。至于这栋建筑的位置，可以在任何你喜欢的地方，拉斯韦加斯、亚特兰大市、佛罗里达的某个地方,甚至是迪拜。你们有两个月的时间来完成这个设计！开始吧！尽可能多地使用任何技术手段，大胆地发明创造！要如何建造，需要什么场地条件以优化建造过程，想要解决什么样的问题，全部都由你们自己决定。快去着手工作吧。但是一定要小心处理好你那张巨大的剖面图，因为它将要成为一座世间独一无二的建筑！与此相似功能的建筑早已被多次设计，甚至在座的一些同学曾经也接触过类似的设计项目，只是他们有特定的场地限制罢了。而且在同样的区域，将会有许多类似的酒店开工。”这是我之前曾布置给学生们的题目，当时也有许多将要建造的类似酒店项目，学生们可以到实地考察，并将他们自己的设计作品与现实场地项目进行比较。我建议学生们：“去韦尔顿・贝克特（Welton Becket）设计的凯悦酒店（Regency Hyatt）顶层的旋转餐厅喝一杯，把女孩儿们也带去瞧瞧。”此时，那两个泰国女孩咯咯地笑了，她们的头巾还是紧紧地缠绕着，生怕笑声透出来似的。她们也一直就这样戴着头巾，直到这学期设计课程的结束。除了她们俩之外，我的班上还有另一个小姑娘，她一直都比较“洋气”。在设计课程进行到一半时，她便每天都穿着蓝色牛仔裤来上课。我还记得她在最终的项目汇报那天，笑靥如花般地对我说："按您说的，我们当时和哈桑一同考察了一下凯悦酒店的顶层餐厅，甚至还坐下来喝了一杯。"

在这一来二去的过程中，他们是真的在学习了！而我没有将当时给学生们提建议所画的草图保留下来，现在想来着实是一个失误。而那个泰国女孩竟然很小心恭敬地把我给她修改意见的那些草图都保留了下来！如今我有时还能想起，甚至有些怀念其中一些小草图，非常迷你的那种速写，她却小心翼翼地用马克笔在它们的背后涂上了颜色。这是我授之于她的，也是过去我在 SOM 事务所时，从我第一个项目的导师比尔（Bill Rogers）那里习得的。当时我们正在做保洁公司位于匹兹堡的一个办公楼项目。我当时负责绘制一系列探究性的方案立面图，从而确定立面幕墙的合适比例。我按比例全部徒手绘制了大量不同的幕墙立面方案，而且每一种方案都是以不同的比例绘制的双层双结构开间。比尔站在我背后，让我去参考一下他们设计的利华大厦，并跟我说"试着画出同样的翠色光泽（Patina）"。起初，我做得一团糟，但是在比尔教我如何使用那些马克笔在各种线稿图的背后进行上色之后，我便像一个发动机一样开始拼命地工作。当罗伊·艾伦（Roy Allen）到访的时候，比尔将我画的那些草图展示给他看，罗伊选了其中的两张，并决定在稍后的会议中展示给他的客户。比尔既是我的面试官，也是最终决定雇佣我的人。为了将我引荐给帕特·斯旺（Pat Swan），在刚开始的几天里，他很明显地测试我是否具备与之相匹配的能力。比尔固然不苟言笑，但是他不仅教会了我如何使用马克笔在线稿背后上色，进而得以绘制风格统一的图纸，还让我明白了在选出最佳方案之前，进行不同方案的对比是多么的至关重要。当年的那种淡黄色草图纸，从背面用马克笔上色呈现出的会是一种统一的，如"鲜奶油般浓郁"的风格。而在当下的计算机时代，尝试授予学生如何运用这些技巧进而能得到的那种满足感，就像尝试告诉某人，为伊兹拉岛设计而做的那些"蠢事"一样。仿佛当年，那个面露不解之色的加拿大少年，通过将他第一阶段伊兹拉岛的项目通过垂直过来获得的剖面图，转变成一个极其卓越，如雄伟巨人一般的赌场酒店时，我所切实感受到的满足感一样。我永远也不会忘记他的这个项目，是这件"蠢事"得到的最出乎意料成果。那是何等卓越的平面图，何等卓越的草图画作，何等卓越的建筑剖面！

我从未见过如此出色的作品，这是何等的天赋！我甚至曾坚定地认为,这家伙一定看过世界上所有的漫画,也了解卡纳维拉尔角(Cape Canaveral)航空航天科技中心的所有科学技术。他总是向我讲授"能源"这个词,画一些新的建筑形式,新的材料,还有可以组成空间悬挂和宇宙空间站的东西。我曾对他说:"嘿,戈登(Gorden Gill),你真应该去休斯敦担任一名空间站设计师。"那次之后,戈登便开始更加努力地学习,而这不仅是为了他自己,还为了房间中另一位金发姑娘。之前提到的两个泰国女孩和戈登是分配到我设计课程的预备研究生,而他们学业的第四年第二学期的设计水平,将决定他们下一个学期是否具备录取资格。我隐约地感觉到,戈登所有关于能量和电脑的知识,全部是他自学的。他的能力远远超越了同课程中的其他成员,而且在某些领域里甚至超越了他的导师们,尤其是我。在1988年,我个人对计算机仍处于一种观望的态度。一天,戈登同我谈及建筑师莱比乌斯·伍兹(Lebbeus Woods),并给我展示了一些关于他的杂志剪报。当然,我可能也在同样的杂志中看到过伍兹的一些绘画作品,但是我还是假装毫不知情地讲了很多看法:"就像对于刚刚遭受过空袭的场景,我们设计的应当是充满喜悦与生机的,不过当然,最重要的是可实施建造的设计。"之后我们聊了些许相关问题,我能感受到他也在试探我的反应,并向我解释说,他已知悉。然而这一切都没能让我察觉之后将要发生的事。他为我画了另外一张截然不同的平面图,也为他自己画了其他的一些图纸。他还写下了一些他自己真正喜欢的事物,和未来真正想做的事情等。他好像总是保持着一种机敏批判的态度,却也总是缄默。他的勤奋不同常人,总是谦谦君子般彬彬有礼,而在我看来,他虽然年轻,却也十分老练精干。终于,最终汇报当天,评审地点在系馆的三层,等待我的是前所未有的巨大惊喜。所有的项目,历史档案馆和酒店的图纸和模型并驾齐驱,第一阶段的草图和模型以及第二阶段的平面图、剖面图及立面图,当然还有那张我特意要求的巨大的纵向剖面图一应俱全。我当时所要求的纵向剖面图应当是十分精细,布满细节且必须徒手绘制的,所以这张图的成品几乎可以达到两米高。我告诉他们可以使用牛皮纸、马尼拉纸或他们想用的任何纸来画。所有的作品都非常出色,精彩的图纸与模型,可以说与伊兹拉岛的海滨同达拉斯的风雨商业街廊道的完美结合!然而,我猛然发现,前几日我曾目睹戈登辛苦绘制的那张剖面图并不在其中。自上个午后与他分别,我便不断地感到惴惴不安。因为我看到,他所有的剖面图都是按照我特定的要求在绘制,极其精细,也极其巨大。在场的所有人都感到异常触动,而我可能也是他们当中感受最深的那一个。然而，他无比精致的轴测图绘制的竟是一位全副武装的骑士。他伫立在沙特阿拉伯的国土地图之上，形似雄心勃勃的理查德一世国王（英国国王，1189–1199 年在任）与沙漠枭雄中的劳伦斯。之后在答辩过程中，戈登有条不紊地陈述自己颇具说服力的设计理念和设计过程，以及他所提议的方案如何得以实施。而所有的一切，都通过一系列小巧的轴测图、金属建造相关的图纸，以及诸多结构接点的细部被一一阐明。他所做的一切最终指向了一个结果，那就是他所提议方案的可实施性。从“骑士的颈部至头部”都被不同颜色标示了出来。然而，他虽做得如此之多，却唯独没有那张我特意要求的剖面图。我对戈登说，“不可否认，这是一个十分精彩且独具匠心的作品，这一点也已经被屡次三番地提到过。我很认同他人对你的肯定，以及你对自己方案颇具说服力的解说。虽然我本打算给你 A 三个加的顶尖成绩，然而在我内心深处，你并没有能完成要求中的那张剖面图，这实在令我感到十分失望。就是旁边乔伊（Joe）完成的那张，你看，足足有 6 英尺（1 英尺为 30.48 厘米）高！着实是让人感到遗憾，因为依据你方案中现有平面图的尺度，这种尺度的剖面图根本无法很好地传达我理解当中的你的剖面图想传达的那种卓越超群的感觉。这真的让我感到失望！”他认真地听我说的每一句话，却默不作声。我或多或少察觉到他内心散发出的不悦，不过也能隐约感受到，他似乎已经私下计划了些什么。最终评审后，我并没有立刻和大家喝酒庆祝，告诉他们稍迟再过去。他们离开后，也算是一个习惯吧，我回到办公室取了相机过来，打算拍一些照片留念。学生的展示作品至少会保留至翌日结束，以便他人前来参观。当然，若是这个房间在此之后并无其他安排，这些作品便还能更长久地保留。不过事实上鲜有这样的运气。如我先前所说，我最终也没如约到酒吧与同僚们一起庆祝。由于过分疲倦，拍下照片之后我便直接回家了。翌日一早，我陪同院长至三楼参观这次的教学成果。出乎意料的事情发生了。天啊！着实令人感到喜出望外！我从未见过如此这般的画作：那是一张完整的纵向剖面图，画幅令人震惊，从地面一直延伸至屋顶，几乎有 6 英尺宽，且最少有 20 英尺高，用黑色的马克笔绘制在金丝雀黄的画纸之上，用隐形胶带固定在一起。在我的教学生涯的中，从未没见过如此庞大的手绘作品。唯一能与之媲美的，也许只有我在多年后于某次威尼斯圣彼得大教堂的穹顶和其他木制模型主题的展览当中所目睹的画作了。而眼前这张“卓尔不群的剖面图”便是我前几日曾见过的那张戈登不知所踪的剖面图。我根本无法想象他是如何将它完成的。我猜测，或许他是匍匐在地上绘制的呢？那么他又是如何做到不损坏哪怕是一点如此脆弱的画纸的呢？莫非他制作了类似于“米开朗琪罗”的脚手架（Scaffolding a la Michelangelo）？究竟如何，我至今仍无从得知。唯独他自己清楚地知道，因为是他成功地解决了“实现”此等巨幅作品的巨大难题，而这次经历在未来或许或多或少可以为他提供些帮助吧。遗憾的是，那天早上我把相机落在了家中，因为我并未预料到会有这样突如其来的惊喜，所以也并没有能为这样出色的作品留下纪念。数码时代之前的相机还不能随身携带。我没有任何关于那张图的记录，而且在那之后的许多年里，我便再也没有戈登的任何消息。直到许多年后，我看到了些许名为“AS+GG”建筑事务所的作品。其中，“AS”是阿德里安·史密斯（Adrian Smith）的缩写，忽然，我似乎预感到什么。实际上，我在杂志上曾经读过一些有关他们为 SOM 设计的位于迪拜的办公高层的文章。而且，他其实写了许多关于超高层建筑批判性的评论，虽出自“豺狼般的血盆大口”，却是异常严峻的真实的批判。比如人们使用高层电梯到达顶层所需要的时间、在高空中高速气流会引发的问题和抗风的解决设计方案、通风换气的问题、如何向高空运送钢筋混凝土、计算机编程和抗震设计的诸多疑难等。而最重要的，在我的记忆中，我一直以为，这些建筑之所以设计得如此之高，往往是为了满足客户的需求，为了他们自己的虚荣心，希望他们的建筑物能像磁铁一样吸引并带动建筑周围的各项发展，吸引世界各地投资者的投资，尤其是那些好莱坞、伦敦和沙特阿拉伯肆意挥霍又追逐所谓时尚前沿的雅皮士们。我知道阿德里安·史密斯，因此当在网络上看到这家新的事务所时，并没有特别注意其中的“GG”，杂志上也没有。直到后来，当这家事务所在中国摩天大楼的项目竞标中拔得头筹，并逐渐在世界崭露头角时，我才开始注意到这个“GG”。“戈登·吉尔”，我对自己说，“我似乎有那么些印象”。于是我登陆了他们事务所的官方网站，奇迹再次发生了！点开合伙人的页面，点击“戈登·吉尔”这个名字。出现了！真的是戈登！！！确实和 20 年前的戈登长得一模一样，不过现在已是不惑之年，大约有 45 岁，但还是如旧时的他一般，沉着冷静，同一双湛蓝的双眸，透出些许的坚定。这或许是我这一生中感受最强烈的时刻之一，而仅有的另一次，还是在玛格丽特（Margaret）打电话通知我去鲁道夫（Rudolph）的办公室工作时。我曾经也通过互联网，搜索了一下那些我曾教过的学生们，想了解他们如今都在做些什么。确实，他们中的一些已事业有成，或也曾参与过知名的项目。有的人在做勒·柯布西耶设计的联合国礼堂的修复工

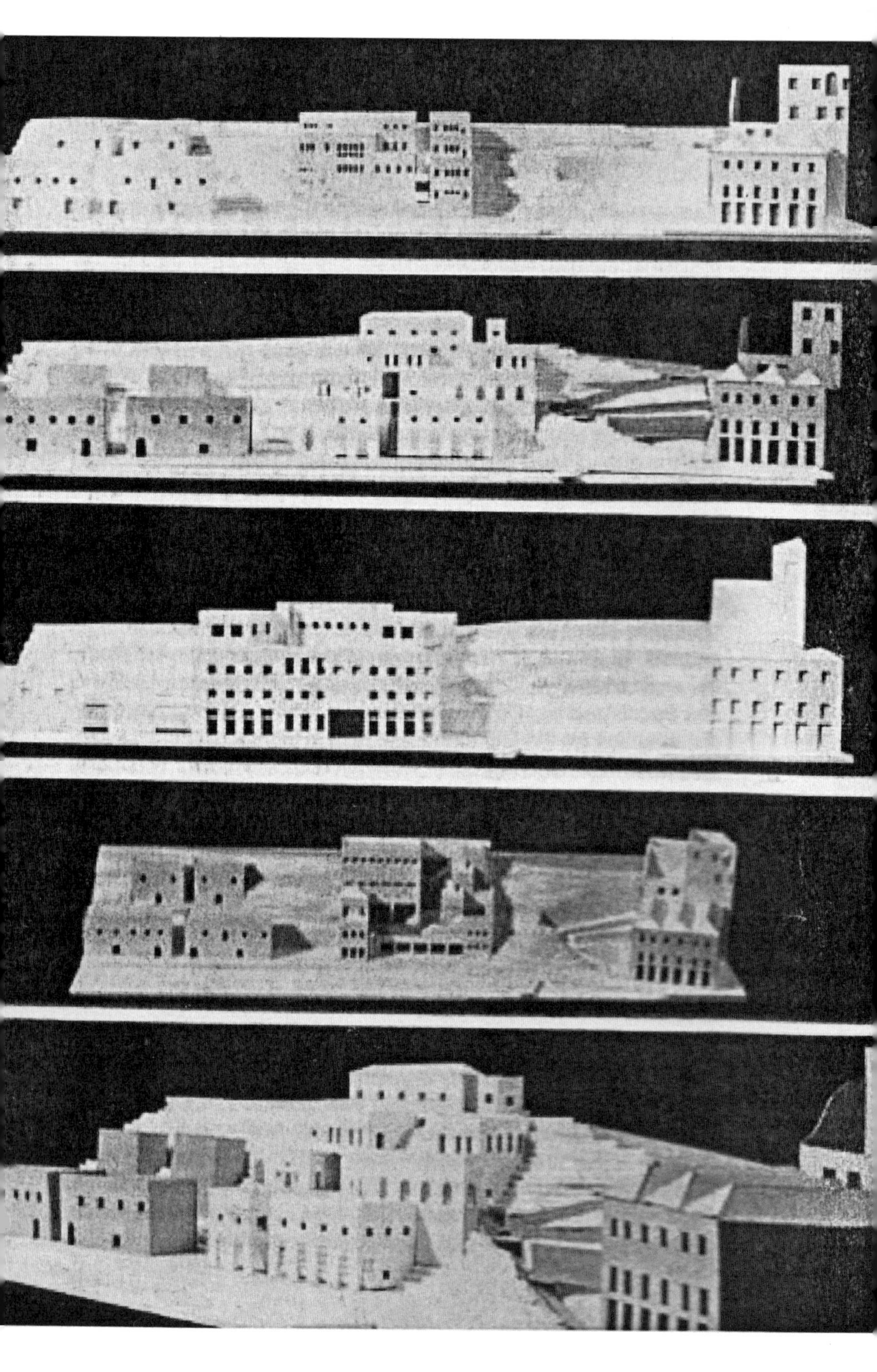

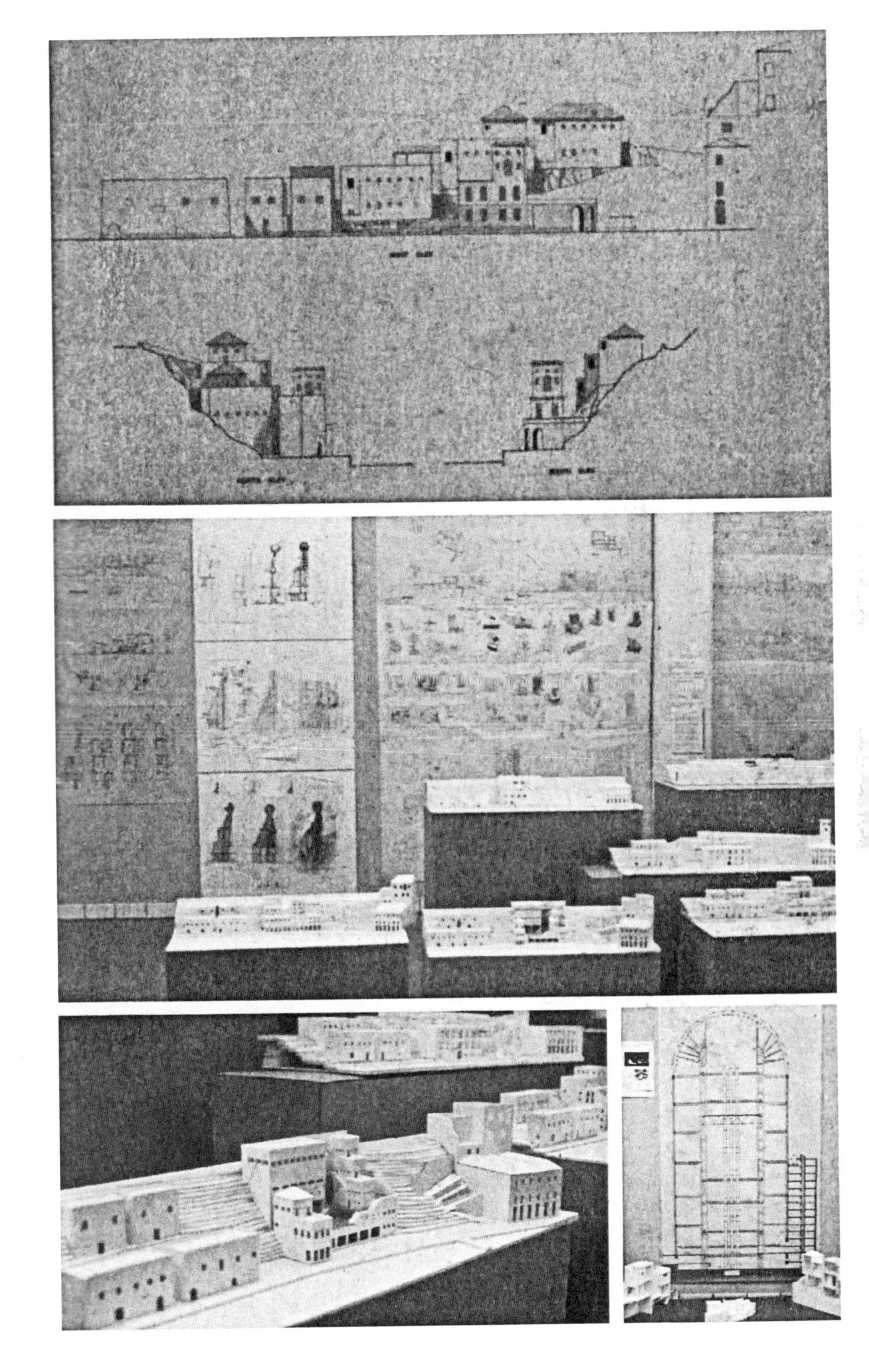

作；有的在罗伯特·斯特恩（Robert Stern）的事务所；一个来自约旦的女建筑师一直都在负责一个自然保护区的维护项目；还有一个当年就十分有才且异常出色的学生，如今一直在为她的基督教会于世界各地设计建造教堂和宗教设施建筑；还有其他许多学生，如今也都在著名事务所工作，或是设计了一些虽规模不大但质量很高的实用项目。无论如何，他们都是在这个时代所指引的，或是世界显而易见所需要的高精尖领域，追求着可持续发展与高品质的科学技术。他们使我感到十分的骄傲且异常的满足，而且尤其是我从未怀疑过的“GG”。

我立刻便给戈登写了一封信，一封普通的、需要邮局寄送的信，而后寄给了他在芝加哥的工作室。AS 和 GG 之前都早已离开了曾经工作过的 SOM 事务所，并于 2006 年组建了自己的工作室。我并不清楚他们的发展历程，但是我猜测……

我一直等待，大概有一个月之久，却仍然没有回信。于是我开始有些担心了。不过我还是决定再给他写一封信,但这一次是电子邮件。我敢肯定，他应当是因为有什么事，或许是因为有太多的行程，来回来去到处跑，这里一个演讲，那里一个会议。我曾在他们的网站上看过，他们的作品遍布世界各地。阿德里安和戈登的日程总是排得满满的，他们投身于艺术以及自己的专业。为了正在进行中的项目和未来更多的委托，夜以继日，风雨兼程。去寻觅、追求建筑领域的革新与超越，创造属于他们自己的创新与改革。我把信件的内容重新写于编辑文档，并附在电子邮件的标题之后，标题为“给戈登·吉尔的私人信件”。

9 月 16 日，我收到了回复：

亲爱的托尼，

希望您在收到这封信时一切安好。

读了您善意的来信，我感到十分的愉悦。它似乎将我带回到了在得克萨斯州度过的那段最开心的时光。

感谢您对我善意的教导，但最想向您表示感谢的，还是您在设计课上对于“我想做的事”的允准。

我未曾忘记您对建筑的热情和执着。您教会了我要敢于走出既定公认的先入之见，而我时至今日，也一直都是这么做的。

而您如今依旧是我的灵感与启发。

如果您收到这封邮件，请一定告诉我，并且也请您一定要与我保持联系。

我会继续坚持质疑与优化我们的工作程序以及建筑设计本身。当然我们也很幸运能拥有这样一个如此优秀与杰出的团队。

我现在经历的一切，真的是有无穷无尽的乐趣。

祝好。

并希望您永远一切顺心。

向您送上最善意真诚的问候。

戈登

这封信真的深深地触动了我，于是我立刻写了回信：

亲爱的戈登，

对我来说不会有比收到你的来信而让人更开心的一天了！！！

继续坚持你对建筑的执着和热情。你杰出的天赋和严谨会将你带到比你设计的任何一栋建筑都要高的地方，而且也像你早已心知肚明的，伟大可以出现在任何地方。它可以高到耸入云霄，却也可以埋藏在我们的灵魂深处。而你的灵魂中，必然孕育着伟大，同时你还有为你的老师们仅言善意之词的善良……

照顾好自己，希望你今天，明天以及未来许多年中不可胜数的每一天，都能完满。同样也将所有最好的祝福带给你办公室的那些优秀的同僚们。

托尼

安东尼·C. 安东尼亚德斯

这次和戈登的通信，激起了我对于往昔岁月的怀念，于是我开始在留存的那些材料之中，寻找被灰尘掩盖陈旧的宝藏。20 世纪 80 年代初，我曾与劳琳达·斯皮尔（Laurinda Spear）和伯纳多·佛特–布里西亚（Bernardo Fort-Brescia）（美国艾凯特托尼克国际建筑事务所主创人）有过几封通信。那段时间，我们一直在讨论关于设计课教学的一些深刻问题。让我遗憾的是部份信件并没有保留下来。伯纳多当时在信中写道："托尼……我一直在思考你提出的关于作为老师，我们对于其他不同于自己的意识形态到底是应当秉持武断教条抑或是仁慈包容的态度的问题，就我自己的求学经验来看，现在的我或许会倾向认为，只要学生能明智理性地分析与合理化他们不同的思想意识，我便可以接受任何一种不同的思考方式。我现在仍能回想起当年，我的老师不允许我进行各种尝试试验时，我到底有多么的不悦"（详见，1980 年 4 月 18 日信件）……这些经历与戈登，极大地巩固了我对教学的态度，直至今日。

我永远无法忘记伯纳多曾同我讲过，当年他在华尔道夫大酒店（Waldorf Astoria）的电梯旁徘徊了数个小时，手里紧紧攥着自己的作品集，为的只是能有那短暂的与雷蒙德·纳什（Raymond Nash）一同乘梯的数十秒。在这转瞬即逝的时间里，向他展示自己设计的一些拥有奇妙色彩的建筑，并试图使他印象深刻。而他的确也做到了，在他乘同一班电梯下来时，便已经获得了开启他成功之路的钥匙：一个设计委托。我个人极其欣赏 ARQ（ARQUITECTONICA）事务所劳

ARQUITECTONICA

International Corporation

April 18, 1980

Mr. Tony Antoniades, Director
School of Architecture
University of Texas at Arlington
Arlington, Texas 76019

Dear Tony,

Thank you so much for your hospitality during my visit to U.T.A. I very much enjoyed the people and the general attitude of the school. Needless to say, I was very honoured by your invitation and enjoyed every minute of it.

Also, since I left I have been thinking about your question on whether a teacher should be dogmatic or lenient to other ideologies. Looking back at my school experinece, I would now tend to think that I would allow almost any approach as long as the student could rationalize it intelligently. I can think of times when I would get furious because I was not allowed to experiment.

Regarding your article on the Kitsos Building, we will attempt to have it published. We were flattered by your generous analysis, as was Dr. Kitsos when he read it.

Finally, as soon as we have the schematic design for the resort in Greece we will send you a copy for your comments.

Once more, thank you very much.
Sincerely,

Bernardo Fort-Brescia

BFB/od-h

[illegible] Ponce de Leon Boulevard　Coral Gables, Florida 33134　305-442-938[illegible]

1980 年 4 月 18 日
院长，托尼（安东尼亚德斯）先生
得克萨斯大学阿灵顿分校：
建筑学院，阿灵顿，得克萨斯州，邮编：76019

亲爱的托尼，

首先感谢您在我到访得克萨斯大学阿灵顿分校时对我的热情款待。我十分欣赏这所学校的师生，以及整个学校对待学习的态度。此外，虽然并非必要，我依旧很想告诉您，对您的邀请我感到非常的荣幸，而且这次经历中的每一分钟，都让我感到无比的愉悦。

自从离开贵校开始，我便在一直思考关于您提出的，作为老师，我们对于其他不同于自己的意识形态到底是应当秉持武断教条还是仁慈包容的态度的问题。就我自己的经历来看，现在的我或许会倾向认为，只要学生能明智理性地分析与合理化他们不同的意识思想，我便能接受任何一种不同的思考方式。我现在仍能回想起当年，我的老师不允许我进行各种尝试试验时，我到底有多么的不悦。

您那篇关于吉特索斯诊所的文章，我们会尝试尽快发表。您对我们慷慨的评价让我们，以及吉特索斯博士，都感到十分受宠若惊。

最后，我们在希腊设计的度假建筑方案一经确定，我就会尽快把相关的资料寄给您，以便您撰写评论。

再次感谢。

真诚的，

伯纳多・佛特 – 布里西亚

琳达和伯纳多的作品，两位年幼于我的建筑师，也都曾是斯特恩・劳林达（Stern Laurinda）的学生，分别毕业于基恩大学的迈克尔・格雷夫斯学院和普林斯顿大学。我曾造访过他们二人设计的吉索斯医生诊所（Dr. Kitsos clinic），并在《A+X》（人类 + 空间）杂志上写过关于这座建筑的文章。而这也迅速地促成了我们之间的友谊。伯纳多的信更加坚定了我对于建筑设计和自由创作的信念，同时，也更加坚定了我将后现代化建筑主义进行到底的信念。从某种程度上来说，戈登・吉尔之所以能有他当时无拘无束的学习经历，很大程度上都要归功于这封信中的内容。对于将“蠢事”作为一种通向建筑创新手段的做法，我想要说的也只有我已经竭尽全力，在这里，在这本书中，将这些……或许是“疯狂”的事合理化，给予他们一些原因，就像我一直对它的理解那样，也像我一直从中获益并将其付诸自己的工作当中那样，每一件我手把手尽心完成的事，都终是以“纪律”和“逻辑”为原料，而这些，也将会是解决与对应任何想象而创造出的概念构想的最实用，也是最可行的办法与出路……就比如，将堂吉诃德式的思想与希腊的建筑融合！

我工作室设计的绝大多数作品都没有任何在我们周围屡见不鲜的“过度夸张”“拒绝矫正”“非人性化”或是“铺张浪费”的迹象。我们的作品也没有表现出任何终会将许多国家拖向经济破产的那些拥护与促进“富丽堂皇的谎言”“政治修辞”以及“伪善”的视觉表达的堕落的虚伪设计。而我个人“蠢事”的重要原料，通过我在得克萨斯任教的课程中学生创造的作品所表达的，我相信，是原生于“希腊的逻辑”与“创新的态度”为这个时代更深一层的贡献。在这个过程的时代周期中，建筑的“蠢事”，一方面受到对于伊兹拉岛历史城镇维护的固执坚持的主导，而也是对于这方面秩序或纪律的追求与坚持最终启发了戈登·吉尔，使他不断追求与众不同，直至现代主义以及后现代历史主义的发展；另一方面，建筑创作中的“蠢事”，是受到向着人类文明发展的逻辑理性的态度的主导，而保持逻辑的理性态度将我们带到了先进的处境：一个民主被“市场”所支配的时代周期；而许多公共机构，包括他们的建筑本身，都变成了这种异常状态的引导者，甚至也是受害者。

这个时代是只要“明星建筑师”相信，人们可以习惯任何事物，那么他们便可以心安理得“顺从”地按照那些政治家以及商业巨头们的喜好进行设计。而这些设计在某些特殊的大众媒体记者和那些“品牌塑造者”的帮助下，便可以由“罪恶的建筑”转变为“大师之作”。我个人坚守的“警戒线”（red line）或是底线，是“每一个人”“是作为真实且具有创造力的人类本身的每一个实体”，以及“人的尺度”，因为不管建筑的体量有多大，“尺度”和“大小”都没有什么必然联系。因为即使是在一个极大的建筑中塑造观察者所熟悉的元素，如果观察者能在他/她所处的环境中找到使他/她感到满

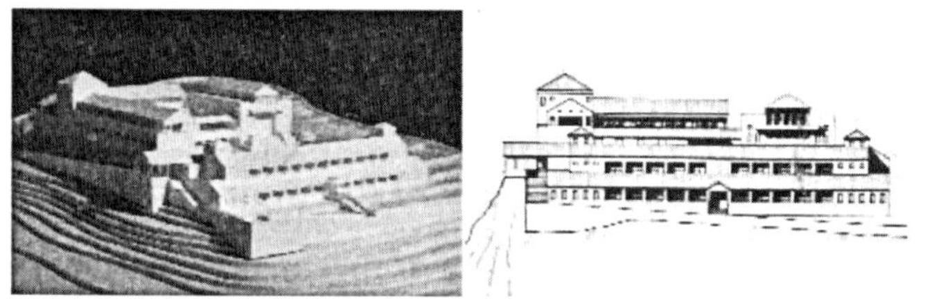

奥德赛宫，设计者：安炯燮（Shin Jung-Seob），四年级学生作品。详见：安东尼·C. 安东尼亚德斯，《史诗空间——探寻西方建筑的根源》，VNR出版社（Van Nostrand Reinhold），1992年

足与愉悦的元素，那么这个极大的建筑中便存在“人的尺度”。相反，如果一个建筑欠缺人的尺度，就会像帕提农神庙残破不堪的弃柱那样，向创造它们的远古时期的建筑师发起了复仇。因他显然在过去的千年里，惊扰了些什么……

写这篇文章的那段时间，在每天由家到伊兹拉岛港口散步的路上，我便一直在想雅典帕提农神庙及它的设计逻辑，还有塔索·凯撒勒（Tasso Katsela）设计的富兰克林·德拉诺·罗斯福（FDR）的纪念堂（我会在之后的章节中论述），对我来说，或许就是我一直在寻觅的关键答案。我做过“蠢事”的来源有许多：比如希腊各个岛屿、伊兹拉岛、伊瑞克提翁神庙，甚至荷马！而对于这些“蠢事”，或许一些循规蹈矩的中国人会告诉你说，你这些行为实在是疯狂，把荷马与设计联系在一起，驴唇不对马嘴。但是其实中国人和希腊人有一个共同点，喜好搞怪，机灵聪慧。他们就好像是石头、木头、艺术品的外科医生，当你让他们阅读了《史诗空间》，当你给他们讲述了荷马的那些远古故事，以及奥德修斯和佩内洛普的传说记载，那么他便可以遵循同样的设想和场景，建造一个比奥德修斯的奥德赛宫殿还要卓越的奥德赛宫，比曾经所有考古学家曾尝试还原塑造的任何一座都要出色。下面图片中这个可实施建造的“荒唐”作品，便是我的中国学生安炯燮（Shin Jung-Seob）所设计的奥德赛宫。

ouis Chineme Chinwuba

Alfred Vidaurr

ames Boerner

Jeff Hoffelinge

Jim Bonnett

Jeff Hoffelinger

Aubrey Springer

Andy Garzo

Paul Doerney

L. Chineme Chinwuba

Chinese Chiwuha

James Bonner

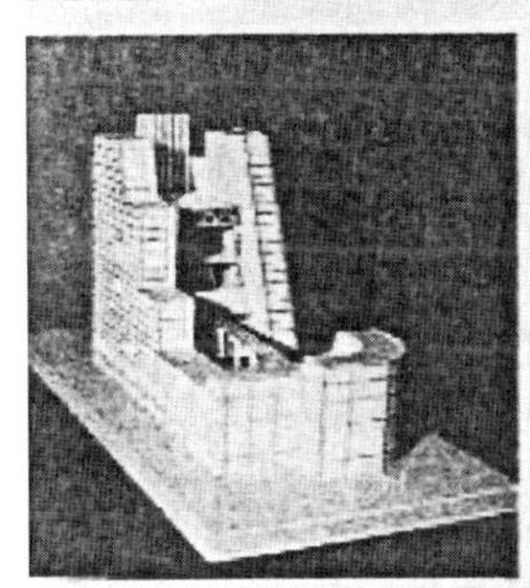

Alfred Vidaurri

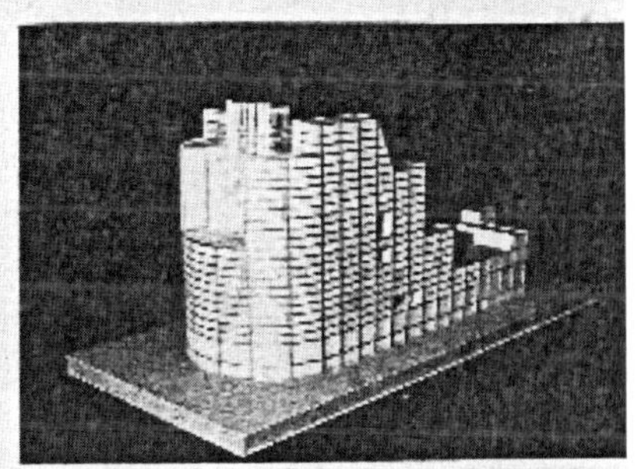

Alfred Vidaurri

William Aristquist

P. Stewart

Miles Shellport

Anthony Springer

Σκίτσα μελέτης δομών — τελικό προσχέδιο — μακέττες έργασίας — μακέττες παρουσίασης ξενοδοχείου Συνεδρίων στό Ντάλλας - Τέξας. Ἀτομικό θέμα 8 ἑβδομάδων 4ο ἔτος. (σελ. 56-57).

Ξενοδοχεῖο Συνεδρίων (1200 δωματίων) στό Ντάλλας. Ἀτομικό θέμα 8 ἑβδομάδων

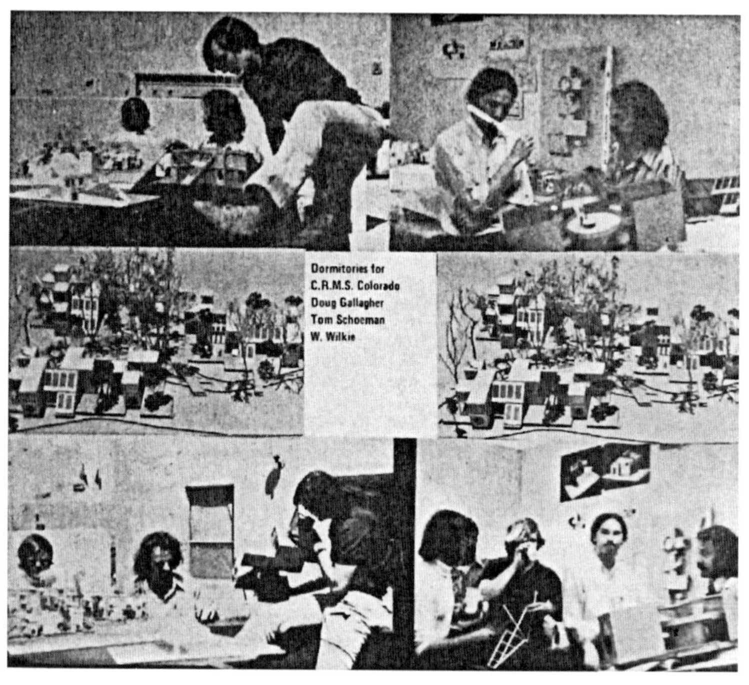

“……那些年在新墨西哥州度过的美好时光”“我第一本书的最后一页……”

与汤姆·斯科曼（Tom Schoeman）、道格·加拉赫（Doug Galager）及 W. 维尔克（W. Wilke）一同

“发表，发表，发表”

纳撒尼尔·奥因斯、理查德·安德森（Richard Anderson）、班布里奇·邦庭（Bainbridge Bunting），约翰·高·米姆（John Gaw Meem）等

在继续深入探讨之前，我想先简要地谈一些与“出版”有关的话题，特别是对那些认为在国际出版商的背后隐藏着各式各样由“学者的被迫妥协”或者也许是一些暗度陈仓的“金钱交易”，一直到“间谍”和美国中央情报局（CIA）的“邪恶手段”的那些人讲。如在这个大政府时代，大量的资源被消耗在那些借助公共关系和促销手段并通过网络设计与价格高昂的网络程序，以达到策略推广与国际知名目的的、毫无实际意义的事情之上，再加上对资源的铺张浪费以及对公共资金的随意滥用，如今已经很少有人会认为“价值”和“美德”振兴也是可以由名副其实的学者和智慧之人来完成的。而这些人中的大多数，甚至都不曾享有过任何、哪怕是一丁点的酬谢，但他们仍旧没有一点私心，所求的仅是单纯的、能让自己的作品可以倾其所有精华，将它自己在这个世界中的价值发挥到极致的机会。而拥有如此纯粹目的的他们，却也时常成为那些狡猾的出版商们“榨取”的对象，尤其是那些辅助专业出版的“电子”出版商，覆盖了科学、艺术、政治甚至外交等各个领域。显然，我们是在讨论20世纪晚期那些严肃正经的国际建筑杂志，而非近期才出现的那些需要依据谁是现今所谓“社交媒体”中的老“大哥”，而向他们支付报酬的纸质或电子杂志。如今堪称“空中垃圾场”的互联网，也已经陷入“广告化”的陷阱。

在我的国家希腊，甚至真的有一些建筑师，他们完全无法想象真的会有所谓的独立评论家或独立学者，也无法相信根本无须签订某种“隐性合约”，也不需要获取任何文化部或者政党机构的支持或是同杂志编辑或“专属摄影师”进行经济上的“交易”，应允他们一些“大价钱”或是“提成”，更不需要隐藏营销广告，便可以在国际杂志上发表文章。以我曾在《AIA》杂志和《建筑学》两本杂志上发表过文章为例，与我合作的是两位十分优秀的编辑，唐纳德·康迪与安德烈·奥迪恩（Andrea O’Dean）。据我所知，确实有一些拙劣却十分擅长自我宣传与“公关”的设计师，他们会轰炸式地要求杂志为他们那些不值一提的建筑作品进行宣传。我从不会为那些我未曾亲自到访的作品撰写评论或是文章，因此，我也不曾理会诸如此类要求的任何

信件。然而不幸的是，我也为此付出了相当大的代价。之后的几年里，在我的祖国有相当“可观”数目的敌人对我虎视眈眈。我刚回想起其中的一件，而这个人当时的来信至今仍收藏在我个人的资料库当中（ACA 档案，信件，1995 年 4 月 20 日）。来信的是一个极其平庸的建筑师，多年后他成了一名海外的明星建筑师的合伙人，并促成了世界上最凶残的建筑之一，以至于它简直都成了世界建筑中的一座丰碑……哦，拜托，请不要再问关于这栋建筑的任何问题，我其实早已事先撰写了关于这个项目的大约 20 封信和批判性的文章……前几年他还给我写信要求我为他的一座建筑撰写宣传性文章，以缓和那些批评声音。我曾尝试选择他设计的一个我曾到访过且比较中意的小型博物馆进行文章撰写，然而这篇文章却被《建筑学》国际建筑年度回顾的编辑否决了。我从未告诉这个建筑师有关我对他作品的引荐，以及被否决这两件事。同样，也有两位普利兹克奖的得主，也不曾知晓我对他们的引荐。这世上没有一件事是容易的，一个人若是想洁身自好，必须要异常强大，竭尽所能地坚守自己审美道德感，并保持思路的清晰与客观。而想要达到这个目标的过程不仅需要以超乎寻常的工作量和付出为基础，而且也必然会是完全义务性的，不要想着会有任何所谓报酬，而这也必定需要强大的自我约束力且必须完全原创，绝对不能人云亦云。但是即使如此艰难，这一切付出也并非徒劳，甚至十分值得，特别是当你努力的成果得以发表在那些客观真诚的建筑杂志上时，如《AIA》《建筑学》《建筑发展》《建筑 +》[彼得 · 布莱克（Peter Blake）主编]、《建筑实录》[罗伯特 · 艾维（Robert lvy）主编]、《内陆建筑》[哈利 · 威斯（Harry Weese）主编]、《建筑师》（*L'Arquitettura*）[布鲁诺 · 赛维（Bruno Zevi）主编]，以及日本的《A+U》（中村敏男主编）。再看看当今那些纸质的学术杂志，我只能说很令人失望。除此之外，许多电子版的建筑杂志中所要求读者的“匿名”评论也让我十分反感。要知道，自由，批判和求实，甚至是署名，都需要莫大的勇气！！！

在我延伸这个话题之前，请允许我讲下面的这句话：当下美国的学术氛围，以及随着各项事物发展进化后的欧洲与希腊，一个人若是想有学术发展、在世界相关领域中有等级进阶，以至终身的职称，除非你的作品通过某种途径发表，否则即使再努力，也是徒劳。而这个晋升的过程中，通常会伴随着长期挣扎与辛勤工作，而这些却无关于学位和专业素养。他要求你为**大多数人的利益而勤奋工作**（Work for the good），要具备卓越的教学能力，要投身于“大学体系”，乃至社会。

也就是说，你整个学术生涯所做的一切皆须奉献于更大群体，城市、地区甚至国家，而如果你职业生涯所有的贡献皆是为了让全世界有更大的收益，那便是再好不过的了……不过，前提是将它们全部“发表”！我在20世纪70年代早期从理查德·安德森（Richard Anderson）那里得知发表对于学术工作的重要性。我也曾有过些许轻松的时刻，那是与我的城市设计理论课程的一些学生在熙熙攘攘的学生会休息区喝着咖啡，讲着笑话，还有一些所谓严肃话题的时期。在理查德进来时，我瞧见他四处寻觅可以歇脚的空桌子，便邀请他加入了我们，他也坐了过来。他刚坐下，便被迫拖入了同样冗长的一个话题聊了许久。那是我的另一个学生，曾是越南战争时的一名直升机驾驶员，正试图说服他的老师们跟他学习驾驶飞机，从而赚点外快。他一边说还一边瞄着边上的另一位越战退伍老兵乔（Joe），乔的默不作声反而成功赢得了更多女孩的青睐。当年的我和理查德实际上比我们的一些学生还要年轻，他们中有些已经是注册建筑师，还有一两个离过婚的人，另有些十分美丽优雅的未来女建筑师，她们的头上佩戴着鲜花，而这些在今天已是十分罕见的打扮了。理查德·安德森年长我几岁且已经结婚，是一位刚刚获得了博士学位的城市规划师，并被学校聘为副教授。他来学校的时间比我晚了两个月左右，但显然不是终身任职，而“终身职称”这种事在此之前我从未有过耳闻。我当时的职称是“建筑与规划客座讲师”，且需要每年签一次合同。须臾，在学生们皆上课离开之后，理查德变得格外“内行式僵硬地”问道：“……不知道你在发表方面做得如何了？这里的人莫非都不为这事花时间吗？”我十分客套且尽量保持友善地回答道：“实际上我在努力与我的学生成为朋友，这可以抹去我们之间的界限，能使我成为更好的老师，也能让学生成为更好的自己。”这也是我当年在哥伦比亚念书的时候，我最尊敬的

安东尼·C. 安东尼亚德斯于新墨西哥州大学城市设计理论课上［左，照片由约翰·安德里亚诺普洛斯（John Andrianopoulos）提供］，1970年
“时代的氛围”（Ambience of the times），笔者的起居室里（右），位于新墨西哥州瓦萨市东南部

老师传授给我的。他也是迄今为止我见过最称职的老师。维克托·F.克里斯特–雅内尔（Victor F. Christ-Janer），如若理查德曾听说过他，那么他一定能体会到我想要表达的意思……而我能切实地感受到学生们对我的喜爱。不过显然，理查德只听说过维克托的兄长，因为他曾是波士顿大学的校长，但却从未听说过维克托。“如果维克托从未与你谈及过发表相关的事，而你却尝试走学术这条路，那么你一定会发现这条路充满了艰难险阻。不要奢望不用发表文章就可以提职称，或是得到终身任职。”于是我开始向他询问与之相关的种种。他显然对这两件事都了如指掌,而且也十分善于提出建议:“这件事要循序渐进，从一些小型的地方期刊开始，慢慢来，知名杂志自然会找上门”……随后他还说了一些关于“终身任职”的事情,但是我没怎么听得进去，当时我的脑子已经有点被“发表！发表！”这件事情占据了。

我从未忘记过这次的会面。当时我甚至没有再和任何人讨论，就开始在心里计划着自己各种主题建筑书籍的出版工作了。在之后的日子里，每当我回到学生会的咖啡厅时，便都会在纸巾上写写画画，为我自己野心勃勃的建筑出版工作记录一些概括性的内容或绘制一些图表。直到有一天,我忽然有了灵感。当时在离学生会大约100码（100码约为91.44米）的地方有一台起重机,正尝试举起一个巨型钢制桁架,并将它放在我每天都会去打篮球的主体育馆扩建工程的墙上。这个体育馆看上去很像我上上周曾经到访过的新墨西哥州兰乔德陶斯镇的土砖房。从那一刻起,我有史以来第一篇即将发表的文章便开始成型了。这篇文章的主要论题是“传统与当代元素在建筑中的对比”，从尺度、大小和建造方法三个方面进行考量,并结合形态学中的本质加以分析。而我评判的第一个“受害者”，就是新墨西哥大学里那些我可以坐在屋子里观察到的建筑们。这些房子的设计师是约翰·高·米姆是当时著名的“元老级建筑师”，新墨西哥州建筑界的领军人物。当时他设计的作品遍布新墨西哥州以及周边各州。在他的建筑中，那种通过使用其他材料和建造方法而建造出来的土砖建筑，就像用起重机代替手作，将土砖一一举起并罗列起来，以重复式的楼层而组成的一栋高楼，这在我看来，只不过是一种不成比例的模仿罢了，因为原本的土砖建筑全部都是由人们徒手建造的。不过我要承认的是，除了我所能看到的这些建筑之外，我并不怎么了解约翰·高·米姆。那时国际上还没有关于他的任何报道。与他相关的文章书籍都是在很久之后才有的。在写好这篇文章、并将所有相关的图片和素描都准备就绪之后，我便到隔壁艺术系馆的那座我认为异常不合比例的波普乔伊礼堂（Popejoy

1. 兰乔德陶斯镇的印第安人村庄，人们正不断地以“人的尺度”建造房屋，从一个屋顶到另一个屋顶（照片由笔者提供）
2. 来自笔者发表的文章“传统与当代元素在建筑中的对比”（Traditional vs Contemporary elements in Architecture），发表于《新墨西哥州建筑》（*New México Architecture*），1971 年 11-12 月，第 9-13 页
3. 约翰·高·米姆［照片由美国摄影协会（NMA）提供］

Hall）找到班布里奇·邦庭，他几乎每天都在那里的幻灯片房间里选片。坦白地讲，那时，甚至是许多年之后，我仍没有意识到班布里奇·邦庭到底是多么伟大的一位学术巨人。他是历史文物保存和修复领域的顶尖“领头人”，同时也是建筑、社区、城市研究领域的佼佼者，还是波士顿城市保护国家级的作者之一。而对我个人来说，他最突出的贡献莫过于撰写了约翰·高·米姆的个人传记。

在我的文章发表前，班布里奇并没有什么流传在外的出版作品，但是我可以肯定，他应当已经完成了足够多的调研工作，甚至有一些作品已经准备出版了。令我很不解的是，他从未与我提及过有关出版的任何事情，也从未讲过任何他感兴趣的建筑设计和历史保护方面的内容。我当时只认为他是一位著名且受人尊敬的“艺术史学家”，仅此而已！因为他总是十分谦谦有礼，对相关领域中的希腊年轻人也十分友善。我曾经请他帮我纠正英语，当时他立刻便同意了。“让我先看看，明天找个时间再一起讨论”，他如是说。翌日，我们齐肩而坐，他逐字逐句、不厌其烦地帮我修改。他时而询问我一些词句的用意，时而低头修修改改。在完成整篇文章之后，他说："我并不认同你这篇文章中关于约翰的观点，但是能从一个客观的人那里听到其他声音，也未尝不是一件好事。"

他没有建议我修改文章的主体思想，也没有添加任何其他的内容，只是单纯地纠正了我的英文文法。我感谢了他，并向他询问在之后我编写脚注以表明对他的感谢时，应当使用什么称呼，"博士"（Dr.），还是"博士学位（PH. D）持有者"。他回答道："不，不用的，我只是纠正了你的英语文法，就像我对我自己的学生一样。"随后，他建议我写信给约翰·康伦（John Conron），并告诉他这篇文章的英文文法已由班布里奇·邦庭校正，这也是他所能给予我最大的帮助了。当时我并没有立即意识到，但这确实是换一种方式告诉康伦："请发表这篇文章。"两周后，我便收到了约翰·康伦的邮件，通知我给他去电话。对此我十分焦虑，去了几次电话他都不在。后来，在我驱车前往加利福尼亚度过复活节假期的第二天，我在亚利桑那州尤马（Yuma）某个夜晚歇脚的汽车旅馆，终于打通编辑的电话。你一定无法想象，在他告诉我，我的文章通过了审核且将会在下一期的《新墨西哥州建筑》杂志上发表时，我有多么欣喜若狂。当初所有对文章内容是否出现了什么问题的焦虑，全部转变成了溢于言表的喜悦之情，余下的行程也成了我从未有过的那种愉悦之旅之一。坦白地说，我当时都高兴得忘乎所以了！

自这次经历之后，我的脑海便开始无时无刻不被一个"秘密研究项目"占据，一个未曾有人触及或是推敲过的全新领域。

等到我的假期结束并回到阿尔伯克基之后，我猛地意识到新墨西哥州建筑圈的氛围竟已经变得如此严峻！约翰·高·米姆所有的朋友和支持者都对我感到十分愤怒，他们中有些还是我学校里的同事。学生们倒显得不是很有所谓，同样的也只有少数几位同事以及校外的两位建筑师并没有如此这般对我疾言令色。他们是我的同僚罗伯特·沃尔特斯（Robert Walters）、巴特·普林斯（Bart Prince），以及托尼·普雷多克（Tony Predock），他们都在背后极大地支持了我的观点，虽然后知后觉的我当时对此并不知情。而我"传统与当代元素在建筑中的对比"这篇文章，也在某种程度上触动了班布里奇"这匹只愿意待在自己地盘的狼"（the wolf inside his own turf）。时光荏苒，在约翰·高·米姆辞世之后，班布里奇随即发表了他的个人传纪。这是我个人所拜读过班布里奇撰写的最出色的著作之一。虽然约翰·高·米

5021 Guadalupe Trail
16·X·74

My dear Tony Antoniades,
Your kind letter of Sept 12 has gone unanswered for more than a month. It arrived while I was in the hospital and got more or less buried in a pile of correspondence that only now am I beginning to work on. I apologize for the delay.
The hospital episode, though brief (ten days) & painful was caused by a heart attack (my second) that hit during the first week of classes — always a stressful time, as I am sure you know. The timing was at least good in that it permitted the departments to cancel my classes & let the students enroll in something else. In that way my colleagues did not have to take on my duties in addition to their own, and this releases me from a sense of imposing on them & therefore the need to get back to school quickly. As it is I shall begin to go to campus about the first of November & make myself as useful as possible.
As far as taking on extra travel or lectures, etc., I think I should be careful. The doctor says I have to reduce my range of activities, & I think he is right if I am going to do those well & effectively. I must, therefore, decline your invitation to come to Arlington for which I am very grateful. I would have liked to see how both you & the school. I do hope that things go well for you there and that you enjoy the students & community.
I read your Las Vegas article with interest. You might be interested to know that one of my students is doing her PhD dissertation on the history of the architecture there down to 1912.
All best to you, and again my thanks for your good invitation.
Bain Bunting

邦庭给笔者的来信，信中他告诉笔者，自己的心脏出了一些问题，以及他的一个学生正在为一篇关于拉斯韦加斯历史的博士论文做调研
（1974 年 10 月 16 日）

姆尚未被世人所熟知，但是他注定是 20 世纪最重要的建筑师之一。出生于巴西的约翰·高·米姆有着跌宕起伏的一生。作为一位牧师的儿了，当他的父亲在巴西建造礼拜堂时，14 岁的约翰便对建筑学产生了兴趣。在他随家人返回纽约之后，他在银行找到的工作因为会葡萄牙语，便又将他带回了墨西哥。随后，他在墨西哥不幸患上了肺结核并为此备受煎熬，于是来到新墨西哥州的一家疗养院静养。7 年之后的约翰已是一名在圣菲靠自学成才的建筑师了，而市中心的拉芳达宾馆（La Fonda Hotel）便是他的首个建筑设计项目。自那之后，约翰接手并设计了许多新传统、新殖民兼具新印度风格的公众建筑、大学以及大量的别墅和度假村等。不过在我和那些认同我观点的人们看来，他所设计的公众建筑依旧是不成比例的，至于原因，我早已在我发表的第一篇文章中进行了详细叙述。

班布里奇曾经给我写过一封信，在信中他告诉我说“你的文章着实让约翰·高·米姆吃了一惊，因为从未有人敢批判他的任何建筑作品”，随后他补充道，“但是他说他其实也很开心，因为他一直以为因自己非科班出身的身份而被同领域的其他人排挤。”几年后，我还专程为他给我的这封信打电话感谢了他。正如我之前所写的那样，约翰·高·米姆就像赖特、勒·柯布西耶（Le Corbusier）、密斯（Mies）等 20 世纪主流的建筑大师一样卓越。这样说似乎有自我标榜的嫌疑，所以我想在这里声明一下，那就是当我写这篇关于约翰·高·米姆的文章时，那些由著名历史学家和学者撰写的关于美国建筑的著作，如文森特・斯卡利（Vincent Scully）的《普韦布洛：那山，那村，那舞》（*Pueblo*：*Mountain*，*Village*，*Dance*）以及班布里奇的《新墨西哥州的早期建筑》（*Early Architecture in New Mexico*）与《约翰・高・米姆传》（*John Gaw Meem*）等著作，均未发表。因此，当时我对于这些临近出版的作品、新墨西哥大学出版社以及出版社总编即是班布里奇・邦庭本人的这一系列事情，都是不知情的。这篇文章的“成功”、我从这篇文章中所获得的喜悦和幸福感，以及热情的学生们的追捧都让我深切地感到，我应当继续撰写并出版关于新墨西哥州建筑相关主题的文章。支持我观点的人大多数都是些本地或是从加利福尼亚大学洛杉矶分校（UCLA）与加利福尼亚大学伯克利分校（Berkeley）跑过来的“嬉皮士”（hippies）们，当然，也包括他们的一些导师，比如景观建筑师高登・安德鲁斯（Gordon Andrews）。那时是人们开始担忧能源相关问题的最初时期，因此，很多年轻人都沉浸在提高能源效率（energy efficiency）的试验、应对能源危机的环境敏感性建筑设计，以及以使用本地材料为主的气候适应性建筑设计课题当中。我对相关领域的研究也有一定的基础，毕竟当年我在雅典阿索斯山上的建筑学院里也修习过相关的内容。即使当时这一领域还没有“成形理论”，不过那些必要的知识与经验我还是具备的。于是我开始专注于这方面的研究，以及一些将要发表在《新墨西哥州建筑》和《专题》两个杂志的相关主题文章的撰写工作。在参加了新墨西哥州举办的一个关于“建筑师社会责任”的主题座谈会之后，我在《专题》中发表了一篇备受争议的文章。当中我声称，建筑师的社会责任应当是将其真正所学和所授予的知识和经验回馈给社会，这才是设计该有的样子。此外，我还谴责了那些不称职的专业人士，指出他们整日只想着如何在圈子里树立自己的形象和名声，却从不踏实做事。这篇文章在一些团体中激起了扬声恶骂，而其中态度最激烈是一位来自圣路易斯的建筑历史专业的学者皮克林（Pickering）博士，而当时对于我言论的最大支持者，是当时的美国国家建筑注册委员会（NCARB，National Council for Architectural Registration Boards）主席，同时也是美国建筑师学会会员（FAIA，Fellow of American Istitute of Architects）的丹尼尔・布恩（Daniel Boone）。不管外界如何评论，我依旧继续写着我的文章。等到正式搬到得克萨斯州居住的两年后，我已经积累了足够的文献素材和出版物，使我可以自如地在一些国家级别的期刊杂志上发表文章，于是我便向《AIA》杂志提交了一篇名为“新兴空间：空间

1970 年，新墨西哥大学，“地球母亲”庆祝会，高登 · 安德鲁斯、班德以及学生（照片由笔者拍摄）

类型学”（*Recent Space*：*A typology*）的文章，目前仍处于审核中。作为一个刚结束了在新墨西哥州 3 年职业生涯的年轻新晋注册建筑师，虽然已经拥有四个加盖我个人官方印章授权的建筑设计项目，但是由于当时十分严苛的地域限制和历史功能区域的政策，我着实还是会时常感到有些“窒息”。我热爱得克萨斯州当地无处不在的种族精神，也一样热爱他们印第安人的传统村落（Pueblos）；虽然想超越简单的“模仿”着实是让人感到步履维艰，但若是能设计出以新材料建造的属于我的时代的地域性建筑，那也必然是一件让人感到分外骄傲的事。

我在得克萨斯看到了一些正在建造的“新事物”，而其中我曾到访过的一些酒店的内部休息区，简直是出乎意料到让人震惊。虽然我始终自称是“地域主义专家”（Rregionalist），但是得克萨斯州的这些经历着实也为我的研究工作带来了新的启示……我开始琢磨那些有关建筑细节方面正在发展当中的“新事物”，从更“宽泛”却也更具有“地域性”的角度去思考；而当这些宽泛且具有地域性的问题与“新事物”建立起某种联系时，我便让自己的精力集中到更加具体的细节当中去，通过周围正在建造当中的建筑的剖面，去探索他们之间存在的一种共通的、具有“三维透明度”的空间。

除了对所谓“新空间”概念进行新的探索研究以及对此概念进行理论性地表述并完成相关文章的出版工作，我还有幸得以利用学校专门为客座讲座设置的公共资源，为我的研究工作提供便利。作为讲座委员会的主席，我邀请了很多先锋建筑师到此来分享他们的最新作品。在这里我必须要说的是，整个委员会的全部工作都由主席一人完成，也就是我，没有任何人反对我所提出的任何建议或想法。而这其实是因为他们当中没有任何人可以像我一样通过一封私人信件便可以直接联系到知名的业内人士。于是在一段时间之后，这个委员会就只剩下

Space in New Mexico Architecture
as a resource for an energy ethic.

by: Anthony C. Antoniades, A.I.A., A.I.P.

图片中标题：将新墨西哥州的建筑空间作为能源规范的参考
笔者早期发表的关于能源与建筑设计方面的文章之一
（发表于《新墨西哥州建筑》杂志）

我和委员会会长两个人了。除此之外，学院院长豪尔·鲍克斯（Hal Box）与我有着相似的学术兴趣和哲学观，因此活动批准也从不是一件难事。在豪尔去世的两年前，他发表了一本名为《像建筑师那样思考》（*Thinking like an Architects*）的杰出著作，用十分敏感且私人的记叙方式讲述了一个建筑师，在许多年轻人和项目甲方的帮助之下成长的故事，是一部对不同专业领域的人而言都十分具有教育意义的励志之作。豪尔是一位沟通大师，十分擅长处理“建筑师－甲方”之间的关系。于是我逐渐发现，我所要做的就只是发掘那些“优秀建筑师的名字”，并尽量避免“委员会不必要的周旋”，写一封足够好的书信并寄给那个我所崇敬之人，随后这些人的名字便会出现在豪尔批准的文件之上。剩下的便是为这些受邀之人申请酬金并且进行交涉，并得到豪尔的许可签字。

我很庆幸在来到得克萨斯州之前，能有在纽约、伦敦以及新墨西哥州的种种经历，让我有机会结识一些知名的建筑大师。

那时，若是提及建筑大师，不会有人想到比 SOM（Skidmore, Owings and Merrill）建筑事务所的创始人之一，纳撒尼尔·奥因斯更

建筑师里奥·格兰德（Rio Grand）设计的位于迪茨农场（Dietz Farm）的两个住宅项目，新墨西哥州阿尔伯克基市，照片由笔者拍摄

加重要、更加地位显赫，或是更加令人尊敬的名字。我第一次见到他本人是在圣菲（Santa Fe，新墨西哥州州府）举办的建筑活动上，他当时在那里度假。在那次会面中我告诉了他我曾经在 SOM 的纽约事务所工作过，而后还向他表达了我对新墨西哥州和新墨西哥大学的热爱。在我抵达得克萨斯州后他便是我第一个写信邀请的人，我在信中再次提到了我们第一次见面时所讲的一些内容、诸如我曾在他纽约的事务所里工作过四个月的类似细节以确保他能记起我，并告诉他我如今正在得克萨斯州教书。而后我试探地询问，他是否能到我所在的学校为我们的系列客座演讲进行一次公开的讲座。而对于酬金等诸如此类琐碎的事，我实在是不知如何向此等业界巨人开口，于是我便回避了这个问题。不约而同的是,他也没有提及任何有关费用或报酬的事，我只是记得他曾经告诉过我，他可以租一架小型喷气飞机，并在他去往休斯敦的途中暂停于阿灵顿来进行客座演讲，并答应我会将那天专门为讲座而空出来。几日后，我再次收到了他的来信，信中他告诉我说他可以在参加完圣安东尼奥（San Antonio）的得州建筑师学会活动之后，在飞往卢博克市（Lubbock）的途中，也就是当年的 11 月 3 日

那天经停阿灵顿，而鉴于那天刚好是个周六，所以他想知道这个日子是否合适，毕竟许多学生可能都不在学校。这封信简直让我感到受宠若惊。我实在是太高兴了，甚至高兴到忘记与豪尔提及奥因斯要在周六学校休息日那天到访的这件事。为此我消耗了太多的心血，我不想因为任何事情而将这件事重新置于举棋不定的窘境。我思虑了良久，便于第二天一早把这件事一五一十地告诉了豪尔。谢天谢地，豪尔同我的想法如出一辙，他说："周六当然可以，周六就可以来做讲座！你没有延期是正确的。"于是我们竭尽所能地通知了所有能通知到的人，尝试向所有人介绍这位重要访客的详细信息，并在学校里张贴了尽可能多的海报，邀请了整个学校的师生，并希望他们尽可能地出席。与此同时，我们也开始着手为这位杰出的宾客准备隆重的迎接仪式。纳撒尼尔·奥因斯不仅是全球最大建筑公司的三位创始人之一（如今仍旧是美国最大的建筑公司），同时也是一位元老级的建筑师，是 20 世纪 30 年代早期芝加哥展会上的明星，还是许多被载入史册的建筑作品的创作者。那么，到底是谁可以有资格来让这样一位金字塔顶端的著名建筑师，来为他的系列讲座打头阵呢？豪尔·鲍克斯当之无愧，他是温文尔雅的礼节大师，他不仅是 PBH（Pratt，Box 和 Henderson 普瑞特、鲍克斯和亨德森）事务所的主要合伙人之一，还曾为了得克萨斯大学建筑学院的初始认证而放弃了自己一手建立的公司。如今，他是一位杰出的教师，因此由他作为主办方来迎接奥因斯是再合适不过的了。豪尔让我直接到机场迎接奥因斯，而鉴于我们早已"私下"结识，于是我便在回学校的路上相当正式地向他介绍了学校和这次活动的相关信息。原本学校为了这次的演讲做了十足的准备和宏大的欢迎计划，可是不久之后我便发现纳撒尼尔·奥因斯是一个十分端庄谦逊之人，他并不喜欢大张旗鼓，于是那些原本的繁文缛节便被舍去了。他先前便已在电话中通知了我他的到达时间，以便我和讲座委员温蒂·艾辛顿（Wendy Ethington）一同到机场去接他。温蒂作为豪尔·鲍克斯最得意的门生之一，新婚燕尔的她开了一辆超大白色凯迪拉克到机场迎接奥因斯。她的新婚夫婿是一位律师，而据我所知，他在几年后便成为了一名国家公诉人，而且还是纽约政界举足轻重的人物。当天，由于担心奥因斯的飞机提前起飞，我和温蒂一早便抵达了机场的接机点，当地的机场只是一个小型的地区机场，但是对于小型利尔喷气式飞机和那些繁忙的商人们来说，已经足够。由于是个小型机场，到达的飞机简直就像是直接停在了等候室的门外。飞机抵达后，奥因斯走了出来，身后跟着两三个人，全部都身着清一色的灰色西

Skidmore, Owings & Merrill　URBAN DESIGNERS / ARCHITECTS / ENGINEERS

CONNECTICUT AVENUE,
WASHINGTON, D. C. 20036
CABLE SAIDOW

NATHANIEL A. OWINGS

October 1, 1973

Mr. Anthony C. Antoniades, AIA
Associate Professor of Architecture
Department of Architecture
The University of Texas at Arlington
Arlington, Texas 76010

Dear Anthony:

I have your letter of September 17. As you know, I will be in San Antonio on the first of November. I expect to be at Lubbock on the 2nd. It would be possible to come to Arlington on Saturday, November 3rd--or do the students take off? In any case, please get in touch with me in Santa Fe in care of my address at Box 231, Route 1, Santa Fe, New Mexico 87501 (telephone number is (505) 455-2574).

Sincerely yours,

Nathaniel A. Owings

NAO/gce

1973年10月1日

安东尼 · C. 安东尼亚德斯先生，AIA会员
建筑学副教授
建筑学院
得克萨斯大学
得克萨斯，阿灵顿，邮编：76010

亲爱的安东尼先生：

我收到了您于9月17日写给我的信。如你所知，我将于11月1日到达圣安东尼奥市，并于2日抵达卢博克市，所以我可以于那周的周六，也就是11月3日到访阿灵顿——只是不确定是否学生都已离校？无论如何，请一定给我回复。我于圣菲的地址是：新墨西哥州，圣菲，1号线，231信箱，邮编：87501电话是（505）455-2574

真诚的，
纳撒尼尔 · A. 奥因斯

奥因斯于1971年10月1日给笔者的来信

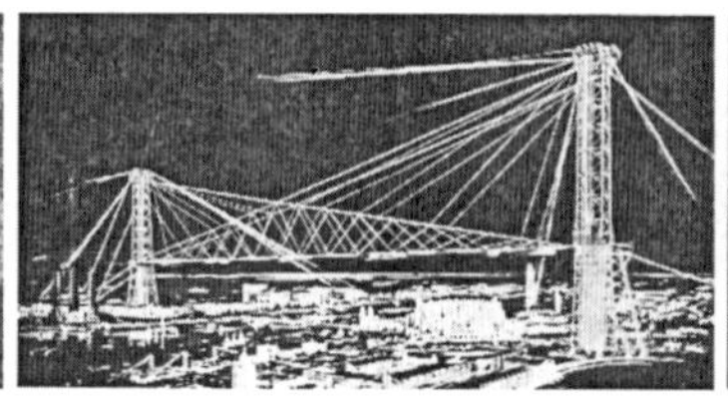

1933 年的芝加哥博览会，纳撒尼尔·奥因斯（左）和路易斯·斯基德莫尔（Louis Skidmore，右，负责“一个世纪的进步”主题的展会设计）；纳撒尼尔·奥因斯和他“空中漫步”（Skyride）方案（中），（资料来源：《建筑实录》杂志，1933 年 5 月，第 341-375 页）

装。他愉悦地走向我们，神清气爽，没有任何商人的世故气息，也绝对没有丝毫“位高权重者”的大架子。他饶有兴志地听我们讲述自己的近况，以及这座他从未踏足，且刚创立不久的大学的种种情况。虽然身在得克萨斯州，我们却更多地聊到新墨西哥州的相关话题。对话中，我一直在尝试将话题带回到这次的演讲题目上，以赶在演讲前通知豪尔，让他可以准备开场的介绍词。我知道那段日子里奥因斯一直在忙“宾夕法尼亚大道”的项目，并在邦夏（Gordon Bunshaft）设计的赫希杭博物馆（Hirschhorn museum）中雇用了许多人为他画一张几乎涵盖了整个华盛顿国家广场，长达 20 英尺的场地平面图。那段时间，我恰好在 SOM 事务所工作。虽然聊了很多，但是这短暂的路途当中奥因斯唯一感兴趣的话题便是只有我了解的有关于印第安传统村庄的事情。我试图通过提及《建筑实录》杂志中收录的一篇关于芝加哥会展设计项目的出色文章来岔开话题，却依旧是白费力气。我想我确实感觉到他笑了一下，却依旧没有理会我“无谓的挣

纳撒尼尔·奥因斯在旧金山 SOM 建筑事务所的办公室，约 1972 年［照片由比尔·加尼特（Bill Garnett）拍摄，并由奥因斯提供］

扎”。随后他向我表达了歉意，说因为他今天的行程实在是太紧张，所以在讲座结束后，可能会需要我们将他送回到拉菲尔德机场（Love Field），他还要赶另一班利尔小型喷气飞机到休斯敦参加第二天早上的另一个会议。听到这个局促的消息我的胃立马开始紧张得有些抽动起来，但奥因斯竟异常淡定（见ACA档案，1973年10月8日的信）。

抵达学校后，除了学校所准备的学生作品展，最令人感到欣慰的莫过于能在迎接的人群中第一眼便看到豪尔再三邀请的校长。因为之前，豪尔一直没有收到校长是否会出席的准确回复。纳撒尼尔·奥因斯，这个刚刚才落地一个多小时的人，此刻便已经同校长，以及开心异常的豪尔一起侃侃而谈了。他们谈及制度上一些琐碎冗长的小事，还讨论了一些关于学校建设的事情，而这一切简直就像是脱口秀节目一样，在众目睽睽之下进行！所有到场的学生将奥因斯、豪尔院长、以及校长一同团团包围，以至于奥因斯更是一直无法从中挣脱到讲台上进行演讲。他说：“这些日子，我一直在演讲有关于宾夕法尼亚大道项目的种种，但是在从机场来此的路上，我和托尼（笔者）谈论了许多与印第安传统村落相关的事，托尼说他曾拜访过许多印第安传统村落，我们今天就来谈论一下与这些传统村乱相关的内容。”在这之后的谈话内容便都是围绕圣菲和美洲印第安风格建筑来进行的了，诸如这些村落建筑所具有的空间价值应当被许多建筑师所认可等。他看起来对此似乎十分着迷，但对我来说却恰恰相反……我如此大费周章地邀请到他，至少从我个人的角度讲，希望能够多了解一些有关他们近期项目的事。不过刨去这些“小惊喜”，这可以算得上是我所曾经历过、同这样一位建筑大师，一位真正的伟大之人之间进行的一次最温暖也是最热忱的对话……

演讲之后，温蒂同我一起开车将奥因斯送到了达拉斯的拉菲尔德机场。谢天谢地！在这短暂的途中，我学到了前所未有珍贵的、最精彩的、将传统建筑与空间建立联系的一课。奥因斯同我讲了许多诸如他们是如何在项目中将这些重要元素相互融合的方法，而其中很多我都不曾有所耳闻。真是一次令人难以忘怀的独特经历，紧凑而充实，转瞬即逝，却也让我深切地体会到我们这个时代的建筑大师到底有多么夜以继日、通宵达旦……不过我要说明的是，当时的纳撒尼尔·奥因斯才刚刚从多年令他“提心吊胆”也令他享誉世界的建筑实践工作当中隐退下来……

在奥因斯的讲座之后不久，我们便邀请到了乔治·柯林斯（George Collins）。我与柯林斯相识于哥伦比亚大学，那时我正在阿道夫·普拉切克（Adolf Placzek）的指导下进行调研，并准备撰写一篇名为《作为城市规划师的弗兰克·劳埃德·赖特》的论文。柯林斯是最早研究赖特的广亩城市（Broadacre City）的人之一，我已经读过了他写的所有文章，并在普拉切克的要求下，探访了他和小埃德加·考夫曼（Edgar Kaufmann Junior）。他们二人当时都还在艺术系教书，因此也是和建筑专业有交集的两位学者。那次的寻访柯林斯告诉我去读他的文章，但那些我早已经拜读过了。而同考夫曼，我和他更多的交流是在多年之后的伊兹拉岛，当时我还撰写了一篇关于他在当地十分著名的私人住宅的文章，而这篇文章先前从未被发表。在得克萨斯的讲座中，柯林斯讲了许多与索里亚玛塔的线性城市（Cuidad Lineal of Soria y Mata）相关的事情，而令我印象更深的还是与他在讲座结束之后的对话。当时他问我最近的“研究方向”，我把我在新墨西哥州和科罗拉多州发表的所有文章都告诉了他，并且问他，如果我想在国家级别期刊上多发表文章，应当关注什么样的话题。他告诉我：“无论你要在什么地方发表你的文章，而且如果是一本好杂志，那么选题首先必须要是原创的。有时它们还需要独树一帜。你必须要去寻找匿藏于诸如地毯之下，以及密密麻麻的脚注当中的，那些显得晦涩难懂，影影绰绰的选题……你要在这些密密麻麻、杂乱无章的脚注中探索，并将他们一一详细阐述。”这句话影响了我的一生。在柯林斯演讲结

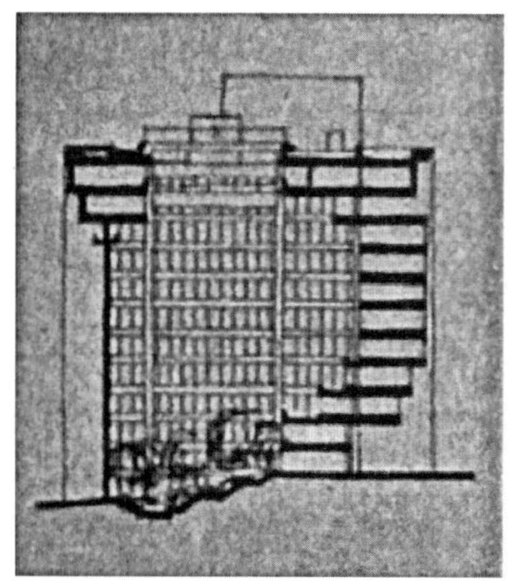

纽约福特基金大厦剖面图（左），来自“当代崇拜”专栏，文章题目为：“近代空间”。作者：A. C. 安东尼亚德斯，第 38–41 页，发表于《AIA》杂志，1975 年 11 月刊
得克萨斯州休斯敦凯悦酒店（右）

束的一周后，我第一次来到了休斯敦，也是在那次拜访中，我被凯悦酒店的多层室内休息空间震惊得目瞪口呆。那是高达 25 层的内部空间，所有的房间环绕排列，电梯在玻璃轨道里无休止地来回上下往返穿梭，令我如醍醐灌顶般印象深刻。通道外围阳台的栏杆围墙盘旋向上，逐层增高，而在最顶层时，便已几乎升高到了颈部的位置。我坐着这些电梯上上下下，而当我终于又回到地面时，我便忽然回忆起凯文·洛奇（Kevin Roche）设计的位于纽约的福特基金会大厦，尤其是这栋建筑那无与伦比的截面图，还有当中如瀑布一般倾泻的层叠花园。我曾于它刚竣工后的几个月在它的外面见到过这张图。我在休斯敦的凯悦酒店，将这两栋建筑的剖面图画在了餐巾纸上，并在边上做好了备注以待来日研究相似的空间形式。

在我想到要将建筑的垂直剖面图作为我的研究选题之后，我的忧虑便成了如何“保护”这个选题不被别人抄袭。因此，为了避免向旁人提及我所想要研究的内容，我并没有写大量的信件向建筑师索要设计资料，而是决定将出版物中有关这些建筑的剖面图全部拓印描画下来。我先是将大部分的这些图纸放大，然后在较大画板上拓画下来，最后再用相机将它们拍摄下来以减小尺寸。《AIA》杂志的编辑在看到我所整理出来的文章之后即刻便决定出版，因此除他之外，不再有第三个看过我这篇文章和这些图画的人……乔治·柯林斯曾经的那一句“去寻找匿藏于诸如地毯之下那些显得晦涩难懂，影影绰绰的灵感”，以及休斯敦凯悦酒店所给予我的启发，使我文章的出版范围从地方跨越到整个美国……于是发表，发表，发表的过程也在不断继续……

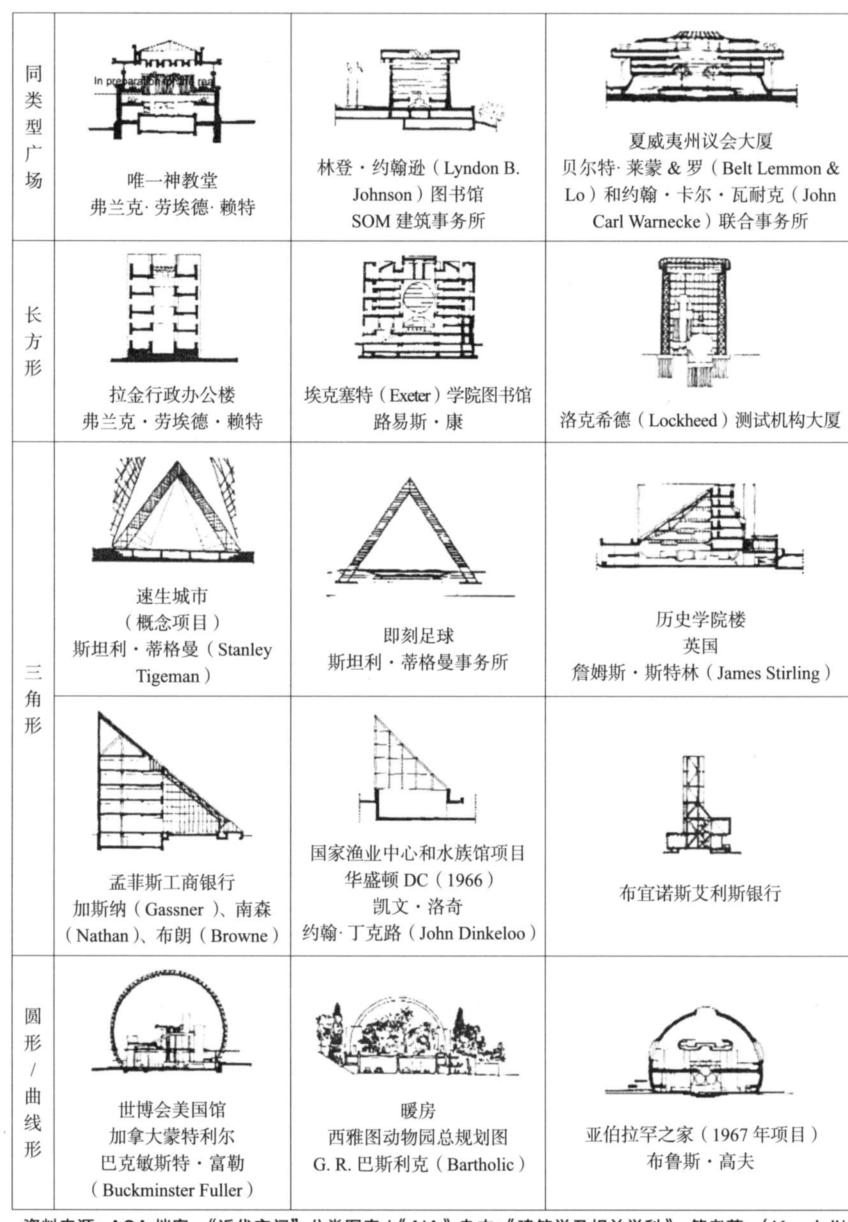

同类型广场	唯一神教堂 弗兰克· 劳埃德· 赖特	林登 · 约翰逊（Lyndon B. Johnson）图书馆 SOM 建筑事务所	夏威夷州议会大厦 贝尔特· 莱蒙 & 罗（Belt Lemmon & Lo）和约翰 · 卡尔 · 瓦耐克（John Carl Warnecke）联合事务所
长方形	拉金行政办公楼 弗兰克 · 劳埃德 · 赖特	埃克塞特（Exeter）学院图书馆 路易斯 · 康	洛克希德（Lockheed）测试机构大厦
三角形	速生城市 （概念项目） 斯坦利 · 蒂格曼（Stanley Tigeman）	即刻足球 斯坦利 · 蒂格曼事务所	历史学院楼 英国 詹姆斯 · 斯特林（James Stirling）
	孟菲斯工商银行 加斯纳（Gassner）、南森（Nathan）、布朗（Browne）	国家渔业中心和水族馆项目 华盛顿 DC（1966） 凯文 · 洛奇 约翰· 丁克路（John Dinkeloo）	布宜诺斯艾利斯银行
圆形/曲线形	世博会美国馆 加拿大蒙特利尔 巴克敏斯特 · 富勒 （Buckminster Fuller）	暖房 西雅图动物园总规划图 G. R. 巴斯利克（Bartholic）	亚伯拉罕之家（1967 年项目） 布鲁斯 · 高夫

资料来源：ACA 档案，“近代空间”分类图表 /《AIA》杂志；《建筑学及相关学科》，笔者著 .（Kendall/Hunt Publishing Co.），1992 年，第 255-257 页

同类型广场	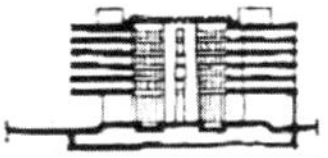 博伊西·加斯凯德公司 博伊西市，爱达荷州 SOM 建筑事务所	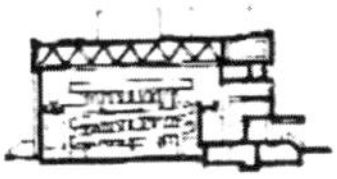 水族馆	 保罗·梅隆（Paul Mellon）中心–英国艺术和研究中心 耶鲁大学 路易斯·康	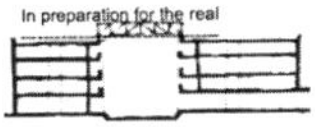 服装市场 普瑞特、鲍科斯和亨德森
长方形	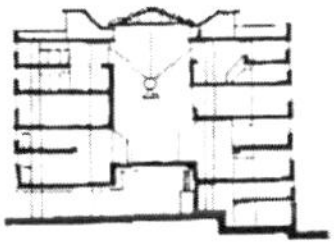 “学子大街” 世界最长的带天窗的风雨商业街廊 阿尔伯塔大学 理查德（Richard）和贝雷蒂（Berretti）	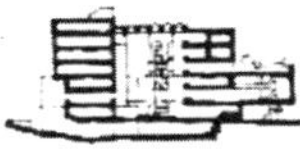 迈阿密达迪社区学院的市中心校区 法瑞蒂努（Ferendino）/克拉夫顿（Crafton）/斯皮里斯（Spillis）/桑德拉·安德鲁·费伦迪诺（Caudela Andrew Ferendino ）	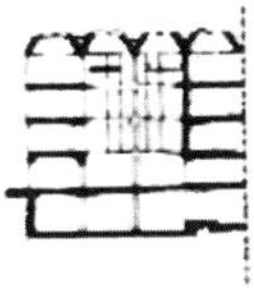 保罗·梅隆中心–英国艺术和研究中心 耶鲁大学 路易斯·康	 费城儿童医院（被称为CHOP） 哈贝森·霍夫·利文斯顿，拉尔森和威廉姆·A. 阿门特
三角形	 太阳能作为三角形的供能中心	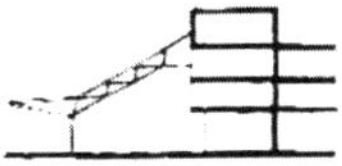 银行项目 （细部）	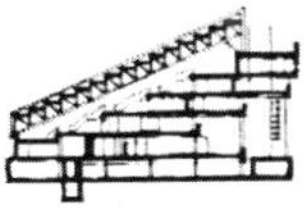 冈德大厅 约翰·安德鲁斯 （John Andrews）	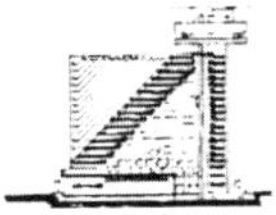 凯悦酒店 约翰·波特曼（John Portman）事务所
	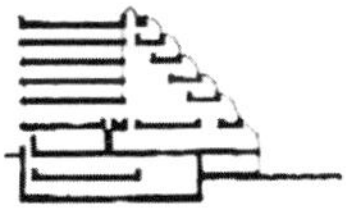 巴特利公园城市	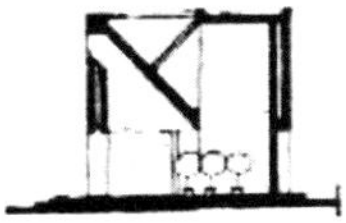 橘园项目（1968） 凯文·洛奇 约翰·丁克路	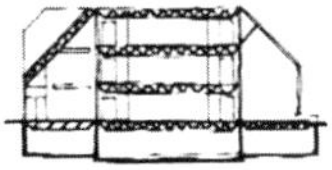 欧文联合信托银行 洛奇–丁克路	 明尼阿波利斯市 I. D. S. 中心 菲利普·约翰逊
圆形/曲线形	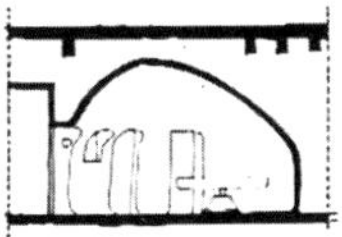 蛋形手术室	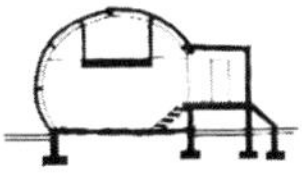 安妮（Anne）和托尼·沃夫（Tony Woolver）住宅	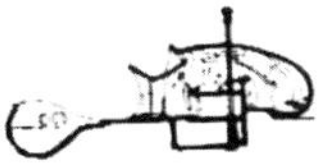 喷雾型房屋 约翰·约翰森	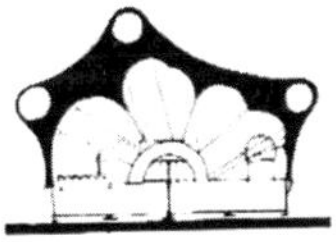 充气结构

《舞者》，ACA，1970 年

宾夕法尼亚州西南部与高尚的“逍遥骑士”

这本书的内容我思前想后,其中大部分内容都是前网络时代的事,而剩下的是在网络时代之后。感谢上天给了我这难能可贵的机遇！我是何等的幸运！能有这样的机会可以去提升自我，不断学习，并不断地自我审视！

……在前一篇文章相关事情发生的几年，我又在网上读到了一些关于纳撒尼尔・奥因斯的事情！作者或许非常了解他，字里行间透露着奥因斯像是一个十分坚决顽固的人。平日在公司中奥因斯总是需要面对重重困难以及激烈的竞争，而当中与他竞争最激烈的莫过于他的姐夫，同样也是公司合伙人之一的路易斯・斯基德莫尔。路易斯是一个狠角色，他对所有事情都了如指掌，而且可以游刃有余地同那些像帕特里克・莫伊尼汉（Patrick Moynihan，美国政治家和社会学家）和理查德・尼克松（Richard Nixon）这样有权有势的政客或总统洽谈协商。华盛顿国家广场的城市设计规划方案，便是同前面两位商讨的成果。除此之外，奥因斯一直与高登・邦不合，但他却依旧帮助邦夏解决各种各样的问题，并协助邦夏实现他的设计，其中就包括著名的宾夕法尼亚大道规划。人总是具有多重面孔和多重尺度的。他们可以在对一些人很友善并为人崇高的同时，对另一些人残忍。我结识奥因斯时，已是他事业的晚期，同他相处总是让人觉得有种“父亲”般的慈爱，同时他对我的学生温蒂・辛顿则更像是一位祖父对待自己的孙女。我们学校的建筑历史学家杰伊・亨利（Jay Henry）曾同我转述过亨利・罗素・希区柯克（Henry Russell Hitchock）的话:“实际上只有通过我们的孙辈才能真正了解我们当代的建筑。”我曾在美国的西南部也经历过类似奥因斯设计的“宾夕法尼亚大道”的地方。为了便于读者理解，下面将以一种更具比喻性的方式讲述。当时我去拜访布林克・杰克逊（Brinck Jackson，美国景观研究的先驱人物）位于新墨西哥州的粉色土砖住宅，地址紧邻位于新墨西哥州拉西埃内加的格兰德河（位于美国与墨西哥边境），距阿尔伯克基市只有几英里（1 英里为 1.61 千米）的距离。那是一条异常富有仪式感的道路，一条充满了泥土芬芳的宽阔泥土路，路的尽头，两棵巨大的梧桐树左右呼应，烘托着布林克的那栋粉红色老式土砖住宅，房前还点缀着他那辆黑色摩托。约翰・布林克霍夫・杰克逊（John Brinckerhoff Jackson，布林克）便是那个让美国人“睁开”双眼，真正去欣赏并学会从宏观视角来珍惜这片土地上美不胜收的景致的人……而不再仅仅停留在微观尺度的欧式花园或东方园林。布林克教会我们去看，去珍惜那些由人创造的、无论好坏的活动、韵律和轨迹，并从中去理解这个社会，直至最终学会去尊敬自然以及组成缤纷美景的景观本身。然而，若是真的想要去从心底尊敬、甚至是维护这些自然的景观，最先要做到的便是去理解，而若是想要从心底理解，便更加需要你去真真正正地、抛下内心一切偏见地，真正地用心去“看”。而后你会发现，景观无处不在。它可以是一个广场或是某个开阔的空间，它可以出现在公共区域，抑或私人领地；可以是游乐场或是墓地，校园或是帮派聚集的小巷，沙漠或是峡谷，垃圾场或是工业园区，飞机场或是停车场等等……布林克是《景观》（*Landscape*）杂志的创办人，我第一次见到他时，他正在哈佛任教，他所教授的研讨会，同他之后在新墨西哥大学所教授的内容不尽相同。研讨会的教室恰巧就在我办公室门外，同样也是我们每周举行例会的地方。在他教授研讨会期间，我从未掩门避之，相反，一向是敞门迎接，由此便可以侧耳倾听他所讲的一词一句、他给学生们的每句提点和劝谏，以及他所知晓的有关于景观的一切，字字珠玑。他那时总是骑着他的黑色摩托，一袭黑衫，再加上他那无比巨大的黑色头盔，俨然一副“地狱天使”的打扮。某次我听到他谈论一座位于路易斯安那州亚历山大市主广场旁的特殊墓地，也因此开启了我们的第一次交谈。演讲结束后，我便立马走出我的办公室告诉他说，他刚才所讲的那座墓地我 3 年前曾去过并且印象深刻，当时的我正坐着灰狗巴士，体验着我 99 美元的 99 天美国之旅，在不意间便路过了墓地所在的那座城市。随后我告诉他，我之所以来到新墨西哥州，正是因为我在伦敦的那两年里，一直难以忘怀我曾在这里所目睹的绝美日出，以及前所未有纯净的空气，于是当我接到新墨西哥大学的邀请时，便毅然决然地回到了这里。在这之后我们还聊了一些关于希腊的事，并从那时起，每当他的研讨会结束，我们都会聊上许久。那段时间，我还从唐·施莱格尔（Don Schlegel）那里听说，布林克曾是欧洲豪门贵族的后代。有一次我代替另有安排的施莱格尔到波士顿的冈德会堂（Gund Hall）参加启用仪式，布林克刚好在附近一栋圆形大厅建筑里举行的研讨会并邀请我出席，地点恰巧就在冈德会堂的转角处，因此仪式结束后我便急忙赶了过去。

如今我已记不得那栋建筑的名称。而即使当时我匆匆忙忙，却依旧姗姗来迟，而他却依旧暂且中断了研讨会以表示对我的欢迎。在场的人随即起身，围着桌子为我挪出个空位来。布林克的座谈会总是会选择在有可以围坐的桌子和随意摆放的长沙发的地方进行。当时他们正在讨论有关“宾夕法尼亚大道”的种种细节，而我对于他所描述的那些内容竟感到有些不明所以，现场没有幻灯片呼应，而他所描述的一切则更像是一座位于新墨西哥州格兰德河西南部的某个建筑。座谈结束后，他对匆忙收拾东西准备离开的我说道：“下周开始我便不在这里教学了，我准备去加利福尼亚。你可以到西埃内加来见我。”后来我如约来到了西埃内加，而在步步临近他的住所时我惊奇地发现，所有的一切就像幻灯片一样，一点点展现在我的眼前，同那日他在哈佛的座谈中所描述的内容如出一辙。一条奇幻的“宾夕法尼亚大道”，一座谦卑的凡尔赛宫。在格兰德河的指引下，径直通向了一座如小家碧玉般羞怯的粉色老式砖房。直觉告诉我，两旁巨大的橡树，一定是在好几辈前由布林克的那些富有的欧洲先祖们种下的。进门之后，布林克以葡萄柚果汁作为招待。这次拜访之后，我拜读了他的《美式空间》(*The American Space*)，并又在几年后，浏览到了一篇他曾经发表在《景观》杂志上的再版文章。后来我便直接与他通了电话，他便也如我所愿地告知了我《景观建筑》杂志社编辑的名字和地址。多亏了布林克的帮忙这篇关于皮奇欧尼斯（Pikionis，希腊建筑师）建筑作品的文章才得以在以英语为主的国际平台上再次发表，不过首次发表这篇文章的是日本的中村敏男。

时至今日，这条位于西南部的宾夕法尼亚大道，仍旧是景观建筑中绝无仅有且如今依旧令我心驰神往的最佳象征。多年来，我一直努力与布林克保持联系，并且会把我自己的书寄给他。他几乎全部通篇浏览并告诉我他的修改建议。而在这里我必须承认，布林克的建议给我带来了无比惊喜与快乐、并使得当年的我在学术领域快速发展，如果我否认这点那我便必定是一位虚情假意的“谦谦君子”。某次布林克在回信中回复道：“亲爱的托尼，在你慷慨的建议之下，出版社将你的新书《建筑学及相关学科》(*Architecture and Allied Design*）寄给了我。我认为本书内含丰富并极具竞争力，完成度极高，并字斟句酌。尤其是从希腊，到墨西哥，再到得克萨斯的现代主义场景切换的描写手法让人感到耳目一新。我希望，也十分确信这本书可以在日后被收录为建筑学专业的相关大学教材。”（这封回信的日期是 5 月 23 日，信上虽没有年份，但应该写于是 1980 年，也是这本书的出版年份）而后果然如布林克所说，这本书的确被采用为大学教材，至今已再版了 3 次，并且有很多名人为此书撰写了序言，如第一版时的斯蒂芬·加

ROUTE 2, BOX 208
SANTA FE, NEW MEXICO 87501

Mar 18

Dear Tony,

I apologize for being so slow in writing to thank you for your help and friendliness on my visit to the campus, and to say how much I enjoyed not only the lunch with you and the Dean, but my all-too-brief contact with the students. I hope you return to New Mexico so that I can reciprocate your hospitality.

I saw Charles Jencks last night who said he was looking forward to his visit to Arlington and especially to the Beaux Arts Ball.

Sincerely,

Brinck Jackson

3月18日

亲爱的托尼，

很抱歉这么晚才写回信感谢你在我到访时的友好和帮助，此外，我十分享受同你和院长一同共进晚餐的时光，而且对于即使是如蜻蜓点水一般的和学生们的接触交流也十分乐在其中。我希望你能回到新墨西哥州，这样我便可以报答你的热情招待。

昨晚我见到了查尔斯·詹克斯，他说他十分期待这次的阿灵顿之行，并对于这次的学院派舞会尤为期盼。

真诚的，

布林克·杰克逊

德纳（Stephen Gardiner）、第二版的乔治·安塞勒威希尔斯（George Anscelevicius），以及第三版的里卡多·莱戈雷塔等。在此之外，我还曾收到其他几封来自布林克诚恳且鼓舞人心的来信。我还曾邀请布林克到得克萨斯州做讲座，他接受了邀请并于1979年2月在得克萨斯大学阿灵顿分校做了公开讲座（见1978年10月28日的信件）。当时，我借着他在阿蒙·卡特西方艺术博物馆（Amon Carter Museum for Western Art）的讲座安排，和他进行了深度交流。西方艺术博物馆的人对布林克的行程和他在得克萨斯的项目了如指掌。布林克像奥因斯一样忙碌，但大多数时候是出于社交和一些私人原因。因此在来之前我们交换了些许来信以确定他到阿灵顿讲座的日程，我们当天还与布林克从未谋面过的豪尔·鲍克斯和乔治·赖特（George Wright）一同度过了一段难忘的晚餐时光。布林克是一位杰出的学者，一位曾经每周都驾着飞机或摩托四处奔波，深爱着这片土地的高尚“逍遥骑士”，从美国东海岸，一直到西南，再到加利福尼亚；总是面带微笑，心地善良且口吐莲花，也总是那么乐于助人，他是绅士眼中的绅士，也是有着博大的胸襟的智者！

上为布林克的特写，由马克·特雷布（Marc Treib）摄于1986年。这张照片实际是我翻拍于1998年发行的《设计师/建造师》（*Designer/Builder*）杂志封面。并且我相信伟大的、并对社会与环境都十分关切的杂志编辑马克和谢锐留·哈米特（Marc，Jeriou Hammett）对此并不会反感。后景为停放于墨西哥州立大学的布林克的摩托车，照片由笔者拍摄（ACA档案）

鲍勃·沃尔特斯和另一个拉斯韦加斯

你可否想象一个身居墨西哥，并被如兰乔德陶斯这般极致美景所环抱之人，却不得不被绑住双手，身不由己地，只能去使用他自己所在时代的建筑材料和手段去设计建造如新墨西哥州拉斯韦加斯高地大学图书馆一类的作品？很显然，这样的人的确存在，而且他也确确实实地做到了。那是一位十分坚贞，又格外仁慈且富有人情味，天赋异禀且可以“极具诗意地包容”各种事物的建筑师。同时他还是一位画家，一位雕塑家。他的部分雕塑作品曾在20世纪40年代中期在纽约现代艺术博物馆展出，同马蒂斯（Matisse，法国著名画家、雕塑家）的作品比肩而临。这个人就是鲍勃·沃尔特斯（Bob Walters），一位来自新墨西哥州的建筑艺术家，他与克劳德·帕朗在巴黎的合伙人米歇尔·毕耶都是我在新墨西哥州最好的朋友，也是最好的同事。据我所知，目前并没有任何有关鲍勃·沃尔特斯的文章。鲍勃在阿尔伯克基建造了许多老式的土坯住宅，其中一些就建在格兰德河畔，他还曾设计过一些位于市中心区的联排别墅。我曾拜访过他大部分的作品，并多次去到他家中做客。鲍勃的住宅是一栋陈旧的土坯建筑，曾被他多次扩建并完善，以使之更加人性化。我记得他最后一次扩建，是加建

了一座适合他年迈母亲的袖珍花园房，同时在院子的另一侧布置了一条带顶棚的廊道，供他自己创作那些巨大的画作和雕刻。鲍勃与我在设计哲学理念方面的想法最为相似。他最崇拜的偶像是路易斯·康，而那时的我则最为欣赏的是保罗·鲁道夫。我在下文中附上了一封鲍勃在我移居得克萨斯之后写给我的来信，那时我们已经结识了有 10 年之久。我相信，他这封信中的内容将会被载入建筑史册，无论是对新墨西哥州还是整个美国西南部的发展，还是对建筑师的培养、建筑学术风潮，以及“诗意盎然”的建筑师们在建造规范的转换过程中所处的地位及影响力而言，都是可贵的历史资料。此外，这份珍贵的资料完整地展现出一位极具创意的建筑师的品格，即一位富有诗意的艺术家，一个热爱自己家庭的男人。他深信教育是人一生不变的课题，他不仅是一位惹人喜爱的孩子，杰出的丈夫，也是一位伟大的父亲。作为一位建筑师，他对于自己所在领域的匠人技艺了若指掌，并将设计视为是“艺术”，也是“生活”。鲍勃曾表示，从弗兰克·劳埃德·赖特到路易斯·康，是“明星极端的自我主义”，也是“若隐若现神秘诗意”；从密斯到鲁道夫、马蒂斯到勒·柯布西耶，是自然之美向机械之

力的转变。非建筑领域的让·热内（Jean Genet，法国诗人、小说家，也是荒诞派戏剧的著名代表作家之一）曾说过："建筑是依附于现实的淫乱不堪。"而在我看来，鲍勃·沃尔特斯才是这句话真正的诠释者。当我赞叹他那些建造在阿尔伯克基市中心井然有序且高贵典雅的分契式公寓为审美日渐衰落时代中一颗华贵宝石时，他亲口同我表达了这一观点。每想到这里，我总会回忆起他个人住宅中的壁炉等其他的"辅助"性元素，全部按照路易斯·康的方式被处理成了一件件雕塑作品，而这些雕塑，全部是由鲍勃的橡皮泥模型演化而来，他先是将它交给壁炉的制造匠人做出雏形，而后亲自在现场完成最后的修饰与完善工作。

阿尔伯克基市格兰德河畔的住宅。建筑师：鲍勃·沃尔特斯（照片由笔者拍摄）

July 4, 1980

Albuquerque, New Mexico

Professor Anthony C. Antoniades
School of Architecture
University of Texas...at Arlington
Arlington, Texas

Dear Tony:

It seems ridiculous to have to have an "official" reason for writing to you...but there is. That reason is your authorship and publication of ARCHITECTURE AND ALLIED DESIGN. I have just recently had the time to review it, and want to congratulate you on a masterful production of a long needed work in that area of Arch. I have not gone through it in all the detail study I intend to give...but am certainly impressed with its organization, language and thought. I have ordered 150 copies of it, for the coming Fall semester, with the purpose of it being the major source material in Arch. 101 which I will again teach at UNM in September.

I am particularly pleased to read your continued connection with the "poetry" of emotional content in Design, and know that this is one of the major senses of your own work and attitude. That sense is the illusive one, and of course the one most difficult to relate to students (OR other Faculty) besides, the distance away from the "lay-public" when they (tend to) decide what it is that defines "architecture" from "building."

Again, my laudatory thanks to you for such a labor.

2

In the years since we last met...probably 5 by now... our life here has changed some. There is now the "teaching" role which dominates my time, which means less and less private practice. Two years ago I began to teach full-time at the University, but even before that formality I was spending more and more hours there with the students. When Michel Pillet left, his position was never actually filled on a permanent basis by ...his work simply fell mostly to me while on a part-time contract. I did that--and complained about it from moment to moment. The students never realized that I was not full-time faculty and believed I should be constantly available (as you yourself certainly recall.) Anyhow, in 1978 I told Hoppenfeld I wanted a full, tenure track position, with a certain salary and the same rank that Pillet had when he left. Hoppenfeld agreed, and the contract was issued without the usual delay of search and interview. With this change in status there naturally has happened a much more complex involvement with the Faculty and various duties across the campus. It has also meant a considerable diminish of my own practice. From time to time I do question my own decision of becoming so connected with the University. For the most part however the experience has been satisfactory.

My work with the students has centered in Graduate Studios, lectures on Contemporary Theory and Criticism and the direction of Master's projects and theses. Right here I must state that I sorely miss the chance to have support and exchange with people like you and Michel Pillet. I miss the dialogues and advice of other architects on the Faculty...the number presently there is small and the attitude often not in the trend or strength of direction I want. You will remember that the division of the Faculty at UNM was a strange one...too many social-issue-oriented Faculty in comparison to those of us in Design who have always carried the burden of not only the largest count of students...but also carried the banner of conceptual intent of the whole historical body of the discipline of Architecutre. That unequal division has not altered in the years since you have been gone. Nor was the presence of Hoppenfeld any positive construction in that direction. Mort was essentially "an organizer"...placing his own emphasis on "team" and an ungodly amount of "interdisciplinary "information" before the student could commence work in design. His forcing of this approach lead to failures in studios by graduates doing "collective" projects until finally, they became so disenchanted with his process that they simply refused to enroll in design taught by "team methods." When he abandoned this comprehensive dictate he turned back to me to restructure the studios more along the line that you, and Michel and I had taught them in years previous. The enrollements have now built up again and there are always more than enough Graduate students waiting for a solid design project to attempt.

I think it is most often true that people not strongly founded in the fundamentals of design believe that it is either not neceessary, nor important for a student's future to have expertise in that tradition. The argument is one of omission...rather than a clear alternative. Their position is based unfortunately on their own inability to teach (or to design) within that tradition...so they tend to deny its value. Anyway, for the moment, I have a great deal to do with the Graduate progress in Architecture and I hope to keep it that way. My most simple definition to students under my charge is to lay claim that ARCHITECTURE must contain two elements for a definition; one part is RATIONALE and the other is CEREMONY. Your writing seems to suggest a similar definition. The difficult part is the CEREMONY...the rational area is more easily found and systemic to produce. In any event there is much to do.

Author's Note : I do not include here the pages 5 and 6 of the letter. Although full of love and care for his family, his wife,his children and his elderly mother that one year before the letter had passed away, and although they are very poetic and indicative of the man's great soul and gentleness , it is still too personal for his family and I' d rather leave them out for future editions... in the hopes that I may hear from his wife and children , to all of whom I wish all the best and many more years of creative life... I also use my "editorial license" and "erase electronically" some of the names in the remaining pages of the letter...ACA May 2012

Our Dean search did not accomplich much to weld the Faculty at UNM. It was hurried and as a consequence has not yet been resolved. The prime candidates (at least, those in the eyes of the Committee) turned out to be those types who are more or less "professional Deans." These are ones who make a habit of roving from one university to another with a duration of stays less than 4 years in any one place. These are not my selection but as it ends there is no one choice as yet, and the entire process may be gone through again. At the moment is Acting-Dean and it wouldn't surprise me if he continued in that role for the next year.

A Dean search is revealing though...in that, it brings to the surface many conflicts and many old wounds are allowed to bleed again because the division in a Faculty structure is much more obvious than when things are rolling along the surface. was not effective here and simply used up these last 2 years to prepare for his own future, rather than project any for the School. His leaving has brought out most of these internal quarrels, and if that has value then that was his most particular contribution.

My personal critique would be that you have already experienced the best era--or period at UNM. All those people you would recall are gone. When you left, then Borrego, Mazaria, Andrews and Weismantel, then Michel Pillet, it seemed to strip the heart-substance out of the group.

Not that any one of those people, as an individual, was absolutely vital to the temper of the place...but when all brought together they were! It was a fine time of considered disagreement based on strongly felt and even more adamantly expressed opinions. Now it is too bland, there is little agreement since even less true stand is taken one way or the other. I maintain my own position on the importance and asked for domination of the Design Faculty...but even that has become predictable, although unchallenged too! What is missing of course is a REAL FIGHT...honest and sincere counter-arguments. Perhaps that will change?

Do you still have time for Painting and your Graphic work? I have not painted for a long, long number of years but have been doing some large black and white brush drawings (3 x 4 feet) in a very Cermanic-expressionistic manner. This event is good exercise and I usually feel much better in my head and soul afterward. They are not intended for any purpose other than to do them. I do have a certain twinge now and then to get back to oils and canvas...maybe soon!

Let me have a letter when possible. Again, I send you our best, and congratulations for the superior work in the book. Think of us in New Mexico as remembering you with high regard and hope for your continued excellence.

Bob Walters... ps: forgive the "typos"... my typewriter is in dire need of reconstruction — over

but is an ancient friend that I couldn't
possibly trade-in for a brand new, shiny
plastic, error-free typewriter... which would
not have the slightest bit of "poetry" in its soul!

完美比例的联排别墅，俗称："喝着果汁的密斯风格"。审美日渐衰落的时代中一颗华贵宝石。建筑师：鲍勃·沃尔特斯（照片由笔者拍摄）

1980 年 7 月 4 日

新墨西哥州，阿尔伯克基

亲爱的托尼，

如果说必须有一个“官方的”原因而写信给你听起来或许有些荒谬……但是这次确实是这样的。因为这封信主要是与你探讨《建筑学及相关学科》的版权和出版相关事宜。我近来才得空拜读这本书，并且想祝贺你不但创作出如此绝无仅有的作品，也填补了建筑学领域空白。即使我还未曾逐字逐句地研读此书，但是毫无疑问，整本书的组织、语言和核心思想，都十分令人印象深刻。我已预定了 150 本，意在将其作为下个秋季学期建筑学新生 ARCH 101 课程的主要阅读材料，9 月份我将继续在新墨西哥大学任教。

通过拜读这本书让我意识到你如今依旧延续着设计中“诗情画意”元素的相关研究，并能以此作为个人工作的主要方向，我感到无比欣喜。因为这个方向是最令人捉摸不透的，也是最难以传达于学生或者是其他同僚的。此外，此类话题实际上已远远超出“普罗大众”的认知范围，尤其是当人们尝试确定到底是何事何物使得“建筑”（Architecture）得以区别于“建筑物”（Building）时这方面的研究更显得尤为重要。

因此，我想再次感谢你所为此付出的辛劳。

距我们最后一次见面似乎已有 5 年之久。你我彼此的生活都已或多或少有了些许的改变。如今，“教学”的角色支配了我的大部分时间，而这也就意味着我不得不减少实践工作的时间。从两年前开始，我便开始在大学里正式全职授课，但是即使是在这之前，我便已经开始将越来越多的时间和精力都投入到了学生们的身上。在米歇尔・毕耶离开后，一直没有人能长期顶替他的位置，于是我当时以兼职的形式接替了他的工作。我虽然接受了这份工作，但是偶尔也会感到力不从心甚至满腹牢骚。学生们似乎从未意识到那时的我只是一位兼职教师，因此他们貌似默认了我应当时刻待命的“事实”（相信你一定能回忆起这种感受）。因此，在 1978 年的时候，我告诉霍本菲尔德（Hoppenfeld）说我想要一个终身、全职的职位，有固定的工资以及同毕耶离开时同等级别的称谓。霍本菲德同意了，在没有调查和面试的情况下就与我签了合同。而随着身份的改变，我和学校教员的关系便也自然而然地变得愈发复杂起来，同时随之而来的，还有遍布整个校园的各种责任。这也意味着我个人从事设计实践工作的时间被大量地削减。自那时起，我便时常扪心自问，我决定与学校建立如此这般紧密的联系，究竟是否正确。不过好在大部分时间里的体验都是称心如意的。

我的工作内容重点集中在研究生的设计课程，“主要负责现代建筑理论与批判”的理论课，以及研究生项目论文等的指导工作。而在这里我无论如何也想表达的是，昔日能有如同你和迈克尔・佩莱这样的同事相伴真的十分幸福，那些与你们倾心交谈的日子一去不复返，让我着实怀念。同样让我怀念的是事务所那些同行们所给予的专业性建议，以及同他们畅谈建筑的日子……而如今这样的日子已是屈指可数，且即使有同样的情景，他人的态度或是投入程度，也都远远不及我所期待中的样子。我想你一定还记得，新墨西哥大学的教师构成一直比较“不同寻常”，趋附于社交事务的教员占比较大，设计学院不仅仅有最庞大的学员数量，而且还承担了整个建筑学科未来教学理念发展的责任，缺少实践型教师所带来的问题，自你离开之后至今仍未曾有过任何改善。霍本菲尔德的任职也没有能够带来任何积极且具有建设性的改观。事实上，莫特（Mort，即霍本菲尔德）其实是这一切的“始作俑者”。他擅做主张地将教学重点放在了所谓的“团队合作”之上，在学生设计中过分地强调了所谓的“跨学科”的重要性。于是研究生们做着各式各样的“团队”项目。这种做法导致学生们不再对这种教学方式抱有任何期望，从而不再选择这个工作室团队的任何设计课程。这种刚愎自用的教学理念也最终导致了设计课的溃不成军。当他不得不放弃这种专制的综合教学方法后，转而回头找到我帮他按照我们以及米歇尔多年前在校任教时的教学方向来重新安排设计课程。

如今选修这门课的学生又逐渐多了起来，而且等待投入实践项目的研究生们络绎不绝。

在我看来，多数情况下，人们对设计的基本原理都**不会**太感兴趣，因为在他们看来对此的精益求精对学生的未来而言，既非必需，亦非必要。在这种观点的支持者看来，它不仅不是一个明确可选的主题，而且还充满了繁文缛节。然而，实际上这些人的立场却是基于他们自身的无能，因为他们既无法在基本原则的传统方式中实施教学，且对于延续这种传统的设计亦无能为力，所以他们才更倾向否定它的价值。总而言之，当下对于建筑系研究生教学的发展，仍有许多需要完善的工作等着我去做，希望我能够一直坚持做下去。而对于所有我所负责的学生，我对他们唯一的要求，即是无论如何，建筑的定义一定要包含两个元素：其一，是建筑的“理性原理”（Rationale）；其二，则是“仪式感”（Ceremony）。你的书中似乎也传达了相似的定义。而“仪式感”，则是这二元中，最为难以做到的。相比之下，理性范畴的事物则因其系统性而更加容易被建立与实施。但不论是在何等情境下，我所要做的事都远远不止于此。

笔者备注：此处我去掉了信件的第 5–6 页。这两页的内容是有关于他对家庭、妻子、子女以及他在写这封信的一年前过世的母亲的爱与关怀。尽管他对这些内容的表述十分传神与诗韵盎然，无处不能体现出他所拥有的伟大心灵以及他的温文尔雅，但这一切都实在过于私密，以至于至少在当下的版本中，我决定不会公开这部分内容。因为我希望能在日后，得以联系上他的妻子和孩子，并且我真诚地希望他们的生活一切都好，且能在未来的许多年里，他们的生活都能一直充满创意与美好……此外，在下文的信件中，我稍微动用了一下我个人的“编辑认证”，并以“电子”的方式，在文档中“抹除”了些许人名。

ACA，写于 2012 年 5 月

学院院长的人选迟迟未定，多半是归咎于无法达成共识的新墨西哥大学教员们。由于时间紧迫，致使这个问题至今未能解决。最热门的候选人（至少是委员们认为的）竟是那些“专业院长”们。这些人时常游走任职于多个大学校园，而在每一个地方任职停留的时间都不会超过4年。这些人绝不会是我的选择，然而如果在选举结尾将近时还未有最佳人选，那么整个流程很可能还需要再走一遍。因此在这段时间里，某个人（此处笔者隐去了人名）则一直作为代理院长，当然如果他明年继续担任此职，也并非出人意料。

不过这次院长的选拔过程，着实是天翻地覆的。……曾经许多的明争暗斗逐渐地水落石出，而许多陈疮旧痍也一同大白于天下，得以重新将腐烂的创口撕开，去寻根问底，因为教员之间的分化实际上比表面看起来的还要严重许多。而对此某个人不但没有去有效地解决这些问题，反而浪费了足足两年的时间，仅仅是为了为他自己的未来未雨绸缪，而非整个学院的教学计划。他的离职成为激发许多内部矛盾的契机，从某种意义上讲，他的离开可能是他对学院所做过的最大贡献了。

在我个人看来，你在新墨西哥大学的那段时间，应当可以算作是这所学校最辉煌的纪元或时期了。你所能回忆起当初的那些人和事，如今都早已物是人非。你离开后，博雷戈（Borrege）、玛泽瑞尔（Mazaria）、安德鲁斯（Andrews）和魏斯曼特尔（Weismantel），而后还有米歇尔・毕耶都相继离开了，你们的离开仿佛似釜底抽薪般架空了整个团队的核心力量。

他们当中的每一个个体对于学校的教学氛围来说，都是毋庸置疑重要的存在，尤其当他们所有人聚集在一起时，便是不可或缺的重要导向！那是一段美好的时光，基于强烈个人感受通过坚决的强硬态度毫无顾忌所表达出来多样的观念想法，都会被认真地对待。而现在，一切都变得很枯燥乏味，日渐寥寥的真实立场总被这样或那样的理由驳回，以至于如今已经鲜少有人表达不同的观点了。而我对于一些重大的问题，会竭尽所能地维持自己的主张，并试图争取设计学院的主导权……即便如此，他们仍旧选择了回避，不过这也是意料之中的事。当下真正缺少的，是一场真真正正的针锋相对，直言不讳且真诚相待的对峙。或许，这次选举会带来些许改变？

不知你如今是否还有时间作画或是制作你的那些设计作品呢？我已有许多年都未曾作画了，不过我一直坚持用笔刷绘制一些大尺寸（3英尺 ×4英尺）的、日耳曼（Germanic）风格的画作。绘制的过程对我来说是一项相当不错的练习，每次绘画完成，都能使我的头脑和灵魂得到十足的放松。我仅仅是出于自己的意愿去做的这件事，而非其他。不过每当回想起当年用传统的帆布与油彩作画的日子时，我还是会感到黯然神伤……或许我很快就可以再次拿起画笔了！

你如若是有空，请给我回信可好。再一次为你杰出的作品送上我最诚挚的祝贺。请一定不要忘记身在新墨西哥州的我们，我们也会时刻记得你，时刻记得对你的尊敬与祝福，祝愿你的才华可以天长日久，生生不息。

（以下为鲍勃的手写部分）

鲍勃・沃尔特斯，

附言：请原谅那些“打字错误”……我想我的打字机似乎急需被修理了（下页），但是鉴于这台打字机就像是我的一个老朋友，我并不打算换一台光鲜亮丽且不会出错的塑料打字机，因为那便会失去它曾经如微尘般微不足道的那点“诗情画意”的灵魂。

笔者的起居室，以及“卡拉乔吉斯”（Karagiozis）皮影人物，为新墨西哥州皮影剧院的首次表演准备。在那段教学的时间里，我拜访了位于新墨西哥拉斯韦加斯由鲍勃·沃尔特斯设计的大学图书馆。随后我便写了一篇名为《另一个拉斯韦加斯：新墨西哥州拉斯韦加斯城市设计案例》（*The other Las Vegas: The urban design case of Las Vegas New Mexico*）的文章，收录于1974年8月发表的《新墨西哥州建筑》杂志

《乡愁》牛皮纸信封上的马克笔画，ACA 档案

维克托·F. 克里斯特–雅内尔与哥伦比亚的回忆

维克托·F. 克里斯特–雅内尔（Victor·F. Christ-Janer）是我就读于哥伦比亚大学时建筑设计课的授课教授。他从未将自己设计的实践项目以文章的形式发表出来。因为在他的意识形态当中，十分反感这种建筑师的“促销游戏”。尽管他出身于主张路德教义（基督教的一个教派，由马丁·路德创建于1529年的德国，是德意志宗教运动的结果。“因信称义”，路德宗派主张人们唯有对基督的真正信仰，才能成为义人，即无罪的、得救的、高尚的、得永生之人、凭遵守律法、道德戒律和外在善功并不能得救。人只有具备了纯正的信仰才能成为真正的基督徒，外在的善功只是纯正信仰的必然结果——编者注）的家庭，但在我作为他学生的那些年里，他却对任何有关宗教“编制”以及宗教教义等诸如此类的问题持有一种极力批判的态度。那时我的英语并不是很好，并曾一度十分艰难地尝试赶上他的思维进度，不过即使如此，他也总能找到办法将他的想法传达于我，让我感受到他对不断探索的热爱，一种在绘制勾勒任何线条之前探究事物精髓的热情。在他看来，总是会有先于“形式”的事物，也总是有高于“物质”的“精神”。他坚信每个建筑作品都有自己的生命与灵魂，因此每一个作品都应当是“真实且原创”的。对维克托来说，“原真性”，同路易斯·康所说的“建筑自身想要成为的样子”（what does the building want to be）有着相同的含义。他们二人都十分重视并努力尝试使他们的学生去探索每一栋建筑的“DNA”，探索它们自身“存在”的意义。他是一个存在主义者。他会时常提及萨特（Sartre，法国哲学家）和其他一些哲学家。克里斯特–雅内尔当时负责教授通识设计部分，一共有12名学生主修。除他之外还有其他三门课程，分别是珀西瓦尔·古德曼（Percival Goodman，美国建筑师）的教育设施专题，城市设计专题以及医疗设施专题。我用了一年半的时间完成了维克托所指导的建筑论文，随后便跟随珀西瓦尔·古德曼继续进行城市规划专题的研究。当时，哥伦比亚大学的医疗设施专题研究在美国也是独树一帜的。我在国立雅典理工学院最好的朋友兼同事科斯塔斯·克桑索普洛斯（Costas Xanthopoulos），是整个希腊首位拥有相关教育认证的医疗建筑专家，他在我来到哥伦比亚大学的两年后也来到这里，并加入了医疗设施专题项目。

一年后，詹姆斯・马斯顿・芬奇（James Marston Fitch）创办了历史保护专业。我在希腊时曾见到过詹姆斯・马斯顿・芬奇以及当时任职麻省理工建筑学院院长的肯尼斯・史密斯（Kenneth Smith）工程师。他是一个有着一副令人印象深刻面容的家伙，在如此竞争激烈的部门能置于如此名声显赫的地位，着实令人难以忘怀。

我曾和史密斯一同去过特尔斐（Delphi，希腊古都），我如今依旧记得在我们抵达山巅的大型露天体育场时，他对周边风景的赞叹和与我的对话内容。为了确保史密斯可以见到3年前我曾不经意间到访的只有当地人才知道的庙宇和剧院，我领着他一路向上攀爬。而同我们同行的，仅是三三两两的本地高中生。这位严肃异常的麻省理工学术巨人与我一同，站在旧时跑者的起跑线，脚踏大理石制成的助跑推进器，向前跑了些许距离，然后便漫步着抵达了终点。我们在山顶坐下来休息，无话不谈，甚至还聊到了与我未来相关的种种。我父亲过去时常开着他的奢华旅游车，带着我一同接送游客以训练我的英语。他对英语可以说是一窍不通，而这或许也是他内心永远无法抹去的一丝尴尬，因为他远在美国的弟弟时常会介绍些十分知名的客人，并希望他可以带着他们游览希腊。不过，若不是因为这位还在美国的叔叔，我或许永远不可能想去美国，学习建筑专业便也会是天方夜谭。现在回想起来，能如此讲述这段经历让人着实感到别样的趣味。在我的少年时期，我曾经想过要成为一名雅典 Haghia Erini（希腊语：神圣祥和）教堂的主教。"我想成为马卡里奥斯（Makarios）"是每当有人问起想要从事何事时，我不假思索的答案。马卡里奥斯主教作为后来塞浦路斯的总统，曾到访过伊莲娜教堂（Haghia Erini）教堂，而当时熙熙攘攘的各种仪式典礼令我念念不忘。又过了几年，我便开始想要成为一名商船队的船长。而等到了高中时期，也不知是出于何种原因，我想要成为一名列车售票员。而纵使我曾有过如此多的想法，却从未想过要像我父亲一样，成为一个农民或者农业学家。同样，我也从未同我的母亲谈及，甚至是从未有过半点意向想要从事同她一样的职业。我的母亲自从在巴黎停留了6个月之后，便从一名普通裁缝蜕变成了一名时尚设计师。当我不得不做出人生职业选择时，也就是距离高中毕业的前两年，我在为大学的入学考试做准备时，我最终决定要成为一名工程师，"就像我叔叔一样"。我当时以为我在美国的叔叔是一名结构工程师，于是就这样决定了我所打算从事的行业。在预科第一学期的课程进行了一个月左右的时间后，课程指导老师来到班里询问我们当中是否有人具备绘画能力，他问道：“有谁会画画？”我举起了手。我的小班里大约有30来人，而同我一起举手的，只有零零星星的几个，或许是四五个吧。“你们很幸运！”他说，“你们将会进入建筑学专业。如果你们能够绘画，便可以轻而易举通过建筑学院的考试。明天你们需要来同我谈论一下这门新开设的专业课程。”随后我同父母商讨了这件事，而那时才终于真相大白，原来我的“工程师”叔叔，实则或更准确地说，是一位“建筑工程师”。在希腊，可以这么说，人们习惯把所有曾在工程学院念书的人都称作工程师。这一点曾一直困扰着我，也一直困扰着许多人，这或许也就说明了为何希腊这座城市，是由各个领域的工程师们所建立起来的，尤其是那些结构工程师，即很多工程的“承包商”，他们取代了建筑师的角色，而这必然是因为得到了立法的支持。时至今日，法律仍旧为许多取代别人工作的人提供着强力的后盾。虽然建筑师或许确实并不会心甘情愿地去做结构工程师的工作，但是工程师从未从建筑师的位置上退下来，继而也就破坏了整个国家的外在形象和建筑品质。不过这便是另一个复杂的故事了。多年以来我一直多次在其他地方撰文并反反复复地强调这一点，极力反对着这种做法，即使是徒劳。于是我潜心研究建筑学，一门绝佳的学科。希腊建筑躲过了二战时期的残忍迫害，希腊群岛与阿索斯山如今也仍旧生机盎然，虽然曾经纯粹的创作环境已不复存在，但是世世代代存留下的建筑文化仍旧赋予了我丰富的关于古迹、拜占庭，以及传统经典的知识与经验。

“可以给我看看你的相机吗”

那段时间的克里斯特－雅内尔正在设计一座位于125号大街上的教堂。因此，他便也将设计课的项目安排在这条街上。他先后分两次介绍了我们所要解决项目的场地信息，有些曾经去过哈伦姆区中心街道的学生，已经开始谈论起自己对地块的感受了。于是在我抵达纽约后的第3个周末，我决定自己到那周围去看看。然而我还是太天真了！从来没有人同我讲过有关于纽约的任何事，我甚至不敢相信这个世界上竟会有“犯罪”（Crime）一词！那段时间的我几乎每看一页书都要查将近20次字典。噫！于是那天我便带着我的蔡斯（Zeiss）相机直接去到了125号大街进行调研。那天是周六早上，大约10点半到11点的样子，那时所有的沿街商铺都还没有开门。我漫不经心的游荡着，不时拍上几张先前有人在班上提到过的阿波罗剧场的照片。我沿街一直向南走过了一个街区，直到特蕾莎宾馆，然后右转离开了 125 号大街，并同时踏上了同样在课上听人提到的列克星敦（Lexington）大道。我就这样走着，不知何时，我忽然发现周围的车辆变少了，只有几个人在盯着我看。我那时才意识到我一路心不在焉，如无知无心的游客一样闲散地游荡着实是吸引了某些人的目光。在街道的尽头，我拍了几张三区大桥（Triborough Bridge，今常称为“罗伯特·肯尼迪大桥”）的照片，然后便直接不假思索地穿过街道走到了桥上。我继续不以为意地拍着照片，一路走走停停，丝毫没有察觉自己已经被人盯上了。当我在桥上走了有大约 100 码的距离时，我停下来并朝南面拍了张照片。这时，那个一直在后面偷偷摸摸跟着我的家伙朝我走了过来，并告诉我说想要看看我的相机。我居然像个白痴一样地把相机递给了他，并对他说“好啊，正好帮我拍张照片吧。”这家伙接过相机后便往后退了几步。起初我以为他只是想找个好些的角度拍照，直到当他跟我拉开一定距离便撒腿跑起来时，我才后知后觉地猛然反应过来发生了什么。当我第二天跟同学们讲起那天的遭遇时，他们告诉我说，我的经历已经算是相当幸运的了。

我感觉自己简直像是一个天外来客！刚刚经历的这一切我实在是无法让自己集中精神去理解他们所谈论的关于 125 号大街的种种，尤其是克里斯特–雅内尔所讲述的那些关于恢复生机勃勃的地下小教堂，如何为逐渐荒废的街道重新注入活力等城市更新的内容，这一切在我看来实在是有些不可理喻。一个如此“穷凶极恶”的地方，能有什么生机可言？即便如此，克里斯特–雅内尔在大约一两周的功课之后，还是赞许了我的 125 号大街的草图方案，尤其是我添加了些许希腊风格的细节设计，如长椅，喷泉，植被等。不过这真的使我有些心力交瘁，我恳求雅内尔让我更换一个设计项目，至少是一个我能够感同身受的项目。于是雅内尔便给了我一个纽约市希腊社区的项目，并将我的课题题目改为“大教堂在当代世界的理念：纽约希腊正教教堂”。我远渡重洋来到美国，希望成为一名世界公民，却发现想要认识世界，首先要了解自己。感谢上帝让我认识克里斯特–雅内尔，即使他是一个宗教气息十分浓重的人，他依旧是一位值得尊敬的伟大建筑师，一位学识渊博、深谙世故的人，也是我这个时代的一个无比正直可靠的人。他指导我所完成的这个项目使我逐渐开始理解如何塑造建筑的多元活力，以及想要完成一个项目所需要具备的先决条件，无论是什么样的项目，即使是一座教堂。

我的第一次实地考察，是去到曼哈顿市中心华尔街附近的一家税

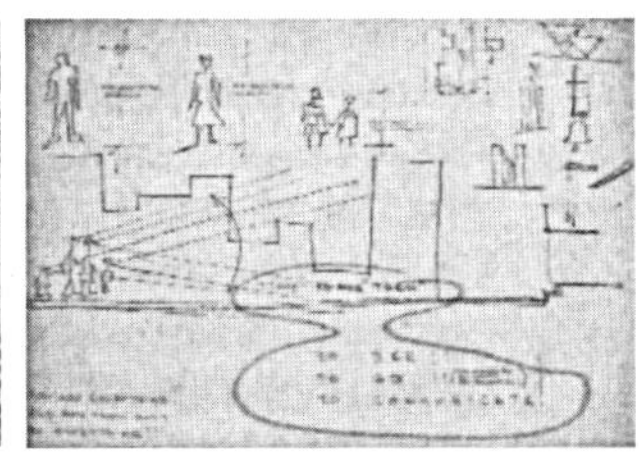

笔者在克里斯特－雅内尔的课堂上首次用构思草图展示街道概念 1965 年 10 月

务员办公室。我着实不解为何雅内尔会让我去翻阅这些又大又厚重的文件，它大到当我在专用桌子上翻开它时，它几乎占据了整张桌子。不过我也刚好借着这次外出考察的机会，得以到曼哈顿市区逛一逛。去看看华尔街和三一教堂（Trinity Church）。我时常有一种感觉，就是我的导师总是能从我所画的那些幼稚标记和随笔中，领悟到更多内容。我从华尔街回来后，便撰写了一些关于我觉得它是如何的死气沉沉的评论，同时稍微赞许了一下道路尽头的教堂。导师让我们根据这次的调研，从“街道”视角出发，考量“华尔街”与我的“幻灯片中的帕罗斯岛街道”进行对比，并且提供一个基于城市更新的预案。其中的幻灯片是指几天前我曾给他们展示的一些希腊群岛的照片。这令我整个人都有些疑惑：“到底是我不远万里地来到这里求学，还是他们都应当去到希腊学习取经？”这次课程结束后，我画的那几张关于 125 号大道的草图，以及我所布置的一些改善公共设施得到了老师的一些赞许。同时我也意识到了自己和那些美国同学们之间的差距。我的美国同学有着无比精致卓越的草图绘制与模型制作设备，杰出的想象力以及高超的绘图技巧。我的其中一位同学便是安德烈·卡森斯（Andrea Cousins）。

安德烈·卡森斯

我曾看到安德烈来到我们班同克里斯·里舍（Chris Risher）交谈，克里斯身材魁梧，来自南方，时常披着一件红色斗篷。连我都能区分出他与众不同的口音。同班的维克多·阿塔（Victor Atta）是来自尼日利亚皮肤黝黑的黑人，与我和克里斯一样，是班里仅有的 3 个口音较为严重的人，而我们的口音各不相同。当年安德烈与克里斯关系很好，两人总是有聊不完的话题。安德烈是珀西瓦尔·古德曼所负责的学生，他们应该是在一门我并未选修的课程上认识的。在我看来他们的关系早已是超越了普通同学。他们说安德烈是诺曼·卡森斯（Norman Cousins，美国当代著名评论家）的女儿，我曾一直以为她父亲是《纽约客》的编辑，直到后来有了网络，我在查阅资料时才发现，她父亲实则隶属于《周六评论》，据传曾为美国总统艾森豪威尔（Eisenhower，美国第 34 任总统）修改过演讲稿。不过无论这件事是否属实，都只是有关于她父亲的事情。而安德烈自身，是一个画起直线都举步维艰的人，更准确地说，她其实根本连线都画不好，但却很善言辞，且总是口若悬河。操着她那尖细急促且极其有辨识度的嗓音，和一口字正腔圆的完美英语。我倒是基本能听得懂她所说的，而至于克里斯和维克托，他们二人的口音对我来说则实在是有些费解。不过也是因为这个原因，我们几个成了某种意义上的朋友，因为我们或多或少都有些与众不同。不久我发现，一些导师开始额外留意像我这样有口音的外来学生，虽然我个人并没有亲身体会到，但还是听说在其他人身上发生了不少让人不悦的事：比如来自奥地利身材高挑的海蒂·卡瓦林卡（Heidi Kovalinka）和莫海勒（Mohila）先生，还有来自得克萨斯州奥斯汀市的一个女孩。这个女孩在大约一个月之后便离开了整个项目团队，据说是因为她无法承受纽约人对她口音的介意而带来的压力。而这一切都是发生在 1965 年末的美国。

课程期间，我和安德烈成了拉德本（Radburn，美国新泽西州地名）项目的合作伙伴。我们一同去到了新泽西州的“新市镇”，那时这个城镇已有些年头了，是由克拉伦斯·斯坦（Clarence Stein）和亨利·赖特（Hennry Wright）在大萧条之后所规划设计的。那是我第一次在美国乘坐巴士。我们从位于华盛顿大桥的起始站上车，那年华盛顿大桥刚完工一两年，设计师是皮埃尔·路易吉·奈尔维（Pier Luigi Nervi，意大利工程师兼建筑师）。

那是我人生中第一次见到如此之多的汽车，停放在新泽西的一个购物中心的停车场上，我现在仍能够想起当年安德烈跟我说的话：“这是购物中心的停车场，并不是一个汽车制造厂。” 5 分钟后，便来到了这次市区规划的调研目的地：拉德本购物中心。那是一座维多利亚风格的建筑，建筑旁零零星星停了几辆车，这场景与我到此之前在巴士上看到的茫茫车海相比，要好了很多。安德烈和我都很享受这次调研活动。我们采访了几位在茂密树荫下木质长椅上休息的老妇人。我们一路沿着人行道，穿过地下通道来到了平民居住区，并顺道考察了道路的尽头。我们询问了一些正在洗车的人，也拜访了一两座民居。都是些十分简单且真诚的人。我画了些草图，还有平面图，我们还一同制作了些我们二人都十分满意的小模型。“外国访客来到这个地方甚至会以为这是一个汽车工厂”，安德烈还在语言上稍显激烈地批判了购物中心的商业心态。不过尽管我们自认为做出了足够的努力，却还是只得到了 B 减的成绩。至于得到 A 的，则是那些围绕单轨铁路进行调研的项目，或是绘制了建筑电脑模型的项目。克里斯特－雅内尔同样对我们 B 减的成绩颇感惊讶，他在得知后便即刻安慰我们说道：“规划师不是建筑师，他们并不懂。”多年后，我发现安德烈并没有成为一名建筑师，而是在心理学获得了博士学位，并在后来一直进行着精神病学的研究。

第 1 学期的第 4 周，维克托邀请我们去到他在新迦南的家里做客。于是我便恰巧借着这个机会得以参观了（纽约）著名的中央火车站。在抵达当日，我首次目睹了知名的、笼罩在一片葱葱茏茏当中的新迦南小镇。市中心驻扎着克里斯特－雅内尔、亚历山大・柯兹诺曼夫（Alexander Kouzmanoff）和约翰・约翰森的联合事务所。他们三人偶尔做一些合作项目，而即使是在同一屋檐下工作，他们都还是在二层由土砖围城的商业地带各行其是。他们可以称得上是完美绝伦的设计师三重奏，每一位执行设计师都拥有着无比的才华与绝妙的思想，无时无刻不在这里碰撞，并不断地进行着意识形态的相互挑战与创新。

维克托当时积攒了许多正在进行项目，约翰森则刚刚才完成了医师住宅弧线形铰链式混凝土承重墙的设计，并为我们展示讲解了他为马萨诸塞州伍斯特的克拉克大学所设计的图书馆项目。这是首个我所听说与“电脑”这个词汇所联系起来的建筑项目。即多元计算机与建筑设计。约翰森告诉我们说，他的灵感就是那些象征着“计算机”时代的多孔计算机集成板。如今我还记得当时在场的一些美国同学对此项目的评价看法，他们认为这不过是另一栋粗野主义的建筑罢了，完全没有任何关乎“计算机”的元素。尽管如此，约翰森的作品却依旧使我印象格外深刻。并且在几年后的一个夏天，当我在俄克拉何马州看见他所设计的铃铛剧院（Mummers theater）时，这个印象被再一次地加深。他着实是一个不断追求着“别具匠心”的人，努力尝试表现着他所处的时代特色，充满欢乐且独一无二。可惜的是他似乎并没有能够很好地表达自己的思想，而且尽管是来自充满学术氛围的哈佛东海岸，且身为格罗皮乌斯（Gropius）的学生，却依旧没有能够得到历史学家恰当且充足的推广和宣传。不久后，他便找到了一个长久的“学术避难所”：普拉特研究所（Pratt Institute），并在那里执教了许多年。很多年之后，我分别在纽约和得克萨斯以私人名义见过他。他总是十分严肃，依旧是一副“温文尔雅却执着叛逆的建筑师”模样。我十分确信他当年在设计那座图书馆时一定读过麦克卢汉（McLuhan），不过我不确定他是否在讲座中提到过。如若他曾经确实提到过，那么则很有可能是因我那时的才疏学浅而致使我的耳朵并没有分辨出这个名字。不过在他后来给我的来信中，提到了维克托·F. 克里斯特－雅内尔、柯兹诺曼夫和约翰森三人之间的关系形成了一个完美绝佳的相互促进的良性循环：坚定的友谊，独立的意识，以及无不寻常的行动力。约翰森的“粗野主义”,在后来逐渐转变为“轻体量”的结构试验，而这在我看来，很大程度上要归因于另外两位建筑师，尤其是克里斯特－雅内尔对他的影响。

那天约翰森的讲座结束后，我们所有人都到了他们位于新迦南的工作室。我是学生当中唯一一个乘坐火车前往的。在抵达当地后，我努力挤进一辆来接我们的车中，一同在市里参观了约翰·约翰森、克里斯特－雅内尔和菲利普·约翰逊所设计的许多个建筑项目。实地考察的首站，是约翰森的医师住宅，这座建筑坐落在一片光洁如新的广阔草坪上，面朝大西洋。随后我们又去拜访了克里斯特－雅内尔所设计的一座礼拜堂，旁边则是菲利普·约翰逊的作品。就我个人看来，我所崇敬的老师所设计的教堂，要比菲利普·约翰逊设计的枯燥的大理石“盒子”和约翰·约翰森设

约翰·约翰森在大西洋沿岸设计的医师住宅（左）；维克托·F. 克里斯特－雅内尔设计的位于新迦南的路德会教堂（右）。照片由笔者拍摄，1965 年 10 月

计的住宅或图书馆更具有先锋性，并且更清晰地“展现了未来”。能亲眼看到雅内尔所设计的教堂，让我感到无比荣幸。在这之后，雅内尔又带我们拜访了他刚竣工不久的一座修道院，并尝试告诉我们这座建筑设计亮点，听他介绍会让人觉得比路易斯·康在附近刚刚完工的某个作品还要杰出。他不断发表着他对这两栋建筑作品的看法，比较着他与康在设计上不同的理念。不过这次他并没有说服我，因为我曾参加过路易斯·康在哥伦比亚大学的一次演讲，当时他的一字一句，充满诗意与梦想的态度以及他描述的建筑中的“神秘感”光环，在我内心深处早已形成一种信仰，那就是路易斯·康是一位值得我去崇敬的天才。我们并没有亲眼看到康的那栋建筑，只是听了雅内尔自己的看法，于是我鼓起勇气对他说“我们应当亲自去看看那栋建筑，而好与坏应当由我们自己决定。”他赞同了我的看法，并说会尽量在下次实地考察中带我们去参观，虽然最终并没能兑现。参观完修道院，我们便打道回府，并在雅内尔住宅外的草坪上进行了一次盛大的烧烤聚餐活动。我十分喜欢雅内尔的这栋住宅建筑！不过我的一些同学却又和我持有不同的观点，

维克托·F. 克里斯特－雅内尔在新迦南的住宅（上），刚竣工的修道院内部和外部（下面三图）
建筑师：维克托·F. 克里斯特－雅内尔，照片由笔者拍摄，1965 年 10 月

他们认为这栋房子的细节与诺依特拉和马歇尔·布劳耶（Marcel Breuer）的住宅十分相似，而玻璃的使用则又同密斯的风格很像。雅内尔总是能十分迅速地对这些评价作出回应，并解释道他的设计与这些人的作品并没有什么关系，因为他的这栋住宅是一栋位于扭曲地势斜坡中的双层住宅，而其他那些提到的住宅则都是单一扁平的。平心而论，我认为他说得颇为在理。我着实喜欢这栋房子，只是令人感到遗憾的是，当时的天气并不如意，以至于我无法拍出更令人满意的照片。雅内尔是我人生中所遇见的第一个，也是唯一一个会带他的学生去参观与批判他自己作品的建筑学老师，就如同我们在工作室上课一样。对此我感到非常自豪，而且从那时起，我便发现雅内尔似乎变得愈发谦逊，他总是让自己以"学生"的身份开诚布公地聆听他人的评价，换位思考。**我认为这种做法相当伟大**，并且我之后也一直尽力尝试让自己去做到这一点。我会在教学过程中尽可能地采用自己的设计作品，不管是多么普通的、低成本的或者是平庸的设计，我都会把这些作品作为一种与学生建立信任的桥梁，并以此增进与学生之间的交流沟通。

那之后的许多年，我们经常聚在一起，总是充满了欢声笑语，这一切的一切都变成了我最珍贵的回忆。有次雅内尔打电话给菲利普·约翰逊，并希望他允许我们参观一下他所设计的玻璃屋的内部，但是却遭到了拒绝。我的很多美国同学们都对此都表示非常遗憾。菲利普当时表示他有客人到访，而且也没有任何接受参观的准备。因此即使我们从那栋房子面前路过，也只能从外面瞥一眼。不过对此，我从未感到半点遗憾。因为我已经拜访了雅内尔的作品，在雅内尔指导我设计的几个月里，影响了我对建筑甚至是对人生的态度，这都要归功于这位真正的建筑师兼教师的"知性改革"。可以肯定地说，克里斯特–雅内尔是在罗马尔多·朱尔戈拉（Romaldo Giurgola）来到哥伦比亚大学之前最优秀的教授，但是由于他并没有博士学位，所以始终没有拿到这所大学的终身教职。而博士学位是申请这所大学终身任职的必要条件。我相信这样的制度或许已经导致某些重点大学失去一些极为优秀的教授。博士学位的限制条件在我看来实在可笑，尤其是对设计专业而言。因为设计专业教师需要的是对教育天职的热爱，以及对万事万物都能包容的态度，这与严格的学术研究是完全相悖的。设计总而言之是"探究"，需要原创性和真实性，只有真诚地面对这份工作，才能让其具有意义和价值。

雅内尔指导我所完成的那篇论文，自当年提交之后已经有 45 年之久，如今回看，仍有许多值得探索的学术价值。因为一直没有足够好的照片，所以我从未想过要发表这篇论文，不过我如今想要壮起胆子在这本书中将它公之于众。雅内尔的内心深处其实是十分钦佩路易斯·康的,他们二人都善于剖析建筑“精神”层面的内容。路易斯·康是犹太人，充满了“神秘”主义色彩，而雅内尔是路德教徒，相对比较倾向轻松明快的设计风格。雅内尔曾直言不讳地告诉我们说，他从前是个酒鬼，也从不忌讳将他过度酗酒而留下的伤疤展示与我们看，以劝诫我们，永远不要沾染一滴酒精。他从未对我们遮遮掩掩，简直就像是一本行走的教科书，任何人都可以随时翻阅，无时无刻不准备好同他的学生进行探讨，任何事都可以，即使是超出该有的所谓师生的对话规则，他也总是无比乐意并享受从缝隙中探寻新的事物，探索事物的本质，甚至是每一个单词，每一个名字的意义。因为他的团队里有我这样一位希腊人，他便发现那个学期他终于可以探寻许多词汇的根源从而解决许多“折磨”他多年的问题。也是通过雅内尔的追源溯本，即便是我的母语，我却也学到了许多简单却未曾料想到的新知识。比如，“一座位于纽约的希腊大教堂”不应仅限于此，而更应当是一座象征着“大教堂在当代建筑世界中理念”的教堂。而如果你思考了这些，之后所有的问题便会迎刃而解。希腊式也好，法式也罢，抑或是天主教堂等，无一例外都有着在当代建筑中特殊的地位。当然除了探究“概念”本身，我还学会了“基本”与“简约”，以及“经验法则”的重要性，而这一切的一切，都需要人类积年累月的研究与探索，不懈的努力与屡次的试错，这些知识背后都包含着无数充满意义的人的名字。

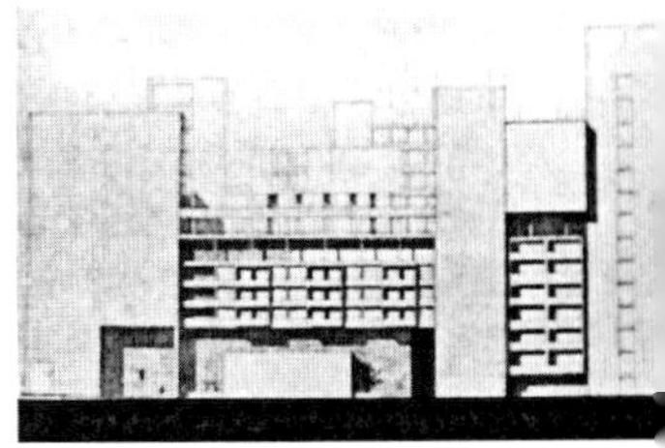

选自笔者研究课题的最终演讲铅笔手绘稿“大教堂在当代世界的理念：纽约的希腊正教大教堂”（图中建筑周边有派克大道、麦迪逊大道、62 号和 63 号大街、亨特学院和惠特尼美术馆）

例如“鸡和蛋”的理论若是转换到建筑学中，则是“将一个出产收益的设备，变成一个可以支持非出产收益的或是仅仅是具有象

笔者在参观完利华大厦以及约翰·约翰森设计的图书馆（以计算机为灵感）之后所绘制的草图（左）

路易斯·康受珀西瓦尔·古德曼的邀请为研究生做讲座（右）

雅内尔给我指导方案的过程中，我曾跟他提到康的设计，于是他一下有了灵感，对我的方案提出了非常重要的修改意见，最终的设计方案如图（下）

（照片由笔者提供）

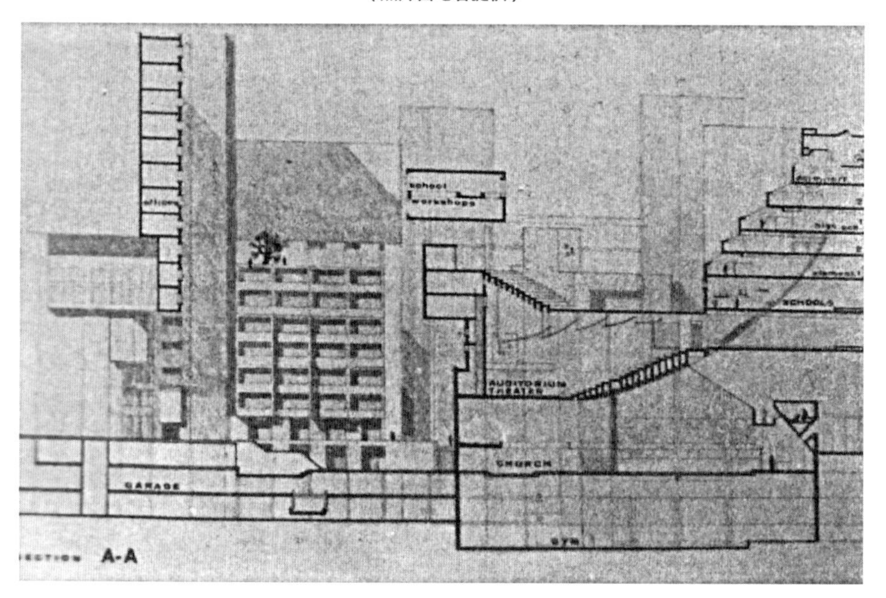

征性设备”的手段。而“大胆尝试”则是“不要畏惧思想的碰撞与对峙，只要你有想法，结构工程师就会尽他们最大的努力去实现，而你要做的，就是竭尽全力地用你所有的智慧和才华去完成你的设计”……于是，跟随这些思想的指引，我大胆地切开了我所设计的学校的每一层，只为从东公园大道上将阳光引入最底层我所设计的小礼拜堂中……感谢上帝能让我有如此这般的项目设计，更感谢雅内尔，感谢他认可了我铅笔的手绘图，以至于这张图在后来，还得到了保罗·鲁道夫的赞赏。

多年后当我在得克萨斯教书的时候，我分别邀请了约翰·约翰森、柯兹诺曼夫和克里斯特－雅内尔三人进行客座演讲。我的档案中的专业经历有许多部分都与他们三人有关。我尊敬的老师雅内尔，他的言行，他的风度，还有他所有为传达他心中所相信的“真理”而付出的努力，对我造成的影响，远远超过他所写的那些书籍和信件。他通过自己的言传身教，包括他极其真诚的自我批判，直击人心。在听完雅内尔的客座演讲后，一个拉丁美洲的同学，也是我的学生，本是个十足的“革新派”，竟来到我的办公室告诉我说，他想要放弃读研并立刻回去他的家乡，投身于自己国家的建设事业中去，去建造那些人们迫切需要的学校等公共建筑，而不是在这里毫无根据地夸夸其谈。当时，这位学生亲口对我说道：“克里斯特－雅内尔，他的话字字直击我的内心，我听到了自己曾经在脑中思考了许久的事，同时我也在内心期待了许久，我如若是有急切想做的事，便无须再在此处多停留任何一秒……我要回家了。”然后他便真的离开了。

这件事可以很生动地展现出雅内尔到底如何善于走进学生的内心，并去启发他们的想法，帮助他们做出职业生涯的选择。这个学生两年后寄给了我一本书，我一直保留至今，书名是《彭萨缅托的批判家》（*Pensamiento critico*）。他当初的话和选择，我也依旧记忆至今。维克托·F. 克里斯特－雅内尔虽没有教过我一件“实用”的事，但是我却学会了如何去探索，如何寻求本真，如何可以在探寻自己的存在的“DNA”时，去沉着冷静地思考。我愿将我所习得的这一切，作为献给这位建筑师以及一个伟大之人的颂赞之歌。

"保罗·鲁道夫脑海中的雅典卫城"；乡愁，一张拼贴了文字的老式明信片
（ACA 档案）

于保罗·鲁道夫的事务所

第一次听说保罗·鲁道夫的名字，是在 1964 年的国立雅典理工学院。当时是一个来自佛罗里达州的希腊裔美国学生，雅尼·安东尼亚德斯（Yanni Antoniadis）于我提及的。不过这个人和我并不是亲戚关系。他刚好在拜访自己祖国的 5 年时间里，同时进行建筑学的修习。在我们聊天的时候他第一个提到的名字就是保罗·鲁道夫，以及他所设计的耶鲁大学的建筑系馆，而这些在当时的希腊，都并不被人们所熟知。不过即使如此，在那个人们每天都还在讨论勒·柯布西耶和密斯的时代，这个名字却深深地烙印在我的脑海里，并暗下决心想要努力成为这个伟大建筑师的助手。3 年后，我同时获得了哥伦比亚大学的建筑学硕士学位和城市规划硕士学位。在 4 个多月的 SOM 纽约事务所的工作后，我接到了鲁道夫工作室打来的电话，说是希望我能去他那里工作。鲁道夫曾在我早先大规模参加面试阶段看过我的作品集，当时我面试了大约有 10 家纽约建筑事务所，其中有两家给了我工作邀请，其一是维克多·格伦（Victor Gruen）事务所，而另一个则是 SOM 事务所。当时鲁道夫直言不讳地告诉我说他十分喜欢我的手绘草图，但是那时他们的工作室并不缺人手。于是他留了我的电话说是

从左到右：维克多·查维斯·欧坎波、安东尼·C. 安东尼亚德斯、约翰·阿纳斯塔西（右）于纽约的保罗·鲁道夫事务所（左），1968 年

纽约鲁道夫事务所一角，笔者摄于 1967 年
右上：绘图桌前的三木麻琴；右下：低层放置设计图纸的空间
鲁道夫设计了一种别具匠心的“三明治”空间，把两层绘图桌重叠起来以最大限度提高空间利用率。也正是因为这种别具一格的空间，使得员工练就了一身“杂技”本领，因为我们必须在桌子之间跳来跳去以便保留通往下层储存空间的通路
（照片由笔者拍摄，ACA 档案）

笔者在鲁道夫事务所完成的第一个研究模型

以后需要的时候会打给我。四个月之后，鲁道夫的秘书玛格丽特拨通了我的电话。

她对我说："鲁道夫先生希望您能来他的事务所工作。"那简直可以说是我人生中最重要的瞬间了！从那一刻起我认为自己可以挺直腰杆儿，理直气壮地说，我是一名建筑师了！！！我所曾做过的任何事，都无法比拟那一刻曾带给我的满足感和信心。于是我便在周六迫不及待地投入到了工作当中。同我一起工作的还有两个来自普拉特学院的同学，当时他们在切割、粘贴着模型的阳台部分，并且把阳台拉伸到和双层公寓一样的高度，我从来都没听说也从未想到过会有"双层阳台"。我们把所有粘好阳台的模型板全部都递送到鲁道夫先生所在的工作桌上。到了晚上，我们回到自己的工作区，按照他提出的打破"盒子"的理念，完成整栋建筑的组装工作。从收到电话的第一天起，我每天都在感谢玛格丽特的那通电话。时光荏苒，当我读到那些有关于鲁道夫的略带批判性的挽歌时，依旧会感慨，当年有多少在纽约已经是佼佼者的年轻建筑师，都曾想要在他的工作室有一席容身之所。比如他的学生罗伯特·斯特恩（Rober Stern）以及诺曼·福斯特（Norman Foster）[详见：美国建筑师学会会员，罗伯特·A. 艾维（Robert A. Ivy），《建筑的局限性》，《建筑实录》杂志，1997 年 10 月，第 17 页]。我在鲁道夫事务所工作的那段日子里，17 个人中有 3 个是希腊人。科斯塔斯·泰尔齐奇（Costas Terzis）早在我之前便已经在他的工作室工作。他出生于萨索斯岛，毕业于纽约城市学院，学制 4 年。那段日子，他为了准备注册考试进行了很高强度的学习。也是通过他我才懂得，无论我们有多少学位，也不论我们曾在哪个明星建筑事务所工作过，我们都没有资格称自己为"建筑师"，除非我们能通过正式的美国注册建筑师资格考试。没有注册资格证的我们，至多也只能被称为是"建筑绘图员"，这一称呼对我来说仿佛当头棒喝。

在我之后进入事务所的希腊人是约翰·阿纳斯塔西（John Anastasi），来自塞浦路斯，同样毕业于纽约城市学院，是在科斯塔斯的推荐下来到这里的。他们还聘用了维克多·查维斯·欧坎波（Victor Chavez O'Campo），是我哥伦比亚大学规划学专业的同学，他是一位墨西哥人。他是在工作室缺乏人手时，我向鲁道夫引荐的。当时欧坎波是顺道拜访，工作室的人也十分喜欢他，便录用了他。只是他从未提起自己规划专业的这件事。因为我们都知道，如果鲁道夫知道他是一名规划师，那么他则永远也不会有机会进入这家事务所了。鲁道夫通常会聘用他在耶鲁的学生，因为他早已在学校就对他们熟知。至于剩下的成员，大多是通过作品集被筛选出来的。不过如果工作室内部有人推荐你，被录用的概率就会大很多，尤其是对一些研讨性的紧急工作，比如制作一些迫在眉睫的模型，或是绘制一些辅助性的图纸等。至于能否留下来，则要获得那些来自耶鲁学生的认可，当然也要获得玛格丽特的青睐。正如我刚刚所描述的，这里一共 17 个人，每个人的工作量都是上百万的建造体量。所有的人，若非是耶鲁人推荐的人选，鲁道夫都会自己亲自面试，而他所选择的那些人，也必须要有超群且令人过目难忘的作品集。所以在面试中完全没有必要告诉他你是建筑师或者规划师，或者你受过多少正统的专业教育，他最关心的是你的能力而非学位。

在鲁道夫事务所，你确实能学到许多，这与我在 SOM 的工作经历截然不同。在 SOM，他们不希望听到你找到他们是为了学习……“这是一家建筑公司，不是学校。”这是我在斯基德莫尔那里面试的时候得到的答复。当时他们问的问题是“你的预期薪酬是多少？”而我回答是：“我来到这里是为了学习的，任意数量，你们给新人的我都不会介意”……于是便听到了上面的那句话：“这里是一家公司，而不是一所学校。我们希望你能来这里工作，而不是只为了学习。”直至今日，我依旧有些疑惑当年 SOM 为何能选择了我，让我可以如此荣幸地能有机会得到如此宝贵的经验，能够在帕特·斯旺手下工作两个月，以及之后的罗伊·艾伦，他是邦夏的二把手。他给了我很多绝佳的机会，当然随之而来的也得到了一些人的仇视，也正因如此，当时 145 美元的周薪并不足以将我留下。所以当我接到玛格丽特的电话时，便毫不犹豫地去了鲁道夫那里。毕竟，鲁道夫是我一直以来，也是最初就想要为之工作的人。1966 年我夹着作品集跑遍整个纽约面试的夏天，如今回忆起来着实是一段十分绝妙的经历。我跑遍了整个曼哈顿的建筑事务所，无论市中心还是郊区，从麦迪逊大道和派克大道，一直到 59 号大街。保罗·鲁道夫十分中意我的作品集，尤其是我的毕业设计，其中的轴测图与当今绚丽的效果图相比还是略显粗糙的，当时我是完全用铅笔完成的那张剖面透视图，并使用了对比强烈的阴影关系，或许就是这张使他印象深刻的手绘图，帮我赢得了那通电话。一张图或是照片，或许有时要远比学位证书或是冗长的履历更具有说服力。很明显保罗·鲁道夫希望自己团队里的每个人都有自己独特的地方。在鲁道夫的事务所里，我确实学到了！包括他是如何勤奋的工作，如何将不可计数的时间都投入到他的工作当中，又是如何同时进行着多个复杂的项目，从头到尾，一丝不苟。从概念设计到施工制图，他都有信得过的合作伙伴，其中大部分都是他曾经的学生，不过当然，还有他的秘书玛格丽特不可磨灭的功劳。除此之外，我从科斯塔斯身上学到很多东西。在那里工作的最后几个月里，我被调到科斯塔斯的手下工作，主要协助他完成帕斯尔住宅的图纸，那是位于

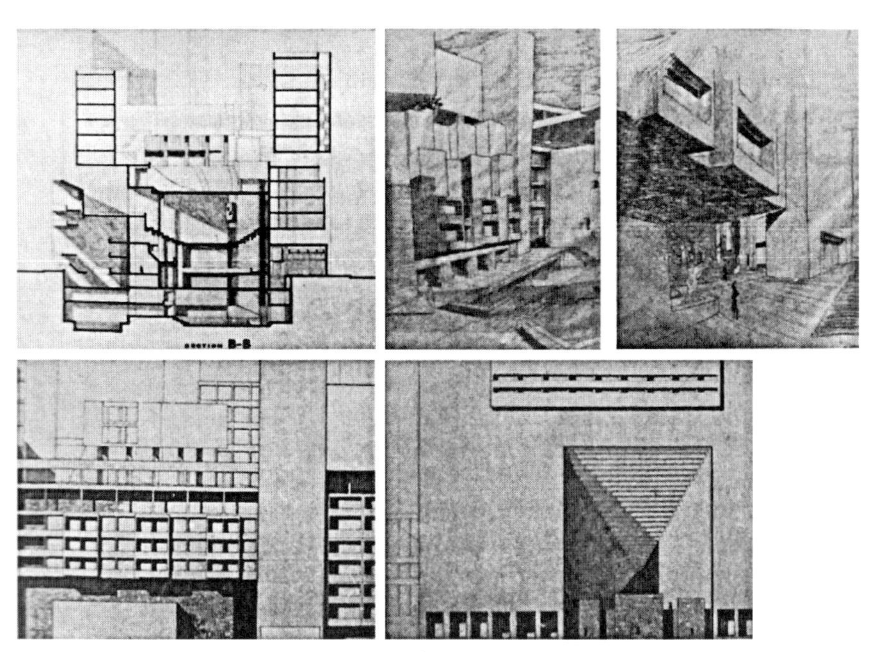

纽约市的希腊正教大教堂，安东尼·C. 安东尼亚德斯的硕士毕业作品
笔者在接受保罗·鲁道夫面试时，作品集里的部分图纸。其中，鲁道夫最欣赏的正是左上方的那张图。这些图也是笔者的毕业设计作品，指导教师为维克托·F. 克里斯特－雅内尔，校外评图专家有朱尔戈拉（Giurgola）、柯兹诺曼夫和霍夫施塔特（Hofstaedter）

科斯塔斯·泰尔齐奇在保罗·鲁道夫事务所（照片由笔者拍摄）

底特律的一位医生的宅邸。那时我还对美国标准的工程图纸一窍不通，后来才知道这类图纸不仅细节要求高而且各种与建筑相关的设计甚至都要精确到毫米！是科斯塔斯手把手教会了我："这儿是排水""水会淹没这儿""要把水完全隔离，就要铺满防水隔离材料"等。我为这个项目付出了 3 个月的时间。整个住宅几乎就是完全复制了鲁道夫在佛罗里达设计的另一栋堪称大师之作的住宅作品，当时总被各大媒体争相报道。我们还用塑料泡沫芯板做了一个模型，为了方便鲁道夫随时过来切切改改。这种特殊材质能够制作大比例的模型，从而方便进行方案推敲，尤其有利于研究建筑的内部空间，这一点让我印象极为深刻。在这之前我只见过和基底平面图同等尺度的模型，也从没有人与我讲过大尺度模型在设计中的重要作用。

泡沫芯板是一种很好用的模型材料，容易切割且足够厚实，不用太多的埃尔默胶就可以立得住。所有的这些知识都在我日后的设计教学中派上了用场。我的工作室里堆满了泡沫芯板，我甚至还曾专门写了一篇文章来散布这一材料的优越特性，文章的题目就叫作《泡沫芯板和美工刀》。我始终坚信一位优秀的建筑师，必定会在工作中使用大比例模型来分析问题，特别是他们当中那些最伟大的设计师。他们制作这种模型不仅是为了展示与表达，而更重要的，是作为一种设计的辅助工具，一种绝佳的、可以用来检验建筑空间和灯光氛围的工具。鲁道夫曾邀请过一个木匠来到工作室，就在玛格丽特的办公桌前建起了一座 1:1 大小的椭圆形牙科工作间，然后还邀请了一位护士前

《保罗 · 鲁道夫的建筑》(左)，作者：西比尔 · 莫霍利 – 纳吉 (Sibyl Moholy-Nagy); 保罗 · 鲁道夫 (右)

来,以观察她是如何在这样的空间中工作的。直到这位护士觉得“OK”之后，这个项目才得以继续深化。而这整件事情发生时，我刚好就在现场。罗伯特 · 斯特恩曾做了一个巨大的模型，这个模型可以一分为二，这样他就可以把头钻进去，去观察内部的空间质量。每一块砖的位置以及每一处连结的作用，所有的一切细节，光影，诸如此类皆一目了然。有必要说明的是，斯特恩也曾去过鲁道夫的工作室。虽然我并不记得他是否在这里工作过，但是我记得他曾为了《美国建筑的新方向》一书而来到事务所收集图片资料。那是一本真正关于鲁道夫的书，作者是西比尔 · 莫霍利 – 纳吉，当时在圈内十分流行。这本书出版的时候我正在得克萨斯教书，看到便立即买了一本。我刚寥寥翻了几页,便看见一张有我自己的照片。我简直无法形容自己内心的惊喜，照片中我在这个工作室靠底层的位置，站在当时的绘图桌前，正在琢磨着一张手绘的蓝图，绘图桌后面是维克多 · 查维斯 · 欧坎波，他在整张照片的上方位置，而后是那个名为约翰 · 阿纳斯塔西的塞浦路斯人，正在认真画一张平面图。于是我便回想起那天确实有个摄影师在事务所里兜兜转转，拍拍这儿，照照那儿，我甚至还记得他特意让我站在我的手绘草图边上不要动，好让他拍张满意的照片。那人看上去显然是个专业的摄影师，只是当时他并没有告诉我们他拍这些照片的用途。当时我们都打趣说:“老板可能又在悄悄计划着些什么呢”……不过这个“悄悄的计谋”在我看来是件有意义的事儿，果不其然，几年后这个“谜”也揭开了它的面纱。写到这里我又想起一件事。某天，我去到埃弗里图书馆为我的论文收集资料，其中一本书无论如何也无法在书架上找到。当时的图书管理员告诉我说那本书已经被预订了，并且抬手指向一张桌子。我顺着她手指的方向望去，桌子上堆着满满的几摞书，将一位年迈的妇人围在里面。我小心翼翼地走到那位女士旁边，并轻轻打断她，询问是否可以借阅那本书，她微笑着同意了，并邀请我坐在她旁边。她每周都有固定的预约借阅时间，于是她让我把需要的部分全部影印下来。神奇的是至今我仍记得那本书的内容是与赖特有关的，那篇文章的作者是凯特莉娜·鲍尔（Katerina Bauer），主要内容是抨击赖特是个“对城市怀恨在心的人”。很多年之后，当我在撰写有关赖特的书籍时，发现鲍尔竟然和刘易斯·芒福德（Louis Mumford）之间有过暧昧关系。说回那天在埃弗里图书馆，除了收集资料我还发现，那位善意地将书分享与我的优雅女士，便是西比尔·莫霍利－纳吉本人。这是当我准备离开时图书管理员告诉我的，不过那时候我并不知晓她正在为一本关于鲁道夫的书做准备，而这本书上还会刊登有我的照片。在那之后我便再没有见过西比尔·莫霍利－纳吉。我读遍了她的所有作品，并且也十分崇敬她，尤其是《母体》（*Matrix Man*）这本书，多年来总能给我带来灵感与启发。这里我还想补充一些关于科斯塔斯的事：在西比尔所撰写的那本书中，科斯塔斯为那些他曾作为负责人带领大家完成的项目，制作了许多巧夺天工的精美插图，为鲁道夫的作品增色不少。记得我刚到事务所时，被安排在前厅的模型制作室里工作，后来鲁道夫把我升职到公司的设计部门，对此科斯塔斯曾表示十分惊讶。他对我说，“你应该庆幸你没有告诉过他你学过规划的。他非常反感规划师。”除了丰富的工程制图经验，科斯塔斯还十分擅长效果图的制作。我曾见他一连几日，为了绘制亚拉巴马州的塔斯基吉教会不同教派的教堂效果图而夙兴夜寐，当时他还

纽黑文市政厅基地模型，建筑师：保罗·鲁道夫（照片由笔者拍摄）

同时负责着其他许多项目。那时候我的强项依旧是素描草图，通常是凭借直觉去绘制透视图，主要是因为当时我都早已经将曾经上课学习的画法几何课忘得一干二净了。因此我一直“提心吊胆”的默默祈祷着，祈求千万别让我去帮忙画效果图。庆幸的是鲁道夫最后选择了三木麻琴（Miki Makoto）去做科斯塔斯的助手，其余人只是去帮她把图桌固定在墙上，得到这个消息的那一刻我整个人瞬间都如释重负。这本书中大部分的效果图都是三木的杰作，手法相当精湛。不过所有的“视点”和“灭点”的位置,都是由鲁道夫提前规定好的。有一天，三木不知道从哪里翻出许多似乎是藏了许久的陈旧效果图，其中有一张是她在耶鲁艺术学院上学期间收集的,也是她最常用的参考图。“这张是鲁道夫的亲笔作品,”她说道。现在回想起来那张图我似乎多年前，也曾在某本希腊杂志上见过。

后来，鲁道夫又租下了事务所后面那栋建筑的首层，我和科斯塔斯便也被分开了。不过我们倒还是在同一层工作，工作室的入口设在58号大街上。鲁道夫找了包括我在内的三四个人，在这间新租的工作室内完成了两个巨大的基地模型。其中一个是纽黑文市政厅项目的模型，另一个是曼哈顿区地下快速路的模型。其中后一个模型需要一个狭长的楼层空间进行摆放。那时候鲁道夫为此刚收了一大笔委托费，“40万美金”，我听同事在工作室说道，“以占有了地上空间所有权为代价的横穿曼哈顿的快速路”，探索一个全新的设计方案。这个模型有20英尺长，全部由灰色卡纸制作而成，鲁道夫在观察过整个大模型之后画了许多手绘稿，其中一张挂在模型边上的整个建筑的剖面图，是由我在方案后期重新绘制完成的。而这张图是我在鲁道夫事务所工作期间最为重要的纪念品。鲁道夫时常故意把草图留在工作室的各种地方，就像是在蓄意给我们留下礼物。我也逐渐养成了这个习惯，同样也会在我学生们的课桌上留下一些草图，我通常会画一些精致小巧的轴测图，并在图纸背面用马克笔上色。如今我还会时常做梦梦见那些草图，醒来后会因为不会再得到那些精致的小“礼物”而略感忧伤。即使鲁道夫留下的都是些用铅笔勾画的草图，但在当下这个用电脑和CAD画图的时代，再也不会有这样珍贵的“礼物”了！

令我终身遗憾的，是在我做科斯塔助手期间，从未保存任何一份我当年进行住宅设计时所绘制的图纸。当年科斯塔斯会让我做一些分包合同的“私活”，委托人大都是一些来自墨西哥的承包商。当时事务所主要在为阿卡普尔科（Acapulco，墨西哥南部一海港）的一些美国人设计别墅，科斯塔斯一直向他们推荐鲁道夫的设计风格，通过合作他认为我是一个十分可信靠谱且颇具实力的合作伙伴。神奇的是科斯塔斯客户的别墅几乎全部都建在险峻峭壁之上。渐渐地，这种类型的设计也如“黄油和面包”一般逐渐成为我生活的一部分。我所设计的第一栋别墅是位于平地上的一栋双层住宅，之后其余的项目基地基本都位于十分陡峭的地形上。我经常是在晚上下班回家之后，才有时间完成这些图纸，然后早上起来再急忙跑着去上班，之间完全找不到打印图纸的时间。我是真的很喜欢其中一些素描设计，但是由于那时我一早要急忙赶去上班，所以实在是无法找到空闲时间来做个备份。而在办公室，所有人都很自觉地不会因为个人需要而去使用办公室的打印机，没有例外。在这件事上，玛格丽特也起到了一定的监督作用。不过她在其他很多事情上，都十分乐于助人且友善，尤其是在我们真正有需要的时候。当我说我要离开事务所去英格兰的时候，玛格丽特隔天便递给我一张纸，上面写着 3 个人的名字、电话和地址，并告诉我说：“这些是鲁道夫先生在伦敦的朋友，可能会对你有帮助。”鲁道夫是一个不苟言笑的人，但是却有伟大的心胸，是真正意义上的绅士，不过最重要的，他是一位极其出色的建筑师，是由美洲和欧洲大陆所共同孕育的一位极其细致又杰出的空间诗人，是美国建筑界的继承人，也是未来为人所知的“纽约五人组”[彼得 · 埃森曼（Peter Eisenman）、理查德 · 迈耶（Richard Meier）、迈克尔 · 格雷夫斯（Michael Graves）、查尔斯 · 格瓦斯梅（Charles Gwathmey）、约翰 · 海扎克（John Hejduk）] 之一。

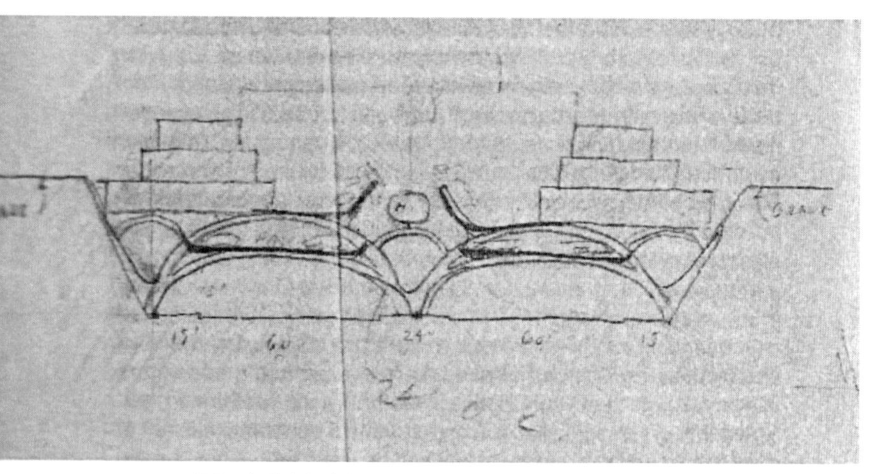

保罗 · 鲁道夫为“地下曼哈顿区快速路”初期方案绘制的草图 1（ACA 档案）

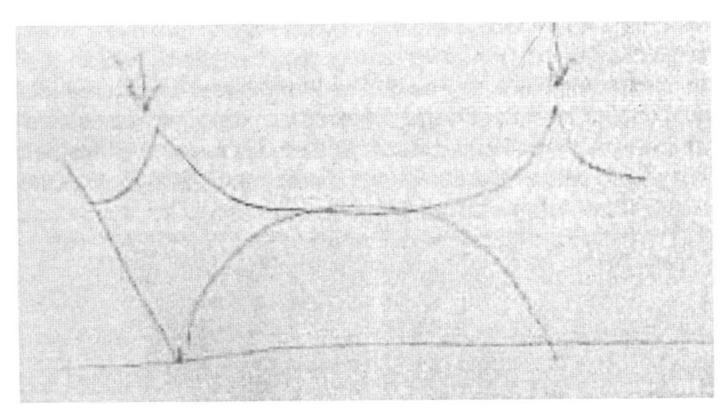

保罗·鲁道夫为“地下曼哈顿区快速路”初期方案绘制的草图 2（ACA 档案）

不过与此同时，他也遭受了一些团体，以及存在利益冲突的同行们的嫉妒，从而也受到一定程度的排挤。这也导致了后来一些别有用心的评论家说了一些目光短浅的狭隘评论，罗伯特·艾维（Robert Ivy）等那些善于思考的人也对这些评论进行了反击：“当今的建筑师和建筑学专业的学生们，或多或少都受到了计算机时代的污秽和影响，其中一些人视而不见伟大的精神高度，甚至无视其存在。”然而值得庆幸的是，鲁道夫的继承人，也就是他在耶鲁大学任学校主席时候的学生查尔斯·格瓦斯梅，在“纽约五人组”的职业生涯鼎盛时期，替鲁道夫当时许多颇具争议的建筑进行了革新，不过这一做法在激励和启发了很多人的同时，也遭到了一些人的反对。我后来才有机会认识查尔斯·格瓦斯梅和罗伯特·斯特恩。罗伯特·斯特恩几年后在他老师鲁道夫所建造的学校里担任建筑学院院长。而我一直十分尊敬的格瓦斯梅，则设计了纽约古根海姆博物馆的扩建项目。我还为此在希腊知名的建筑杂志《建筑的世界》（*the World of Buildings*）（详见 1985 年 2 月 3 日信件内容）中发表了一篇关于他的专题文章。其实我很久之前就听说过斯特恩，也拜读过他早期出版的书籍，我一直相信他在建筑领域的天赋。不过据我所知，斯特恩后来开始接触甚至倡导后现代－历史主义思潮，我竟然感到有些五味杂陈，因为那是我无法接受并认同的观点和态度。

菲利普·约翰逊是我在保罗·鲁道夫事务所工作期间最亲密的朋友，他是鲁道夫的得意门生，有着卓越的专业素养，而鲁道夫其他的学生像斯特恩，则根据整个社会的风向而投奔了其他的阵营。比如斯特恩设计的由好莱坞的米老鼠所启发的建筑，到高盛投资公司价值4900万美元的公寓，以及位于达拉斯的小布什（George Bush Jr.）图书馆。

鲁道夫总是和得克萨斯这个地方有着千丝万缕的联系，他曾接收过许多来自得克萨斯的建筑项目委托。鲁道夫良好的声望也为他学生的发展铺平了道路。鲁道夫所设计的布鲁克谷广场位于达拉斯

杰夫（Jeff），我从未知晓他的全名，是一个拥有高尚灵魂的人，他负责每天在员工上班之前，把工作室打扫得一尘不染，并布置得井然有序，无一天例外。在鲁道夫事务所工作从来都不会有“上班”的感觉！每个人都感觉这里就好像是建筑学院的工作室一样。你随时都能过来，随时都能工作，不管白天还是晚上，绝对的自由和随意。而且每天上午10点准时茶歇。地上总是铺满了模型，也有一张会议桌专门被用来当作顶层模型的摆台

市中心附近，距离拉菲尔德机场非常近。方案原本由两个塔楼组成，而最终只建成了一个，后来被移动电话公司买下并作为“移动公司办公大楼”而被人们所熟知。鲁道夫在沃思堡市（Fort Worth）也有很多设计项目，包括一栋大学的学院建筑，以及位于市中心为石油大亨乔治·巴斯（George Bass）所设计的两栋超高层办公大楼。鲁道夫在得克萨斯的最后一个设计，是巴斯住宅，是在赫希住宅（Hirsch House）刚刚竣工时完成设计的。那是一栋位于中心城区曼哈顿的高档住宅，建成之后鲁道夫还曾带我们一起去参观过。他将两个浴室临街设置，并且与一面贯穿整个楼层的玻璃幕墙相毗邻，虽然这种做法会面临将隐私全部暴露在喧闹街道的公众视野之下的风险，但同时也正因为临街可以将一切风景尽收眼底，这一做法着实令我印象深刻。

除此之外，这座住宅的内部有露天空间，工作室的人全部都参与了方案剖面图的设计。当时我们以书桌和各种台子模拟不同层次的平台，并从剖面图的角度演示了许多“互动”的方式。这栋建筑鲁道夫采用了钢铁与玻璃材料，并且搭配了他所设计的家具，仿佛一曲一同谱写而成的乐章，紧凑地布置在褐色石基上。鲁道夫曾在位于沃思堡郊区最上等的开阔地段以同样的手法设计过巴斯的新婚住宅，如今看来，那栋建筑有点像这家人的私人游艇。

这个项目在进行设计的时候我还在鲁道夫的事务所工作，而项目的负责人是埃罗尔·巴伦（Errol Baron）。就我个人的观点，埃罗尔是保罗·鲁道夫手下最优秀的设计师。无论是巴伦当时使用泡沫芯板材料制作的模型，还是项目竣工后我所亲自拜访的住宅建筑，都十分让人感到钟意与钦佩。感谢上帝，即使不用参观内部，我也可以倚仗原来制作的模型而知晓住宅内部的细节。我这么说是因为当我去拜访这栋住宅建筑的时候，看守住宅的守卫将我拒之门外，我告诉守卫说我没必要非得进到这个住宅中去，因为我早已经在住宅的设计阶段通过模型知晓了它的内部结构。我同这个守卫详细地描述了关于这个住宅的整个设计过程，并与他细细地描述了内部的种种，不过尽管他还是表示“不得入内”，但还是有礼貌且略带好奇地听着我描述。我可以十分确定，他也是头一回听说这些事。尽管我费尽口舌，他还是没有允许我稍微靠近些以拍张更好的照片。

图中文字（上）：沃思堡市巴斯住宅的私人保镖；图中文字（下）："私人住宅，请勿靠近"
（照片由笔者拍摄）

办公室里的社会学

鲁道夫事务所在我看来，是一个经典的社交和工作完美结合的案例。在我的印象中，SOM 事务所位于邦夏设计的利华大厦（Lever House）对面派克大街转角处，是一栋常见的幕墙办公大楼，工作区域采用了德式的写字间分割方法。鲁道夫工作室的工作环境与之形成了鲜明的对比，简直可以称得上是众多工作室中一颗稀有的珠宝，工作环境人性化的同时也促进了同事之间的交流，因此我觉得十分有必要再进行一下详细的对比介绍。

SOM 事务所的设计部门位于 9 层，内部空间像工厂一样宽敞，不论是进入到工作室还是离开到派克大街对面的会议室都必须要“刷卡”。整个空间是一个标准的正方形，内部一共有 45 张绘图桌，一张紧挨着一张摆放着。每个项目主管负责不同的设计项目。而像我这样的“建筑制图员”，则通常会被安排在一个主管附近。邦夏是整个楼层的负责人，不过他很少出现。我印象中他只来过一次，为了看看那张约有 20 英尺长的巨型华盛顿商业街总平图的进度，并且将他所设计的类似甜甜圈形态赫塞霍恩博物馆（Hirschhorn Museum）放在这张图里进行比对。设计部门的另一位主要负责人是罗伊・艾伦，主要负责商业建筑和一些相对不那么出名的项目，同时他也负责管理其他的项目负责人，包括一些公司合伙人。我在前文中也曾提到过，我在 SOM 时主要是为帕特・斯旺工作，她是一位能力卓越且颇富经验的女建筑师。据我所知，她也是设计部门中唯一一位休了两个月假去欧洲旅行的人。不过也正因如此，我才能有机会转到罗伊・艾伦的手下工作。艾伦和帕特都会完全平等地对待我，十分信任地把工作单独交给我，并且允许我在下一次会议中进行单独汇报。从那时开始，对于刚刚来到公司工作了两个月左右的我来说，便已经可以完全自己决定许多事了。我接到任务后便找来了灰卡纸板、剪刀和埃尔默胶，开始在我的工作台上制作研究模型，并画好了制图用的网格。与此同时，办公室中似乎有了一些难以察觉的气氛变化。需要说明的是，我可能是全公司唯一一个不系领带上班的人，但是那些每天扎着领带走来走去的同事们却也没有提醒过我什么。在我看来，每个人得知我制作模型的动机时，都感到十分震惊。他们当中总是有人在小声嘀咕些什么，不过很显然，他们都十分好奇罗伊・艾伦下次来看到这些模型时的反应。后来罗伊・艾伦来到我的桌子旁，他不仅看到了我所画的图纸，还看到一个立在桌子上的模型。我根据他上次留给我的 2 英

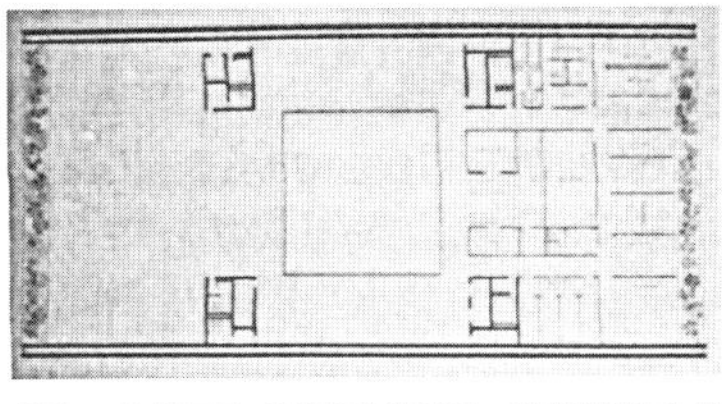

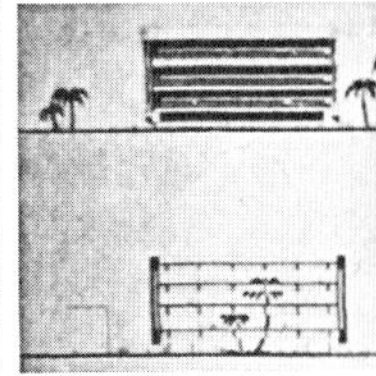

笔者在 SOM 工作的 4 个月里，完成的一些草图和前期设计图纸。普林斯顿大学实验楼（左）；迈阿密海滩第一国家银行的立面图和剖面图（中，右）

尺 ×4 英尺的手绘草图，结合迈阿密海滩银行的垂直幕墙防飓风系统，准备了两个备选设计方案。在这之前的一周，他还曾因为我所做的普林斯顿大学的宿舍楼项目而指责过我，因为当时那个设计与 SOM 之前所做过的一栋建筑十分相似，因此罗伊直接要求我调整方案。在那之后，我意识到任何一个项目，必须在设计部停留至少 4 个月的时间，即使所有的图纸都已经准备好。至于原因，可以理解为出于“费用因素”，所以每个项目都必须在 9 层呆满足够长的时间。我当时总是在拼了命的快速画图，他便立刻让我冷静并放慢速度。我认为他之所以把我调来做这个银行项目，大概就是因为我之前的那个项目进展得太快了。所以这一次，我连着模型都一起做了。这一次，罗伊叫我带着模型，和他一起参加来自佛罗里达客户的会议。这也是一次难能可贵的学习机会，我感到有些受宠若惊。你无法相信在我回到房间时，整个工作室的其他人都在盯着我。也是这次经历让我知道可以同客户一同出席会议，是整个工作室的最高殊荣。我不仅仅站在后面听他们汇报，还在众目睽睽下将模型带入到会议室当中。虽然那只不过是一个用灰卡纸做的推敲模型，但是据我所知，当时还没有哪个人能在一家建筑公司工作 4 个月，就能像我一样获得这样的机会。我总会想起在我面试的时候面试官说过的那句话，这里不是一所学校。但是这么多年过去了，当我回想起我在 SOM 所经历的这一切，我依旧认为 SOM 是一所绝佳的学校。这里的经历我将终生难忘。如今我把这些经历全都写下来，也是为了能够和鲁道夫工作室截然不同的工作环境进行更好的对比。

鲁道夫事务所位于布朗斯通办公楼（Brownstone Building）的第 4 层，玛格丽特的办公桌正对电梯口，在你踏入工作室的一瞬间，你整个人仿佛沐浴在一个白色和绿色交织的世界。工作室的每个角落都撒满了阳光并布置了各种植物，内部空间层次丰富，四处都是人们活动的身影，一切都显得生机勃勃。模型制作室在入口的右手边，窗外就能看到皇冠假日酒店（Plaza Hotel）。设计和制图室在左手边，员工们都在房间内侧安静地画图，制图室的下方就是模型的存放空间。跨过由杂志堆积起来的“桥面”，视线穿过模型和悬挂的植物，便是一片开阔的会议空间，就在玛格丽特办公桌的正上方，从这里可以直接看到室外点缀着满满植物的露台。如果你站到会议桌上，然后再跨一两步，便可以到达保罗・鲁道夫的私人办公空间，当中有一张巨大的软沙发和一些手工制作的塑料家具，一个悬在通风竖井之上的透明挡板，从这里望出去可以将整个工作室尽收眼底。

工作室里挂满了文竹，很好地把这些高低不同的三维空间和谐地统一起来。这是一个典型的连续型三维空间，空间的通透性被发挥到了极致！工作室里的每一件事物都充满了设计感，而且方式都十分大胆。这种错落的空间形式在某种程度上要归功于鲁道夫的床和三木麻琴的制图桌。我还记得那是某个周末，三木在保罗·鲁道夫的监督和指导下，把那张绘图桌挂到了墙上，从而增添了空间的三维层次感。当时我也帮了一些忙。

事务所的 17 个人中，显然“精英”成员都是鲁道夫在耶鲁的学生们，他们当中的 4 个人早已经是注册建筑师了。他们当中的大部分人已经是项目负责人，十分擅长将老板画在餐巾纸上的草图建造成一栋“鲁道夫风格的建筑”。鲁道夫经常会在出差途中的飞机上完成这些草图。我还记得有天早上，就有这样一张草图被递到其中一位“精英”手上，那是鲁道夫从西班牙邮寄回来的。那个人把草图拿给工作室的其他人看，并且告诉他们说这是在飞机上完成的，是一个位于布朗克斯区（Bronx，纽约的一个区）的住宅项目。当鲁道夫回来时，整个方案的雏形已经基本完成。我记得当时我也参与了这个项目，主要负责布置入口处的平面和电梯，以及婴儿车房。一开始我并不知道“pram”（婴儿车）是什么意思，这是我第一次听到这个英文单词。我当时也没有多问，就设计了一个储存室大小

鲁道夫事务所的制图室（照片由笔者拍摄，1967 年）

的房间，显然这个尺寸不足以停放 30 辆婴儿车。鲁道夫到我的工位来看那张图，那是我唯一一次在这里感到难过。他问我说："托尼，这儿能放得下 30 辆婴儿车？"我哑口无言。他继续问道，"一台婴儿车的尺寸是多少？"我依然没有回答。显然鲁道夫十分生气，然后他马上意识到我是个希腊人，于是接着问我，"好吧，那一头驴的尺寸是多少你总该知道吧？米克诺斯岛上不是有很多驴吗？"而后我告诉他我不知道"pram"是什么意思，并且也没有查字典核对，不过当时我很确定那是一个在电梯井边上的房间，我便想当然的认为那不可能是一个比普通清洁工的杂物间还要大的房间。这件事让我终生难忘，多年后我还把这件事收录到我的趣闻轶事中，并且发表在了《A+U》杂志上。鲁道夫事务所里的那些耶鲁学生总有种"高高在上"的姿态。他们当中的两三个人和鲁道夫的私交甚好，总会聚在一起聊他们参加的聚会，纽约发生的新闻，还会聊菲利普或者其他人的八卦。那时他们还会提到弗兰岑（Franzen）这个名字，也许与位于得克萨斯的设计项目有关。

尽管科斯塔斯毕业于城市学院，但是在事务所依旧备受尊敬。至少在我看来，他是整个工作室中最擅长将方案整合成一栋真正建筑的人，而这一点连鲁道夫本人都对他钦佩有加，且十分信任。除科斯塔

保罗·鲁道夫事务所位于纽约西街 59 号，笔者在餐巾上手绘的事务所剖面图草图，1967 年

斯之外，另一位让鲁道夫器重有加的人便是埃尔罗·巴伦，鲁道夫给了他绝对的自由和权力。尤其在巴斯住宅设计项目进行的过程中，这一点十分明显。有很长一段时间，鲁道夫会专程来找埃尔罗一起讨论项目的进展情况。

关于鲁道夫事务所，还有两件事儿让我至今记忆犹新，那就是这位伟大的建筑师，从来不会让员工从头到尾地去享受一个项目的全部流程。像我这样的员工，更是在不停地更换项目。我也经常能听到同事有诸如此类的小抱怨，其中还包括一些老员工和他偏爱的耶鲁学生们。我总是暗自揣测，认为这背后可能有什么隐情，或许他不想让任何一个人认为自己手里的项目是属于自己的……不过或许是我想多了。

总体上说，在鲁道夫事务所工作是一件十分愉悦的事！不用打卡，白天或者晚上随时都可以过来，任何时间都可以工作，可以说是完全的自由与放松。鲁道夫事务所的气氛简直和学校工作室里的感觉一模一样。最重要的是，在鲁道夫事务所工作对我们这些幸运儿来说是“社会认可”的象征。玛格丽特通常会把鲁道夫先生晚上的行程告诉我们，包括出席画展开业典礼和私人聚会等，大多时候鲁道夫本人都会主动让玛格丽特通知我们说，事务所的工作人员都能够被邀请去参加这些活动。还记得有天晚上我和其他几个同事饥肠辘辘，正好收到聚会的邀请通知，是马克·罗斯科（Mark Rothko，画家）遗孀举办的聚会。聚会现场人山人海，而我们只需要跟门卫说：“我们是鲁道夫建筑事务所的人”就能够进去，并免费享用宴会的酒水饮食。

几年后，我在得克萨斯担任建筑学专业老师时，还曾邀请鲁道夫来学校进行客座讲座，虽然他因为工作繁忙并没能前来，不过他却邀

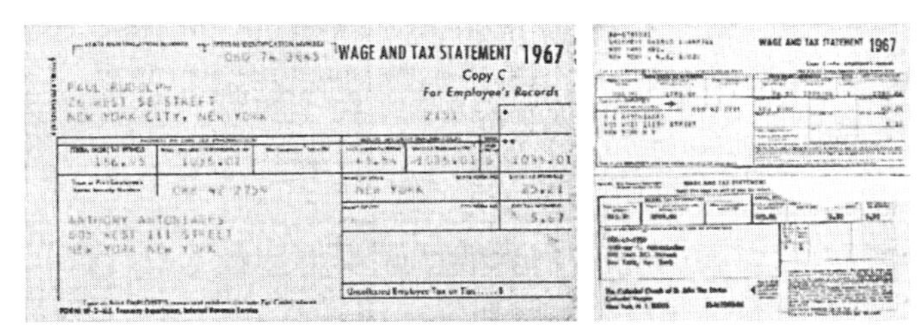
WAGE AND TAX STATEMENT 1967
Copy C
For Employee's Records
PAUL RUDOLPH
26 WEST 58 STREET
NEW YORK CITY, NEW YORK
ANTHONY ANTONIADES
605 WEST 111 STREET
NEW YORK NEW YORK

WAGE AND TAX STATEMENT 1967

SOM 和鲁道夫事务所的薪资收据（我们当时的薪水很低，所以我们特别乐意前往这种免费提供餐饮的宴会）

请了我和我的学生们去他位于纽约的事务所参观，并在那里进行一次“客座演讲”。玛格丽特告诉我说，我可以把想去参观的学生都带去，只要他们愿意。于是在那年的圣诞节，我带着我的6个学生开着学校分配的面包车来到了纽约。我们围坐在会议室的桌子边，受到了事务所诚挚的欢迎。鲁道夫从他的个人办公室走下来，跟我们每个人问好，并坐在了我们中间，正对着我。我同他讲述了一些关于得克萨斯的事，还提到了我之前曾参观过并十分欣赏的席德·理查森大楼（Sid Richardson building），让我印象最为深刻的是设计为弧形转角而特殊处理的弧形砖材料。鲁道夫立刻问我，是否有已经建成的设计项目。我便告诉他，我刚得到了建筑师资格证，并且刚刚完成了我的第一座住宅设计。随后他便直接当着我所有学生的面，要求我把这栋建筑的平面和剖面图画出来给他看。我边画边跟他解释，我特意降低了起居室的层高，主要是模仿弗兰克·劳埃德·赖特，也和他之前的做法十分相似。鲁道夫接着问我，设置了多少级台阶，“4级”我回答道，他对这个数字感到十分吃惊。于是他拿起铅笔画了一个剖面，并对我的学生说：“永远不要做4级台阶，只有3级才是最正确的。”我想我可能永远也不会忘记这件事。如今，我在伊兹拉岛的个人住宅中仍旧设置了4级台阶。我虽然认同鲁道夫的说法，不过我并不是他那些耶鲁学生……因为我十分喜欢这栋有着4级台阶的住宅。我无法想象，如果文丘里（Venturi）带着他的学生来到鲁道夫的事务所，并与他谈起给自己母亲设计住宅的台阶，每阶都有着完全不同的高度，他会有什么样的反应（我个人认为这是出于安全考虑，万一有窃贼晚上偷偷进来很可能会摔倒在台阶上面，这样就有机会惊醒熟睡中的这位女士）。不过不管怎样，我依然认为鲁道夫是我那个年代最伟大的建筑师之一。

笔者于1973年设计的斯派克住宅，位于新墨西哥州阿尔伯克基市的迪茨农场

我很荣幸能够遇见彼得·布莱克（英国波普艺术代表人物）、中村敏男、唐纳德·康迪、安德烈·奥迪恩、温蒂·洛克纳（Wendy Lochner）、穆雷尔·伊曼纽尔（Muriel Emanuel）、布鲁诺·赛维（意大利罗马大学建筑历史学教授）、彼得·帕帕季米特里乌（Peter Papademetriou）、安德鲁·麦克·奈尔以及菲勒利恩·约兰·希尔特（Philellene Göran Schildt），他们都是建筑类杂志、书籍、先锋报纸等相关领域中直觉敏锐且颇具建设性思想的编辑与评论家们。他们对我个人在建筑设计理念的形成，以及对整个建筑行业的思想理论的发展都有着巨大的影响和贡献，尤其是在 1975–2000 年。这群人中很多都是“无名英雄”，包括约翰·康伦、科斯塔斯·杰兰塔里斯（Costas Gelantalis）、科斯塔斯·卡拉古尼斯（Costas Karagounis）以及安东尼斯·波利蒂斯（Antonis Poulides）。虽然他们只是一些地区杂志的编辑或出版商，但是他们对整个国家甚至是国际建筑领域的发展都有着不可小觑的重要影响。如:《新墨西哥州建筑》（*New Mexico Architecture*）、《评论集》（*Symposia*）、《人类学 + 寇罗斯》（*Anthropos+Choros*）、《技术》（*Technodomica*）和《建筑的世界》，其中的后 3 本杂志仅在希腊发行，而《技术》杂志则有英语和阿拉伯语版本，也正是这个原因，它对阿拉伯地区的建筑行业发展有着重大的影响。

我在美国曾经和《AIA》杂志（后更名为《建筑》杂志）的编辑，唐纳德·坎提和安德烈·奥迪恩二人的合作最为密切。他们二人在 20 世纪 80 年代早期开展了一系列年度性的国际建筑调查活动，也让我有机会在国际平台上分享了一些颇具研究价值的希腊建筑，让希腊建筑有机会和世界接轨。我和唐纳德·康迪的合作始于我的一篇名为“新近空间”（*Recent Space*）的文章。在这些国际编辑中，日本建筑评论杂志《A+U》（建筑 + 都市生活）的编辑中村敏男先生，给予了我坚定的支持，他专门为我开设专栏让我有机会在国际平台上去表达自己的思想。随后我又认识了《建筑师》（*L' architettura*）杂志的出版商，布鲁诺·赛维先生，他让我有机会把**包容主义（Inclusivity）**思想推广到欧洲。在本书后面的章节中，我会分别详细地介绍上述的这些评论家，编辑以及一些我认识且和本书内容相关的著名建筑师。出于个人原因，我与彼得·布莱克的交集将放在本章的最后来讲述。

评论家与历史学家

历史评论家：布鲁诺·赛维、查尔斯·詹克斯、亚历山大·楚尼斯（Alexander Tzonis）、肯尼思·弗兰姆普敦（Kenneth Frampton）、威廉·柯蒂斯（William Curtis）、乌多·库尔特曼（Udo Kultermann）、斯蒂芬·加德纳，以及彼得·布莱克

在这本书的各个章节，我可能会重复提到上述的一些人，因为他们对我个人的人生以及事业的发展，尤其是对我作为建筑评论家以及文章作者的职业生涯，起到了至关重要的作用。当然，我的内心深处也非常珍惜我的注册建筑师身份，它允许我不但能以“教师兼建筑师”的双重身份教书育人，同时也能赚钱养活自己。这一身份给了我更多力量和自信。不管是和别人聊天还是做演讲，我都坚信自己是一个创造财富的人。因此，无论那些历史评论家们知名度多高，我都无须畏惧。20 世纪 70 年代初，我还是一位身居美国的年轻学者，也从未怀疑过所谓“明星建筑师点评”的真正含义，也从未思考他们到底是如何被隐性势力操控，是否受到了**媒体**兴趣取向的影响，还有这些观点又是如何反过来服务于这些媒体的。那时的我太过单纯，天真地以为我所看到的那些评论都是“客观”的，都是评论家们先看到设计作品本身，随后如若需要，这些所谓的艺术家，或者说是智慧的文字评论家，才会以审美规则以及他们的感受为前提，根据作品不同的状况、材料、技术手段等来撰写文章。在这之后如果有需要，他们会通过编辑联系到这栋建筑的设计师，以向他们索要照片和设计图纸，以便进行更详细专业的论述。然而事实却是，除了彼得·布莱克外，大部分评论家几乎都不曾有过建筑领域的从业经历或是相关的实践能力。彼得·布莱克一生都在坚持进行建筑实践工作，虽然没有出名的大型建筑项目，但贵在坚持。亚历山大·楚尼斯也是如此。我曾在希腊雅典郊区的一所住宅建筑的建筑师团队名单里，看到过他的名字。在希腊，只要获得建筑院校的毕业证书就等于拥有了和注册建筑师一样的权力。然而身在美国的我，需要花费大量的时间和精力通过注册建筑师考试才能获得建筑师的头衔。但是也正因如此，建筑师这一称呼对我而言便多了一份安全感和底气。我不仅是一位希腊建筑师，还曾在世界上 3 个完全不同的地方都获得了正规的建筑师执照：希腊、新墨西哥州以及得克萨斯州。这 3 个地方对于建筑师的考核体系截然不同。这一切都给了我自我认同感和更多的自信，无论是同我的学生一起，还是同陌生人沟通，无论是在电话里还是面对面的交谈，无论何时，无论多少次，我都不曾畏惧。也正因如此，才让我有底气与我所处的那个

时代里的许多大师们建立平等的交往关系。虽然很多时候，我并不清楚他们的目的，也不清楚他们到底有什么隐藏的“计划”，因为这类人物总是有一种盛气凌人的气场。也正因如此，我在通往**建筑真理**的路上着实花费了不少力气。

布鲁诺·赛维

我的那个年代里最为著名的建筑评论家，非布鲁诺·赛维莫属。在我看来，他是 20 世纪第 2 代“明星评论家”之一。而第一代则是西格弗里德·吉迪恩（Siegfried Giedion）、亨利·罗素·希区柯克（Henry Russell Hitchock）和詹姆斯·马斯顿·芬奇，全球的大部分建筑师都听说过他们 3 人的名字。但是还有两位，在我看来是同等重要且显赫的，他们是约翰·布林克霍夫·杰克逊和班布里奇·邦庭。我是在新墨西哥州与他们二人结识的，但他们 2 人都比较低调，并不曾被众人所熟知，至少对我认识的许多欧洲建筑师鲜有认识他们的。我与赛维是在 1978 年 10 月在新墨西哥市举办的 UIA 国际建筑会议上相识的。我与赛维的私人关系甚好，而且我们 2 人也相互欣赏，不过我总是认为平日的赛维要远远“逊色”于作家赛维，因为在认识他本人之前我就拜读了他的《建筑空间论》（*Architecture as space*）一书。赛维对于建筑实践等诸类的事情完全不感兴趣，他自己也曾在书中写过：“完全不曾想过。”对此我十分不赞成。据我所知，他确实这一辈子从来没有亲自设计过任何一栋建筑。不过即便如此，赛维所撰写的书却一直都是我最爱的读物之一，并且他在我心中的地位也从未被撼动。里卡多·波菲（西班牙建筑师）曾在自己的著作《建筑住宅》（*L' architexture D'une Homme*）中提到，赛维的《建筑空间论》是对他的建筑生涯影响最大的著作之一。

在本书中我会尽量克制我自己，以用一种非常严苛及批判的视角去评价布鲁诺·赛维，并将尽量通过我惯用的写作方式尽可能简单地阐述出来。有一件事情一直困扰了我许久，那便是赛维一直将弗兰克·劳埃德·赖特视为自己最爱的偶像，并十分欣赏埃里克·孟德尔松（Erich Mendelsohn）等这一类的建筑师。正因如此，赛维所做的所有重要决策，都要贴上“有机建筑”的标签。实际上，他似乎只知道什么事物拥有有机的形态，比如人体器官、表现主义或者植物形态等。此外，他还谴责所有的“方盒子”或者现代主义风格的设计作品，并且坚定地认为，像“T”字尺和圆规等制图工具，以及任何设计中死板的表现形式，还有经典建筑当中对称的规则等草图设计阶段所要遵循的基本惯例，都应当被明令禁止（详见赛维，1978 年第 21–22 页）。他将“反几何学”和“自由形式”作为他所谓的正确“建筑语言”的先决条件，并拒绝一切在他看来遵循几何学或是笛卡儿坐标系的事物，即使这类方案的最终成果可以像一个“有机体”一样完美地运作，在他看来也不合格。此外，他还厌恶所有能让他联想到“地中海风格”（Meditarranerita）的设计，比如当年追随墨索里尼（Mussolini，意大利独裁者）的法西斯主义者在他们侵占的土地上所采用的建筑形式。赛维也反对建筑中的任何宗教功能，显然那些和宗教相关的作品同样不受他的青睐。只有一个例外，那便是勒·柯布西耶的朗香教堂。他在《现代建筑语言》一书中，曾反复提及并进行了大篇幅的分析。在这本书中，赛维回顾了古代建筑一直到 20 世纪的建筑作品，他游历世界各地，参观的不同地域的历史建筑，并且对这些建筑的设计手法进行了总结与对比，在他看来，勒·柯布西耶是一个“反传统”主义者，并且视弗兰克·劳埃德·赖特为偶像。显而易见，在作为《建筑师》杂志编辑的那些年里，他都是以上述标准来对寄给他的文章进行评判的。他习惯用十分精简的言辞直截了当地表达自己的想法。我曾反复给他寄去一些我自己设计的项目以寻求他的建议，而他的回复通常都只有：“好”或者“不好”。省去了所有客套话和无意义的文字表述。但凡是他感兴趣的内容，他也会毫不吝啬地鼓励并给予极大的肯定。他在 1988 年 2 月 2 日给我的来信便可以说明这一切。

另一位深受布鲁诺·赛维欣赏的以色列建筑师，那也是我的好朋友，兹维·黑克尔（Zvi Hecker）。赛维曾多次发表了关于他作品的点评文章。其中一篇文章中，赛维曾提到了我在日本《A+U》杂志发表的一篇关于黑克尔的文章。这也是首次有来自西方的杂志公开引用我的名字和文章。那时赛维还是意大利众议院的成员，所以他的认可让我备感荣耀，这也是让我值得骄傲的一件事。在我看来，一定是我在《A+U》上发表的那篇关于黑克尔的文章，让赛维开始把我当成“自己人”。赛维给我的来信中也提到了这点，他一向直言不讳。他在信中说，在他看来，对建筑的意识形态的不同理解不仅会导致不同的设计手法，还能够通过人与人之间的共识建立友情。

“朋友的朋友就是我的朋友”他写道。当然他这么说也可能是为了缓解我失望的情绪，因为我之前曾向他推送的 3 个建筑作品，有两个都遭到了他的拒绝（详情见信件：1988 年 2 月 2 日）。

赛维所谓的“地中海风格”建筑和“地中海风格”的人，有着截然相反的意思。对于前者，我和他的观点是绝对一致的。建筑中的“地中海风格”，尤其在法西斯时期，是一种严肃略带专治性质的建筑形式。这种形式主要借鉴了包豪斯风格，佩萨克（Pessac）时期的勒·柯布西耶以及他早期的住宅建筑风格，还有意大利的理性主义风格，比如那种纯白色，粉饰泥灰，以及圆弧形的阳台等。任何令赛维联想到“地中海风格”作品，比如希腊克里特岛上的勒吉村（Lakki）里的建筑，他都会拒绝评论。这是因为赛维本人坚决反对法西斯主义，这也体现了他积极的人生立场，他也因此受到许多学生及相识之人的钦佩。但是这种过于教条的立场也使他丧失了许多可以真正看到美好事物的机会，毕竟有些具有“地中海”政治色彩的可怜之人，也会小心翼翼地精心设计出一些不错的作品。不过我能理解赛维这种坚决的态度，毕竟那可能是伴随赛维终生的精神创伤。我也一样坚决反对集权主义者及其追随者们，因为我亲身经历了 1967–1974 年间的希腊军阀时期，一段悲惨的、完全被黑暗势力笼罩着的日子。那段时间，包括我在内的很多人都过着命悬一线的生活。此外，我也能够理解赛维对“大学”以及“教授制度”的蔑视。赛维最终“放弃了从事 30 年之久的教学工作……出于对一切的厌恶。”（详见赛维 1992 年 1 月 23 日和 1991 年 10 月 22 日的来信）赛维和我总是感到志趣相投，因此他也十分支持我的工作，相关内容的信件在我的档案里有好几封。我曾写信向他询问是否了解有关于勒吉村的建筑资料，包括能否在法西斯记录中寻找到与“Portolago”（勒吉村的前名称）相关的内容。赛维为了帮助我，甚至放下了自己的固有坚持。虽然他后来回复我说他并不了解也没有相关的资料。后来我在《建筑教育杂志》（*JAE the Journal of Architectural education*）杂志上发表了一篇关于勒吉村名为《多德卡尼斯群岛上的意大利建筑》（*Italian Architecture in the Dodecanse*）的文章，赛维才承认了勒吉村的存在。我们之间深厚的友谊也从未间断，直至他去世。赛维是一个真诚的人，尽管我们有着许多不同的观点，以及截然不同的民族与信仰，但是他依旧是我一生的挚友。

我曾为我的朋友约兰·希尔特所写的一本关于阿尔瓦·阿尔托的书进行点评，并将写好的书评寄给赛维让他给我些意见。赛维在 1991 年 11 月 14 日的回信内容对我来说简直如音乐般美妙。信中虽然如往常般再次提到了我们的友谊，但是他的用词着实令我感到出乎意料，我无法想象一个如此伟大的评论家竟然可以对我说这样的话。

信中，他不仅表达了与我约稿的意愿，同时还给予了我撰写的《建筑诗学》一书极高的肯定。当我看到我的名字，连续两次与那些对我而言可望而不可即的建筑大师一同出现在《建筑师》杂志的封面上时，我知道赛维对我的认可程度以及我们的友情，已经达到了一个前所未有的高度。我们之间“地中海式的友谊”战胜了一切，赛维以他个人的方式表达了对我的认可和尊敬。作为朋友，我感到由衷的欣喜。

这就是我眼中的布鲁诺·赛维，“朋友的朋友就是我的朋友”。

（详见 1988 年 2 月 2 日的信件）

CAMERA DEI DEPUTATI

February 2nd, 1988

Dear Professor Antoniades,

thank you very much for sending a documentation of your recent works. I have examined them with great interest, in spite of my istinctual diffidence for everything called "Mediterranean".

I like the condominium. It is complex enough.

I like much less your house, because it is rather boxy.

Of course, I don't like the Private Chapel at all, because there is nothing in it that I could like.

I am sorry. But, if you are friend of my friend Dr. Cholevas, you will know that I believe in the function of criticism. If people are intelligent, as you certainly are, too many words are not necessary. Yes and No are enough.

Here is: YES - NI - NO. For any explanation, see my booklet "THE MODERN LANGUAGE OF ARCHITECTURE".

About the Condominium: is it possible to have 5-10 good photos in color?

A friend of a friend is my friend.
All the best to you,

On. Prof. Arch. BRUNO ZEVI
"L'architettura - cronache e storia"
Via Nomentana, 150 - 00162 ROMA - Tel. [illegible]

众议院

1988年2月2日
亲爱的安东尼亚德斯教授，

十分感谢您寄来的这些作品。抛开我本能地对任何“地中海风格”作品的无视，我抱着极大的热情审阅了您的作品。

我喜欢当中的公寓设计，因为建筑具有足够的复杂性。

我不怎么喜欢您的住宅设计，因为实在是有些过于方正。

显然我也一点也不中意您设计的那所私人礼拜堂，完全没有我个人认为的可圈可点之处。

我很抱歉。但如果你是我的朋友彻里瓦斯博士（Dr. Cholevas）的朋友，那么你一定会了解我是十分笃信批判作用的人。如果人们能像您这样拥有智慧，那么许多言语便不再必要。“是”和“否”便足矣。

由此：是－或－否。如果需要更多的解释，请见我的《现代建筑语言》。

关于您的公寓设计，可否寄给我 5–10 张彩色照片？

朋友的朋友就是我的朋友，

愿您一切都好，

布鲁诺·赛维

《建筑师》杂志社

L'architettura

November 14, 1991

Dear Professor Antoniades,

The Aalto page is perfect. If it does not fit in the layout of the magazine, then the magazine will be changed in order to 'receive' your writing.

I mean it. We dedicate a column to each book-review. I said that for your text (in English and Italian), two columns were necessary. And they will be found, I don't know how, but they will.

If not for you, for whom?

Friendship and sentiment have nothing to do with my attitude towards you. You are the author of POETICS OF ARCHITECTURE, one of the best, if not the best theoretical book on architecture of the recent years.

You can trust my judgement, because my approch to the problems you are discussing is quite different from yours.

So, here I can testify with joy: YOUR BOOK IS EXCELLENT!

Best wishes,

Bruno Zevi

P.S. Please, keep me posted about anything valuable.

《建筑师》杂志社

1991 年 11 月 14 日
亲爱的安东尼亚德斯教授，

您关于阿尔托的专栏十分精彩。因此如果杂志的版面不够容纳这篇文章，我们将更改排版以发表您的文章。

我是认真的。我们会在每本书的往期回顾中增加一个专栏。我认为您的专栏有必要占用两个版面（英语和意大利语）。虽然我目前还不知道何时开办这个专栏，但一定说到做到。

如果不是为了您，还能为了谁?

我这样的决定与我们的友谊或我个人情感的没有任何关系。您是《建筑诗学》一书的作者，即使不是近几年来最好的建筑理论书籍，也是其中之一。

您可以相信我的判断力，因为对于您所讨论的那些问题，我们解决问题的出发点向来一致。

所以，我可以在这里很高兴地向您保证：您的这本书相当精彩！

祝好，

布鲁诺 · 赛维
附注：任何有意义的研究，请记得随时邮寄给我。

查尔斯 · 詹克斯

关于詹克斯，我该写些什么呢？因为我已经讲过许多与他有关的事情了。毕竟，有关詹克斯的著作已经多到令人目不暇接，其中大部分是詹克斯在自己的书中所撰写的，其余则是由他 FAT 和库哈斯事务所的朋友们所写。如今在互联网上也随处可见詹克斯本人以及其他人的文章。不过鉴于本书讲的是通往建筑真理之路，因此仍然有一些我必须要提及的内容，即使其中一些内容难免有一些夸张，但是我仍旧认为有必要与大家分享。因为这些内容能够开阔人们对建筑领域的视野，在建筑批判方面具有启发性，尤其在当今这个前所未有的“资

于沃思堡的古典建筑主题晚会，笔者同查尔斯 · 詹克斯及学生的合照

本主义 – 资本家”社会体系之下、主流建筑大众媒体沦为操控公众意识的工具，如何批判性地去看待 21 世纪的建筑作品就显得尤为重要。一些著名的经济学家发现，如今已经不再是“共产主义或社会主义”与“资本主义”的对抗时期,而是“资本主义”与“资本主义形式”之间的对立 [出自戴维 · 罗斯科夫（David Rothcopf），经济学家]。而早在这位经济学家说这番话之前，我也曾在我所写的一本关于弗兰克 · 劳埃德 · 赖特的希腊语书中，提到过这一问题，并将之称为超资本社会主义（Meta-Capitalsocialism）。事实上也确实如此，资本主义

和资本无处不在，不管是在自由贸易的市场，共产主义或是社会主义的国家，抑或是任何一种你能想到的“主义”当中都有资本的身影，甚至包括中国——如今世界的主角之一。从建筑的结构主义到解构主义，到现代主义再到后现代主义，以及一些反宗教主义，包括詹克斯在晚年时期和一些人一起大力宣传的“激进后现代主义”都没有逃脱资本的影响。

据我所知，自詹克斯在20世纪70年代作为特聘教授来到得克萨斯大学阿灵顿分校教书。我与詹克斯认识没多久，他倡导的“建筑学应注重多学科交叉”的观点就引发了行业内部的热议。詹克斯认为，建筑学是一个与其他学科专业有着密切关联的专业，同时也要求从业者具有一定的设计天赋。这些天赋蕴藏在或继承于我们每个人的DNA当中，是我们与生俱来的创造能力，天赋会随着我们的成长而不断精进。当我们学会理性地思辨，学会用文字之类的工具表达这些思考，天赋就会被彰显出来。如我们口头语言的表达，书面文字的表达，就会结合天赋创造出有形的文学作品。这些作品可能是一首诗、一篇散文、一部小说，也可能是一幅画或者一栋建筑。那些最终促成人类文明的思想火花,全部都蕴藏在我们的潜意识当中,而且这些“火花”永不停歇地交相呼应着。然而在某些情况下，我们对于天赋的意识是十分有限的。甚至在一些特定的情况中，这些天赋可能永远也不会被发觉，如同它们从未存在，甚至连创造者自身都无法意识到这一点。我相信我将要在这里讲到有关詹克斯的内容，会将重心放在阐述这些难以意识到的方面上，比如超越建筑之上的“爱”，有时可能会是一项伟大创造的必要先决条件。不论是一首诗歌、一件艺术品，还是一个设计项目或是一份严谨的学术论文，都需要“爱”的支撑，不论创造的结果是好是坏！在下文中，我将主要介绍与詹克斯相关的3方面的内容，而这些在之前有关詹克斯的文献资料中，从未被提及:其一,是他在美国大学教书的那段经历,他当时的研究兴趣方向,以及他的文章所带来的直接影响。其二，是他个人拜访过的建筑和建筑师的经历;最后,是他作为一个建筑师对“委托”或“设计费用”的态度。而最后的最后，我将会讲述“爱”对于设计创造力的种种作用，这里的“爱”指的是创造力中的诗意，由“爱”而生的艺术品其实就是苏格拉底所谓的“孕育知识”过程的产物。

虽然我同查尔斯·詹克斯对很多事情的观点都存在分歧，但是我依旧认为他是一位天赋异禀的创造者，因此他的很多事迹，能够很好地阐释上文中所提到的内容。詹克斯是一个美国人，并不是2011

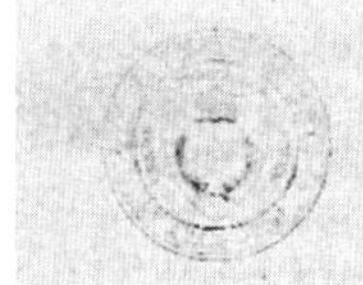

The University of Texas at Arlington
Arlington, Texas 76019

School of Architecture and Environmental Design

Anthony C. Antoniades AIA, AIP.
Associate Professor of Architecture

Oct. 19-1979

Dear Charles,

It was great pleasure receiving your letter. I hope this one reaches you in China, so that you might be able to use the slides I enclose. Strangely enough I did not have any better from Dallas City Hall. The good ones I had, were never returned to me, by Stephen Gardiner, that requested some for an article. Please keep these slides.

Tigerman was here Yesterday. He gave a good talk. It was hilarious when he said that he sited one of his large projects in Chicago so that its axis would occur along the Line define by the Sullivan-Mies tombs in the nearby cementary.

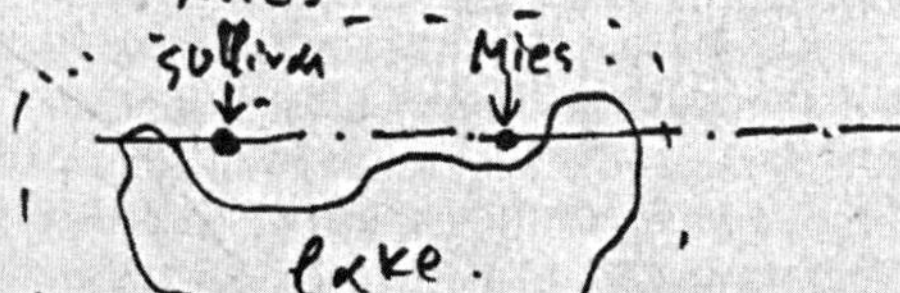

... Michael Yardley may have written to you already about the course. In any event, do not bother too much. Stay as relax as possible @ thing

An Equal Opportunities/Affirmative Action Employer

will happen. I wouldn't worry about formalizing any course content etc. I believe students would get more out of a relaxed situation. But anyhow, you will be the boss in your course, so do it your way. Everybody is exited that you'll be here @ you'll have a very good student group I believe.

Thanks for talking to Andreas. I'll be writing the news to my Greek publisher.

Best luck in China, @ best regards to [illegible].

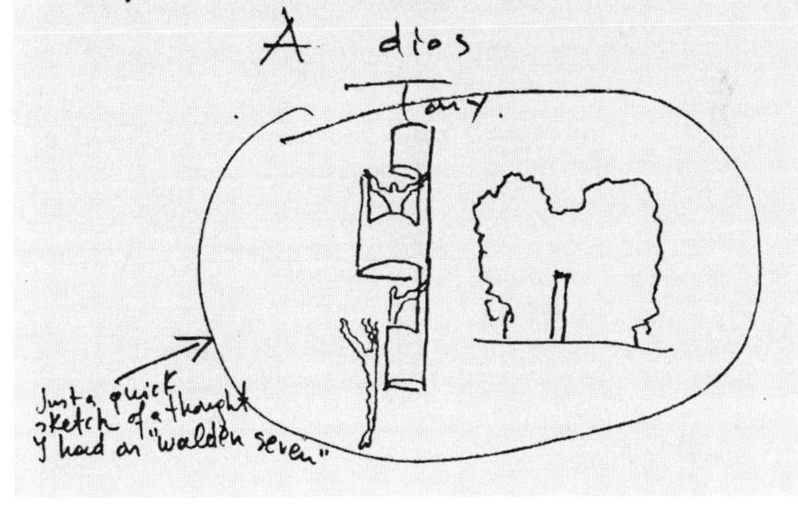

得克萨斯大学阿灵顿分校
阿灵顿，得克萨斯 76019
安东尼 · C. 安东尼亚德斯，美国建筑师学会会员
建筑学院副教授
建筑与环境设计学院

亲爱的查尔斯，

很荣幸能收到你的来信。希望身在中国的你也能顺利地收到这封回信，这样随这封信寄去的幻灯片便得以派上用场。十分抱歉我目前没有达拉斯市政厅的照片，因为这些照片被斯蒂芬 · 加德纳借走了，现在还没有还给我，他有一篇文章需要参考这些照片。不过还好我保留了这些幻灯片。

蒂格曼昨天来了，他进行了一次十分有意义的演讲。他告诉了我一件令人捧腹大笑的事儿，那就是他之所以在芝加哥做一个特别大的项目，完全是为了和附近沙利文与密斯的墓碑在一条轴线上。

迈克尔 · 杨里(Michael Yondley)可能已经写信与你商讨关于课程的问题了。不过希望你无论如何都不要太过担心，尽可能保持一个放松且顺其自然的心态，因为什么事情都有可能发生。

我并不会担心任何课程内容安排的问题，因为我相信学生们一定更喜欢一个较为轻松的课堂氛围。不过不管怎样，你才是整个课程的主导，所以尽管按照自己喜欢的方式去做。这里所有人都很期待你的到来，并且相信你一定会培育出一批优秀的学生。

感谢你把我的话转达给了奥德雅恩。我会一直关注希腊出版社这边的消息。

希望你在中国一切都好，给玛格丽特带好。

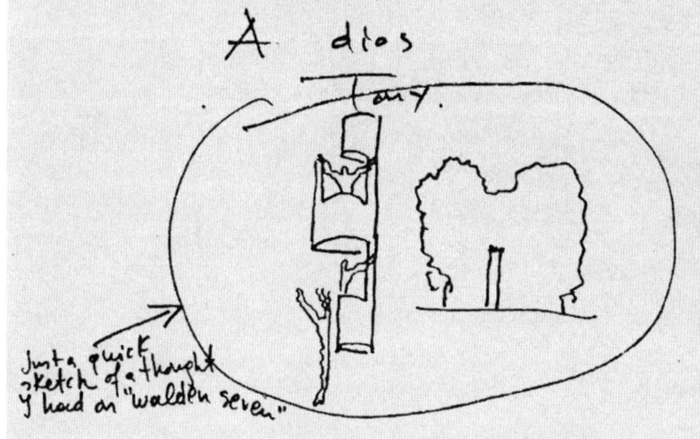

笔者根据“瓦尔登湖 7 号公寓”画的一张手绘草图

年 11 月刊的《建筑实录》杂志中所写的，一位参加美国哥伦比亚大学举办的后现代主义论坛上的“博学的英国人”。尽管他确实是一个“博学之人”，可以称得上博览群书，但确确实实是出生于美国的巴尔的摩市（Baltimore），只是有苏格兰血统罢了。他的第一个学位是英语文学专业，这也恰好为他后来的书面表达和演讲口才奠定了基础。随后他到哈佛大学就读，拜师于西格弗里德·吉迪恩门下，并且获得了建筑学的硕士学位。当我认识詹克斯的时候，他还不是注册建筑师，我也并不清楚他后来是否在英国或者美国获得了注册建筑师资格。硕士毕业后他又在班汉姆的指导下获得了博士学位，并他将他的博士论文《现代建筑运动》（1973 年）以书籍著作的形式发表，并且由希腊著名的编辑尼科斯·斯坦戈斯（Nikos Stangos），以及在希腊出版界拥有十分重要地位的出版商安德烈斯·帕帕扎基（Andreas Papadakis）斯负责校订出版。正是因为他和这两位希腊同胞的早期合作，使得詹克斯在后来很乐意与希腊人共事。由于曾在吉迪恩和班汉姆的指导下学习，詹克斯在建筑理论，尤其是历史和批判方面颇有建树。詹克斯是一位才智过人且具有很高英文造诣，同时还兼具英式幽默感的人，和大多数建筑历史评论家或者“学术型建筑师”一样，他的言论并不偏激更不会随意讽刺。和他类似的建筑评论家我确实知道几个，不过大部分都鲜为人知，而詹克斯则不同，他擅长“设计”言辞与格言，创造全新的术语，通过使用高度原创的语言规则来重新审视和批判。虽然詹克斯仅年长我两岁但是对我来说他就是我的同龄人。他没有老一派学者的“学术架子”，也没有那些官僚气息，而且他在学术研究中从不“偷懒”，这一点与我曾遇见的许多学术建筑师截然不同。詹克斯是一个无比勤奋的“工作狂”，他完全是依靠自己的努力才有了今天的成就。甚至就在我写这篇文章的时候，他还在不断向着事业的顶峰“攀登”！（本书原作出版于 2012 年，查尔斯·詹克斯老先生已于 2019 年 10 月 14 日去世）

对比上文我所写的有关詹克斯的内容，虽然他一直在不断地努力前行，却依旧无法确定他所付出的所有努力是否足以指引他通往事业的巅峰。我想或许还是不够的。他很可能又读取了一个博士学位，这几年他的性格也变得外向了不少。他每天都要进行课程讲座，并且会留出一些时间来专门研究他在多年前就着手研究的建筑设计风格演变图表。令我们所有人高兴的是，詹克斯逐渐成为一位建筑领域中不知疲倦的开拓者，对他身边这些建筑领域的友人而言，他好比建筑设计作品的“代言人”，他会将认为有价值的项目作品，结合设计师本人的事迹，重新进行理论化解读。他一直坚持进行建筑作品归纳总结，从而不断地丰富自己总结的知识理论库存，并不断演化更新。詹克斯最为欣赏的建筑师是迈克尔·格雷夫斯和雷姆·库哈斯，他们的作品风格一直在不断地发展进化，而这对詹克斯的理论总结和出版工作来说，也是一种促进与支持。詹克斯多年的工作不仅促进了建筑行业的发展，也推动了人类文明的进步，詹克斯不断去挑战自己的建筑友人们，同时建筑师的作品也会反过来挑战他的能力，这种“鸡与蛋”的相互促进关系在建筑创作过程当中，或是建筑批判，再或是建筑学思想发展当中一直存在。

我十分欣赏詹克斯和内森·西尔弗（Nathan Silver）一起完成的、也是詹克斯的首部作品，《局部独立主义》（*Adhocism*）。詹克斯因为这本书声名鹊起，书里主要讲述詹克思对后现代主义理论的一些观点，也与他几年后出版的另外一本重要书籍有着紧密联系。这本书中的内容激怒了许多人，但是同时也取悦并激励了很多人，尤其是20世纪70年代中期的年轻人们。20世纪60年代末，我住在伦敦的波多贝罗路（Portobello Road）附近，那时我十分喜爱《局部独立主义》这本书，不仅是因为它是多元文化背景下的产物，更是因为它是伦敦诺丁山这个著名区域周六跳蚤市场生活氛围的缩影。我相信，詹克斯的后现代主义思想与波多贝罗（Portobello）多元文化的融合有着直接的关系，而伦敦切尔西区（Chelsea）对他的影响则相对少了许多。《局部独立主义》不仅文字内容精彩插图也符合我的喜好，同时詹克斯作为一名盎格鲁–撒克逊籍（Anglo-Saxon，古代日耳曼人的部落分支，不列颠人的祖先）作家，首次尝试将自己作为一个普通人的日常生活和设计工作，结合那个年代所特有的流行文化进行阐述。

詹克斯一直钟爱希腊流行建筑、未知岛屿建筑师的特色方案，以及最广泛定义下的民间建筑，而我个人对于这些也十分感兴趣。从某种意义上说，这本书和阿里斯·康斯坦丁尼季斯（Aris Konstantinidis，希腊现代主义建筑师）在《米克诺斯岛上的两个村子》（*Two Villages from Mycono*，写于1947年）中所提出的观点不谋而合，是一些在他之前的希腊学者的著作中的观点的延续，比如阿格赫力克·哈特吉米查理（Agheliki Hatjimichali）。我曾在一次与詹克斯的私下对话中问道：“那么，你到底想表达什么呢？所有的这些内容，早已存在于希腊的民间建筑、阿索斯山、大大小小的群岛，以及那些普通民宿当中了。你亲自前往阿索斯山或是锡罗斯山呢？”当我读到《后现代建筑语言》一书时，我的第一个反应便是：“拜托？你刚睡醒吗？你所写的这些不就是希腊建筑千百年来表达的内容吗。”我也曾试图将我的这些想法以文章的形式发表出来，其中一篇名为《装饰艺术：公共环境教育的创新方法》（*Part Art：creative means for public environmental education*）。这篇理论性的文章灵感来源于伦敦的波多贝罗路，后来我在当地认识了来自阿根廷的舞蹈指导老师莱奥波尔多·马勒（Leopodldo Mahler）与希腊现代舞舞蹈家帕芙丽娜·莱兹瑞（Pavlina Lazari），与他们的相识又进一步丰富了文章的内容。我在美国保罗·鲁道夫事务所工作时所拍的一些照片，进一步优化了这篇文章的价值。不过遗憾的是，这篇文章并未公开发表，而是仅仅作为我在弗拉克斯住宅（Flaxman House）所举办的一次讲座的辅助材料，并在后来以“讨论论文系列，8号”资料（*Discussion paper series，No.8*）的形式被保存在伦敦大学城市规划学院的档案中。就在《装饰艺术：公共环境教育的创新方法》这篇文章写完后的第3年（其核心思想是强调公众参与艺术作品的重要性），詹克斯的《局部独立主义》开始受到人们的热捧。那时我有些恼怒，并不是因为这本书，而是因为我自己有限的英语水平。一个外国人无论多么费尽心思地去努力学习书面英语，仍旧无法达到特鲁德·斯泰因（Gertrude Stein，美国诗人）或者查尔斯·詹克斯那样的英语表达水平。更何况我从未努力尝试学会一口流利的英式或美式口音。因为我一直都记得，巴纳德女子学院（Barnard College）的一个女孩儿告诉过我不需要改变自己。那是我来到美国后，遇到的第一个令人印象深刻的姑娘。我到哥伦比亚大学念书的第一个学期，某个晚上同艾伦·金斯堡一起去到了百老汇大街上的西尾酒吧，当时他旁边坐着斯派罗·亚伦（Spyro Aaron）和雅尼·波斯纳科夫（Yanni Posnakoff），我努力挤到他们边上坐下，另一边就坐着那个女孩儿。她对我说：“你有很美妙的异域口音，女孩儿们都很喜欢这点。”我知道读者们或许会好奇此时金斯堡都聊了些什么，但是请相信我，在那之后我什么都不晓得了，当年我并不知道他到底是谁，并且之后也没有再留意过他。言归正传，那次之后我便再也没有刻意模仿过美式或英式口音了。我十分确信，无论你是什么口音，都很难能够学会完全地道的书面英语，除非你有一个专属的文字编辑，美国或是英国人，也可以是任何一种语言的专业文字编辑，最好这个人还有多个与思想史相关的博士学位，能在你醒来的第一时刻便出现在你枕边，无论吃饭睡觉还是游泳，甚至连闲聊的时候，都陪在你身旁。至少对希腊人而言，学会使用完全正确的书面英语可以说是如痴人说梦，希腊人的“英语”（English）可能永远都只是“希腊式英语”（Greekglish）！我敢说，亚历山大·楚尼斯也是如此，若非利亚纳·勒费夫尔（Liane Leffaivre，美国建筑历史学家）的一路扶持，他必定不会有今天的成就。如果我说的不正确，欢迎随时来纠正我，不过请通过写作的方式来证明。我始终认为詹克斯之所以能有今天的成就，尤其在他以《局部独立主义》一书闻名于评论界开始，都要归功于他与生俱来的英语水平。直白地讲，这是“命运”而非“运气”。不过詹克斯的成功也有一定“运气”的成分，那就是他爱上了具有苏格兰血统的凯瑟维克（Keswick）家族的千金，玛姬·凯瑟维克（Maggie Keswick），并与她成婚……因此，只得与巴尔的摩说再见了，再见了美国的詹克斯……玛姬欢迎你再次拥抱你的苏格兰血统！

詹克斯十分爱玛姬，每当提到玛姬，他总会变得格外温柔，他时常在信中提到她。詹克斯经常会开玩笑地说，每当有人告诉他，与他的讲座相比，更喜欢玛姬的讲座时，他都会假装很受伤的样子。有次他在信中颇具幽默感地写道：“……谢谢你的来信、照片、反馈和所有保存的资料。而这个‘反馈’的内容就是相比起我的讲座而言，大家更喜欢玛姬的讲座。”让我们直接跳到这封信中有关于玛姬的内容“……当然玛姬听到这个消息十分开心，不过这也在意料之中，毕竟大家对玛姬一直都是只有好的评价。她甚至曾经考虑给自己弄一个假名字，好偷偷去给自己写一个差评。”（以上引文均来自詹克斯给笔者的电报来信，蓝色电报印章日期为1979年，内无具体日期：ACA档案）詹克斯是真的很爱玛姬！

你能感受到他们之间满满的爱意，洋溢在他们周围。即使玛姬是个十分温婉羞涩，但是她的一颦一笑，她的双眼，以及他们总是紧握着的双手，都在诉说着他们之间的伟大爱情。詹克斯经常会带着玛姬在全美举办巡回讲座，这一点我还未曾在任何关于詹克斯的资料中见过。詹克斯希望能以此推广玛姬的学术研究影响力，他会尽量同步两个人的工作安排，这样玛姬就可以和他一起做讲座。渐渐地，玛姬仿佛成了他讲座中不可或缺的一部分，就好像是他思想和灵感的一部分，一个充满活力和智慧的部分，并且与他自己的思想密不可分。因此詹克斯的建筑学讲座包含的内容总是更广泛，会从环境的角度去思考问题，也会包含景观设计的内容，这解释了为什么玛姬是詹克斯讲座的一部分，而不是一个追随着名人丈夫的妻子，也解释了为什么当有人告诉玛姬，相比詹克斯的书人们更喜爱她的书时，詹克斯会表现出“受伤”的样子。

然而命运弄人，玛姬先詹克斯一步离开了这个世界。我一直想知道，他们夫妻二人是否对玛姬的提早离去有所准备，因为在玛姬过世后不久，詹克斯便将他和玛姬一起做过的慈善事业公布出来。不过在我看来，如此伟大的爱情本可以被撰写为书籍，或拍成电影。但是在20世纪70年代末期，只有少部分人知道或是能想到那超越玛姬理解范围的“可鄙”事物（指电影，当时个人记录风格的电影并不流行。玛姬，Maggie，即Margaret Keswick Jencks，查尔斯·詹克斯的妻子，于1995年6月因乳腺癌复发去世——编者注）。据我所知，玛姬曾在加利福尼亚大学洛杉矶分校（UCLA）和耶鲁大学进行过关于中国园林的讲座，当时的负责人是查尔斯·摩尔（Charles Moore）。詹克斯曾在信中说道：“她大约去过中国十多次，为她的幻灯片讲稿积累了很多有意义的照片。我可以保证，她所收集的这些材料一定会令其他建筑师们很感兴趣。”（详见：詹克斯1979年2月6日的来信）玛姬曾到我们学校举办讲座，听完之后我一直有个问题：“……到底是什么原因让她决定要研究中国园林？”詹克斯告诉我说，玛姬曾在中国生活并且学习过一段时间，“玛姬的父亲曾是英国驻华大使馆的特使。”大多数人在那段我认识詹克斯的早期时间里，都会特意回避玛姬父亲工作的事情，我自己更是如此。因为我一直认为“特使”就是像“领事”之类的职位，而玛姬也因此就是领事的女儿……关于玛姬的家族，我后来通过网络才有所了解：玛姬是凯瑟维克爵士的独生女，是很多名流的远亲，且都是些知名企业的创始人以及继承人，玛姬的同事也是议会成员，或拥有爵士头衔的人。不过我没有看到有任何王室成员的信息，也没有看到过与“鸦片战争”或“财阀”相关的内容，不过詹克斯曾在来信中强调过：“玛姬作为一个英国–苏格兰人，她的影响力往往比我大得多。”(详见1979年2月6日来信)玛姬从不计较报酬，但是詹克斯会努力与我们交涉，希望可以保证给她的讲座每小时以100美元为酬劳。他之所以这么做，是为了不让玛姬感到不自在，希望她感觉到无论她得到什么，都是她自己的价值，是她刻苦研究和聪慧睿智的回报，与她知名的丈夫或是她身后那个富有的家族无关。事实也正是如此。演讲中的一切细节，都是玛姬自己的思想和智慧，她的敏感观察，以及她缜密的精神世界！她的讲座主题中融入了许多非凡的感性元素，同时也是她内心世界的流露！詹克斯这位总是面带谦逊笑容的美国理论学家，从未流露出任何一丝对眼前这位女士所拥有财富及家族名望的觊觎，这也是他能一直保持学术自由的原因。不过，作为玛姬的继承人，他继承了大量关于中国园林的宝贵资料。除了玛姬的离开，还有一件事使詹克斯饱受折磨，那就是他并不是一位注册建筑师，而他所喜爱、崇拜，并积极推广的那些建筑师基本都获得了这一资质。作为一名哈佛毕业生，这也并不奇怪，尤其是20世纪70年代早期的哈佛，将教学目标重点放在培养行政管理和“领导阶层”人才上面，如放眼国际市场的建筑开发商，或是“饱读诗书”的纯学术理论研究员，这种做法导致出现了一批缺少实践经验，甚至都没有进行实地调研就进行文章撰写的建筑历史评论家。事实上，他们中的很多人，甚至包括一些非常著名的评论家，他们在评论一个建筑的时候，都从未亲眼看过那个作品，而是等着建筑师们将自己的图纸和效果图寄到他们的办公桌前。这种情况不仅出现在建筑学专业中，在哈佛的大部分学院都是如此，就像是一个同样毕业于哈佛大学的评论家约翰·勒布蒂耶（John LeBoutiller，美国评论家）曾在他的著作《痛恨美国的哈佛》（*Harvard Hates America*）（详见：勒布蒂耶，1978年）中形象地阐述过这个现象。

但詹克斯是个例外，他都会亲自去现场看过建筑之后才会为其撰写评论。我很钦佩这一点，而且我也会这么做。我曾带着詹克斯一起去参观达拉斯当地的建筑作品，我至今还记得我们当时在威尔顿·贝克特设计的凯悦酒店顶层旋转餐厅里的对话。当时詹克斯告诉我，他希望有朝一日可以拥有自己的建筑作品，可以建造“一座，也是唯一一座可以阐述所有我倡导的设计理念的建筑作品。”当时我对他说，他书中提到的“圆形廊厅”（Garagia Rotunta）其实已经算是他的项目作品了，并且在他的读者心目中，他早已经是一位注册建筑师了。虽然我心里清楚，他曾发给我们的简历中并没有建筑行业的从业资格证。詹克斯继续对我说：“但是我有很多建筑师朋友。”我想他是想说，他那倾注一生并且期望落地的建筑作品图纸，如果能够实施可以由他的注册建筑师朋友来盖章。多年后，詹克斯发表了他在伦敦自家花园里所设计的圆形廊厅。在那之后，他又设计了一些其他的作品，不过都是与其他的注册建筑师朋友们合作完成的。我相信那个廊厅应当是詹克斯唯一一个完全由自己设计完成的作品。这个设计有着明显的经典历史建筑风格，拼贴了多种元素，有些类似查尔斯·摩尔在美国新奥尔良市设计的意大利广场，还有些许托马斯·戈登·史密斯（Thomas Gordon Smith）和基兰·特里（Quillan Terry）的影子。建筑整体色调为黄褐色，而且如果我记得没错的话，项目施工签字人是特里·法雷尔（Terry Farrell）。詹克斯作为建筑师的设计能力，我一直以来都不是十分认可。他为建筑设计而付出的努力，包括他自家的“圆形廊厅”，以及他与巴兹·雅戴尔（Buzz Yudell）在洛杉矶乡村峡谷设计的木质亭子，全部都有十分明显的象征标志，而这些对我来说，是建筑设计的灾难（建筑实例详见:《后现代建筑语言》第五版，书中他首次刊登了“自己的”的建筑作品，第161–162页，图314）。相比之下，我更倾向我自己设计的那些实践项目，尤其是我在新墨西哥州和得克萨斯州为那些挣扎求生的希腊移民客户所设计的平凡甚至有些简陋的低预算设计作品。当中有“烧烤吧”“炸鸡店”，自助洗衣店以及带有倾斜墙体结构的出租屋等。由于当时在学校工作，因此我在接受设计委托前，都必须要获得校方领导（主席、院长，或者校长）的批准。我把这些设计作品纳入到我“平凡美学”（Aesthetics of the Mundane）的研究当中，“平凡美学”是指在“最平凡”的环境中尝试引入美学的设计手法，这也是我为这一手法特意取的名字。比如在火车调车场、萧条的区域或者是长期被大众忽视的贫困地区的附近和周边进行的美学设计……，虽然我不认可詹克斯的设计能力，但我依旧会向詹克斯几年前与玛姬·凯瑟维克一同设计的那个位于苏格兰的花园致敬。那也是他从建筑哲学理论家向景观建筑师转型的首个作品，并且在那之后，他也开始逐渐以此自居。我虽从未去过那个花园，但是我永远也无法忘记看到它照片的那个时刻。照片中，他和玛姬双手紧扣，站在天地相接的花园深处，他将自己称为这座花园的景观建筑师，身边的女子便是他的灵感来源，他们共同创造了这个花园，而玛姬仿佛已经准备好要随时松开他的手，飞向远方的天空，踏上一场名为“永恒”的旅行。

手拿咖啡的学生时期的查尔斯·詹克斯和托尼·安东尼亚德斯二人，及到访的审评者们，还有当地的客座建筑师戴维·琼斯（David Jones），以及澳大利亚建筑师伯纳德·哈夫纳(Bernard Hafner)等人，还有所有的学生……每个人都精疲力竭！

……詹克斯也曾在他第五版的《后现代建筑语言》中几次提到我，并给予了我些许的尊崇。他在书中附上了一张我于日本横滨所拍摄的照片作为插图，照片的内容是石井和纮（Kazuhiro Ishii）所设计的“54 视窗”（54 Windows）。我曾给詹克斯看过我在希腊的《工艺》（*Τεχνοδομικά/Technodomica*）杂志上发表的一篇关于石井作品的文章，同时我也把石井的地址和照片一同给了他，还在信中附上了我们共同参观达拉斯市政大厅以及其他建筑的照片。詹克斯在他后续出版的一本名为《新现代》（*Neo-Moderns*）的书中采用了部分照片，不过我并不太喜欢这本书并且也向他表达了我的看法。信中我们还聊了许多关于摄影的话题，他是第一个告诉我如何可以使用偏光镜进而得以朝着太阳也可以拍出好照片的人。我保留了詹克斯所寄来的全部来信，其中有两封是手写的，而他的手写信几乎无法辨识具体写了什么，仅比“鸡刨”式的乌多·库尔特曼（Udo Kultermann），几乎无法阅读的斯蒂芬·加德纳（Stephen Gardiner）以及威廉·柯蒂斯手写字好一点点。我曾经不得不寻求我在伊兹拉岛的一位邻居罗杰·格林（Roger Green）来帮忙辨认字迹。这两封信都使用了英国邮政专用的蓝色轻薄电报纸，很容易在尝试撕开信封的同时把信件也一同撕坏。这也体现了写信人对书信邮寄费用的节省，不过对于查尔斯这种经济条件的人来说，他这么做也很可能出于掩饰玛姬的“社会阶级”和经济实力的目的……因为盎格鲁–撒克逊的版权法中有规定，私人信件的版权归寄件人所有，因此我只是截出一小部分詹克斯的亲笔信来证明他那潦草的字迹。此外，我还将有关于我们当时正在探讨的里卡多·波菲的作品的全部回信，以及与我正在撰写的一本名为《幽默与建筑》（*Humor and Architecture*）的手绘稿，放到这本书中。我相信，如果未来有哪个历史学家需要研究相关内容，我们之间的这些往来信件多少还是有一定价值的。这本书中所提到的所有内容，都可以在我的个人档案库中找到。这些内容也提供了一个认识 20 世纪末期所发生事情的新视角，一个从未被媒体报道过的崭新思路。我在这里还要展示一下晚年的乔治·赖特同意付给当时还不被人所知的百万富翁玛姬 100 欧元讲座报酬的批准信。玛姬，就是那个英国驻华特使凯瑟维克爵士的女儿。乔治·赖特曾在太平洋战争中当过肯尼迪的培训官，而如果当时他知道玛姬的家庭背景，一定至少会为了保留自己的脸面而自掏腰包付给玛姬 500 美元……我一直坚信，詹克斯是且一直以来都是那种十分纯粹的“美国人”，典型的极其聪敏且能力极强的美国人，以超高的智商及语言能力进行了大量的阅读工作。虽然他与

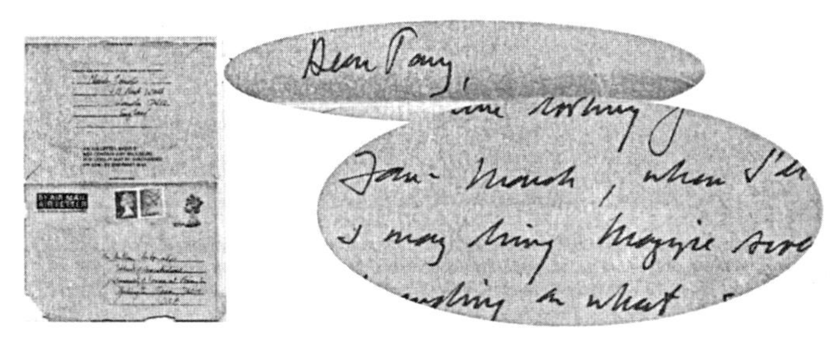
Dear Pany,

me nothing

Jan. Month, when I'll

I may bring Maggie

in what

信件截图与回信的信封

那些陈旧迂腐且刻板的学术派并不相同，不过却与大多数美国人一样，也是一个深入骨髓的“资本主义－资本家”，他和格特鲁德·斯泰因一样，是为数不多到欧洲发展的美国人。他深深地受到了欧洲如巴黎、伦敦和罗马这样的城市文化侵染，开阔的眼界使得他对事物的看法与理解、与世界的沟通以及对未来的猜测，总是格外的炫彩生动。詹克斯擅长以大众的思维框架来分析问题，而大众则往往是社会主要的“消费群体”，因此，人们对“用户至上主义”（Consumerism）的詹克斯格外推崇。詹克斯总是会留心大众作为主要消费群体时，会选择消费什么样的作品，无论是艺术、文学、建筑，抑或是文化。詹克斯和斯泰因都是原创智慧的创作推广人，消费者的需求与资本运作规律都深藏于他们与文化市场相关的DNA当中。掌握普世存在的资本循环规律和指数式增长的发展趋势，利用商业的循环，在危机与繁荣中塑造“盛行长存思想”的手段与工具，是时下最机敏智慧的累积资本方式。用“流行的喜好和品味”替代那些收藏级别的“高雅艺术”，去制造、操控、预测、创新、生产以及推广流行文化的市场。我十分确信所有这一切，全部都烙印在詹克斯的基因当中。我记得我曾经问过他，他的第一本书为他赢得了多少资金，因为我当时正在给我即将出版的一本书拟定合同，所以我很好奇我可以从中获得多少回报。然而当我听到他的回答时，我的心情瞬间跌入谷底，詹克斯告诉我回报虽然会持续很久但是少得可怜，甚至连他当时即将在全美的5周巡回讲座报酬的1/20都不到。“不过也正是因为这本书，我才能有后来的巡回演讲邀请。”而那时我在校任职9个月的全勤年薪，大概也就是他这5周讲座报酬的1/4……

……尽管稿费非常低，但詹克斯还是对他的编辑安德烈斯·帕帕扎基斯备加赞赏。詹克斯十分尊敬他，并且多次与他通过《建筑设计》

（*Architecural Design*）一书建立了合作。帕帕扎基斯的“英国－塞浦路斯营销基因”，加上詹克斯这个极其拥有“经济头脑的美国人”，在一个十分聪明且有能力的国际编辑，希腊人尼科斯·斯坦戈斯的鼓励与簇拥下，3 人共同组成了一个强有力的合作团体。我并不知道詹克斯是否接下了那份价值 4000 美元的第一版《后现代建筑语言》的合同，不过当我开着那辆蓝色的马自达，载他从阿灵顿前往达拉斯的路上，我确定他告诉了我这个价格。当时我告诉他说“这笔钱可是和勒·柯布西耶规划昌迪加尔（Chandigarh）的设计费一样多。”当时我刚好在一本书中看到这个消息，但是我至今也记不起这本书的作者姓名，只记得是位来自伯克利的女历史学家，而书名是《昌迪加尔》（*Chandigarh*）。詹克斯对勒·柯布西耶的设计作品了如指掌，却对这种事毫不关心。而这个“小道消息”使詹克斯颇为欣喜地说道：“这么一说，我现在感觉好多了。”随着勒·柯布西耶与他母亲之间的通信内容被公开，一些关于柯布的秘密也被公之于世，包括他与贝当（Petain）政府的合作，还有他为了实现自己的想法，甚至曾将希望寄托于希特勒的独裁统治等 [详见韦伯（Weber），2008 年]，不知道知晓这些内容的詹克斯如今会如何评价柯布。不过柯布并不是唯一有这么多故事的建筑师，密斯也曾有过类似的“不可告人的秘密”。相关的内容我也曾在我出版的希腊文书中做过详细地探讨 [详见：安东尼《民主政治中的比例与尺度》（*Αντωνιάδης*，*Κλίμακα και μέτρο στη Δημοκρατία/Antoniadis*：*Scale and Measure in Democracy*），第 180–197 页]。詹克斯还很崇拜季米特里·波菲利（Demetri Porphyrios，希腊建筑师）。他们私下里便相识，并且詹克斯对他有很高的评价。很显然，帕帕扎基斯、斯坦戈斯和波菲利一直都与詹克斯保持着密切的联系。波菲利曾在 2011 年 11 月于哥伦比亚大学举办的后现代主义的聚会上，特意向詹克斯表达过感谢，感谢他为后现代主义理论做出的贡献，他说道：“是后现代主义让古典建筑得以在美国和英国发出夺目的光彩” [详见：弗瑞德·A. 伯恩斯坦（Fred A. Bernstein），《建筑实录》电子版，2011 年 11 月 14 日]。

你如今若是问我，是否支持古典主义，那么我会告诉你，我更认同塔塔尔凯维奇（Tatarkiewitch）的“古典主义”理念，即从欣赏艺术的角度出发，是一个时期最优的技术以及其所能制作事物的最佳展现所得到的成果。因此，在我看来，詹克斯以及其他后现代历史学家所认为的“经典”，是基于一种完全对称的表面形式，而我对于这一点，并不能认同。比如我们如今这个时代的“经典”就是计算机，是平板电脑与超音速喷气式飞机。同样，摩天大楼是这个时代属于建筑领域的“经典”，虽然就算是作为礼物馈赠于我的迪拜高耸云霄的哈利法塔之上的高级公寓我也并不会接受，但是我仍然会说，这就是我们这个时代的经典，而非女王的马厩或普林斯顿大学的学生宿舍。

詹克斯十分喜爱八卦，这一点我也一样。因为那些“私人秘密”和“八卦消息”，尤其是从那些“自己作为倾听者的别人的八卦”中，可以找到你关心问题的答案。甚至有时其中涵盖的信息和看待事情的角度，是从书本上或者学校里永远也无法学到的。尤其是一些与行业相关的事情，那些从不会出现在学校正规课程中的“专业”秘密，却偶尔会由一些经验丰富且有才能的老师以“题外话”的形式传授给他们的学生。詹克斯和我就都是这种类型的老师，而且学生们通常也会很喜欢这种老师，并且往往会因你的这些“题外话”受益终身。只是要记住，一定要在你自己所理解的基础上尽可能的实话实说，绝对不要说谎，同时还要确保你所说的事情都有迹可循，最好还有一些相对应的照片辅以佐证。如此，学生们便也可以更好地学习理解。就像我在先前所提到过的，学生们甚至可以从一些玩笑和趣闻轶事、那些你从酒吧和派对上听来的“八卦”中汲取知识，也可以从那些同志趣相投之人举手投足的交流之中学有所得。而且比起那些“听上去很严肃”的、诸如海德格尔或安伯托·艾柯（Umberto Eco，意大利哲学家）的哲学理论等晦涩难懂的大道理，学生们更喜欢趣闻笑话。慢慢地，学生们会自己去寻找他们的哲学，以他们自己的方式为这些道理命名。切记不能操之过急，否则会给学生造成太大的压力。直截了当地告诉他们显而易见的事物或道理！不过显然，詹克斯早已对于那些深刻的哲学理念心领神会，他便是那个像普通人一样坐在公园长椅上的人，等待和你去分享他所知道的关于迈克尔·格雷夫斯或其他他所崇敬的那些人的种种事迹，那些人们永远也不敢写在书里但却无比精彩的故事。詹克斯作为一位面向公众自我发行的编辑，同时也是一位出色的课堂老师。詹克斯在与同行交流时，即使意见不尽相同，也是格外的和蔼与谦逊，妙语连珠，滔滔不绝。他是经典格言的创造者，术语与情景的制造者，他远离了学术的糟粕，是一个羽翼丰满奋力翱翔的勇士。詹克斯会时常在他的文章、著作以及采访中，提出各种崭新的术语 [详见：詹克斯对苏珊娜·瑟瑞夫曼（Susanna Sirefman）名为“命名游戏”（*The Naming Game*）的采访，相关内容刊登于 1999 年 12 月刊的《建筑》杂志，第 49–53 页，以及詹克斯接受的凯西·朗·何（Cathy Lang Ho）关于作家布里安·布雷斯·泰勒（Brian

Brace Taylor）的采访，相关内容刊登于 2001 年 5 月刊的《建筑》杂志，文章题目为“查尔斯·詹克斯的持续革命”（*Charles Jencks's Continual Revolution*），第 93–95 页]。

我一直不理解的是，詹克斯为什么几乎每天都要创造出一个新的运动，以及为何他有时竟会允许自己和别人联名出版一些低于自己水平的书籍，在这里我是特指《奇怪的建筑》[*Bizare Architecture*，里佐利（Rizzoli），出版于 1979 年] 这本书。如果我并未花费多年的时间收集趣闻轶事，发表相关文章，甚至还撰写了一本关于世界各地由“内心趣味”孕育而出的建筑作品的书籍，我说不定会喜欢上这本书。我的那本书至今没有出版，因为我永远也无法接受英国出版商想要以几乎为零的稿酬来出版我《建筑中的幽默》的要求。不过日本的中村敏男、希腊的唐纳德·康迪、安德鲁·麦克·奈尔和科斯塔斯·卡拉古尼斯都已经发表过与这本书内容相关的文章，因此如今这件事已不会再令我如此这般地苦恼了。但是无论如何，里佐利《奇怪的建筑》的出版，致使我放弃了对自己“幽默”的继续追寻。当时我确实十分受伤难过，不过如今已经释怀且淡忘了。

虽然不知道是出于什么原因，但是在某一时间点，查尔斯·詹克斯选择改变了他的人生轨迹，并走向一条建筑之外的路。他开始关注景观建筑，将他自己称为景观建筑师，他把自己的精力全部都倾注在花园设计当中，而他精心设计的花园，在玛姬位于苏格兰的家中。在玛姬离开之后，他便蜕变成为一位最伟大的建筑赞助人之一，也是最独一无二的评论家詹克斯变为他朋友们的客户，而他的那些建筑师朋友们，也从被评论的建筑师变成了评论家的建筑师。詹克斯成了最大方的客户之一，使得他的一些建筑师朋友得以成为最具人道主义与人文关怀的建筑师，他们褪去了哗众取宠的外衣，开始以最认真的态度回归了设计师的初心。在我写这篇文章时，詹克斯已经放弃了多达 15 篇文章的邀约，只为了设计建造那些以玛姬名字命名的癌症治疗中心项目（Maggie's Cancer Caring Center，玛姬癌症治疗中心）。他所资助的这些项目，是一系列位于英国周

图为弗兰克·盖里于 2003 年设计建造的位于苏格兰邓迪（Duntee）市的玛姬癌症治疗中心

边的、可以随时拜访的连锁小型医疗机构，意在帮助那些因癌症而受到重创的患者们。在癌症扩散前的早期患者，可以随时拜访接受心理辅导和治疗。这些医疗中心不仅为患者带来了温暖，也是这两位深爱着彼此的伟大资助者爱的证明，詹克斯与玛姬二人将这些医疗中心的设计全部委托给了他们所认识的那些知名建筑师朋友们。到目前为止（2012 年）包括：理查德・墨菲（Richard Murphy）所设计的爱丁堡中心；佩吉和帕克（Page/Park）建筑事务所设计的格拉斯哥中心；弗兰克・盖里（Frank Gehry）设计的宁威尔区，邓迪中心；扎哈・哈迪德（Zaha Hadid）设计的、位于苏格兰的法夫郡（Fife）中心，法夫郡也是詹克斯母亲的出生地，以及理查德・罗杰斯事务所（Roger/Stirk Harbour+Partners）所设计的伦敦中心。对于扎哈在法夫郡的设计，原谅我并不想做什么评价，而盖里的设计则是出乎意料的令人欣慰满意，我相信盖里本人，一定是深深地被这个委托背后所蕴含的故事所感动。在我看来，他的这个设计格外充满魅力，整个建筑外观纤细而脆弱，就像从前的玛姬一样，而承重结构则刚劲有力，我相信，这便是象征着一直陪伴支持玛姬走到最后的詹克斯。容我在此处停笔，因为本书后面将开始严肃批判的内容，而我对于此事的记忆，充斥着人性和艺术，同时又交织着最为复杂的情感，深藏于心，难以名状。

查尔斯・詹克斯在美国巡讲（照片引自得克萨斯大学阿灵顿分校校园报“The Shorthorn”）

稍作休憩……钦佩与忧心忡忡……

太多的成功，太多的一成不变……何时才能明白，“知足方能常乐”，此刻，我们是否需要停下来认真思考一下？

在稍作休憩的过程中，在结束上一段内容以及开始之后所要撰写的内容之间，我利用几分钟的时间上网查了一下我的电子邮箱，并习惯性地浏览了建筑杂志之后，我决定要先写一些关于斯蒂文·霍尔的内容。即使这一章纲要中并没有为此单独设立小标题，但是我相信，为此稍作调整十分值得，因为由他的名字所启发的种种内容，与本书的中心思想十分契合。

我从《建筑实录》杂志中了解到，获得 2011 年 AIA（美国建筑师学会）金奖的正是斯蒂文·霍尔。当 AIA 打电话告诉他得奖的消息时，他说：“简直不会有比这个奖更好的生日礼物了，我的生日就在明天”……

我记得那是在 1983 年，在圣路易斯华盛顿大学建筑学院的一座大讲堂里，我第一次见到了斯蒂文·霍尔。那时的霍尔还很年轻、高挑且体型适中，风度翩翩，字正腔圆得像极了一个建筑“设计师”。他穿着一席干净利索的蓝色衣衫，向当天到场的听众展示一座他刚刚设计并建造完成的埃森曼风格的展厅式建筑。那是作为艺术家的委托方自家住宅中工作室的扩建部分，紧挨泳池。我十分钟意这座小建筑，并且对这位首次登台的年轻同僚留下了深刻的印象。我那时心中暗自想道：“他能有这样的朋友当自己的委托人，实在是太幸运了。”于是，我便即刻将我这次讲座的感受，告知于康斯坦丁·米凯利斯（Constantine Michaelides），“他确实很有天赋，也必定会很快发展起来……为何不请他来教授研究生的设计课程呢。”说完，康斯坦丁便介绍我们认识。

迈克利兹，在圣路易斯任职了长达 20 多年的院长，也是当时在美国任期最长的院长。他曾邀请我以客座教授的身份负责其中一个工作室的研究生设计。而另一个工作室则是由马吕斯·雷诺兹（Marius Reynolds），与刚在伦敦完成了一个庞大住宅项目的帕特里克·霍金森（Patrick Hodgkinson）共同负责。我并不知道迈克利兹是否在之后的学期中邀请霍尔来任教，但是我记得在那次对话之后的一两天里，我听说他们邀请了霍尔到哥伦比亚大学执教。从那时起，我便一直饶有兴致地关注着霍尔的一举一动。他首先在纽约迅速地发展起来，随即便在国际上声名鹊起。印象较为深刻的是他几年后曾和埃米利奥·安巴兹（Emillio Ambasz）一起在现代艺术博物馆（MOMA）里举办的一次作品展。同时我也一直关注他的理论研究，当中包括那些曾在《建筑手册》（*Pamphlet Architecture*）上发表的精彩文章，尤其是他对“桥”（Bridge）、“桥屋”（Bridge House）和“字母城市”（Alphabetical City）的概念阐释。霍尔有他自己的一套理论，天赋异禀，且勤奋刻苦。不过，我最佩服的还要数他对这个行业的革新精神。他不是那种“从未做过设计，从未建造过任何房屋，且也并没有任何打算要去这样做”却喜欢“纸上谈兵”的理论家。我想你们大概能想到我所讽刺的人是谁，没错，就是赫伯特·马斯卡姆（Herbert Muschamp）。但霍尔并不是这样的人，他是一位理论的实践者，而且我向来都十分欣赏这样的人，因为这对一个建筑师来说可以算得上是最难的事。如同其他屈指可数的实践者一样，他们若是想打破常规，总是需要先“以身试法”。比如屈米在雅典卫城山脚下的作品和霍尔在挪威所设计的那些建筑。虽然这种情况下我反而更希望他们是马斯卡姆，而不要去逾越雷池，以身犯险。随着霍尔完成了赫尔辛基当代艺术博物馆（Chiasma Museum），我对他的好感达到了顶峰，这也是他在美国之外完成的第一个主要作品。芬兰，不同于其他所有陆地，在我看来是这个星球上最具有建筑意识的国家，那里是阿尔瓦·阿尔托和其他许多伟大建筑师的故乡！在那之后，我便一发不可收拾地开始关注霍尔的作品，并且无时无刻不在期待他的“下一个”作品。霍尔显然与阿尔托不同，他的设计没有任何芬兰式风格，也不追随任何人，而是凭借自身极高的天赋，做出让人眼前一亮的作品。他后来设计的“现代主义作品”也一直让我崇敬不已，当中有些作品，灵感来源于他先前发表的“手册”中的手绘图（Pamphlet）。最令人高兴的是，多年后能有机会看到他曾经的一些“速写”草图如今能够在中国被一一实现。不过实话实说，霍尔在中国设计的那些桥，或者更具体的说是那些“空中桥梁”，我并不能完全接受。在我看来，若是要我在那样的高度跨越桥梁，着实有些恐怖。不过事实上，他还是成功地拓宽了“商业化现代主义”中的建筑价值。而我也逐步开始理解“图纸上的现代主义”的真正含义，这些项目为这类型建筑的发展探索提供了难能可贵的机会。你可以从霍尔的作品中感受到一种新奇，却又是原汁原味的设计风格，与格罗皮乌斯和其他图解现代主义（Diagrammatic Modernism）的欧洲建筑师，为开发商和承包商量身设计的“打包式”解决方案不同，霍尔的“现代主义”充满活力，即便是他“打包式处理”的中国项目，也与超级理论家马蒂亚斯·翁格尔斯（Mathias Ungers）死气沉沉毫无生气的极简现代主义设计风格完全不同。虽然如此，但是他们的设计在我看来，似乎总有种密不可分的关联，那就是他们都想要在现实中将自己的理论预想付诸实践时，希望项目结果与图纸如出一辙，也因此在“绘制建筑”时，即使是极其脆弱易碎的纸张，也丝毫不允许有半点偏差。在一些我曾读到过的相关报道中，他们二人都表示会坚持实施那些“抽象的概念”。然而，慢慢地在我发现“承包商的立场”在霍尔的作品中开始起主导作用，而他作为“建筑师”的人格则逐渐回撤到他心灵深处，甚至还设计了一些在我看来是极其违背自然环境的设计，于是我对他的整体印象便开始发生了转变。他设计的克努特·汉姆生中心（Knut Hamsun Center）令我感到尤为震惊。这个作品直接激怒了我！我实在是过于愤怒以至于直接给《建筑实录》写了一封信。我一如往常地在这封信上签上了我的名字。如果没记错，杂志的电子版留言区有很多其他读者的匿名评论，而我是唯一一个署名评论人。我本应该把杂志上的那张图片复制下来，但是我现在并没有勇气这么做，因为我实在不想违反版权规则，并且也不想和一些我私交上并不熟识之人有太多的纠缠。那个我曾经十分钦佩的霍尔，如今却是一位过于“专业”，且十分注重法律条款等一系列“教条”规则的保守建筑师。不过读者们如今依旧可以自行到网上找到那座建筑的图片，而且你们还能看到我的那篇公开评论，如果它还在的话。当中我直言不讳地对克努特·汉姆生中心给出了如下评价：

> “又一个令人唾弃的‘明星建筑’产物，该设计只有作为指定要求项目和特定历史时期作品才勉强适用（法西斯主义）。这件作品破坏了北欧美丽风景的尺度与和谐的环境氛围，也破坏了项目周边的整体环境。即使是美国建筑学专业‘基本设计’课程中的空间语言和精神营造练习设计（在大部分建筑院校这是第 2 年的课程练习），都要做得更精彩与恰当。对于这个作品我只得‘拇指朝下’，……请看一下 3 号图吧……为什么哥伦比亚大学设计学院（即屈米和霍尔）会‘联手’去扼杀尺度和景观本身？我提议让一些环境和心理学家来重新处理一下这个作品，同时，我也再次建议那些来自哥伦比亚大学的人，回想一下维克托·F. 克里斯特－雅内尔、亚历山大·柯兹曼诺夫、罗马尔多·朱尔戈拉（Romaldo Giurgola），甚至是珀西瓦尔·古德曼和他的兄弟保

罗，以及其他 20 世纪 60 年代早期到 70 年代末期的那些建筑师，非美国东岸格罗皮乌斯的追捧者们，请怀念过去，并沉思当下。为何这一切一定要成如此这般的模样呢？？？”

安东尼·C. 安东尼亚德斯，AIA 会员

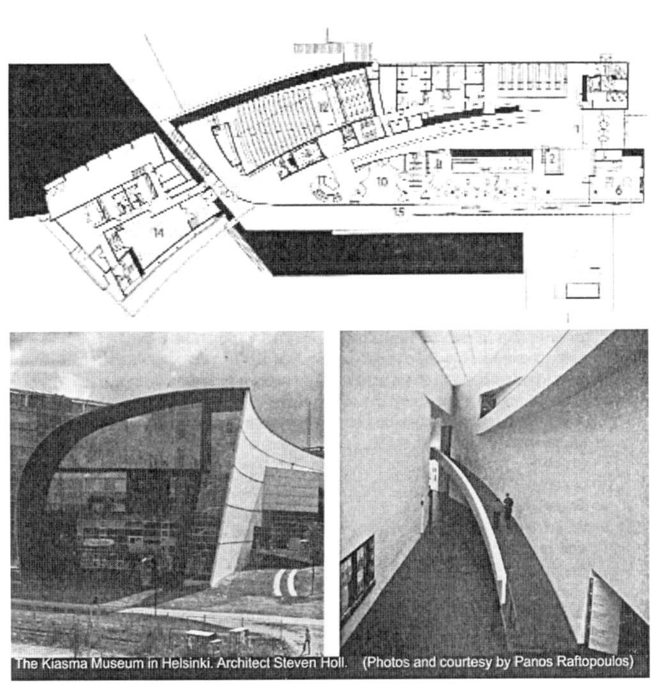

The Kiasma Museum in Helsinki. Architect Steven Holl. (Photos and courtesy by Panos Raftopoulos)

赫尔辛基当代艺术博物馆，建筑师：斯蒂文·霍尔
[照片由帕诺斯·拉夫托普洛斯（Panos Raftopoulos）提供]

亚历山大 · 楚尼斯

接下来我想聊聊关于亚历山大 · 楚尼斯（Alexander Tzonis）的事情，没错，就是那个亚历克斯（Alex，亚历山大的昵称）！

我是从我的朋友科斯塔斯 · 克桑索普洛斯那里第一次听到他的名字的。我们第一次见面，便是在伊兹拉岛的米兰达酒店外，当时他同美丽的利亚纳一起。在我回到美国之后，便立刻写了一篇关于他的文章，并发表在了《希腊建筑师社会》（*Greek Society of Architects*）杂志上。在那之后的一年，我们成了关系很好的朋友，每年夏天总能见面。我很欣赏他的思想理念与独特的个性。他知识渊博，对于建筑世界的时事无不知晓，从东海岸到西海岸，尤其是耶鲁、哈佛、普林斯顿和康奈尔大学的消息。他是首位已知研究计算机和系统设计方法的建筑历史评论家，同时他也协助培养了大西洋两岸很多欧洲和隶属于包豪斯的杰出建筑师，比如瑟奇 · 舍玛耶夫（Serge Chermayeff）、何塞 · 路易斯 · 塞特（Jose Juis Sert）和历史作家如约翰 · 萨莫森（John Summerson）。此外，他是《无压环境下的建筑》（*Architecture of the non-oppressive environment*）这本精彩且颇具开拓性书籍的作者。这本书批判性地探讨了许多建筑相关的问题，同时这本书的出版还带动了其他相关领域的发展，如环境心理学以及其他可涉及的、“不可见”的（non-visible）建筑领域。他是个有故事的人，而他心底的故事与他出生的那个国度相关，他必定有着难以忘怀的个人经历甚至是创伤，而这个国度刚好也是我的故里——希腊。他也许是某件极其私人事件的受害者，可能是受到了极不公正的待遇，或者是他早年遇见了某件极其严肃的事。那件事或许与他的学术生涯息息相关？不过所有的这些都只是我个人的猜测罢了，亚历克斯始终都于我只字未提……一直以来我都认为，他是建筑界最重要也是最严谨的历史理论学家之一，而且绝对是这个领域里重要的希腊历史理论学家。在过去的 30 年里，他所推崇的建筑领域中的人和事，总是十分具有前瞻性，比如圣地亚哥 · 卡拉特拉瓦便是他所曾经推崇的建筑大师之一！！！对于亚历克斯，我的敬仰之情可谓滔滔不绝。

但我若是打算闭口不谈有关于他未曾公开谈及的血统和直系基因，那么这对历史而言则是十分不公的。“我是一个西班牙裔的犹太人，来自塞萨洛尼基的犹太家族。”每当他与身边的德国人交谈时，他都会自豪地宣布自己的出身。第一次听他这么介绍自己，还是我将他介绍给米凯拉（Michaela），一位来自罗马尼亚的德国人时，她曾申请去以色列的基布兹·（Kibbutch，集体农场），但却因她那时已 46 岁，而遭到了拒绝。几年之后，当我翻看叶利·帕帕（Elli Pappa）的回忆录时，忽然发现其中的某段话和脚注与亚历克斯相关。叶利·帕帕是贝罗亚尼（Belloyanni）的合伙人，而贝罗亚尼是希腊反抗军英雄，他与其他三人一同在 1953 年遭到了暗杀。也是通过叶利·帕帕的回忆录（*Μαρτυρίες μιας διαδρομής*），我才第一次知晓了这些事迹，于是我把书中与亚利克斯父亲相关的事迹复印了下来，并把这份记录有他父亲伟大英雄事迹的文件亲手交给了他，让他知道他的父亲是伟大的革命党人。如果你们感兴趣，可以去翻看一下叶利·帕帕回忆录的第 25 页，便可以看到关于亚历克斯父亲的细节记述，以及他的卓越贡献……

下面我主要想讲述关于卡拉特拉瓦的内容。

一天下午，亚历山大和卡拉特拉瓦二人游泳回来，都穿着中长短裤，肩并肩走着。而我那天刚好坐在“阿喀琉斯的长椅”上。当我看见他们迎面走过来时，便起身跟他们打招呼。我先同卡拉特拉瓦这个我从未谋面的人打了招呼，我们非常正式地、在公共场合握了握手，而亚历山大则忙着环顾四周。附近岛上的居民凑了过来，其中跟我一起坐在长椅上的一个当地人，看着他们二人露出了好奇的神情。我先用我支离破碎的西班牙语对卡拉特拉瓦问候道：“建筑师先生，我十分尊敬您。”（Señor arquitecto，tengo un grand estimado de usted）随即用英语反复地说着我是有多么钦佩他的设计，并祝愿他这次的奥林匹

圣地亚哥·卡拉特拉瓦和亚历山大·楚尼斯在伊兹拉岛上，拍摄于 2004 年 8 月（照片由笔者拍摄）

克项目圆满成功……这位伟大的建筑师一直握着我的手，面带微笑地听我讲话，同时他也和亚历克斯一样，对这次突如其来的相遇显得有些不知所措。那是一个优雅且意料之外的时刻！在他们离开后，亚历克斯才想起来应该向卡拉特拉瓦介绍一下我，或许他在他们回去的路上，补充了我的个人信息。次日清晨，亚历克斯告诉我说："卡拉特拉瓦已经离开这里并且在去雅典的路上了，为了确保奥运会的火炬能正常升起。"两天之后，我在家中通过电视机观看了叹为观止的 2004 年雅典奥林匹克运动会开幕式，那个看起来像雪茄一样的奥运火炬顺利升起，一切都进行得井然有序。虽然大约 4 年后，这场完美的盛会最终让希腊陷入了金融危机。但这显然不是卡拉特拉瓦，或者亚历克斯的错，更不是任何一个普通希腊人的错。

还有一件事我想我永远也不会忘记，那就是几天后卡拉特拉瓦在亚历山大的陪同下再次回到伊兹拉岛，他们那天就站在普萨罗保拉饭店门口，而我则在 3 英尺内的饭店里等待着我的打包外卖，刚好看到他们二人站在饭店的出口，和一位来自瑞士的女出版商聊天，这位女士也住在这座岛上的私人居所里。而当我隔天再看到亚历克斯时，我便向他询问了这件事，于是他便告诉我说，卡拉特拉瓦刚刚委托他撰写 4 本书……"每一本都要分别介绍卡拉特拉瓦所设计的 4 座奥林匹克场馆。"如果不是亚历克斯和我聊过刚才所说的两件事，当地人可能永远不会知道卡拉特拉瓦此次前来的目的，而且自我们第一次见面握手开始，流言便在岛上传开了，而我更愿意将这一切看作是一个永远也无人知晓真相的谜。流言的内容五花八门，比如"卡拉特拉瓦正打算买下一座住宅""卡拉特拉瓦将要买下整座伊兹拉岛""卡拉特拉瓦将会设计岛上的港口""科斯塔斯带卡拉特拉瓦来到这里是为了让他来规划整座岛屿的发展"[科斯塔斯在那些反对他的人口中被称为"说谎的科斯塔斯"（Costas the Liar），也是当时这座岛的市长]"科斯塔斯去港口迎接卡拉特拉瓦，并说'欢迎您回来正式访问'"等。

由亚历山大·楚尼斯所撰写的关于卡拉特拉瓦的第一本书，实际上早被某些有"特殊兴趣"的希腊记者大肆报道过，因此人们早已熟悉卡拉特拉瓦的设计作品。但是在楚尼斯开始写关于卡拉特拉瓦的文章时，还没有任何希腊的政客或博物馆馆长曾听说过卡拉特拉瓦或是他的任何作品。随着记者们接二连三的报道，以及在国立美术馆举办的卡拉特拉瓦作品展，便开始出现了诸如"三宝垄关系"（Samarang Connection）的坊间传言，即"卡拉特拉瓦是通过瑞纳·索菲亚（Rena Sophia），一个土生土长的希腊人，和一位西班牙的王室成员建立了联系才来到这里"的流言。而对此我始终认为，亚历克斯以他完全不同于我与波菲利的态度和思路，借助他在国际上良好的人脉关系，不仅明确了自身独特的建筑理论方法，更为促进希腊建筑领域发展做出了卓越贡献，如果没有亚历克斯，希腊则永远也不会有我们在过去30年中所获得的那些建筑作品，无论好坏。我相信那时希腊所发生的很多事情，亚历克斯都有着密切的关注，亦好亦坏；而也正是因为他可能是无心地介入了一些对希腊建筑而言极其负面的评价里，导致他不得不游走于当地的建筑圈和出版社的"建筑宣传人和建筑经纪人"之间，才导致了如此之多的"坏"作品。

亚历克斯促成了《维玛报》（*Vema*）的创办，而这家报社的首席记者后来成为了希腊政界记者的"领头人"。当我几年前第一次在伊兹拉岛见到他们时，亚历克斯告诉我说："他是我每年夏天都会最先拜访的人。"那时亚历克斯知晓欧盟所发生的每一件事，消息来自各种渠道，包括各种教研项目，将要进行的大型项目，以及已经建成和即将开工的建筑项目。亚历克斯是建筑界的学者，我将他定义为一位杰出的"建筑与建筑历史学领域中机智的商业精英"，他与查尔斯·詹克斯有些许相似，只是没有詹克斯那样富有罢了。他的思想要远比那个时期（20世纪90年代早期）希腊的任何人都要前卫。而亚历山大的堂兄弟与他相比，则是对希腊当地的情况了如指掌。他在希腊最顶尖的媒体机构工作，熟知当地的主流文化和政治要闻，还创立了一个名为"梅伽罗"（Megaro）的国家级音乐文化活动机构。显然他们兄弟二人一直互帮互助。亚历克斯还有另一个堂兄弟，是已故的拉扎勒斯·托坦奥夫（Lazaros Kotanoff）。他曾在希腊建筑师学会颇为活跃，并在《下午日报》（*Daily Apogevrnatini*）的一名高级记者——玛利亚·玛拉谷（Maria Maragou）的帮助下，成功地将建筑学带入了在集权下生活的希腊民众的视线中。毫无疑问，拉扎勒斯的努力是值得肯定的，而且我也相信，亚历克斯或许在这件事上也起到了一定作用。不过既然谈到亚历山大·楚尼斯，便绝对不能不提到利亚纳·勒费夫尔（Liana Lefaivre）。从某一时刻开始，他们形同一人，既是生活中的伴侣也是工作中的合作伙伴。从《古典建筑：秩序的诗意》（*Classical Architecture: The Poetics of Order*）一书开始，他们便是许多著作的合著者，直至今日也是如此。他们二人都有着超凡的思想与气质，拥有机智的幽默感，以及一点神秘色彩。即使是他们最亲近的朋友，也会觉得他们二人会给人一种捉摸不透的感觉。我曾经写过一本希腊语的书，其中"埃琳娜"这个角色的灵感，就源于我同他们二人在世界各个地方的一些经历。记得在 20 世纪 80 年代的洛杉矶，当时亚历克斯是 ACSA（Advanced Cyber Security Center，高级网络安全中心）会议的主讲人，大约有 2000 名建筑教育家到场，因此亚历克斯让在场的所有希腊人备感自豪。当时利亚纳和他一同出席了会议，全程陪伴，分外耀眼！我曾写过我和他们夫妇在代尔夫特的相遇，我还拜访了他在“维梅尔事务所”（Vermeer's studio）对面的家。那里与其说是一个家不如说是一个书库，里面到处都是书。大部分的时间里亚历克斯都手不离书，他总是十分投入，好像要钻到书中似的。而他只有在伊兹拉岛的时候才会放下书。他通常会在每年的 7 月 10–12 日左右来到伊兹拉岛，在大约傍晚 7：00–7：30 之间快日落时，和利亚纳一起去阿弗拉基（Avlaki）游泳。我记得有一天索菲亚（Sophia）和我一起坐在长椅上，突然看见了他们俩，便迅速停止了她和达纳埃（Danae）那喋喋不休的闲谈，对我说道：“安东尼先生，他们来了（Kyr Antoni，erxontai）！”索菲亚其实从未与他们交谈过，但是她说话的语气好似与他们已相识许久。不过她对待别人也是如此，不管是谁，她都会直呼其名，即使是那天我同卡拉特拉瓦握完手后，她也好像是在说自家邻居一样，谈论着卡拉特拉瓦的种种。我想必定是索菲亚和其他那些“长椅上的阿喀琉斯人民”，将卡拉特拉瓦来到岛上的这件事同“世界上最绝顶的谎言家科斯塔斯”建立了联系，并且传遍了整个地区。而在他们的流言中，我很可能就成了那个隔天早上亲自到港口迎接卡拉特拉瓦并向他进行自我介绍的谎言家，而在这之后，整个伊兹拉岛便开始谈论卡拉特拉瓦将要购买的房子是哪栋，或者是那个“将由卡拉特拉瓦亲自操刀的宏伟旅游发展规划方案”。所以说，所有的谣言都是从“阿喀琉斯的长椅”上传开的。那次握手，以及所有的事情都被“归咎到了科斯塔斯身上”，以及“那些在长椅上的人便是科斯塔斯的耳目”的说法……真是一些难以忘怀的记忆啊！我居然什么都记得！我希望我从来没有写过《伊利妮》(*Ileani*)，也就是《长椅》的续集……当中有太多的传说以及太多对于去神话色彩的海伦的赞美。那时我有一种预感，有些奇特的事情已经在悄然中开始进行了。不！那不是，那是一件艺术品，仅此而已。因为对我来说，所有的事物，一定要有艺术的美感。我与其他人不同，对于那些由“长椅”所启发而来的一连串事情，我不会以一个学者或者记者的角度和语气去看待以及撰写……我也不会和索菲亚、达纳埃甚至是岛上的所有人一样，随波逐流地表述那些事。我只有在发自内心的真情流露时才会下笔。而当我和某件喜欢的事或某个我所崇敬的人之间建立联系时，便更会是如此，我所想、所说以及所写，都是我真心的流露。而这也是为何，当年莱戈雷塔找我来为他的建筑作品撰写书稿时，我直接地表达了我的立场，做到了人如其名（“Antony”是一个源于古罗马的名字，是一个十分“强悍”的男性名称，而“Tony”则为“坚忍不拔的磐石”的意思，此处作者可能想要表达的是，自己是一个十分有原则的人，不会为任何事物而改变自己的原则和自己的内心——编者注），我必须要告诉他说，虽然我不是一个专业作家，但是我必定会用心去做每一件事，而“只有当我内心的感受相较我的逻辑占据上风时，我才能创作出我所喜爱的作品。”（详见，我在 1980 年 10 月 16 日给里卡多·莱戈雷塔的信，ACA 档案）我发自内心地喜爱亚历克斯和利亚纳这对绝妙的学术伴侣，他们之间既是老师与学生，也是男人和女人，不论是他们二人之间，抑或是同宇宙，皆如琴瑟和鸣般睦睦，穿越历史，直至今日，存在于未可知的神秘之中。

亚历克斯总是在工作，利亚纳也是。他们二人似乎都对自己的时间掌控格外“偏执”。他们总是“风尘仆仆”，即使是在去市场购物时。不过利亚纳在一个人时，似乎会比平时怡然自得许多。而亚历克斯，则总是一副废寝忘食的模样，他总是说：“我很忙，赶时间。”关于卡拉特拉瓦的书，除了之前提到的 4 本，再加上几年前出版的 1 本，亚历克斯一共写了 5 本关于卡拉特拉瓦的著作！在亚历克斯从代尔夫特退休以后，便开始了他的中国之旅。我们聊了很多关于中国的话题，至于为什么，那是因为在他之前我便已经有许多书籍早就被翻译成中文了（此处应当是指作者在第 1 章中曾提到的，自己的书莫名就有了韩语，甚至是中文版本的情况——编者注）。亚历克斯曾多次前往中国，而我却一次都没能去到这个伟大的国度，当然除了我的那 3 本书。估

由安东尼 · C. 安东尼亚德斯撰写的文学三部曲：《阿基里斯的长椅》《伊利妮》和《卡里卡扎丽娜》，于 2008–2009 年间发表于希腊的《自由报》，瓦尔特苏大街 53 号，希腊雅典

计当我的这本书出版的时候，亚历克斯已经学会了中文。实际上亚历克斯已经掌握了多种语言，并且已经分别使用英语与荷兰语撰写过著作，而利亚纳之前为了去奥地利工作学过德语。

亚历山大·楚尼斯的昵称“亚历克斯”，在希腊语中是“Alekos”，每当我听到“学术”“学者”“希腊学术界招聘通知”“全职或兼职学术成员”招聘相关消息时，我都会第一时间想起他……而所有的这些都令我感到恼火。我总是对自己说：“你们这群蠢货，为什么不能正视他本来的才华，像他这样的人才是这个时期希腊最需要的，赶紧聘用他为希腊学术院（Greek Academy）的成员，并且给予他所需要的一切条件，以供他写作，写什么都好，并将那些作品全部翻译成各种语言，请他的朋友们去翻译，然后去监督检查还有那些他还未出版的作品，为了让整个希腊，乃至全世界上的人都能从中获益！！！”

然而，在这个被腐败吞噬了的国家中，这些想法只不过是痴人说梦罢了，而这样的想法也只会使它在衰退的路上愈加痛苦罢了。

亚历克斯曾对我说：“为什么你要浪费时间在希腊写作？为什么非要同希腊的出版商浪费时间？”不过很显然我没有听他的话，因为我是一个跟随自己内心的人，而他只是一个严格的学者。不过我们二人都将建筑学作为自己最核心的追求。我不认为在希腊学术界、理论研究还是评论界当中，能有人企及他的才华和成就。他在我心中即是真正的巅峰！不仅在希腊，即使在20世纪末到21世纪初期间的全球建筑领域屈指可数的著名人士当中，亚历克斯也是绝对顶尖的人物。亚历山大·楚尼斯，虽然他的成就远高于业界内许多其他人，但是在他自己的祖国却鲜少有人知晓。不过当然，和当下正在写作的这个人相比，还是要闻名许多。

在我所整理的那些与亚历克斯相关的资料中，有两张他当年寄给我的草图，在此发表出来，并希望你们能够喜欢。虽然我并没有向他申请过出版授权，不过我相信，如果他能稍微得空，不再那么“赶时间”，或许可以有机会看到它们，而且我也相信他内心一定会十分高兴，即便我没有告之他这一切。

我希望他在看到图片时不会感到不悦。请允许我在这里提到我呕心沥血完成的著作：《史诗空间》[“致我亲爱的亚历山大”（Stone Alekos with Love）]，因为这本书便是为他而作……亚历山大！……这是一个跨越世纪的伟大名字，他不仅是一位杰出的理论家，从手绘图中也能看出是一位真实的原创画家。从1975年一直到21世纪我所写

能有这样的
朋友实属三生有幸。
亚历山大·楚尼斯是
20 世纪国际建筑学术研究领域里
最有奉献精神且最多产的学者之一，
他是《加兰德档案》
（*Garland Archives*）杂志
的主编，同时也发表了许多颇具影
响力的书籍和专题文章。

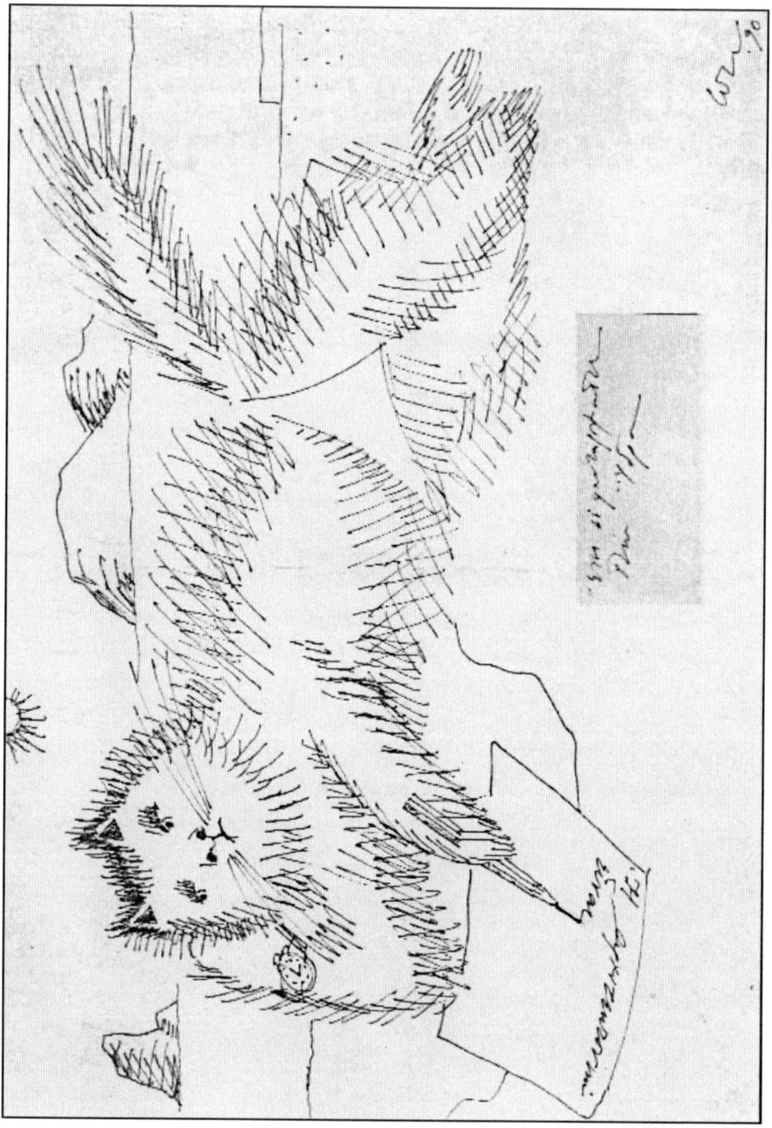

“这就是我们想象中的你在伊兹拉岛上的样子”，出自亚历山大·楚尼斯于 1990 年给笔者的来信。笔者被画成一只正在撰写他新书的猫，纸上写着：“建筑就是……”

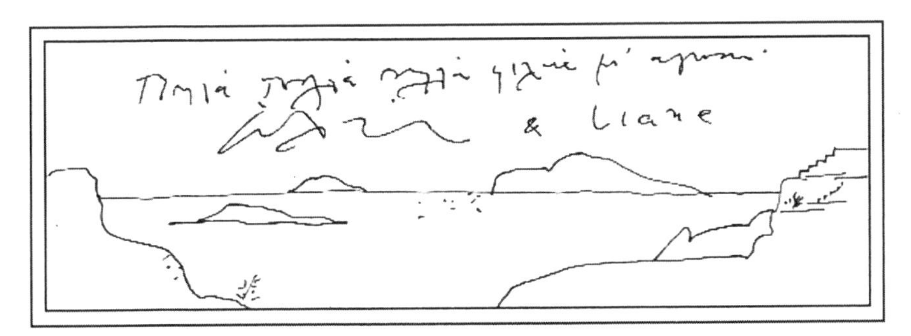

上图为亚历山大 · 楚尼斯用来装饰信件的美丽的手绘图。通常会有两个签名：他自己的，以及利亚纳的……我将之命名为“埃尔佩诺里恩露台的风景”（*View from the Elpenorean Terace*）
（详见 1990 年 12 月 14 日来信，ACA 档案）

安东尼· C. 安东尼亚德斯于伊兹拉岛，2011 年 12 月 10 日

作这篇文章的今天（2011 年），亚历山大在建筑领域对这个世界的贡献要远远高于他祖国当中的任何一个人。

而我之所以将他称为“理论家”而不是建筑师，是为了给这位“理论家 – 建筑师”留一些思想空间，相信他看到这里一定会会心一笑……

肯尼思·弗兰姆普敦

“……我原来并不知道您就是这些出色的作品的设计者，
比如您的私人住宅和雅典的联排别墅。”
肯尼思·弗兰姆普敦，1988 年 6 月 10 日

关于肯尼思·弗兰姆普敦，我不会写太多，因为他拥有超高的知名度，以及传阅甚广的文章作品。正因弗兰姆普敦如此出名，也请允许我稍微吹个小牛，炫耀一番！

毕竟，不管是谁看见上面那段文字（小字部分），都会忍不住喜出望外吧？而这段话正是出自当年身为哥伦比亚大学建筑学院的院长，也是著名的作家和评论家弗兰姆普敦之口。当我听到弗兰姆普敦的这句话时，不仅觉得有些受宠若惊，还感到极其愉悦，甚至还有一些诚惶诚恐！对许多人尤其是那些处在外围国家的人而言，弗兰姆普敦可能是他们唯一知道的建筑评论家。他的《现代建筑：一部批判的历史》（*Modern Architecture：a critical history*）一书，使他成为 20 世纪 80 年代最具有代表性的历史评论家，也为建筑学行业提供了一个全新且详细的学术平台，与詹克斯的后现代主义学说相制衡。那些始终坚持现代主义思想的建筑学专业的从业者、无论是在校还是从事实践工作的年轻学者，都可以将弗兰姆普敦的学术理念视为他们独立思想的一种延伸，以及一种与“危险的”平民主义者和所谓令人心驰神往的后现代主义制衡的手段或方法。通过弗兰姆普敦，新一代的理论家们得以回归充满活力的现代主义新循环中。图解现代主义完美地契合了许多人，尤其是那些利润驱使的开发商们的需求。直线形结构以及模块化重复结构的“图解现代主义”，让“打包”式模型变为一种可能，相较于其他形式来说，更加经济实用。只是这种模式却也很大程度地排除了“有机”“象征”“历史主义”和“隐喻”这些更具表现力的意识形态的表达手段。对此，更直言不讳的表述是，建造过程中的“线性”和“简洁”设计手法即意味着更多的利润，仅此而已！新现代主义以及“组件模块式方法”（package model approach）使得“承包商”和“大型建筑企业”在设计过程中占据了主导地位。而通过对所谓“内行”（in-house）工程师和建筑师的使用，使得曾经那些先设计再在众多“承包商”中寻求“投标”的“独立建筑师”逐渐淡出了人们的视线。尤其是在那些渴望以“社会主义”模式发展的国家当中，被建筑行业边缘

化的设计师们深受其害。这种设计建造过程中新兴的“批量式交易”（package deal）十分受人追捧，而“弗兰姆普敦”也因此成为一个最“亲爱的”名字。他的著作《现代建筑：一部批判的历史》被译成了很多种语言，而当中所提到的建筑师们，也成了新现代主义最受爱戴的模范。我相信应当是受到亚历山大·楚尼斯和利亚纳·勒费夫尔所撰写文章的启发，在该书后续的版本中（如今已有 4 个版本），肯尼思增加了关于“批判性地域主义”（Critical Regionalism）的章节，并将此作为一种将现代主义与地方建筑实践相结合的手段。这种结合而来的现代主义融合了地域的特征、材料、气候以及建筑技法。我曾一度饶有兴致地探索建筑设计中的包容性概念，而弗兰姆普敦的批判性地域主义的概念则可以说是我们二人的研究中，最接近也是最相似的“相切点”。而对于他的其他观点，尤其是那些与建筑相关的形而上学内容，我则更倾向赛维和查尔斯·詹克斯的观点。不过直言不讳地讲，与詹克斯的盎格鲁－撒克逊背景与皇室经历相比，弗兰姆普敦的个人魅力显然更胜一筹。

弗兰姆普敦是除了赛维和詹克斯之外，第 3 个给予我的文章以肯定的“大人物”。据我所知，他曾赞许过我《当代希腊建筑》（*Σύγχρονη Ελληνική Αρχιτεκτονική / Contemporary Greek Architecture*）一书，和一篇曾发表在美国景观设计师学会（American Society of Landscape Architects）主编的《景观建筑》（*Landscape Architecture*）杂志上的，关于皮奇欧尼（Pikioni）的文章。不过他在自己的著作《现代建筑：一部批判的历史》的第二版中曾对我所写的内容进行了引用，不过他把我的名字“A. C. 安东尼亚德斯”错写成了“E. 安东尼亚德斯”。这样的错误有时会带来很大的损失，使得作品的原作者以及他的作品无人问津，被遗忘在图书馆的目录当中。而这个问题在电脑互联网信息汇总出现之前的图书馆卡片分类时代尤为严重。过去有一些学术作家时常会故意这样做，这是将竞争对手从历史中抹除的常见手段，同时他们以在“下一个版本”中将会被修正为借口，经常在“注解或者脚注里刻意写错信息”来隐藏他们自己的意图。而如果“下一个版本”永远不出版，那么这个竞争对手可能就会彻底被历史遗忘。

在弗兰姆普敦公平对我表达肯定之前，他曾在 1982 年打电话向我询问，是否了解季米特里（Dimitri）和苏珊娜·安东纳卡基斯（Suzana Antonakakis）的作品。于是我便给他寄了一本我在 1980 年出版的希腊语著作，也是世界上第一本正式出版的有关 20 世纪希腊建筑的书籍，同时还给他影印了一份我刚刚完成的这本书的英文翻译稿（详见我在 1982 年 8 月 23 日写给弗兰姆普敦的信）。这本书当时在希腊出版的时候，还由于出版利益导致一些纠纷，曾引发过一场“战争”，主要围绕一本由里佐利（Rizzoli）出版社出版，由乔治·珊米弗瑞迪丝（George Simeoforides）主编的关于季米特里和苏珊娜·安东纳卡克斯设计的建筑作品的著作产生的纠纷，在这里我并不想多作讨论，我深信，我的那本关于“当代希腊建筑”的著作，必定对弗兰姆普敦了解当时处在希腊建筑大环境当中的这两位重要的希腊本土建筑师起到了决定性的作用。

几年之后，在一个意料之外的时间点，我和弗兰姆普敦又有了一次全新的交流。当时弗兰姆普敦给我打电话，邀请我和马克·特赖布（Mark Tribe）——即弗兰姆普敦当时的助手，我估计是他当时的博士生—— 一起撰写一本关于莱戈雷塔的著作。在那之后我还同弗兰姆普敦就此事互通了几封信，但是最终并没有真正落实。那时我从未与莱戈雷塔提起过这件事儿，因为我想等书出版之后再给他一个惊喜。我十分确信莱戈雷塔知道后一定会十分高兴，因为他曾想让我为他写一本关于他的著作。不过由于我对于非盎格鲁 – 撒克逊的身份是否能真正的帮到他而感到怀疑，而且当时联系出版商也比较困难,因此我并没有答应他的邀请。因此弗兰姆普敦当时“突如其来”的邀请，也着实令我有些受宠若惊。只是很遗憾的是，这一切都没有实现。不过可喜的是，几年之后，维恩·阿托（Wayn Attoe）发表了一本关于莱戈雷塔的书，写得十分出色。因此当时我也质疑，由里佐利准备出版，由弗兰姆普敦主导的一系列关于莱戈雷塔的著作，是否可以超越这本由得克萨斯大学奥斯汀分校出版社（UTAustin Press）出版的维恩·阿托的著作。读者们可能会认为，莱戈雷塔的设计作品本身色彩丰富，无论是由哪家出版社出版，都会产生足够的视觉愉悦感，对此我并不否认，只是无论如何，弗兰姆普敦所曾提议那本关于莱戈雷塔的专著,最终都没有实现……虽然如此，对我自己而言最重要的，是我与弗兰姆普敦借由莱戈雷塔的这件事而建立起来的联系，让我得以收到那些异常珍贵的，来自弗兰姆普敦这样的“明星”评论家的来信。他曾经在一封来信中对我当时刚刚建成的一个设计项目表示祝贺。他写道：“……我原来并不知道您就是这些出色作品的设计者，比如您的私人住宅和雅典的联排别墅……”（详见弗兰姆普敦在 1988 年 6 月 10 日来信）。

这封来信让我十分开心与骄傲，于是我在课堂上给我的学生们阅读了这封信，隔天便有学生拿着弗兰姆普敦的那本书的第二版来找我，

The
University of Texas
at
Arlington

School of Architecture and
Environmental Design
Box 19108
Arlington, Texas 76019
(817) 273-2801

August 23, 1982

Dr. Kenneth Frampton
Avery Hall
Columbia University
New York, N.Y. 10025

Dear Dr. Frampton,

Following our telephone conversation last Friday, I kindly forward you a copy of my book "ΣΥΓΧΡΟΝΗ ΕΛΛΗΝΙΚΗ ΑΡΧΙΤΕΚΤΟΝΙΚΗ" (Contemporary Greek Architecture). The work of Dimitri and Susanna Antonakaki was mentioned and discussed in this book for the first time, within the grand context of Greek architecture after 1821.

■
■
■
■
■

Sections of two page letter on UTA letterhead explaining the content of my book and the "broader scene" of architects and actors involved irrelevant to the current discourse.

Having said all that however, I would contend that they are much greater architects, extremely sophisticated "space" makers, than many of the fashionable avant guarde heroes featured by previous "Rizolli" publications. In this sense, I welcome the book as a fresh air in a series of publications in futility (i.e. publications on Graves, Stern, etc., in my opinion, have not gone beyond the stage of "set designing"). The buildings, forms, and spaces created by the Antonakakises are works of construction, they are the works of builder that no Bienale or "San Francisco" re-staging could accommodate. Their's are the works of architects.

Thank you for considering my letter; I would be very glad to elaborate further if you think it necessary. Please don't hesitate to call or write to me, or send me a copy of the manuscript for feedback.

Sincerely,

Anthony C. Antoniades

Anthony C. Antoniades

ACA:cs

得克萨斯大学阿灵顿分校
1982 年 8 月 23 日

肯尼思・弗兰姆普敦博士
埃弗里大厅
哥伦比亚大学
纽约，邮编 10025

亲爱的弗兰姆普敦博士，

在上周五我们通话之后，我决定于你附上我写的一本《当代希腊建筑》（*Σύγχρονη Ελληνική Αρχιτεκτονική*）。这是首本在 1821 年后的希腊建筑的大背景下，提及并讨论季米特里和苏珊娜・安东纳卡克斯作品的书。

■
■
■
■
■

这里省略了两页印有得克萨斯大学阿灵顿分校抬头的内容，当中讲述了我那本书中的大致内容，以及建筑师与演员所处的“大场景”（Broader Scene）的问题，因为与本书内容无关，便省去。

尽管这么说，但是我依旧认为他们是非常伟大的建筑师，而且我甚至认为，他们与里佐利之前出版的出版物中，曾大肆宣传的许多时尚先锋的保守派建筑英雄们相比，更是划时代的“空间”营造者。从这个意义上说，我认为这本书可以算得上是众多没有价值的出版物当中的一股清流了 [在我看来，有关于格雷夫斯、斯特恩等人的出版作品都没有超出“指定设计”（Set Desining）的范围]。安东纳卡克斯设计作品中的无论是建筑、形式或是空间，都是建立在建设施工的基础之上的，它们都只是建造者的作品，并不足以配得上任何双年展或者重返“旧金山”展出的舞台。而他们的作品，则是真正出自建筑师的作品。

感谢您阅读我的来信。如果您认为有需要的话，我很乐意进一步详尽探讨相关的问题。请随时打电话或者写信给我，或者寄回您所写的反馈。

真诚的，

安东尼・C. 安东尼亚德斯

资料来源：ACA 档案

并把书内最后一章参考文献当中的我的名字指给我看。我当时对此并不知情，因为那时我还只读过这本书的第一版。“他很欣赏您，您看，他的参考目录里还有您的名字。”

希腊萨罗尼科斯湾的高级公寓，建筑师：安东尼· C. 安东尼亚德斯，1985 年

Columbia University

IN THE CITY OF NEW YORK

THE GRADUATE SCHOOL OF ARCHITECTURE PLANNING AND PRESERVATION

AVERY HALL

June 10, 1988

Anthony C. Antoniades
School of Architecture and Environmental Design
The University of Texas at Arlington
P.O. Box 19108
Arlington, TX 76019

Please excuse my delayed reply to your letter of March 28th. I am sending this to Hydra as well as Arlington in the hopes that it will reach you before the end of August. Thank you for your very kind letter and all the very interesting enclosures. I did not know that you were the author of such remarkable buildings as your own house and the terrace housing in Athens. I look forward to your Legoretta essay. I will read your other works at my liesure this summer and respond in the fall. Have a good summer in Greece.

Sincerely yours,

Kenneth Frampton

Kenneth Frampton, Chairman
Division of Architecture

肯尼思·弗兰姆普敦于1988年6月10日给安东尼·C. 安东尼亚德斯的回信（ACA档案）

哥伦比亚大学

纽约市

建筑规划与保护研究生院

1988 年 6 月 10 日

安东尼 · C . 安东尼亚德斯
建筑与环境设计学院
得克萨斯大学阿灵顿分校
邮箱 19108
阿灵顿，得克萨斯 76019

请原谅我没能及时回复您 3 月 28 日的来信。我同时向伊兹拉岛和阿灵顿分别邮寄了一封同样的信以确保您能在 8 月末之前收到回信。非常感谢您的来信和里面附加的那些十分让人感兴趣的内容。我原来并不知道您就是这些出色作品的设计者，比如您的私人住宅和雅典的联排别墅。我十分期待您关于莱戈雷塔的文章。我会在今年夏天的空闲时间拜读您的其他作品，并会在秋天的时候给您回复。祝您在希腊度过一个愉快的夏天。

真诚的您的友人，
肯尼思 · 弗兰姆普敦
建筑学院院长

威廉·柯蒂斯、乌多·库尔特曼、斯蒂文·加德纳、彼得·帕帕季米特里乌、约兰·希尔特、约瑟夫·M.希瑞、詹姆斯·马斯顿·芬奇、雷纳·班汉姆、柯林·罗……

我在档案中保存了与上述所有人互通的信件。当然我也不得不承认，不管我多么努力地尝试，其中的一些信件我始终未能读懂。我的意思是说，当中有一些手写稿的字体实在是有些过分糟糕了，尤其是当他们写得比较匆忙时则更加难以辨认。比如在一个无聊的晚上，在酒店房间昏暗的灯光下等待搭乘第二天一早前往印度的航班时，或是在非洲的某地等待与某个新锐建筑师会面，或是与阿卡汗（Aga Khan）建筑奖相关的著作完成的时候。再或者，是根本完全不明所以的，如乌多·库尔特曼、斯蒂芬·加德纳和威廉·柯蒂斯的手稿，在我所有联系过的人当中,简直不会有比他们的字迹更难以辨认的了，若是要在他们中选出一个极致的，那便是乌多了。当然这并不代表我的字好看到哪儿去，但是我还是比较有自知之明的，因此直到现在，我都会尽量避免写得太潦草，有时甚至会靠画草图来掩盖自己的潦草字迹。

上面提到的人中，只有彼得·帕帕季米特里乌是时而会与休斯敦的尖端建筑事务所 TAFT 合作进行一些建筑实践工作，其他全部都是历史评论家兼作者。TAFT 建筑事务所 [TAFT Architects，由约翰·J. 卡斯巴利安（John J. Casbarian）与丹尼·M. 塞穆尔斯（Danny M. Samules）创建于 1972 年的休斯敦]，大约在 20 世纪 60 年代中期炙手可热，而彼得·帕帕季米特里乌在成为“历史学家”之前，也都是坚定的后现代主义者。在这些历史评论家当中，我认为威廉·柯蒂斯、乌多·库尔特曼和斯蒂芬·加德纳，属于拥有很多优秀文字作品的建筑师，只是他们或许更擅长写作。加德纳和柯蒂斯的研究领域比较相似，而以德语为母语的库尔特曼则很可能跟我有着相似的英语问题。但是即使如此，他仍旧是一名高产的作家。我是在圣路易斯遇见的柯蒂斯和库尔特曼。柯蒂斯跟我一样，我们都是四处奔波的类型，当时他为了写一本关于勒·柯布西耶的书而往返于美国与印度之间。库尔特曼作为学校教研组的一员，作为建筑历史学家的他，总能保持着一种研究的状态。他写书简直到了一种疯狂的状态，即使他受到所有认识他的人的尊重，但是他却从没有能够在盎格鲁－撒克逊世界中获得“一炮而红”的机会。自我和乌多认识之后，他的所有行程计划，新出版的书以及将要发表的文章，都会让我知晓。他很清楚出版业的“游戏规则”，而且我相信，他的书应当也有德文版本在德国出版。他的笔迹绝对是极其难以辨认的类型，我不知道为什么居然没有人告诉他这点，至少能让他少费点力气。威廉·柯蒂斯通常很乐意与他人保持联系，顺便推销他接下来将要出版的新书。斯蒂文·加德纳原本是伦敦建筑联盟学院的成员（Architecture Association School of Architecture，AA School），他是我在圣路易斯的旧相识，同时也是在我去伦敦旅行时会去拜访的人。他是一个十分有天赋的作家，在遇见他之前，我也曾读过他的一些作品，并还曾邀请他为我的《建筑与联合设计》一书的第一版写序言。当时他便立刻接受了我的邀请，并在回到伦敦的时候就把相关内容寄给了我的出版商。我后来还邀请他到阿灵顿做了一场客座讲座。他在来到阿灵顿之后了解到，豪尔·鲍克斯为了扩充图书馆，从AA School（建筑联盟学院）买回了所有与之相关的书籍，并将它们邮寄到了得克萨斯。这对于我们来说是一个不小的成就，而且对豪尔来说也是一件值得骄傲的事。但是当斯蒂文知道了这件事之后，便开始大发牢骚，并要求了解这件事情的来龙去脉，比如图书馆购买这么多书一共花了多少钱等。AA School在出售图书这件事上似乎有一定的疏忽，比如他们不小心卖掉了斯蒂文的著作。天知道是怎么回事儿！这种事应当可以算得上是“丑闻”了！虽然我个人完全摸不清他们到底在介意些什么，但是当斯蒂文了解这件事后，不断地以各种方式写信给我，并询问当时在伦敦买这批书一共花了多少钱，而我只好决定不再回复他。因为我对这件事毫无了解，而且事实上，这件事根本就与我没有任何关系。对我来说，我只是很高兴能读到这些好书，我并不关心它们的购买渠道。毕竟，当年埃尔金（Elgin）都能把雅典卫城的大理石运到伦敦，所以同理，对于在得克萨斯发现英国图书这件事，我并没有感到任何自责……上帝保佑豪尔·鲍克斯和当年那个在AA School帮助他出售这批书的人……我不知道当年到底都发生了些什么，不过我一直认为AA School也对这段历史并不感兴趣，我甚至相信，可能根本没有人能找到这次书籍采购的记录……因为我知道，不论是个人还是院校都会出售书籍，而且只要保证销毁收据，就不会再存在什么“地下交易”。

提起诸如此类的零碎小事，我便想起了历史学家彼得·帕帕季米特里乌和约瑟夫·M. 希瑞。我十分了解彼得，而对此主要归因于我们共同的希腊血统，尽管他是出生在美国。彼得是一个受过良好教育的人。他毕业于耶鲁大学，是好几期《先进建筑》（*Progressive Architecture*）杂志的责任编辑，也是《建筑学教育》（*Architectural Education*）杂志的创刊人，因此在东海岸有很广的人脉。因为他之前在莱斯大学教书，因此与得克萨斯的关系十分密切。他很有才气且受人尊敬，在"东海岸"人行事风格的外表下，隐藏着一颗十分柔软的内心。我非常喜欢彼得，也因他是希腊血统而备感骄傲。他也是如此，而这一点对我来说十分重要，当我给他看我在多德卡尼斯群岛（Dodecanese，隶属希腊）上为意大利人所做的研究时，他表现出了极大的兴趣。他把研究内容发给其他学者进行修改，而在这些学者给了彼得反馈意见后，他便告诉我说，他们希望能发表这些研究内容。从那时开始，我花费了一年多的时间去删减我发给他的100页内容，剔除了大量的图片，并根据那些读者的意见，继续补充了许多他们建议的与之相关联的内容，几轮修改后才完成了这篇文章。在这段时间里，我和彼得有着频繁的书信往来，信的内容充满智慧、超凡的精神以及对彼此的相互鼓励。我相信，彼得和其他读者在收到布鲁诺·赛维的信件时，一定对其十分着迷并乐在其中。信中布鲁诺·赛维表示，他从来没听说过这类建筑，也从来没听说过拉戈港（Portolago，详见ACA档案，赛维于1981年12月29日写给笔者安东尼亚德斯的信中提到）。当这篇文章发表之后我才知道，之前的读者，竟是两位是当时美国的顶级专家……彼得还是其中一位出色的大师编辑……除此之外，彼得在其他方面也十分优秀，甚至称得上伟大。我永远也无法忘记他在芬兰的于韦斯屈莱（Jyväskylä）举办的阿尔托会议上，所展现出来的精神面貌。当时我们全员在埃莉萨·阿尔托（Elissa Aalto）的邀请下，准备一同前往阿尔托在穆拉撒罗岛（Murratsalo）的夏日居所，我在酒店外为彼得和约兰·希尔特拍摄了一张十分令人满意的合照。在这张希尔特–彼得的合照之后，我受一位年轻的建筑学学生之托，帮她拍了一张她与迈克尔·格雷夫斯的合照。我不知道这个学生现在长得是否和从前一样漂亮，不过我能确定的是，迈克尔·格雷夫斯将会永远被人们所铭记……至于约瑟夫·希瑞，我们从未在私下见过面。因为我是在回到希腊一段时间后，才发现他的才华。我是在读了他所撰写的两本十分杰出的著作之后，再逐渐通过网络与他建立了联系。其中一本书关于沙利文，另一本则关于弗兰克·劳埃德·赖特。他著作中的一个脚注让我有机会去探寻关于赖特的一些从未有人提及的故事，而这些发现也促成了我在网上发表的一篇关于沙利文和赖特

“无政府主义”主张的一篇文章。

除了之前在这本书里提到的班布里奇·邦庭、约翰·布林克以及霍夫·杰克逊之外，我所熟悉的另外几位非常重要的历史评论家分别是詹姆斯·马斯顿·芬奇、雷纳·班汉姆还有柯林·罗。我和芬奇在哥伦比亚大学时就认识了。我们也曾在希腊再次相见，当年也是他建议我回到希腊写一写希腊的建筑。我确实也这么做了，甚至做得更多，只不过是在美国完成的。虽然我一直十分欣赏希腊本地以及那些过去的建筑佳作，但我并不是一个对“考古”充满热情的人。同时我也相信，美国会给我提供一个更好更大、撰写我自己人民现代建筑的平台。感谢上帝我坚持了这个想法。

我是在伦敦大学学院（University Collage London）的规划学院给纳撒尼尔·利奇菲尔德（Nathaniel Lichfield）做助手的那段时间里，认识了班汉姆。那时的班汉姆是在卢埃林·戴维斯（Llwelyn Davies）手下的斯莱德建筑学院（Slade School of Architecture）教书。我曾参加过几次班汉姆在斯莱德的讲座，而且他每次来美国，我们都会抓紧机会反复交流。他的工作行程总是很满，以至于没有时间特意来阿灵顿拜访，不过我从来没有因此而埋怨过他，毕竟得克萨斯阿灵顿的风景和圣克鲁兹（Santa Cruz）校园群山环绕的美景相比，确实太过平淡了……不过柯林·罗确实到过阿灵顿，而且当年他很快便回复了我的邀请，虽然我之后花了几年时间与他协调时间以及他所要求的酬金。那也是我们曾支付过的最昂贵的一笔酬金，高达6000美金，一个小时关于“阿卡狄亚”（Arcadia）的讲座……并且在讲座中，他还曾试图站起来去花园中走走……! 这么一比，乔治·赖特或许对斯特恩就太过于节俭了，但这也可能是因为他比较了解柯林·罗。在奥斯汀的得州大学工作的日子里，柯林·罗曾被称为“得州游侠”（Texas Ranger），他曾成功“洗礼”了他学生的儿子，以及一位阿灵顿校区的同事（“得州游侠”是指在大批迁往康奈尔地区前的一部分第二代在得克萨斯奥斯汀找到了庇佑的欧洲建筑师）。我所认识的所有建筑历史学家中，掌握最佳人与人之间的尺度（Human Dimension）以及最伟大心胸的，要数班布里奇·邦庭和布林克·杰克逊二人，他们是所有从事建筑领域相关工作的人都值得学习的榜样，因为所有人都应当竭尽全力去避免那些纯设计思维考虑的反人类设计……

伦敦摄政公园

白纸上的钢笔画，笔者绘于 20 世纪 70 年代

彼得 · 布莱克

[illegible]

Architectural elegy

The current tragedy of War in Cyprus has brought with all other disasters the elimination of a great portion of an outstanding [illegible] architecture which until a few months ago, was flourishing on the island. The war atrocities will [illegible] make it impossible for most of us to ever see and experience the work of our Cypriot [illegible].

Architectural activity in Cyprus was intense, fresh and interesting. The Cypriot architect, educated as a rule in Athens and in London, was able to function much more freely than his Greek counterpart, both in private and in public projects. The [illegible] of the years of Cypriot independence (1960-1974), the [illegible] and the [illegible] liberalism, permitted Cypriot architecture to break the chains of [illegible] into the twentieth century. Formal expressions generally unthinkable in Greece due to [illegible] and traditional restrictions, were taking place in Cyprus, producing works of [illegible] excellence. Yet the greater part of Cypriot architecture was the promise for development that was there. The durable [illegible] of reinforced concrete and masonry construction may perhaps [illegible] that some of the works did not suffer total damage. One only wishes that they be restored and be brought to life under the most appropriate circumstances. ... And for all those Cypriot [illegible] and School of Architecture [illegible] that were recently working in Cyprus, that are still alive, may God give vigor to re-create what [illegible] and [illegible] they were trying to do through their works of the recent past.

[illegible]

[illegible]

You are no doubt aware of the tragic events that have taken place in Cyprus. This invasion and continuing Turkish aggression and destruction has brought personal misery, and economic ruin to over 200,000 people of both [illegible] in the island. This represents one-third of the total population of the Republic.

Not the least among the victims are the members of the architectural profession, many who by armed force and through military occupation have been forced to flee from their defenseless homes and offices with nothing but the shirts on their backs, not knowing what will happen next. Those whose homes and offices presently remain in Greek held territory, are faced with the problem of no work or income because of the economic ruin created by the occupation of over 40 percent of the area of the Republic, representing 80 percent of the productive land, by the Turkish invaders.

I myself am now a displaced person, that is my family and I have been dispossessed by Turkish military force of everything we own, everything except my office, which we are determined must somehow survive.

It must survive as must others, because the practice of architecture is more than a business. It is a necessary link between the past and future human environment, and the means through which a culture can survive and a people [illegible]. The practice of architecture in Cyprus, no matter how modest in

Continued on page 122

我认为，与我同时代的建筑师们在看到我这个版本的彼得 · 布莱克（Peter Blake）时，都不会感到反感。因为自20世纪40年代起，几乎所有人都“认识”他，他去世之后，很多人都非常敬爱他，当然或许有更多的人讨厌他。从他最早期在企鹅出版社（Penguin）出版的著作《建筑大师》（*Master Builders*）开始，我便一直在拜读他的作品。他是一个极具包容性的人，除了是评论家、编辑、作者兼临时学者之外，还是一位在野建筑师。他在《建筑论坛》（*Architecture Forum*）等杂志上刊登的文章，以及《上帝的垃圾场》（*God's Own Junkyard*）、《形式追随失败》（*Form Follows Fiasco*），和颇具后现代主义倾向的《无处能及的乌托邦》（*No Place like UTOPIA*）三本著作，都应当成为每个自称科班出身建筑师的必读书目。我比较清楚他在多个领域所进行的活动，但是却并不太清楚他在最后出版的那本书中所交代的那些细节以及他的整个生命历程。此外我必须承认，因为他典型的英式名字，我一直以来都认为他是一个英国人，不过显然事实并非如此。因为那段时间，我正在研究有关“塞浦路斯”的专题，由于英国与塞浦路斯的独特关系，以及塞浦路斯近代艰难地从英国统治下获得独立的历史，我曾坚定地认为彼得会十分了解这座岛屿。而且我的直觉告诉我，彼得应该是一位十分聪明的编辑，他敏锐的“耳朵”会察觉到我研究内容的价值，或许会通过他的建筑圈子把我的想法传播到世界各地。在那段时间里，由于希腊军政府倒台，在那之后的一个月左右，接二连三地发生了许多事情，包括土耳其大规模的扩张与入侵行为，最终导致了岛屿北部地区被占领。时至今日，希腊军政府的苛政和压迫迹象依然随处可见。生活在国外的自由希腊人并不清楚到底谁更能怜悯倾听人民的声音……甚至是那些积极参与政府抵抗军的希腊人也不得不小心翼翼地行事……1974年9月26日当我收到彼得的来信后我高兴极了！他告诉我，他打算将我寄给他的《建筑的挽歌》（*Architectural Elegy*）发表在《建筑+》（*Architecture Plus*）杂志上……可以从附图中看到，在我寄给他的信件下方，附加了一封来自塞浦路

:hitecture plus The International Magazine of Architecture 1345 Sixth Avenue New York NY 10019 Phone: 212 459 8697

Peter Blake FAIA / editor in chief

September 26, 1974

Mr. Anthony C. Antoniades, A.I.A.
Associate Professor of Architecture
University of Texas at Arlington
Arlington, Texas 76019

Dear Mr. Antoniades:

Thank you very much for your thoughtful letter.

We plan to use it in our November/December issue and we will send you a tearsheet of the Letters Column when it is available.

Thank you for thinking of us.

Sincerely,

Peter Blake

Peter Blake

《建筑＋国际建筑》期刊，美国纽约第六大道 1345 号，邮编 10019，电话：212456
彼得·布莱克，美国建筑师学会会员
1974 年 9 月 26 日

安东尼·C. 安东尼亚德斯先生收，美国建筑师学会会员
建筑学院副教授
得克萨斯大学阿灵顿分校
阿灵顿，得克萨斯，邮编：76019

亲爱的安东尼亚德斯先生，

非常感谢您满富思虑的来信。我们打算在 11 月或者 12 月的期刊中发表您的文章，一旦确定了我们会立刻邮寄给您一份样张。

感谢您对我们的关心。

真诚的，

彼得·布莱克

斯建筑师的信函，同时还有彼得·戴维（Peter Davie）在塞浦路斯设计的一座体育场和一座教堂的图片。为了使下一页的内容能符合本书的版式要求，我重新调整了排版格式。

几年之后我才发现彼得·戴维曾在普拉特学院教书。但是当年我并不确定当我将他的来信用于我的文章并寄给布莱克发表时，他是否已经到了普拉特学院，或者他是在那之后才去的。但是根据约翰·莫里斯·狄克逊（John Morris Dixon）在《建筑实录》（2007 年 1 月）中写的一篇名为《记住彼得·布莱克》（*Remembering Peter Blake*）的文章内容可知，彼得·布莱克当年也是在普拉特学院获得的建筑学学士学位（1949 年）。

因此我并不确定他与普拉特学院之间的关系，对他决定发表我所撰写的关于塞浦路斯悲剧的文章起到了一定的作用。我只知道彼得确定发表了这篇文章，正因如此我认为整个希腊文化都应当为此对他心怀感激，并将他永远铭记于心。

Cyprus stadium, Theo David, architect

Architectural elegy

The current tragedy of War in Cyprus has brought with all other disasters the elimination of a good portion of an outstanding contemporary architecture which until a few months ago, was flourishing on the island. The war atrocities will probably make it impossible for most of us to ever see and experience the work of our Cypriot colleagues.

Architectural activity on Cyprus was intense, fresh and innovative. The Cypriot architect, educated, as a rule, in Athens and in London, was able to function much more freely than his Greek counterpart, both in private and in public projects. The joy of prosperity of the years of Cypriot independence (1960-1974), the tourist trade and the international liberalism, permitted Cypriot architecture to break the chains of tradition and burst into the twentieth century. Formal expressions generally unthinkable in Greece due to religious and traditional restrictions, were taking place in Cyprus, producing works of magnificent excellence. Yet the greater part of Cypriot architecture was the promise for development that was there. The durable expressionism of reinforced concrete and masonry construction may perhaps mean that many of the works did not suffer total damage. One only wishes that they be restored and be brought to life under the most appropriate circumstances . . . And for all these Cypriot colleagues and School of Architecture classmates, that were recently working in Cyprus, that are still alive, may God give vigor to re-create what enthusiastically and consistently they were trying to do through their works of the years past.

ANTHONY C. ANTONIADES
Architect, Arlington, Texas

建筑的挽歌

塞浦路斯最近几个月发生的战争悲剧，直接导致了当地大量出色的当代主义建筑遭到了史无前例的破坏，而几个月前，这种局面已经蔓延至整个岛屿之上。这场战争的暴行很可能会导致我们再也无法目睹或者体验我们这些塞浦路斯同僚们的建筑作品。

塞浦路斯的建筑活动曾一度十分繁荣，兴盛且充满革新。当地的建筑师几乎都在雅典或者伦敦受过良好的专业教育，且与希腊的传统建筑师相比，不管是在私人还是公共建筑项目中，都能更自由地工作。塞浦路斯获得独立（1960–1974 年）和繁荣的喜悦，旅游产业和国际自由主义使得塞浦路斯的建筑得以彻底打破了传统的枷锁，并终于冲入 20 世纪。

那些原本由于宗教和传统的束缚而无法在希腊正式表达的思想，全部都在塞浦路斯得到了实现，并也因此产生了一系列可圈可点的杰出建筑作品。不过塞浦路斯建筑最伟大的部分在于，它为应当早就发生的发展提供了一个承诺。表现主义中耐久的钢筋混凝土和砖石构造或许意味着大部分的这类作品并不会承受彻底的破坏。因此我只是希望，这些作品能在最合适的情况下得到复原，并回归原本的生机……而对于那些仍在塞浦路斯工作奋斗的同僚以及建筑院校的学生们，希望上帝能重新赋予他们活力与生机，使得他们得以再次投身到他们曾一度充满热情且不舍昼夜之创造当中。

建筑师，安东尼 · C. 安东尼亚德斯
阿灵顿，得克萨斯

里卡多·莱戈雷塔
（照片由建筑师本人提供）

里卡多·莱戈雷塔与墨西哥

我十分幸运能和里卡多·莱戈雷塔成为朋友。从 1976 年开始，直到 2011 年莱戈雷塔去世，我们一直通过邮件保持着联系。

早在认识他本人之前，我便亲自去拜访并体会过他的建筑。我们曾多次在墨西哥和美国两地见面，2008 年他曾到希腊审核位于贝纳基（Benaki）的博物馆展览内部的悬挂结构与室内装修，我却没能与他相见。

2011 年 12 月 30 日听到他离开的消息时，我极为震惊也十分悲恸，而后便花费了大量的力气去仔细浏览各种杂志，想要知道人们对于这位建筑大师的评价，以及如何面对这位伟人的离去。我已经下载了一些相关文章至我的网站（网址：www.acaarchitecture.com/Mag63.htm）。在我和莱戈雷塔的友谊之中还有两个很重要的人物，那就是中村敏男和路易斯·巴拉甘（Luis Barragan）。他们二人都在一些特定的方面对莱戈雷塔的职业发展起到过十分重要的作用。日本天皇曾赠予莱戈雷塔的奖项，即是典型日式关系的缩影。而莱戈雷塔与中村是多年前在一定的机缘巧合下通过我相识的。我在莱戈雷塔去世后，观看了他当时颁奖典礼的视频。那段视频让我回想起多年前，我邮寄给中村我所拍摄的莱戈雷塔的设计作品照片，并希望他可以发表一些关于莱戈雷塔的文章，因为那些作品着实给我留下了十分深刻的印象，而且据我所知，当时他的那些作品在国际上并不为人所知。事情的进展十分顺利，因为中村之前就了解过莱戈雷塔的作品，并且早已开始努力寻找发表他作品的渠道，当时他已经联系过一个纽约的评论家，但是很长时间都没有任何进展。我的照片如雪中送炭般及时，而中村也积极地回复了我的来信（详见中村在 1977 年 6 月 15 日给安东尼的来信，ACA 档案）。当时中村希望我能够与莱戈雷塔进一步沟通一下，尽可能地要一些照片及相关材料（详见中村在 1977 年 6 月 21 日给安东尼的来信）。中村还告诉我，他曾一直在计划为这位建筑师出一版《A+U》的 60 页特辑，但是这位建筑师却一直没有回复他。我想我似乎能明白莱戈雷塔为何不回复。中村曾在信中告诉莱戈雷塔：“你的作品有着同巴拉甘作品一样的品质”（1977 年 6 月 15 日），因为我比较了解里卡多·莱戈雷塔，所以我怀疑正是这句话可能使他谨慎了起来。于是我代替中村与莱戈雷塔建立了联系并再次提出出版特辑的建议，对我来说简直如天赐良机。在我联系中村想要发表莱戈雷塔作品的文章之前，我也已在希腊的《技术》杂志上发表过相关内容。《技术》是一本同时会发行希腊语、英语和阿拉伯语三种语言的小型杂志，且都是由科斯塔斯·杰兰塔里斯的希腊记者负责编辑出版。这本杂志也是信奉伊斯兰教的阿拉伯国家酒店里唯一能找到的一本建筑相关杂志。可惜的是，这本杂志只有黑白两色。我也曾把这本杂志寄给过莱戈雷塔，而他也显然对此感到十分高兴。尽管那时我们还从未见过面，不过当我写信告诉他，想要在日本发表他的相关作品的时，他也是十分支持。所以说，莱戈雷塔的作品最终得以在日本曝光……其实是通过希腊！拉丁美洲人和日本人都十分热爱希腊，并且我相信从古至今，希腊一直都是设计师灵感的来源之一。我也相信，这些人的DNA当中，必定也有些许相似之处，我也曾尝试探究过这个假设的真实性。自从我在《A+U》上发表了皮奇欧尼斯（详见后文关于中村敏男的章节）的作品之后，我便发现中村，或者说是日本，很显然地可以理解并且认同“以心为始的建筑评论方法”（Heart approach to Architectural Criticism），我也曾多次在盎格鲁－撒克逊国家进行过尝试，如美国和德国，却从未被他们的编辑所理解（详见 1980 年 1 月 22 日的新闻稿，ACA 档案）。我与中村的紧密合作始于我的一篇名为《石之诗：皮奇欧尼斯的不朽精神》（*Poems with Stones*：*The Enduring Spirit of Pikionis*）的文章，通过与中村乃至日本的合作，让我有机会加入到我那个时代的建筑对话中。我在《A+U》上所发表的文章，无论是关于希腊建筑作品，还是希腊或者其他国家的建筑师，[如皮奇欧尼斯、阿尔瓦·阿尔托、里卡多·莱戈雷塔、托尼·普雷多克、兹维·黑克尔、克里斯蒂安·古利什森（Kristian Gulichsen）和我自己的作品]，都代表着我与后现代主义和历史主义之间的博弈。通过这些学术交流，让我、中村还有莱戈雷塔之间产生了一种“化学反应”。而他们二人的关系也在普利兹克建筑奖正式确立后，变得格外亲密。

我从莱戈雷塔那里得知，是他最开始说服杰伊·普利兹克（Jay Pritzker）以及他在泰尼斯、圣菲和墨西哥的客户及合伙人们一起设立了这个奖项。而这或许就可以很好地解释，为何巴拉甘成为第一个获得普利兹克建筑奖的墨西哥人，而非莱戈雷塔，这位实至名归却从未真正获奖的建筑大师。不过莱戈雷塔确实也是普利兹克委员会的成员，并曾和中村敏男一同出行考察过很多普利兹克建筑奖提名的建筑作品……不过在那之前，我曾在中村的《A+U》杂志上刊登过一篇名为《莱戈雷塔，属于墨西哥的墨西哥建筑师》(*Legorreta*, “*Mexico's Mexican Architect*”)的文章，我也因此收到了来自莱戈雷塔的一封最暖心的来信，他在各种繁杂的事务中抽出时间给我写了如下这封信：

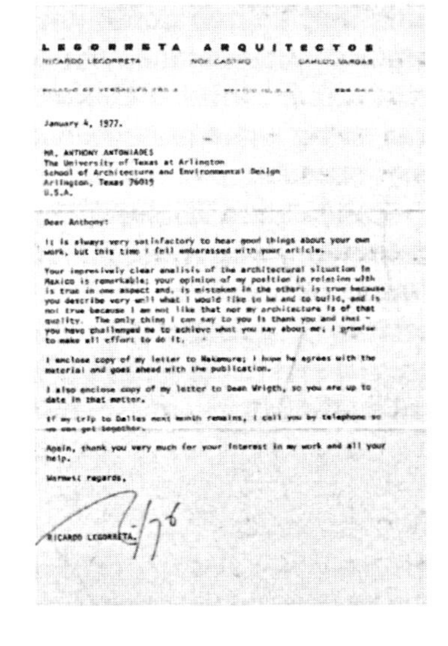

LEGORRETA ARQUITECTOS

RICARDO LEGORRETA　NOE CASTRO　CARLOS VARGAS

January 4, 1977.

MR. ANTHONY ANTONIADES
The University of Texas at Arlington
School of Architecture and Environmental Design
Arlington, Texas 76019
U.S.A.

Dear Anthony:

It is always very satisfactory to hear good things about your own work, but this time I fell embarassed with your article.

Your impressively clear analisis of the architectural situation in Mexico is remarkable; your opinion of my position in relation with is true in one aspect and, is mistaken in the other: is true because you describe very well what I would like to be and to build, and is not true because I am not like that nor my architecture is of that quality. The only thing I can say to you is thank you and that - you have challenged me to achieve what you say about me; I promise to make all effort to do it.

I enclose copy of my letter to Nakamura; I hope he agrees with the material and goes ahead with the publication.

I also enclose copy of my letter to Dean Wrigth, so you are up to date in that matter.

If my trip to Dallas next month remains, I call you by telephone so we can get together.

Again, thank you very much for your interest in my work and all your help.

Warmest regards,

RICARDO LEGORRETA.

“……您对墨西哥建筑形势鞭辟入里的分析，着实让人深感敬佩。而您在文章中所描述的我所处的环境以及我与墨西哥建筑的关系，一方面确实如您所说，而从另一个角度讲，却又不尽然。其真在于，您所言之人与建筑，确实如我所期望中的他们应有的样子；而其假在于，我并非言中之人，而我的作品，也非言中之物。因此，我唯一能与您说的话便是感谢。感谢您激励我去成为您言中的那个人，我也会为此而继续砥砺前行。”

（详见 1977 年 1 月 4 日的信件，ACA 档案）

自我和莱戈雷塔开始通信后，我们之间的交情越来越深，并在墨西哥和美国不时地会面，在我心里莱戈雷塔好似我从多年前在希腊国立雅典理工学院时便熟识的故人。我是一个鲜少能与他人无拘束地交谈私事的人，但是却可以和莱戈雷塔无话不谈，仿佛回到在校读书的那些日子里，回到了与我的希腊友人相谈甚欢的美好时光，我们谈论多年前的希腊和阿索斯山，谈论希腊的那些岛屿，谈论曾经打过的篮球赛，谈论他最喜爱的网球，当然还有我们当时对未来的梦想和期许。尽管相隔 10 年，那段彼此可以相互无拘束地倾诉各种私人或学术问题的日子，还是令人难忘。同莱戈雷塔之间的友谊，在我人生中最艰难的时光里，给了我莫大的慰藉。当时在我工作了 24 年的那栋建筑中，忽然发生了一件前所未有令人难以置信的事，于是在那之后，我便毅然决定带着我的女朋友和刚出生的女儿离开美国回到希腊。而莱戈雷塔是我在美国唯一一个可以无所拘束地相处并敞开心扉倾诉的人。他认真地聆听了我的倾诉，并给我回了一封信，这封信我至今仍视若珍宝。里卡多·莱戈雷塔是一个十分热切真诚的朋友，他也曾邀请我、亚诺什·波利蒂斯和格拉齐亚诺·盖斯帕里尼（Graziano Gasparini）一起去他家共进晚餐。我也曾见过他的妻子莱拉（Lala），并曾一同在墨西哥城和瓜达拉哈拉（墨西哥西部一城市）一同用餐。当时还没有任何关于他的著作，他也曾向我提议，让我来为他写一本专著。我当时很激动，却最终没有接受。我深思熟虑之后告诉他，我希腊作者的身份，并不会给这本关于他的著作带来太多的益处。就当下的大环境以及国际市场来说，一个背负盎格鲁–撒克逊名字的人来写或许会更合适。我曾尝试着邀请他以一位建筑师的身份来我就职的得克萨斯工作，但这件事并没能实现，因为那段时间他一直同他的家人在西班牙旅行，并且还要忙着为他的女儿筹备婚礼（详见 1977 年 1 月 7 日–1978 年 1 月 4 日信件，ACA 档案）。

在那之后我也曾把他介绍给豪尔·鲍克斯，他最终去了奥斯汀分校而不是阿灵顿分校。我相信他是在那里遇见的韦恩·阿托(Wayne Attoe)，那个最终为他撰写专著的人。那是一本十分出色的作品，书中的照片是由他的女儿卢尔德·莱戈雷塔(Lourdes Legorreta)所提供，而前言则是由豪尔·鲍克斯撰写。豪尔是一位杰出的得克萨斯建筑师，也是 PBH 事务所 [普瑞特–鲍克斯、亨德森三人组（Pratt-Box and Henderson）] 的三位创始人之一。鲍克斯曾为了来到阿灵顿担任学会主席而选择离开了公司。也是他当年聘用我到阿灵顿校区任教，并且在后来成为了奥斯汀校区的建筑学院院长。自那之后，豪尔再未回到 PBH。我对豪尔的看法也一直都颇佳，与他也是可以无所避讳地交谈，甚至是谈论女人的话题。

而这个话题若是换作莱戈雷塔，我便也会十分谨慎。因为在我心里一直将莱戈雷塔视为一个十分优秀且顾家的虔诚天主教男性。不过每次一聊到建筑，我们仨总是有说不完的话（详见 1992 年 3 月 9 日的来信）。当豪尔·鲍克斯离开阿灵顿之后，乔治·赖特就成了学院院长，随后他便让我出任建筑学课程指导，而我也满腔热忱地接受了他的邀请。只是我未曾想到，也从未有人通知我，赖特还任命一位特殊的副院长。这个家伙是典型的“得克萨斯老男孩”（Texas Old Boys），一名出色的彩铅插画家，同时也是一位狂热的后现代主义历史评论家。我当时正在尝试通过邀请知名建筑师进行讲座从而提高建筑学院的包容性氛围，同时我也曾向院长提出设立“包容主义”课程的建议。但是我却没能有效地应对那位副院长在暗中的“阴谋诡计”，

豪尔·鲍克斯（中）、托尼·安东尼亚德斯（左）和学生（右）。豪尔在最后答辩之前给学生进行指导（斯威夫特中心，阿灵顿学院，1974 年）

不知不觉间我们的新院长也开始被他影响。虽然乔治·赖特是沃尔特·格罗皮乌斯的学生，但他却是一位现代–地域主义者（Modernist-reginoalist）。而普雷多克也曾在格罗皮乌斯位于新墨西哥州的事务所里受到过专业培训。尽管乔治·赖特是个和蔼可亲且值得尊敬的朋友，但是却没有豪尔那样的号召力。他在学校的执行权限也出于工作原因逐步移交给了副院长。可能是出于专业与学术方面的嫉妒之心，副院长在从未咨询我和其他教员意见的情况下，便擅自决定更改了建筑学院的教学计划，而我因为无法忍受这些“小动作”便辞职了。在那段时间里，唯一一个我能与之倾诉这些个人问题并给予我支持，同时也是我曾不断诚挚地邀请来给学生们分享智慧以及他作品的人，便是里卡多·莱戈雷塔。

下面是我在 1983 年 10 月 27 日写给他的信：

我亲爱的里卡多，

如若能听到他人的赞美，总是会令人斗志昂扬，而若是此言出于你，那便会是万分殊荣。只因当今建筑界像你这样的人如今已如凤毛麟角。

我于信中附上一张开展在即的马丁·普莱斯（Martin Price）作品展的精致海报。其首次开展于去年夏天的赫尔辛基芬兰建筑博物馆。而此次展出的，都是些他个人心血与哲学思想的成果，同时也是他信念与创造力的呈现。

而你若是能如所言之如期而至，那便是十分振奋人心的。而我则是十分乐意以个人名义承担此次出行的所有费用，由洛杉矶至此，或是从墨西哥城到达拉斯之往返。我相信到时定会全校动员，而你则终于有机会与他们言说何为真正的建筑，并展现出与那些当下所谓“历史主义者”[净是些爱慕虚荣之人！！！（Prima donas）]之云壤之别。

你的到来或如暗室逢灯，可解燃眉之急。而你的影响或可唤醒那些正陷身于献媚之人系统化洗脑下的学生们。

即使有寥寥数人依旧在尝试（即马丁和我），但我们的努力简直如沧海之冰，根本无法阻止即将变得“徒有其表”的我的学校。

我知道这封信着实有些迟了，但是我还是依旧非常希望你能在 11 月 18 日马丁的展览结束之前来一趟。

请随时给我的秘书来电或留言，任何时间都可以，只要你的时间允许，对你的邀请会一直保留。

对于你所做的一切我实在感激不尽，也请代我向莱拉问好。

附以我最温暖和最诚挚的问候。

托尼

安东尼·C. 安东尼亚德斯

另：1978 年我在墨西哥城用法语所打的那通电话是打给巴拉甘的，而他那时告诉我说他才是《真实的卡米诺》那幅作品的色彩顾问。或许是我误会了他。我为我在文章中的误述表示歉意。

我至今仍不敢相信我当年是哪来的勇气，在 1978 年于墨西哥市举办的国际建筑师协会（UIA）会议期间，在会议中心那面巨大的墙上和周围的廊柱上四处张贴我在酒店花费一整晚写出来的声明。当天

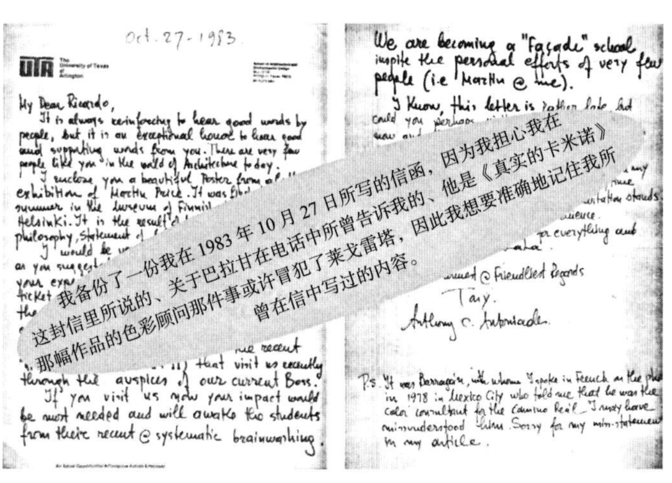

Oct. 27 - 1983.

UTA The University of Texas at Arlington

My Dear Ricardo,

It is always reinforcing to hear good words by people, but it is an exceptional honor to hear good and supporting words from you. There are very few people like you in the world of Architecture today.

I enclose you a beautiful Poster from of [illegible] exhibition of Martin Price. It was [illegible] summer in the Museum of Finnish [illegible] Helsinki. It is the result [illegible] philosophy, statement of [illegible]

I would be [illegible] as you suggest [illegible] your exp[illegible] ticket [illegible] the [illegible]

[illegible] the recent [illegible] that visit us recently through the auspices of our current Boss.

If you visit us now your impact would be most needed and will awake the students from their recent @ systematic brainwashing.

We are becoming a "facade" school inspite the personal efforts of very few people (i.e. Martin @ me).

I know, this letter is rather late but could you perhaps [illegible] now and [illegible]

[illegible] any [illegible] time [illegible] invitation stands. [illegible] convenience.

[illegible] for everything and [illegible] Laila.

[illegible] warmest @ Friendliest Regards

Tony.

Anthony C. Antoniades.

P.S. It was Barragán, with whom I spoke in French on the phone in 1978 in Mexico City who told me that he was the color consultant for the Camino Real. I may have misunderstood him. Sorry for my mis-statement in my article.

若是我真的在信中做了错误陈述，那么我想要向莱戈雷塔说句“抱歉”……这并非我本意……也要为我糟糕的手稿字体向我亲爱的读者们说一声对不起……而这些，却从不足以让曾经的里卡多·莱戈雷塔而感到不开心……

我耗费了一整个早晨才找到一台复印机，把那份手写声明复印了大约100份，并尽可能多地贴在举办近期墨西哥建筑师作品展的大厅里。我之所以这么做是因为这次展览唯独少了两位最为重要的墨西哥裔建筑师的作品，那就是巴拉甘与莱戈雷塔。他们是当今唯二被国际所认可的墨西哥建筑师！这种疏漏实在让人难以置信，所以我也没有克制我的情绪。我必须要行动起来！此次负责墨西哥建筑参展的，依旧是大权在握的佩德罗·拉米雷·瓦斯克兹（Pedro Ramirez Vasquez）与他的同僚们，因此这次展览所选中的参展项目，净是颇具官僚色彩和政治倾向的建筑作品。从20世纪60年代中期开始，瓦斯克斯便早已独揽大权。他个人最好的作品，是位于墨西哥城市中心的那座考古博物馆。那是一栋矗立在中庭的巨大伞形立柱建筑，也是这个国家最具有代表性的建筑形式。我曾在1966年参观过这栋建筑，那时我对它的印象非常深刻。据我对墨西哥建筑的了解，早在1963年一本名为《今日建筑》的杂志就发表过有关这栋建筑的文章。20世纪70年代早期，我再一次去了墨西哥，而这一次，我才逐渐意识到自己心目中的墨西哥建筑。我曾一度受到巴拉甘和莱戈雷塔作品的感染，并且也分别为他们的设计作品撰写了相关文章。其中我也曾引用了一些我在《建筑学及相关学科》一书中的内容。我心中对于他们二人的作品未能出现在那次展览的事情一直无法释怀。而我通过那次反对行动，也算是真正地意识到所谓“反抗”的力量，尤其是在政治和意识形态方面所起到的作用……这是一场社会主义与资本主义之间的对抗，而我更相信，这是“碌碌无为与天才和创造力、与心、与可预测性，以及与未知和惊喜之间的一场博弈”……

那些执掌着国家建筑大权的官僚主义建筑师们，将建筑师的本色“粉饰”上一层物质色彩，使他们成为“资本”的代表、统治阶级的后人，他们是一群来自西班牙的建筑师（西班牙是墨西哥的殖民者，是18世纪的统治阶级——编者注），他们所做的一切都只是在将一切阶级化，而非平等地分门别类！而我在那些廊柱上所贴的、我的宣言所想要表达的内容，没用多久就受到许多参会代表的热议。而到了中午，在我将要准备在“建筑批判性”专区进行一个10分钟的、由布鲁诺·赛维主持的个人演讲时，讲堂里座无虚席。于是我便向这群多数来自苏联和东欧，以及非洲和发展中国家的建筑师们，再一次宣读了我的宣言。当我回到酒店时，便收到了一封来自莱戈雷塔的来信。我所做的这一切，全部都传到了他与巴拉甘的耳中。我们简要地聊了聊这件事，然后他便邀请我下午和他一起参加一个经过精心安排的建筑之旅，并

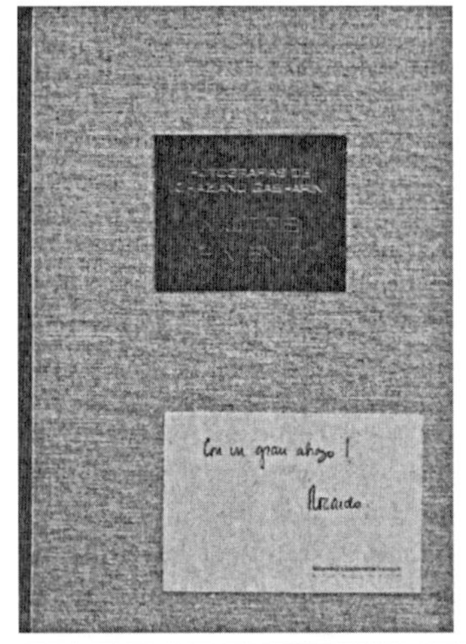

《墨西哥之墙》(*Walls of Mexico*)：由里卡多·莱戈雷塔题词，格拉齐亚诺·盖斯帕里尼（Graziano Gasparini）拍摄，其中以墨西哥的传统民居作为“体块”和“色彩”之建筑语言的重要前例（ACA 档案）

在这之后参加了一场晚宴。他告诉我说亚诺什·波利蒂斯也会参加。亚诺什曾是扬尼斯·季斯波托普洛斯（Ioannis Despotopoulos）的首席助理，也是我在希腊上学时毕业论文的审评人。在希腊军阀统治期间，他在丹麦的奥胡斯（Aarhus）教书。开始我捉摸不透他们到底是如何认识的，后来才知道是通过一位著名的丹麦室内设计师，博迪尔·凯尔（Bodil Kjaer）。下午我便见到了他们。我们坐在莱戈雷塔的白色吉普车里，同行的还有格拉齐亚诺·盖斯帕里尼和亚诺什·波利蒂斯。莱戈雷塔带着我们参观了几个他自己的建筑作品，如墨西哥城的 IBM 总部以及他早期做的一些办公楼设计，随后参观了特奥多罗·冈萨雷斯·德·莱昂（Theodoro Gonzalez de Leon）设计的一个军事营地，最后拜访了两栋索尔多·马达莱诺（Sordo Madaleno）设计的作品。军事营地磅礴傲慢的氛围让我们都有些审美疲劳。那是一栋颇具“科幻小说风险结构”的巨大建筑，整个建筑极其庞大，完全超出了人体的尺度，简直就好像是墨西哥在跟自己的北美邻居挑衅说“美国佬，我们在这，怎么样，比你们的营地要大得多，过来啊，你们敢不敢！”同样体量过大的还有索尔多·马达莱诺所设计的购物中心，但那也好歹为普通人设计了些围合保护性的室内外训练的网球场！与之相比，我们随后参观的莱戈雷塔的工作室和他位于凡尔赛宫大道上的私人住宅，简直就是赏心悦目！

几个月之后，我带着我的幻灯片去到他的事务所，并且在那里做了一次简要的关于阿索斯山的演讲。那些资料都是我亲手收集的，后来发表在了《A+U》杂志上。我浅显地谈论了一些与尺度、自发性（ad hoc）、多元化，以及风格融合的话题，还谈到了一些关于“拜占庭红”（Byzantine Red）的内容，那是一种与巴拉甘和莱戈雷塔所曾采用的红色相比更加浓烈深邃的颜色，我在一些很出名的作品中曾见到有人使用过这种颜色。那也是第一次我曾考虑“我想写些与红色

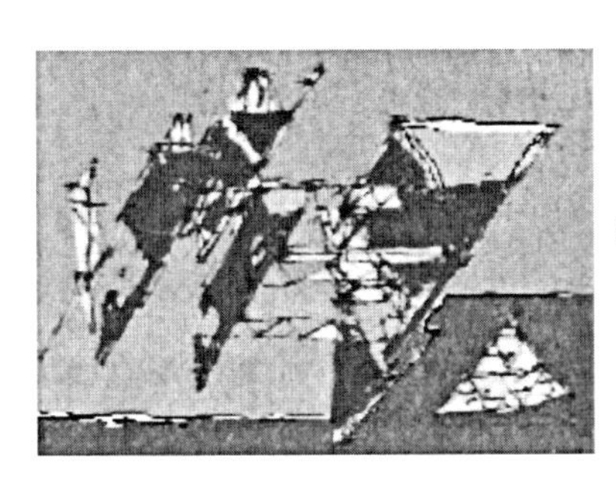

笔者绘制的草图，“红色假日小屋”，灵感来自“相切”DNA 概念

1978 年在墨西哥的国际建筑师协会会议上，出席演讲的人有：布鲁诺・赛维（右上图叼着烟斗的人）、于尔根・约迪克等其他显要的人物

有关的东西”……他们当中有个人回应说，“就像是流淌在我们身体里的血液一样”……说这话的并不是里卡多，只是我忘记了是谁。当时我回答道：“所以这或许就是我们所有人 DNA 之间的‘相切’交汇。”等到晚上的时候，我便在酒店的信封上画了一些与之相关的草图。几年后，我用马克笔将它涂成了红色。那时我的脑海曾浮现出一座位于地中海悬崖边上的“红色假日小屋”，而这栋建筑正是为了迎接那些有着“多个 DNA 相切点的人们（志同道合之人）”……将相似的人们聚集在一起将会为一个国家塑造最强的“国防屏障”……那些能看懂这浓烈的红色背后隐含深意的人啊！在我的演讲结束后，莱戈雷塔和他的手下们送给我一份非常棒的礼物，那就是莱戈雷塔的著作《墨西哥之墙》（*Muros de Mexico*）。这本书堪称艺术品，书中很多出色的照片，都是由我之前在莱戈雷塔的住宅曾碰见的格拉齐亚诺・格斯帕里尼所提供的。很显然他们二人是很要好的朋友。我将 1978 年我在 UIA 会议上发言的讲稿复印了一份，放在一个牛皮信封中，夹在了这本《墨西哥之墙》里。也正是这次演讲让我有机会到莱戈雷塔和莱拉的家中同他们共进那次绝妙的晚餐。我将在下面附上我当时的演讲内容，上面的这些照片是我从会议摄影师那里买

下来的。布鲁诺·赛维总是叼着烟斗，让那些不熟悉他的年轻演讲者备感压力（原文使用的“weighting”，本是“加重”的意思，也可以理解为：总是“叼个烟斗”颇有架势地等着下一个年轻演讲上台——编者注）。照片中紧挨着他的是墨西哥建筑师学会的主席于尔根·约迪克（Jurgen Joedicke）博士，剩下的便是其他国家建筑领域的显要人物。当时，我正在同赛维以及其他组委会成员进行演讲，刚好在宣读下面那段演讲的前言部分……

建筑与社会文化的发展

1978 年在墨西哥第十三届国际建筑师协会会议上，因迫于一些势力的施压，有关墨西哥建筑现实的扭曲的内容可能从来没有被其他人所提及，亦没有做过案例分析。

发言人：安东尼·C. 安东尼亚德斯
美国建筑师学会（AIA）及美国物理学学会（AIP）会员
建筑学副教授 / 得克萨斯大学阿灵顿分校
墨西哥城，国家礼堂
3 号演讲厅
10 月 25 日，星期三，11∶30

尊敬的各位专家：

十分感谢各位能给我机会，为每一位来自世界各地、对全世界文化与社会的发展做出杰出贡献的人们面前做演讲。我不会占用大家太多宝贵时间，但是在进入这次演讲的正题前，我认为有必要先做一个简要的说明，以阐明我在如今大环境下的立场，同时我也认为我下面所说的话将会引起在座的诸位思考。首先，我参加这次会议是为了能和其他建筑评论家们进行一次“圆桌会议”，以探讨一些深刻的问题。这次盛会邀请到了许多如布鲁诺·赛维和约迪克博士这样的世界顶尖建筑评论家，但是却也因此在没有提前通知会议代表的情况下推迟了会议时间。不过在任何会议中，能有赛维先生的到场都是十分荣幸的，尤其是这场关于建筑与社会文化发展方面的会议更是如此。这也验证了我“社会文化视角下建筑学与建筑评论有着密不可分之联系”的观点。这也是为何我出席了当下的这个会议，而非我先前决定要出席的、被迫延后的建筑批判会议。

其次我要说明，也希望诸位可以去思考的是，自 1974 年至今，我一直生活在两种不同的社会和文化背景下，我的日常工作和生活需要我每年在美国待 8 个月，而在希腊则要待上 4 个月。当然，我在美国的生活让我能够自由且频繁地外出旅行，而这让我有机会深入了解其他国家的文化，并也有机会与来自世界各地的志同道合之人建立了一些颇为深刻的友谊，同时也学习到了许多，我相信是非同一般的、关于各个国家的建筑学的现实思想和观点，如远到东方的日本，以及近在身旁的墨西哥。

那么现在，我想我可以放心地开始讨论今天的主要话题：这次座谈的主题被定为“建筑与社会文化的发展”……于是此次会议便选举了丹下健三（Kenzo Tange）作为此次大会的主旨发言人。

那么我的问题是：“为什么是丹下健三呢？”

我个人的主张是，当下世界上最杰出的建筑作品以及建筑师还并不为世人所知，当然我并不是指那些过去几个世纪中早已由诸如鲁道夫斯基（Rudofsky）等著名作家所详细阐述过的不为人知的地方建筑。我今天想说的，是存在于我这个时代的现实当中的那些出色的建筑作品，而来自世界各地的你们当中的每一个人都有可能是这些作品背后的建筑师，在座的每一位优秀同僚都为自己的设计作品付出了卓绝的努力。在丹下先生的演讲中，我发现了向“新国际主义”（New Internationalism）发展的新倾向。

但是显然我也有些疑惑，丹下的演讲是否有一些游说的倾向。[1]丹下的演讲可能会被一些“目中无人的年轻人”（我很乐意勇敢地站出来指出这一群人，而我十分确信我所说的“目中无人”，仅仅是源于对建筑学和人的完全尊重）曲解为一种向第三世界国家推销日本技术的销售手段。不知道大家是否还记得丹下先生在昨天的讲座中说道，“我个人认为如若能引进最顶尖的科学技术，那肯定会是最好的，而这点在发展中国家的建筑学中同样适用。”当然有很多案例可以反驳他的观点。比如先进革新的科学技术由那些不具备同等实力和知识的人所使用，往往都会导致大量投入资金的浪费，甚至在有些个例中建造技术和机械系统可能在一夜之间就过时！

在丹下先生的讲座中，我并没有听到他提及对当地材料的应用，

笔者 2012 年注释：请注意 1978 年时并没有“全球化”（Globalism）这个词……所以当时我使用了我个人对这一概念的表达方式，即“新国际主义”（New Internationalism），实际上也可以说是我当时对如今迅速“国际化”（globalization）纪元的一种预见。

也没听到任何关于地方发展或者地域主义的内容，也无处可寻“传统”这个词。相反，丹下先生却以一种相对轻蔑的口吻在他的关键演讲中提到了“愚蠢的砖块”（Mad Brick）这一说法，他很可能是指哈桑·法赛（Hassan Fathy）在埃及的那个项目。在这个项目中他使用了大量的砖石材料，并且同时也展现了当地传统的建造技术与建造技能。而我相信这才是一个绝佳的，且也是最真诚努力的设计，是在第三世界中所建造的最坦诚可靠的建筑作品，且很显然的是当地的社会文化的结果和体现。鉴于这里也有不少学生，尤其是来自墨西哥的学生，因此我想建议这些学生们一定要去读哈桑·法赛《为了穷人的建筑》（*Architecture for the Poor*）这本书。这本书是多年前由一位墨西哥建筑师推荐给我的，而我如今也将这本书推荐给你们。再回到丹下的演讲，当中我没听到关于文化的任何内容，更不用说文化组成、当地进程、信仰或是与仪式相关的内容了……同样丹下先生也完全没有提到社会因素以及它的构成，它的“同质性”或“非同质性”，以及它对艺术和建筑的态度与倾向……同理，作为此次会议主办方的墨西哥也存在类似问题：

1. 首先让我感到失望的是，墨西哥主办方并没有提前通知我们建筑批判会议的推迟。或许他们并不希望有建筑评论和批判，或者这些建筑师们可能害怕自我批判。这在许多其他的国家也屡见不鲜。对于这一点我想特别指出的是：这次展出的墨西哥建筑实在让人无法理解，我个人对此感到万分失望。

2. 我注意到展出的内容中严重缺席了路易斯·巴拉甘、里卡多·莱戈雷塔、胡安·奥戈尔曼（Juan O'Gorman）以及菲利克斯·考德拉（Felix Caudela）的出色作品。当然，也可能上述几位建筑师都有一个作品的一张照片被展出，但是展出方式实在令人无法接受，这些作品不是被隐藏在某个柱子的后面，就是在展厅的某个黑暗角落里。[2]

而那些庸俗乏味的作品，却成了展示的主角。

我不明白为什么像莱戈雷塔、巴拉甘和胡安·奥戈尔曼这样，能在国际上为真正墨西哥人的墨西哥建筑发声的建筑师们，却反而被人剥夺了在此次会议中发声的权利？

3. 所以接下来我的问题就是：到底谁有资格来决定建筑设计作品中社会 – 文化特色的构成？

是那些偶尔可能会负责公共项目的、一成不变的院士学者吗（在此我并不想以墨西哥为例，我以自己的国家希腊来举例）？还是建筑评论家？如果是评论家，我们都知道近来在频繁控制这批判与评论的隐藏势力，如期刊和学术杂志的兴趣导向，以及各派系的影响等等。而如果不是评论家，那么就应该是让建筑作品来说话，通过阅读和使用这些建筑来评判作品所蕴含的社会－文化价值。

4. 建筑一直被视作一种社会文化因素，而今天那些伟大墨西哥建筑师的缺席恰恰反映出，墨西哥当下的社会文化价值导向已经出现了问题。依据我个人的所闻所见，墨西哥已成为国际主义的牺牲品。正因如此，我认为更要备加感恩那些伟大的墨西哥壁画家们，他们用自己创造的墨西哥风格壁画覆盖了很多变异的国际风格。如若不是因为这些壁画的存在，那么这些建筑便可以属于世界上任何一个地方，却唯独不属于墨西哥。

我来到这里是为了看到真正的墨西哥，至少能在这个建筑展览中目睹它的本色。今天的展出本可以像奥克塔维奥·帕斯（Octavio Paz）勇敢自信地在《孤独的迷宫》（*the Labyrinth of Solitude*）和《另一个墨西哥》（*The Other Mexico*）中所展现的场景一样丰富。但不幸的是，今天我只看到一个索然无味单调的墨西哥。我本希望，至少是在这展览中，得以看到一些墨西哥自己的当代建筑，然而并没有。

难道说墨西哥的当代建筑就只是展览中的那些国际风格的复制品吗？难道这就是当今所谓的社会文化建筑成就吗？我不愿相信如此，也不会买账。因为我知道墨西哥远不止如此。

总结

我不认为像这样的国际会议或者任何其他的会议能明确定义什么是好的社会文化建筑，以及一个人要如何才能到达那样的标准。即便今天真的有了所谓这样的标准，那也只是由那些所谓的世界著名学者，一些著名的评论家（这里先对赛维教授说一声抱歉）以及众言之享誉全球的诸如丹下健三先生之类的名家们所定义的。而这些，都不足以证明那就是事实。

我的建议是："不要再去干涉社会文化的模型了。"建筑会自己找到出路，也会照顾好它自己。

我只想呼吁大家：让我们一起争取一个自由的社会文化设计环境。而这将最终引导我们创作出它应得的社会文化建筑作品。让我们挣脱那些压抑着我们每个人的所谓职称、荣誉和形式的束缚。做一个自由自在的人，自由自在的建筑师。建筑师啊，请回归你们自己，重新成为自己民族的一员。只有那时，我们才能称自己为一个真正的人。但是作为建筑师，我们要谨记我们是人类中唯一受过训练以在三维世界中进行设计的一类人。在诸多维度以及在那些近来才由我们研究社会行为学的同僚们逐渐发掘的、诸如心理和精神，以及那些依旧不为人所知的维度中，只有建筑学，是为了解决在物理三维世界中的种种的问题而存在的，而这点我们务必要牢记。为了人类所处的物质维度进行设计，是我们的责任。我相信，这也是我们应当对社会和文化所负的责任。尺度、比例、韵律等，无一例外。然而，这些关于“人”最基础且核心的原则却时常被人们忽视。当每一个建筑师都回归成“一个普通人”，并开始为了每一个这样的人进行设计时，我想，我们或许便可以终于设计出以人为本的作品。无论在什么样的文化和社会形态下，这样的建筑都会呈现出一种独一无二的特性，并映射出其所承载的社会 – 文化特征。

非常感谢。

注释

1. 丹下健三在 1978 年 10 月的墨西哥第十三届国际建筑师协会会议上的演讲《建筑与社会文化的发展》(*Architecture and Sociocultural Development*)，详见《建筑与国际发展》(*Architecture and National Development*) 一书第 23–25 页。

2. 会后墨西哥建筑师学会会长找到了我，并向我解释了为什么没有适当地展出巴拉甘、莱戈雷塔，胡安・奥戈尔曼的作品。他给出的理由并没有说服力，因为他们三人的作品直至整个展出结束，都没有得到充分展示。

后记：2011 年 12 月 30 日，距这次演讲的 30 多年后，有人通过网络告知了我里卡多・莱戈雷塔去世的消息。这个消息让我十分震惊，我从我的个人网站上下载了我自己写的关于他的一些内容，并寄给了《建筑实录》等杂志。

下面我总结并列举了那些刊登了由我撰写的关于里卡多・莱戈雷塔文章的杂志，以及我从普利兹克委员会那儿获得的翻译许可证明，我把莱戈雷塔的挚友兼合伙人，路易斯・巴拉甘获得普利兹克奖的获奖感言翻译成了希腊语，并在希腊发表。

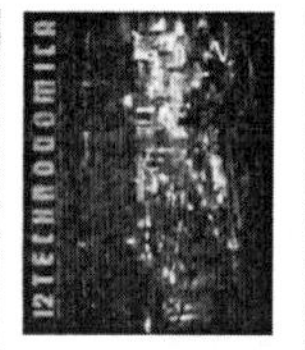

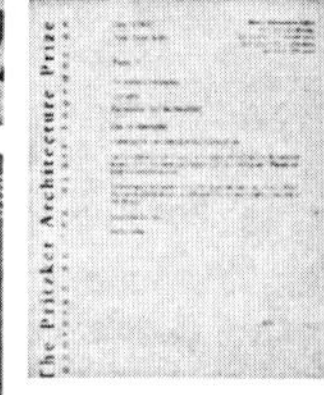

笔者发表的有关里卡多·莱戈雷塔的文章的杂志。为了翻译普利兹克奖得主路易斯·巴拉甘的获奖感言，由普利兹克建筑奖的委员会发给安东尼亚德斯的翻译许可证明信［由基斯·沃克（Keith Walker）签字授权］

LEGORRETA ARQUITECTOS

México, D.F., March 9, 1992

ANTHONY C. ANTONIADES
The University of Texas
at Arlington
Box 19108
Arlington, Texas 76019-0108

FAX: 95-817-794-5098

Dear Tony:

I just received your book and I feel honored for several reasons: the cover, the poem and so many references to me. I am enjoying it immensely and I agree with Bruno Zevi comments on you.

Anything you need from me please let me know. How beautiful has been to develop such a friendship through our beloved architecture.

Hoping to see you soon, receive my warmest regards,

Ricardo

Ricardo Legorreta

莱戈雷塔建筑事务所
墨西哥城，1992年3月9日

安东尼·C.安东尼亚德斯
得克萨斯大学
阿灵顿分校
邮箱 19108
阿灵顿，得克萨斯 76019-0108

传真：95-817-794-5098

亲爱的托尼，

我刚收到你的书，并且我因为下面这些原因而感到十分的荣幸：书的封面、当中的诗歌，以及你在当中对我的多次提及。读到这样一本书对我来说十分享受，并且我也很认同布鲁诺·赛维对你的评价。

你有任何需要请随时告诉我。能通过我们都热爱的建筑事业而相识相知，并建立这样的友谊着实让人感到十分美妙。

希望很快能见到你，
最温暖的问候。

里卡多·莱戈雷塔

1978 年笔者在圣克里斯托瓦尔（San Cristobal）路易斯·巴拉甘所设计的福尔克·爱戈斯托姆（Folke Egerstrom）住宅

1978 年笔者与里卡多·莱戈雷塔、雷纳托·加斯帕里尼（Renato Gasparini）和亚诺什·波利蒂斯在墨西哥城 IBM 工厂（照片由笔者拍摄）

我已多次说过里卡多·莱戈雷塔是一个十分伟大的人，更是一个杰出的人类。我的一生中只遇见过两位与我有着“相切”基因的伟大朋友，其中一位就是莱戈雷塔，他陪我走过了我人生的低谷。而另一位，是约兰·希尔特，我在我的著作《民主中的比例与尺度》（*Scale and Measure in Democracy/Κλίμακα και Μέτρο στη Δημοκρατία*）一书中曾提及。莱戈雷塔在 2000 年 9 月 11 日给我写的信即是他崇高人格的展示，也是我们之间美好友谊的证明。鉴于我认为他在信中所说的话对这个地球上的所有人来说都十分有意义，所以我决定把它附在下面与大家分享：

April. 11/2000.

Dear Anthony:

I received your letter and read it several times.

First of all I want to thank you for your friendship and confidence. I appreciate them deeply.

I am shocked by your experience. Only because you tell me, I believe it happened; otherwise I will never thought something like that. It could take place.

I feel sad and suffer by knowing what you have gone through and how you feel.

I know your devotion to Architecture and teaching and I can't accept that your life can end this way. I urge you to meditate, pray to God to give you strenght to forgive and forget and ~~find~~ fin the will to start all over again.

Some weeks ago I read what Gabriel Garcia Marquez, the great colombian writer, wrote when he was told he had cancer.

2

and it comes to my mind at this moment: among other beautifull thoughts he wrote:

"If God could give a little bit of life....
I will tell man that we don't die when we are old but when we stop loving."

You are a young man, whith experience and talent: I urge you to stand up, forget and go ahead!.

I won't elaborate on your problems; you have suffer enough by telling them to me. Instead I send you my support and friendship and I pray to God to help you.

¡Hoping to keep in touch!

Un abrazo.

Ricardo.

莱戈雷塔来信

2000年9月11日

亲爱的安东尼，

我收到了你的来信，并且反复看了几遍。

首先我想要谢谢你的好意和信任。对此我十分感激。

对于你的遭遇我表示十分的震惊。若不是你亲自告诉我，我定不会相信竟会发生这样的事。

得知你所经历的一切我感同身受而伤心之情溢于言表。

我知道你对于建筑和教学的热爱，所以我无法接受你的职业生涯就这样结束。我建议你静下来好好冥想一下，向上天祈祷赐予你力量去原谅发生在你周围的事，并忘记它们然后振作起来重新开始。

几周前，我看了一本加布尔·麦西亚·马雷斯（Gabriel García Márquez）所著作的书，他是一位很棒的哥伦比亚作家，而当他在写那本书的时候，才刚刚得知自己得了癌症的消息，而在这一刻，我的脑海中浮现出他曾写过的一句十分美妙的话：

“如果上帝可以赐予哪怕是多一秒钟的生命……那么我也会努力告诉每一个人，年华的逝去并不会剥夺我们的生命，而在我们放弃去爱时才会。”（If God could give a little bit of life...I will tell man that we don’t die when we are old, but when we stop loving.）

你还年轻，并且拥有经验和才华。所以我强烈地希望你可以站起来，忘记过去，并继续勇敢地前行！

对于你的遭遇我不愿评价太多，因你在告诉我这一切时已承受足够的痛苦。所以现在我只想给你支持和友谊，并也会为你祈祷。

保持联系！

望一切顺利，

里卡多

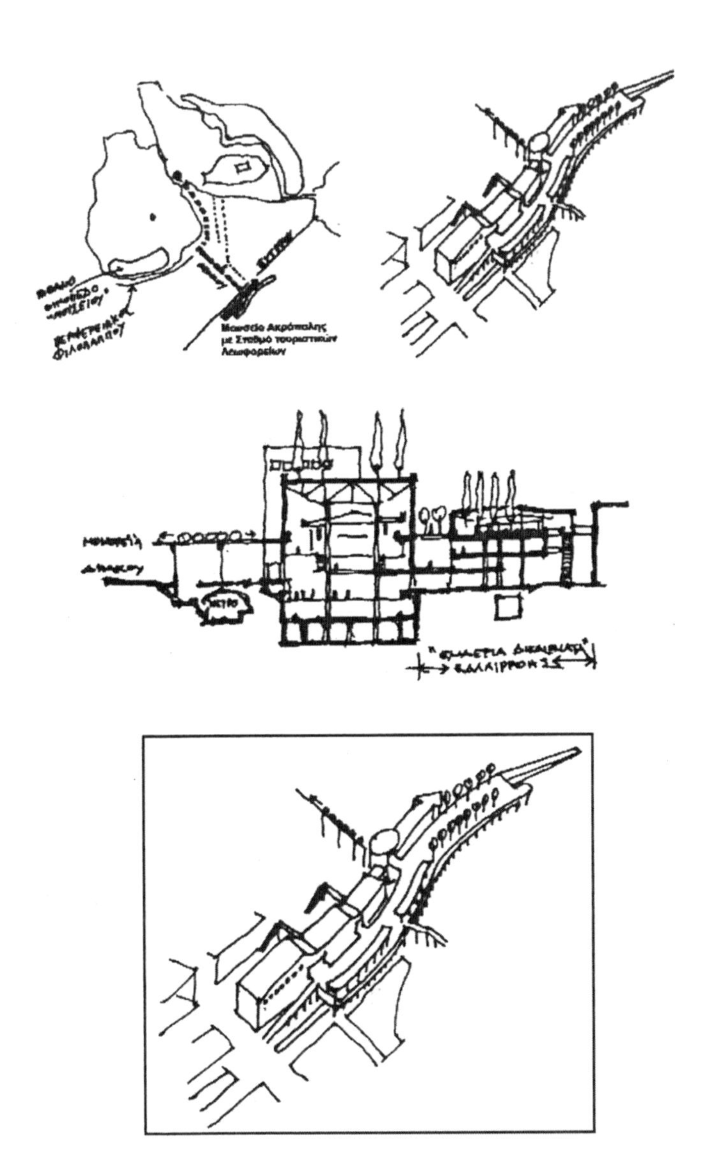

“致敬帕提农神庙”

笔者绘草图

2001 年

中村敏男和日本

“……一个建筑师应该反复思考建筑物的基本概念，
其不应再是设计的形式，而应当是如何守卫人类的生活。”
2011年12月25日，中村敏男

我与中村敏男的长期合作始于1975年。我的档案中带有《A+U》和阿灵顿学院抬头的信件超过了100多封，此外还有20封左右的电子邮件。其中包括了中村在2011年3月写给我的一封重要来信。在信中他讲述了当时发生在日本的地震和随之而来的毁灭性的海啸。

如同我和其他国际期刊出版商之间的关系一样，我从未在私下同中村见过面。然而，这并没有影响我们之间建立起一种总是居于首位的交流。我们之间有一种特殊的默契，我相信那已经超越了友谊的范畴。从我个人的角度来说，中村是一个十分重要，十分敏感且又是非常谦逊的一个居住在国外的多年挚友。我总是很期望能与他见面。

所有的一切都始于我于1975年的日本之行。因一次颇为幸运的机会，我应邀同两名来自丹下健三工作室的青年建筑师见面，听取他们关于一座位于达拉斯的海龟湾公园（Turtle Creek Park）中由弗兰克·劳埃德·赖特所设计的卡里塔·汉弗莱斯剧场（Kalita Humphreys Theater）扩建项目的汇报。汇报结束之后，我决定要亲自去拜访他们的国家，用自己的双眼去看一看那些庙宇和园林，尤其是那些丹下健三建筑事务所利用当时全世界最先进设计理念所设计出来的新建筑，而这个理念即是新陈代谢主义！……丹下健三与当时在他手下工作的矶崎新（Arata Isozaki），还有在东京心脏位置设计过中银舱体大楼的黑川纪章（Kisho Kurokawa）等几位年轻有为的建筑大师，是当时震惊了世界的“代谢调节”（Metabolic Interventions）理论的建立者和创造者，该理论当时也被各大国际建筑杂志争相报道。

我在此并不打算详细地讲述我的日本之行；我曾在一篇名为《甜+绽放中的酸+恐怖》（*Sweet+Sour in Bloom+Terror*）的文章中详细描

述过这段神奇的经历，但是这篇文章由于过于私密因此并未发表。但是有一件事我不得不提，那就是在我到达东京的第二天，便被东京大大小小的书报亭中都在售卖的一本杂志封面“建筑震慑”（Architectural Shock）了，封面是一栋被称为“54 视窗”（Window 54/54Window）的住宅建筑，设计者是一名年轻的建筑师，石井和纮（Kazihiro Ishii），一个当时我还不会念的名字。而隔天，在我拜访丹下事务所时，便听人提起了他。这个住宅位于明治神宫区，和希腊领事馆相邻。我同两个在丹下健三事务所工作的建筑师朋友说，这个杂志封面上“看起来十分奇怪的建筑”给我留下了十分深刻的印象。他们告诉了我如何念石井和纮的名字，我便也记了下来。而他们当中刚好有人认识石井和纮本人，于是也给了我他的电话号码。

回到酒店后，我立刻与他通了电话，尽管我们要用彼此都能听得懂的英语交流起来十分困难，但他还是记住了我酒店的位置。几个小时后，他夹着一卷图纸风尘仆仆地就出现了，他告诉我说他才刚刚同结构工程师开完会，而他手上的图纸是一所位于日本直岛上的高中学校设计项目。

尽管我们的英语口语都不太标准，不过终于还是成功地进行了交流。他告诉我他曾在美国留学，也曾在耶鲁大学担任过查尔斯·摩尔的助理。此外，他几乎熟知当时活跃在日本建筑界的每一个先锋人物。第二天他邀请我去他家做客，那也是我人生中第一次，也是唯一一次和纯粹的日本当地习俗正面接触。那是一座传统的日式住宅，地上铺着榻榻米垫子，饭桌下放着吃饭的筷子，他与他的未婚妻都穿着和服以日式热情好客的仪式招待了我。我们聊了各种各样的事，石井和纮主要向我介绍了一些值得参观的日本神社和庙宇。不过，我最期待的还是能去看看他设计的那栋杂志封面上的住宅。

终于，这一天到来了。兜里揣着一张写有那栋住宅地址的纸片，我独自坐上了开往横滨的火车。我在抵达之前，给房子的所有者通了电话。住宅的主人是一位牙医，不过很显然和纮已经提前与他联系好，所以我便能够完整地参观整栋建筑，从里到外！而且也拍了我想拍摄的所有照片。自那一刻起，我与“日本的联系”正式开始了。石井和纮给了我《新建筑》（*Shinkenchiku*）杂志出版商马场璋造先生（Shozo Baba）的地址，于是我立刻用带有东京大饭店信头的信纸，给他写了一封信（1975 年 7 月 31 日）。信中我首先向他表示了对“54 视窗”这个作品的祝贺，尽管因语言不通我并不是十分理解设计手法背后的支撑理论，但是我确实亲自拜访了位于横滨的这个建筑作品，因此我

ARCHITECTURE AND URBANISM
A&U PUBLISHING CO., LTD.
1—21—5 SENDAGAYA
SHIBUYAKU, TOKYO, JAPAN
PHONE : (03) 403-7041-3

October 8, 1976 TN/hi

Prof. Anthony C. Antoniades
Associate Professor of Architecture
The University of Texas at Arlington
Arlington, Texas 76019
U.S.A.

Dear Prof. Antoniades:

I read your article, "Poems with Stones," with great interest and plan to publish it in the December issue of A+U, together with the photos you sent me. It will contain not only the Japanese translation but the original English text.

I will send you a complimentary copy when the issue comes out. Thank you very much for your contribution.

Sincerely yours,

Toshio Nakamura
Editor

中村来信

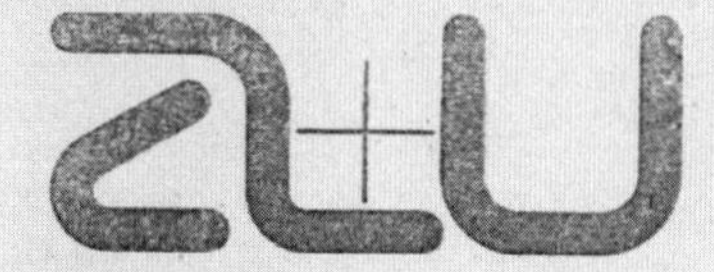

建筑与都市生活
《A+U》出版有限公司
1-21-5 千驮谷
涉谷区，东京，日本
电话：(03) 403-7041-3

1976 年 10 月 8 日

安东尼 · C. 安东尼亚德斯教授
建筑学院副教授
得克萨斯大学阿灵顿分校
阿灵顿，得克萨斯 76019
美国

亲爱的安东尼亚德斯教授，

在我拜读了您《石之诗》(*Poem with Stones*) 的文章之后，觉得它十分引人入胜，并希望能在 12 月份的《A+U》杂志中，连同您寄给我的照片一同发表。它将会同时包含日语翻译版和英文原版。

杂志出版后，我也会给您寄一本。非常感谢您所有的付出与贡献。

真诚的，
您的友人，
中村敏男

个人可以确信的是，这件作品代表了未来建筑应有的发展方向。我并不知道后来他们是否有发表过我的这封信，但是一年之后，当我将我那篇关于希腊建筑师季米特里斯·皮奇欧尼斯的景观设计理念的文章《石之诗》寄给他们时，马场先生的中间顾问，也是那时已经成为我的朋友的石井和纮告诉我，马场先生一年前确实收到了我的来信，并从那时起，便准备好接收并发表我的文章。之前我在日本时，曾给石井和纮展示过我当时带去日本的那些关于希腊的幻灯片，而这些幻灯片我也曾在访问东京大学时，给芦原义信（Yoshinobu Ashihara）看过。马场先生当年收到我的来信后，便把信直接交给了《新建筑》的姊妹杂志《A+U》的编辑中村敏男。而这两本杂志都归马场璋造先生所有。之后我也收到了中村敏男的来信，信中他告诉我说，他手中已有所有关于皮奇欧尼斯的材料，图片和文本，以及我在一年前寄给马场先生的信。而他当时正在考虑如何发表这些内容，并且也想征求一下我的意见。两个月之后，我终于收到了我的首篇历史学文章的发表通知。而且他们会同时发表英文和日语翻译版两个版本（详见 1976 年 10 月 8 日中村敏男的来信）。而这封信，在我看来是颇具历史意义的，因为此次发表代表着希腊建筑师首次真正地通过一本世界级杂志在国际平台上曝光。更重要的是，那个时期的日本在国际建筑舞台上也扮演着十分重要且先进的角色。20 世纪 30 年代早期，只有极少数关于希腊建筑的文章，仅有帕诺斯·倪克丽·雅勒皮斯（Panos Nikoli Tjelepis）和修西狄底斯·瓦伦蒂斯（Thoucidides Valentis）设计的部

分作品，以及一篇曾在德国《建筑世界》（*Bauwelt*）杂志上发表的关于皮奇欧尼斯在雅典所设计的一座运动场的文章。但是仅有的这几篇文章都发表在“欧洲本地”的杂志上，并没有像中村敏男的《A+U》杂志一样，具有足够的国际影响力期刊发表过相关的文章。虽然在中村积极地发表了那篇关于皮奇欧尼斯的文章后，我依旧在努力尝试撰写并发表其他希腊建筑师优秀作品的相关文章，却依旧没能让当今的希腊建筑师能得到更多的关注。其中甚至有一栋由现今相对知名的希腊建筑师所设计的优秀作品，而由于当时中村认为这个作品似乎是“新陈代谢”主义的回溯，便也就此作罢了。显然中村想要的是一些有突破性的作品，一些能展现希腊“真正”创造力的作品，而不是对日本或其他风格的模仿。关于这些在这里我也不想继续详细解释了。我曾一度尝试放弃挖掘现代希腊建筑案例的工作，并机械性地回归到我最初的研究领域，即探讨那些我曾参观过且由世界各地建筑师设计的作品。后来，我在希腊的地方杂志《技术》中发表了一篇关于里卡多·莱戈雷塔的文章，并且将这篇文章的样本也寄给了中村敏男一份。随后中村回复我说，他有兴趣在《A+U》上发表一些关于莱戈雷塔的文章，而我的那封信恰逢其时，因为他当时一直在尝试与莱戈雷塔取得联系却未果。于是他便立刻拜托我去与莱戈雷塔协商，并且希望我能稍微“催促”他一下，以尽快让他将材料寄到日本。此次的努力颇有成效，里卡多·莱戈雷塔的作品终于通过日本，首次登上了国际舞台（详见1977年7月20日来信）。对此我也写了一些批判性的内容，与我之前所发表的英文和希腊语两个版本的文章观点基本一致，并在附上了阿拉伯语的概述后，发表在了由科斯塔斯所主编的雅典《技术》杂志上。这件事情之后，出版似乎变得容易了许多，于是我便向中村建议，是否可以发表一些与希腊相关的更广泛题材的文章，因为我相信，20世纪70年代在世界上发生的各种建筑相关的事件，都与那些追本溯源的事物有着极其紧密的关联。而这些刚好同查尔斯·詹克斯推动的后现代主义时期有所重叠，所以当时我也想要参与到那场风潮当中去，并想告诉他说，他所宣扬的所有事情都在希腊传统建筑中早已有所体现。我曾在得克萨斯跟詹克斯说过：“你说的那些，希腊很久以前就已出现……在阿索斯山、克里特岛以及希腊的诸多岛屿之上，而那些形而上学的细节，则全部都蕴藏在普通人居住的住宅以及诸如此类的微小细节当中”，而这些最终也都以系列文章的形式在《A+U》上发表了出来……不过显然，仅仅通过英格兰的《建筑评论》（*Architecture Review*），或者美国的《先进建筑》（*Progressive Architecture*）杂志，

4 年间一共 4 本发表有关于希腊建筑以及相关 20 世纪建筑理论先例内容的《A+U》杂志的其中两期的封面。从左到右：希腊的阿索斯山作为考古学的历史前例；希腊群岛和一些形而上学的建筑细节；文章《克里特空间》（*Cretan Space*）；文章《人民的宫殿》（*People's Palaces*）

是不足以与后现代主义相抗衡的。并且这两本杂志也都曾拒绝过我那篇关于皮奇欧尼斯的文章。当时他们告诉我说，他们无法“体会我的这份热情”，以及一些诸如版面有限，照片数量过多等没有意义的借口。尽管《建筑设计》的出版商安德烈斯・帕帕扎基斯是一位塞浦路斯裔的英国人，而我也知道他与一些极其排外的希腊圈子有着密切的联系（详见：1973 年 6 月 7 日和 1978 年 12 月 14 日的信件等），但是鉴于查尔斯・詹克斯本人是这本杂志好几期的编辑，所以我认为向《建筑设计》投稿是一个恰妥的做法。由此可见，日本是我唯一能发表这些文章的途径，而就这一点来说，我也算得上是十分幸运了。中村是一位作家，记者兼编辑，同时也是一位在国际上受人爱戴的、对细节、象征意义，形而上学和非物质性十分深爱的建筑评论家。他曾在信中建议我写一些关于希腊群岛的文章，并不仅对我表示了支持，还为我提出了一些在他看来很有建设性的方法和思路：包括如何系统化地观测细节，如何突出并拍摄最恰当的照片，需要着重概括哪些常人认为不重要的内容，以及要收集哪些内容以烘托气氛等……我们的“波长”十分相似，而自从我看了约里斯・伊文思（Joris Ivens）所写的那本《相机与我》（*The Camera and I*）之后，便已经构思好如何去描述那些细节……这位著名的纪实摄影师曾说过与中村相同的观点，只是表达方式不尽相同。可以肯定的是，他们二人对我去实践那些曾同米洛纳斯（Mylonas）一起在阿索斯山中所学习到的种种技能，起到了积极作用。如何在现场快速地完成简单的草图，如何测量细节，以及如何迅速地判断“重要 – 非重要”的部分，而我甚至曾试图把这些流程作为我的座右铭传授给我的学生们。而中村在他那本名为《建筑细节中的诗意》

（*Poetics of Architectural Detail*）的著作中，尤其是描写菲利普·约翰逊所设计的玻璃屋作品部分，也将这个流程发挥到了极致。而多年后，我从迈克尔·莫兰（Michael Moran）在网络上所撰写的一篇文章中得知，迈克尔作为《建筑细节中的诗意》一书的插图摄影师，中村也曾给过他一样的流程建议。中村是一个十分无私的人，且总是会小心翼翼地尝试以最佳的方式给予他人建议，也总是十分的礼貌。而在此处我不得不说的是，石井和纮也有与中村同样的风度。他也总是十分严谨且善于思考，他对设计、细节、历史和内涵方面的观点都格外坚定，却也是极其的礼貌小心，而又具有令人难以置信的谦逊和乐观。石井和纮也曾研究过日本的传统村落建筑，并也已经形成了一套自己的理论，他将其称为：“主动回归”（Intentional Regression），即主动去学习并尝试理解那些传统建筑以及当中的生活方式，并以其为灵感来创造现代建筑，同时还要应用现代科技手段，并避免平凡无奇的模仿。中村和石井之所以能同我成为亲密的朋友，我相信，是因为我们拥有相同的灵魂，并都在寻根，寻找细节，以期创造一个没有伪造和模仿，属于我们的未来。此外，中村是一个很有思想的人，再加上他出众的审美品位，以及他与时俱进的思想，使他最终成了一位出色的国际编辑。他几乎了解圈子中所有的人和事，但他却也同时一直在寻找着自己的“根”。这是我从未在其他编辑身上看到过的品质，尤其是下面的这些：他每年都会花时间去世界各地参观和拜访那些他曾在杂志上所写过的建筑作品及其建筑师，他还会亲身去体验那些传统和当代建筑所处不同的环境，约见圈子里的同僚，并走访一些建筑师和他们的客户。在这一点上，他和布鲁诺·赛维完全不同，布鲁诺对发表文章的个人标准总是格外教条主义，即必须是“有机建筑论”（Organic Architecture）。中村与之相反，是一个“充满诗意”的人，但这种诗意是属于过去与现在之间的和谐共处的，并且他也总是放眼未来。

中村也是菲利普·约翰逊的玻璃屋的常客。在约翰逊去世后，中村发表了一本迄今为止我所见过最为精致的建筑影集，而书中所使用的语言也是格外地对仗且富有韵律及诗意。在我拜读完这本书后，便在亚马逊的网站上，上传了一段书评，只是这件事我并没有告诉他。我认为十分有必要在这里阐述的一点是，尽管中村对菲利普·约翰逊了解颇深，但是他仍旧会把文章的客观价值摆在第一位。他从未因为私人关系而拒绝发表我在后来寄给他的一篇关于约翰逊设计的水晶大教堂的批判性文章。这栋建筑中村先前曾与我提及，但是却未能亲自拜访。他在决定发表我的那篇文章时对我说：“我相信你的看法。”只

George Brazillier, Inc.

One Park Avenue, New York, N.Y. 10016 • 725-7800

7 June 1973

Mr. Anthony C. Antoniades
402 Vassaz S. E.
Albuquerque, New Mexico 97106

Dear Mr. Antoniades:

Thank you for your letter of 27 April. I am afraid we cannot accommodate a book on Greek architecture on our list at this time.

Cordially,

Victoria Newhouse

Victoria Newhouse
Editor

VN:jdv

Testimonials of my on-going efforts to promote Greek Architecture and Pikionis in the United States and England. Japan, via “A+U”, was the best Chance I had to make my case and through Greek architects and Greek Historic precents to present my ideas on “Inclusivity”....(ACAarchives)

维多利亚·纽豪斯的来信

乔治·布瑞齐勒公司

（George Braziller，Inc）

美国，纽约，第一公园大街，邮编：10016，电话 725-7800

1973 年 6 月 7 日

安东尼·C. 安东尼亚德斯先生
新墨西哥州，阿尔伯克基
瓦萨尔东南部 402 号
邮编：97106

亲爱的安东尼亚德斯先生，

感谢您 4 月 27 日的来信，
很抱歉，恐怕我们的出版清单现在还没有空闲容纳一本关于希腊建筑的书。

真诚的，
维多利亚·纽豪斯

这是我曾在美国和英国两地努力宣传希腊建筑和皮奇欧尼斯作品的证明。而只有日本的《A+U》杂志，是我所能接触到的最好的出版平台，而我也是通过这些关于希腊建筑和希腊早期历史先例的文章，传达了我“包容性”的思想……（ACA 档案）

The Architectural Press Ltd

The Architectural Review

Registered office 9 Queen Anne's Gate
London SW1H 9BY
Telephone 01-930 0611

14 December 1978

Registered England 1175699

Mr Anthony C Antoniades
Associate Professor of Architecture
The University of Texas at Arlington
Arlington
Texas 76019
USA

Dear Mr Antoniades

Thank you for your letter and enclosures of 16th October. I am sorry I did not reply earlier but I was away in Egypt.

I knew about Pikionis through Robert Adams and Marina Adams-Haidopoulo who are our correspondents in Greece and both landscape architects. I would agree that his work is of considerable interest, but I do not quite share your great enthusiasm. Also I think it is extremely difficult to illustrate: too many pictures would result in intolerable monotony; too few might look like an insult to a remarkable man. We are, moreover, very short of space, having been cut down for some years now to 62 pages per month. I must therefore decline your kind offer and return the material.*

Regarding your other proposal of reporting from both sides of the Atlantic, there is the problem that we already have correspondents in America and in Greece. Indeed in America we have them in Texas, California, Chicago and the East Coast. Of course, this would not preclude your making a contribution to the Architectural Review and we are always prepared to consider specific suggestions.

Yours sincerely

Sherban Cantacuzino

SHERBAN CANTACUZINO
Executive Editor

*under separate cover

《建筑评论》来信

建筑出版有限责任公司（The Architectural Press Ltd）

建筑评论

注册办公地址：伦敦，英格兰，安妮女王大门 9 号

邮编：SW1H 9BY

电话：01-930 0611

1978 年 12 月 14 日

安东尼 · C. 安东尼亚德斯先生
建筑学副教授
得克萨斯大学阿灵顿分校
阿灵顿，得克萨斯 76019
美国

亲爱的安东尼亚德斯先生，

感谢您在 10 月 16 日的来信以及当中的附件。很抱歉由于当时我身在埃及，并没能及时回复。

我对于皮奇欧尼斯的了解始于我们在希腊的驻外记者罗伯特 · 亚当斯和玛丽娜 · 亚当斯 · 海多普洛他们二位也都是景观建筑师。我十分认同皮奇欧尼斯设计作品的价值，但是请恕我并无法感同身受您的巨大热情。此外，在我看来，若是想要将之阐明，也是一件极其困难的事：太多图片会导致过分的千篇一律，而太少又会显得像是对一位伟大设计师的侮辱。而且我们的版面十分有限，这几年已经逐渐删减至每月仅剩 62 页的程度。因此，我不得不拒绝您善意的申请，并同时返还您所提供的材料。

至于您关于在大西洋两岸同时建立建筑资讯通报的提议，实际上我们已经在美国和希腊安排了常驻人员。而我们在美国的得克萨斯、加利福尼亚、芝加哥和东海岸都已经安排了相关的工作人员。当然我们还是很欢迎您对《建筑评论》的继续支持，也随时恭候您的建议。

真诚的，
谢尔本 · 坎塔库济诺
执行总编

是有一点我还是要直言不讳，我认为可能是出于中村与约翰逊之间的友谊关系，这篇文章在发表时仅有日语一个版本！……不过我相信大家也能理解，我们也都对自己的友人富有情感……（以上内容详见：1980 年 1 月 14 日和 1981 年 7 月 15 日来信）不过他对约翰逊的一些后期作品也并没有完全保留他的看法：“……对于他近期的一些作品我持保留意见，我在这些作品中发现一些类似勒·柯布西耶的朗香教堂之后豪放不羁之设计的影子”（详见 1980 年 1 月 14 日来信）。但是鉴于现在你们所阅读的这本书是我自己的作品，而且我和约翰逊也并没有私下的交情，所以我还是决定要把这篇文章中的想法自由地阐述出来，主要内容包括我对于中村的那本关于“玻璃屋”的著作的批判性看法，以及我当时寄给他的那篇关于水晶大教堂的评论文章，当然，全部都是英文，而且与我当时发给中村的内容一模一样，原封不动（相关内容详见本书《玻璃和水晶》章节）。中村还曾发表过一些由我撰写的关于其他一些著名建筑师作品的批判性评论文章，有些内容甚至显得有点“冷酷无情”（比如关于兹维·黑克尔的那篇），当然也有非常积极的，比如关于皮奇欧尼斯、莱戈雷塔，以及克里斯蒂安·古利什森的文章。当然也有关于亚历山德罗斯·通巴西斯（Alexandros Tombazis）、马内塔斯 – 马内塔（Manetas-Maneta），以及尤金·库佩尔（Eugene Kupper）的文章，虽然中村和我寄过大量往来信件讨论

建筑与都市生活
《A+U》出版社合作有限公司
日本，东京，文京区
汤岛，2- 索尔，30-8 号
电话：（03）816-2935-7

1981 年 4 月 13 日
安东尼·C. 安东尼亚德斯教授，

当下的大形势并不利于我们去遵循良知做事。但是即便如此，我们仍要尽力而为并突破这重困境（Cal-de-Sac）。

谨致问候
Toshio Nakamora
中村敏男

备注：我将会在 6 月份的《A+U》上发表你关于“水晶大教堂”的那篇评论文章。

这些文章的内容，不过出于多种原因这些文章最终都没能发表（详见1980年1月14日来信）。中村寄给我的唯一一封手写书信，就是上面那封1981年4月13日的来信。中村也仅在这封信中与我谈及了一些在人生中不得不去做的职业妥协。中村所指的妥协，是为了保证杂志能一直出版传播下去而做出的牺牲。这封信里有一句话，在我看来是典型的“官方经典书面语”，他坦白道：“……当下的大形势并不利于我们去遵循良知做事。但是即便如此，我们仍要尽力而为并努力突破这重困境。”（详见1981年4月13日来信）在我看来他确实是这么做的，比如发表一篇只有一种语言版本但是极具批判性的文章……不过对于理论性的文章，中村会比较乐于发表，尤其是在这篇文章具有历史依据，与大量的视觉记述文件、照片、手绘图和设计方案图纸的情况下。

在我发表了大约三四篇被我称之为“通过日本所发表的后现代主义的批判性对话”的文章之后，中村便开始接受并发表我所寄给他的所有文章。希腊、墨西哥、斯堪的纳维亚半岛地区，以及我所研究的各种更广泛相关课题的研究内容，无一例外，包括我的那篇名为《文艺复兴时期的艺术家住宅》（*The Artists Houses in the Renaissance*）的文章。那时我也开始反思，为何大部分美国和英国的杂志社连看都不曾看过我所寄给他们的文章便直接拒绝，当然除了《AIA》杂志，[后更名为《建筑》（*Architecture*）杂志]。后来我似乎明白了问题的症结，如果我想要提倡一种观念，那么我必须先通过“学派”（Schools），“组织”（Groups），以及“东海岸”与“西海岸”对立等这些敏感问题的“防火墙”。我作为一个来自得克萨斯的老师，曾尝试想要冲破“南－北”差异的观念，由芝加哥到达拉斯再到奥斯汀，尝试表达那些在我看来服务于建筑本身的“正确”以及“真理”，正在“向西垂直延伸”，那些美国的“意义深远的先锋派”其实并不在普林斯顿大学、康奈尔大学，以及哈佛大学这样的教学机构里……而我所主张的这些，完全是对后现代主义以及迈克尔·格雷夫斯、詹克斯和斯特恩历史模仿主义的反驳，同时也与新现代主义的风潮大相径庭，尤其是同那些受到开发商和承包人追捧的被我称之为“K-MART模式下的现代主义”（K-MART Diagrammatic modernism，K-MART是美国的廉价百货品牌，只售卖廉价的生活用品，而商品质量只能说差强人意——编者注）完全不同……而我提倡的是“包容主义”（Inclusivism），对此我曾在我撰写的《建筑诗学》一书中进行了阐述。这本书最早是作为《人类＋空间》（Man+Space/Anthropos + Choros）丛书的一部分以希腊语进行了出版。

预期该书的英文版本也会随后出版（2012 年）。在那之后我去到了斯堪的纳维亚半岛地区、瑞典和芬兰乃至整个欧洲，随后又东西南北贯穿美国，还去了几次墨西哥。期间，我把旅途中的所见所闻写成了很多篇“中村认可”的文章，并轰炸似地不断寄给他。就这样，我们之间的友情以及作者 – 编辑的合作关系持续了数年之久。中村还曾写信告诉我：“顺便说一下，您的文章在日本读者中颇具人气，许多人对芬兰的建筑格外地感兴趣。”当然，他也不会在信中只讨论工作的事情，比如他还会与我写道他将要与刚从国外旅行回来的我们共同的好友石井和纮见面，并表示会和石井分享一些我刚同他更新的美国见闻等，当然更多是告诉石井我的近况。每当读到这些内容，我总是格外开心。这些内容详见 1981 年 11 月 25 日的来信，那时我刚刚发表了一篇关于芬兰和瑞典建筑的文章，名为《深入北方的建筑之路》（*Architectural Road to the Deep North*）。而这篇文章似乎在芬兰地区也颇受欢迎，因为后来约兰・希尔特写信告诉我一样，这篇文章拉近了我和芬兰主流建筑师，包括尤哈尼・帕拉斯玛（Juhani Pallasmaa）、佩卡・萨米能（Pekka Salminen），以及于尔基・塔莎（Jyrki Tasa）之间的关系，同时也吸引了到我所在学校修习研究生课程的一批优秀年轻人。而上面的那三位建筑师，都曾在我写书时，给我提供过相关资料。当佩玛・皮蒂拉（Peima Pietilä）去世之后，我与于尔基・塔莎的关系逐渐熟络起来，后来他代替皮蒂拉，被选为坦佩雷大学（Tempere University）的主席。中村也曾因为要准备一期关于皮蒂拉的特辑而让我帮他搜集一些关于皮蒂拉的资料。我也将大部分他所要求的照片发给了他。因为当时我们学校的图书馆有订阅《A+U》杂志，所以我自己一直没有单独订

阅过，因此我的资料中，只有我自己文章的样稿。因此很遗憾的是，只有我与中村的通信能证明我与上述这些事件的关联，我真的十分后悔先前总是忘记订阅这套优秀期刊……不知道为何，当你开始从事与写作有关的工作，尤其是在美国这个所有学校都有很棒的图书馆的地方，你似乎永远都不会觉得自己去订阅建筑类期刊是一件重要的事，因为学校每年都会按时为你所在的学术团体订阅相应的刊目……让我们回到芬兰的话题上：我十分钟意于尔基·塔莎，他的作品是后阿尔托、后皮蒂拉时代的芬兰建筑师如何处理大尺度建筑的优秀案例，他通过引入以人为本的建筑设计手法从而将建筑从图解现代主义的桎梏中挣脱出来。他“包容地”将所有元素整合在一起，在设计的各个环节中都“以人为本”，并“赋予图纸灵魂”，而后通过新材料、新建造技术，以及计算机进行辅助设计，并从未忘记要时刻关注行业中最新的建筑形式，同时也将阿尔托的建筑中所蕴藏的精髓铭记于心。而所有的这些，也是我在我的《建筑诗学》中所一直倡导的，即“包容性”。

我并没有能够在日本进一步推进我“人性化的”图解现代主义（Humanization of Diagramtic Modernism）理论，而是在等待了25年之久后，才终于在希腊开始推进这一思想。因为当中村不再是《A+U》的主编之后，整个杂志在我看来就变成了日本版的“东海岸 / 哈佛”的行事风格，于是我也就不再寄给他们文章了。我开始把我的文章转投至《建筑的世界》杂志，这本杂志名称虽然是英文，但是仅在希腊发行并只有希腊语版本。在此，我欠我的好朋友萨瓦斯·特斯勒尼斯（Savvas Tsilenis）一句感谢，是他将我引荐给这本杂志的出版商安东尼斯·波利蒂斯（Antonis Poulides）。这本杂志如若能发表日本语或英语版本，它可能早已享誉世界。许多新晋的希腊年轻建筑师，都选择在这本杂志中发表他们的建筑作品，大篇幅的图纸，色彩绚丽的照片，甚至许多国际著名的建筑师也会选择通过这样顶级的、拥有高质量以及超高清印刷的欧洲一线杂志来发布自己新作品的首秀。只是可惜，这样高质量的杂志从未在国际上发行，而几年后，这种在希腊独一无二的高品质期刊也画上了句号。中村在1996年11月23日给我寄来了一封信，信中他和我讲解了他对于未来事业发展的一些计划，并希望我能成为他“来自希腊的顾问”。通过这件事我发表了一篇名为《建筑与生命的不同阶段》（*Architecture and stages of life*）的文章，同时有英语和日语两个版本，其中日文的部分是中村亲自翻译的。这篇文章的发表也给我带来了意外的收获，那就是让我得以和池田武邦（Takekuni Ikeda）重新建立了联系。池田武邦是杰出的日本建筑师，同时也是日本世凯建筑师事务所（Nihon Sekkei architect）的主席，我曾在1978年的时候，同坎迪利斯一起在得克萨斯与他相识（详见本书第四部分第2节）。

我曾与池田武邦有过一段时间的信件往来，当时是几年前，我正在整理我们三人那次在得克萨斯会面时的内容。他寄给了我一些他先前旅行的照片，而我也因此有了他的地址。从那以后，我们持续了几年的“季节性问候”。其中有一次他寄给我一张自己家住宅的照片，那是一栋非常漂亮的传统日式建筑，也是这位著名建筑师为自己设计的晚年居所。从这张照片可以看出，处于同样年龄阶段的我们在设计房子时遇到的问题颇为相似，比如上上下下的高低变化，而这也使我开始思考建筑是否应当变得“可调节”，从而适应使用者不同生命阶段的需求，诸如剧院的台阶一样，应该随着使用者的年龄变化，由“太多层次变化的住宅”，向着“平坦开阔的住宅”转变。如若使用者非常富有，则可以由一个普通住宅，变为一个带游艇的豪宅。

而关于这种“可调节性”的文章，我已在2005年于伊斯坦布尔召开的国际建筑师协会会议上做过详细汇报。

当池田武邦从中村那里听说，我寄给中村的文章里有提及他的私人住宅时他非常高兴。中村随后也用日语写了一整篇关于池田私人住宅的文章，其中也包括一些我文章中所提及的内容。最终，我将我的整篇文章寄给了某个新兴的出版社进行发表。

最后，我想要在这章的结尾再次表示，希腊着实应当为中村敏男对希腊以及希腊建筑的热爱和贡献表达深切的感激。他的付出，毫无任何权利、私欲，或者金钱目的。不仅如此，中村也曾给我个人带来了我人生中最大的惊喜之一。当时我碰巧遇见一位希腊导游正带着一个来自日本的旅游团体到菲洛帕波山（Philopapou/Filopappou Hill）上去参观并拍摄雅典卫城。碰巧团中有一位建筑师朋友，我听到那人向导游询问，是否知道安东尼·安东尼亚德斯。类似的事也曾在伊兹拉岛发生过，同样也是一些日本人。而当我告诉他们我知道安东尼·安东尼亚德斯，并告诉他们那个人是谁的时候，他们便纷纷开始鞠躬……这让我想起1975年我在日本旅行时的一段难忘经历。那时石井和纮带我去了一家位于新宿区的典型5英尺宽的日式酒吧，并且告诉我说，这附近的建筑师经常会在下班后来到这里喝点清酒。店里的人很多，我们小心翼翼地挤到最里面的角落坐了下来，周围还有几位女士，可能是某些建筑师的女朋友们，也在吧台处等着。显然和纮同她们认识，便向她们介绍道：“这位是我来自希腊的朋友”……“啊……梅

R. Stern
R. Rauh, Z. Hadid
Kasper-Klever
J. Linazasoro
F. Drewes, E. Egeraat
K. Nute, A. Antoniades

"……我相信关于《A+U》的种种我已经说得足够多了，即使我本可以写更多关于我在这本杂志上发表的自己设计的作品的相关内容，以及一些让我颇感惊喜的事情，如我的名字或是我的图片会出现在封面上，并且时而还会同无论男女的业界'巨人们'一同出现等等……我尽量不在此细谈这些事情了，因为我希望读者们可以自己去看《A+U》，去读到那些文章和那些内容，并亲自看到我所付出的努力以及我所写的那些文章。至于其他的，就让'图片'说话吧。"

莲娜·梅尔库丽（Melina Mercouri，希腊女演员，政治家），梅莲娜·梅尔库丽，……绝不在星期天（电影名《*Never on Sunday*》，中文名《痴汉艳娃》，也有同名电影主题曲获得第 33 届奥斯卡最佳歌曲奖——译者注）”。这些女士们一个接着一个惊呼道……而当我想挤到他们身后坐下时，她们每一个人都站起来并在脸颊上亲了我一下。这让我感到

难以置信……这或许是对一个国外友人表达欢迎最直白也最诚挚的方式了吧，再看看那个时期的希腊……（1975 年希腊正处于军阀时期）。我写这些内容的目的，只是想要对我的这些日本朋友表示感谢，感谢石井和纮，更感谢中村敏男。我很喜爱他们二人，虽然我喜爱他们的理由和方式并不相同。当然，我也同样尊敬他们每一个人。至于有关于中村出色的英语口语表达和理解能力，我便更是无须再多言了。不幸的是在 2011 年 3 月的日本地震以及海啸灾难发生之后，我和中村便在 2011 年 3 月 29 日的通信之后断了联系。3 月 29 日，星期三，我收到了一封中村发来的电子邮件。出于私人原因，也是对日本人礼貌的尊敬，我去掉了这封信的首尾部分，并把这封邮件其他部分的内容附在这里，同时也在后面附上一张新宿的照片……

亲爱的安东尼·安东尼亚德斯，

……那时我和我的妻子正在新宿区的一个大型地下百货商店里。当我们沿着楼梯跑到一层时，看见地面上的很多高层建筑正在强烈地前后摇晃。那一幕实在是恐怖至极。许多人似乎都早已因为无法经受这次大地震的打击而失魂落魄。我们失去了电话、火车、出租车和公交车，完全的孤立无援。最后，我和我的妻子走了三个小时才到家。到家后，我通过电视新闻才得知日本的北方地区到处都是一片狼藉。很多城市也因为大地震和强力海啸的冲击而遭到了严重的破坏。更糟糕的是，核电站全毁了，我们将面临严重的核辐射污染。在那之后，几乎东边半个日本都被切断了电力、蔬菜、牛奶的供给，而最重要的是，被切断了关于这场事故的消息。每天大家都因担心放射性物质的浓度，以及何时能够供电而惴惴不安。而且直到目前为止，我们还会时常经历余震的发生。

……（省略两行……ACA）

给您最温暖的祝福，
中村敏男

“....You can’t carry with you the Parthenon...”
“……你不能把帕提农神庙带走……”

玻璃和水晶

致中村敏男

A. 一栋没有墙的建筑

《玻璃屋》(*Glass House*)，由作者菲利普·约翰逊
中村敏男，以及莫纳塞利出版社（Monacelli Press）联合出版

当你参观完帕提农神庙、吉萨金字塔、泰姬陵、西班牙大台阶、明治神宫的神社，或者沃思堡金贝尔艺术博物馆（Kimbell Art Museum）之后，你能把它们带走吗？当然不能！但是你能带走的，是关于这些建筑的回忆，虽然大部分可能都是断断续续的记忆碎片，有些回忆可能满富诗意，有些可能恰恰相反。有时可能是那个令人讨厌的骆驼的主人，百般劝你骑他的骆驼去参观，有时也可能是当地某个文化部门的人就是不肯在你想要去参观圣域的那天给你门票，这一切经历甚至可能让你的旅程直到最后都消极不快。而那些极富诗意、永远祥和并难以忘怀的回忆，或许就是那在转角处，脚下的砾石之间相互碰撞的清脆响声，以及在耳边的莺莺鸟鸣，刹那间，在转角的另一面，明治神宫的神龛悄然屹立在远处，那样的场景看一眼便印在脑海中，久久不能忘怀。这就是我当年拜访路易斯·康设计的位于沃思堡市的金贝尔艺术博物馆时的感受……！

但是在“没有墙的建筑”（作者此处指《玻璃屋》——编者注）那本书中，所有的感受都可以通过翻阅文字获得，且都是最顶尖的感受及诗意的体验。在我心目中，毋庸置疑的是，由莫纳塞利出版社出版的《玻璃屋》这本书是建筑学专业书籍中最好的作品之一。

在我看来，这本书是将“建筑的全部内涵”（Architecture in its entirety）完整呈现的最佳代表，即这是一部对当代建筑的极其恰当的评价与诠释作品：书中不仅阐释了建筑与所处环境的关系，甚至还包括设计师本人对其的批判性意见。读者可以看到建筑本身随着它自身的意义以及那些批判性的评论而逐渐演化的过程，看到这栋建筑当时是如何通过实验利用当时的材料，也能看到如何通过建筑的不断进化最终促成了这位建筑师向着“包容性”以及“开放性”（Permissiveness）的演进发展。这一切都是通过论证设计师的系列作品而得出的。遗憾的是这本书着实缺少大量的读者群，且书中的内容本可以通过进一步调整和更新从而使阐述的论点更具说服力。书中既包含极致的诗意表达，也有着对最不起眼的繁琐细节的思考，甚至还提出了应当修葺砾石屋顶（Gravel flated roof）的具体意见……不过这本书最精彩的部分还要属那些精美的照片。其中一些照片的角度远不是大多数人可以察觉并体验到的，另一些，则是极其私密且隐蔽的镜头，即只有业主或者业主极其亲密的友人才能有幸欣赏的景致。不管是照片的质感，插图，还是文字本身，也不论从视觉和文章内容的角度讲，这本书都是一部颇具深度的作品，且书中的语言也都如同最伟大的诗歌或俳句一般充满诗意。从哲学的角度讲，不管是对这座建筑的设计师（菲利普·约翰逊）而言，还是对被这座建筑所打动的参观者（中村敏男）而言，抑或是对于这栋建筑的摄影师（迈克尔·莫兰）、本书的出版商、绘制了那些建筑图纸的制图员、整本书的设计者［迈克尔·罗克（Michael Rock）和苏珊·塞勒斯（Susan Sellers）］，甚至是那些仔细读过这本书或者随便翻看其中几页的读者们来说，这本书都是“逻各斯”和宇宙论的集合，且都将成为这栋建筑历史的一部分。而对于外行人来说，阅读本书是同这座建筑亲密接触的一个千载难逢的机会。

从这个意义上说，这本书，也就是《玻璃屋》，在我看来它的价值甚至高于任何一个展出艺术作品的博物馆。因为博物馆里展出艺术品通常都缺失了对这个作品的评价与注解。而参观者也很难可以将这个作品的全部都了解透彻，当然如果展出与之相关的整个系列作品则另当别论。无论一个人是否去参观过这栋建筑，这本书都可以称得上是对一件特别艺术作品最详尽展示的“图书馆”。由此，我认为《玻璃屋》这本书就像是一座博物馆，一座没有墙的建筑，一件能够带回家的艺术作品，并总是在等待为每一位读者带去一次难忘的旅程，一种一个人沉思的愉悦体验，甚至是在全新的生命与事物的状态下的进一步探索与诠释。只要这本书还在不断传播，或是依旧被保存在图书馆里，那么它就是一座不朽的、也是最丰富的博物馆。所以，我强烈推荐每一个人去阅读这本书，这应当是你会毫不犹豫送给自己的一份最独特的礼物。

安东尼·C. 安东尼亚德斯

B. 水晶大教堂

建筑师：菲利普 · 约翰逊

相关评论文章以日文于 1978 年发表于日本《A+U》杂志，文章作者：安东尼 · C. 安东尼亚德斯。文章原语种为英文。

文章名称：《水晶大教堂，为什么？》（*Cristal Cathedral*，*Why*？）

若是说到全球最大且最受人欢迎的玻璃雕塑，有人或许会说是位

クリスタル・カテドラル?
アンソニー・C・アントニアデス

世界で最も大きく，最も楽しいガラスの
彫刻は何だろう？　恐らくそれはウェル
トン・
ージェ
なかろ
大事業
らしい
包み込
スや斜
に続く
ウンジ
——
前にブ
マンに
堂。こ
——
ンク・
ア，バ
ラーズ
く太平
のいる

数。黒々とした森の荘厳さ。木立の間か
らもれる光。それは移り行く陽の光が広
大な堂内に入り込んで創り出す透明で巨
大な構造の縁取り。巨大なばら窓……怪
物像，人物像の多くは雨曝しのまま，何
代にも渡って未完成だ。
しかし自分の国に戻ると，ジョン・ポ
ン・ベケットの風変
ンを持つポートマン
たちに存在してい
のこの分野では昔か
の先例があるにも拘
数チャップマン・ア
スタル・カテドラル」①
ミュニティ教会，フィ
『a+u』8103掲載——
正しなければならな
れは最も基本的で特
式的に解決し，簡単
ショッピング・セ
計画のようなアプロ
など少しもない構造
空間であり，ごく最
を持って使ったもの
ィアのドームは削②

照片中笔者所站的地方为照片中箭头所指水晶大教堂平面图上的位置，照片中展示了建筑的细节元素以及建筑内部的“氛围”
图片为日文版《水晶大教堂，为什么？》插图
［照片来自：马洛 · 塔维迪安（Maro Talverdian）］

水晶大教堂，建筑师：菲利普·约翰逊（照片由笔者提供）

于达拉斯、由韦尔顿·贝克特（Welton Becket）和他的合伙人所设计的凯悦丽晶大酒店。也曾有内部消息称真正的设计者是这家大公司里的一位年轻日本建筑师。这座酒店垂直和倾斜的桁架支撑着整个建筑的反光玻璃表皮，并围合成了宏大的内部空间。而由入口到那如仙境般的波特曼式休息室之间的秩序，可谓是极其井井有条。

……当然也有人说是水晶礼拜堂（Crystal Chapel）。大约在20年前，由一位来自俄克拉何马州诺曼人，布鲁斯·高夫所提出的一个全部由玻璃覆盖的礼拜堂方案。只是这个方案一直没有实现。

……也可能是那座终得建成的玻璃礼拜堂（Glass Chapel），即旅人教堂（Wayfarer's Chapel），位于加利福尼亚的帕洛斯韦尔德市，设计师是弗兰克·劳埃德·赖特的儿子劳埃德·赖特（Lloyd Wright）。很多人在这里拍下了无与伦比的婚礼照片，在海洋公园边上，面对着一片洒落在太平洋海面上的红色晚霞与悠悠落日。

……抑或是位于法国朗香的朗香教堂：即便是像勒·柯布西耶这样的大师，也曾为了自己的设计而牺牲周边的区域街道，或者说，即使他大部分的作品都显得些许傲慢且毫不顾虑周边环境，但是也正因如此，勒·柯布西耶通过反复推敲那些经常被人驳回的作品，成就了如今最为非凡的朗香教堂，他所犯下的“罪行”也终得赦免，而所有一切的努力，也终得回报。

……芬兰坦佩雷市的卡莱瓦教堂（Kaleva Church）：一座可以被称为

20 世纪沙特尔教堂的作品。一个宏大却又简约的教堂聚会空间，据说当年这栋建筑的预算十分有限，而设计出这座杰出作品之人，是天才建筑师雷马·皮蒂拉（Reima Pietila），只是事实是否如此，并无人知晓。

……必须要提到的是由阿尔瓦·阿尔托所设计的伏克塞涅斯卡教堂（Vuokseniska Church）！凯嘉（Kaija）与海基·赛任（Heikki Siren）设计的奥塔列米礼拜堂（Otaniemi Chapel）！位于米科诺斯（Myconos）的帕拉波尔蒂阿尼（Paraportiani）教堂（又称白教堂），以及许多颇具独创性的地方礼拜堂，都是可以营造充满神圣精神的绝佳设计！！！

……许多哥特时期的伟大教堂：黑森林所散发出庄严肃穆的氛围，光线穿过茂密的树枝，巨大的绣花结构支撑的水晶玻璃，好似是由变换的日光在照射到教堂宽阔内部时而形成的，还有那些宏大的玫瑰窗……石像鬼和人物雕像许多都毫无庇护，世世代代都被遗留在原地，无人问津。

而让我们回到当下：那一系列著名的由约翰·波特曼所设计的波特曼式酒店，再加上韦尔顿·贝克特位于达拉斯绝佳的各类设计作品。

……那么，为什么？为什么？为什么偏偏是位于查普曼大道（Chapman Avenue）上的这座水晶大教堂？而不是从古至今其他的那些作品？唯一可能的答案：设计采用了最基础元素和非常见几何形式来进行形式表达，并且在场地规划入口处设计了一个类似购物中心前面的停车场，以及一个非创新性结构全围合的公共空间，近期用来举办各项活动但使用者必须小心谨慎。

因为我们都知道圣索菲亚（Hagia Sophia）大教堂的穹顶曾塌陷过。但是可能也正是因为这次结构上的失败才带来后期技术上的提高……

虽然参观者或许会在毫不知情的情况下接受这种建筑的结构形式、或者说是很可能会造成深刻的印象，但是人们通常也会担心或怀疑那些由特定评论家所撰写的溢美之词是否真实。因此，一个人也可以持有与菲利普·约翰逊的赞助商出版的杂志中对这座教堂的评价完全不同的观点。他在当中曾将这座教堂称为他自己职业生涯的巅峰之作（The Topping Masterpiece of his career）。

……这座建筑莫不是有什么特殊能力？其实也没有什么特别的。这栋建筑的影响如昙花一现，虽惊艳动人，却也转瞬即逝。你去到那里，你看到了这栋建筑，这也就是这栋建筑的全部。还有什么？那些挑高空间的门框架？凭借现在技术早已能制作更大尺寸的门廊，其中一个就在附近的圣塔安娜空军基地（Santa Anna Air-force Base）。是的，这是现代技术很容易就达到的效果。那么内部巨大的空间呢？确实很大……不过就在离这几英里远的地方，沿着同一条高速便可抵达迪士尼公园，有着比眼前更多且更富有梦幻与奇迹的空间。当然，如果你去到奥兰多（Orlando）市的迪士尼乐园，那么将会有不胜枚举的宽阔空间。那我们为什么不去奥兰多呢？那里有更多的即特别又颇具空间性的效果。

但是呢，或许对你来说还有更好的选择：那就是以任何自己擅长的方式去满足自己的想象力 [约翰逊曾在自己的就职演讲上说道：“南加州即是那应允之地（The Promised Land，特指圣经中上帝应允希伯来人民，即今天以色列人民的、流着牛奶和蜂蜜的迦南地，类似于天堂——编者注），若不在此，还能去哪构筑奇迹呢”]。那么，不如就近去到市中心看看，你会看到许多玻璃“表皮”……至于与上帝之间沟通，不如向他做一次温暖且诚挚的祷告，以感谢他在金融危机和能源短缺的时候，帮你省下了去加利福尼亚所需要花费的一笔昂贵旅金。

安东尼·C. 安东尼亚德斯
11 月 28 日 / 于洛杉矶

从停车场的位置看到的水晶大教堂。教堂左侧带有十字架的塔楼，是由建筑师理查德·诺伊特拉（Richard Neutra）所设计的综合设施当中的行政管理大楼。诺伊特拉和约翰逊通过“神奇”的镜面效果“联合”了起来，而这是只有那些带着偏光镜片的人才能体验的景象，而对于大部分人来说，只想一直低着头，以避开那些刺眼的反光……（照片由笔者提供）

"……尽管圣文森特（ST. Vincent）以超常规的大尺度来表述他对建筑的革新，凯撒勒则始终努力小心地去保持当中优秀的部分，而在有人曾想引诱他不假思索地替换掉那些曾给予圣文森特用以及他的兄弟们以一种连续和秩序感的元素时，他也坚定地拒绝了。"

以上引文出自著名期刊《建筑实录》的庆典专辑
"美国建筑的四十年：神奇，念旧和伟大的暗示"
（*40 years of American Architecture*：*Magic*，*Nostalgia*，*and a Hint of greatness*）

上图为笔者自绘的圣托里尼岛草图

塔索·凯撒勒

对于活跃在20世纪后半叶的美国建筑师来说，已无须介绍塔索·凯撒勒（Tasso Katselas），同样地，也没有必要赘述他对于当今美国乃至是世界建筑事业所作出的贡献。我对他的关注始于20世纪70年代初，缘起于他与我相同的希腊血统。我曾在希腊的各大杂志上多次发表过关于他和他作品的文章，并把他看作身在美国的希腊血统建筑师的“首领”。当然，若是要回溯他的成就，至少是在我看来，仅仅就“种族”的立场而言，他作为一名建筑师的贡献就远远不止于建筑领域。我曾在一些希腊杂志上发表过多篇关于他的学术理念以及对于热点议题的看法的相关文章，希望通过这种方式让在希腊的同胞们能认识他，甚至让那些身在异乡的希腊国人为此感到骄傲。相关内容详见那些文章，我在这里就不再重复了。凯撒勒这部分的内容，我想尝试将重点集中在他作品中更广泛也更深层的暗示内涵上，以及他个人对世界所作出的贡献。

塔索·凯撒勒的名字，最早由希裔美籍建筑师，也是我1964年在国立雅典理工学院读书时的同学：雅尼·安东尼亚迪与我提起的。而再次听到他的名字，是由一位希裔美籍建筑师的科斯塔斯·泰尔齐奇，即我在纽约保罗·鲁道夫事务所工作时的同事再次同我提及的。泰尔齐奇极其尊崇保罗·鲁道夫，这个我们都为之工作且因能成为他团队一员而备倍感自豪的人，尤其是我们这些非耶鲁出身的人。而泰尔齐奇对凯撒勒的崇敬与尊重，绝对可以于此等同。鲁道夫与凯撒勒都可以被看作“粗野主义”最顶尖的代表人物，他们二人都是以材料来表现美感的实践者，他们的设计作品都摒弃了烦琐的装饰。事实上，鲁道夫采用了一种更高级的“装饰”设计手法，他将混凝土印刻上 3 英寸（1 英寸约为 2.54 厘米）宽的纹理，以使得人们从远处就能感觉到“材料的粗犷之感”。而凯撒勒的表达手法则与此不同，或者说是技高一筹，他的这种特点也是我在多年后才逐渐意识到的。凯撒勒使用的是 20 世纪首创的“多立克主义”（Doricism）设计手法，那些钟情于帕提农神庙并总是公开对其建筑与建造的品质赞不绝口的建筑师们却从未提及这种风格。在我看来，凯撒勒设计的富兰克林 · 罗斯福（Franklin Roosevelt）纪念堂便是这一风格的典型作品。建筑整体展现出了一种简约的形式、逻辑性严谨、朴素且刚劲有力，这也可以简称为多立克式的特征，而这些特点，从未在 20 世纪早期的建筑作品中出现过。在此之后，凯撒勒开始设计与之有着相似特征的作品，方式和手法更加清晰，比较有代表性的是一座小尺度的建筑，即锡安路德会教堂（Zion Lutheran Church）。而我之所能发现他的作品所具有的这种风格特点，主要是因为我当时想要为希腊杂志写一些关于他的文章。之所以有这个想法，是由于我在得克萨斯遇见了一位曾为凯撒

1961 年塔索 · 凯撒勒参加富兰克林 · 德拉诺 · 罗斯福纪堂碑竞赛的参赛作品。简明清晰的多立克风格，整个主体的主要组成元素也是整个结构的承重部分。随后，许多美国和其他地方的著名建筑师都曾在不同规模和尺度的方案中采用了这种风格，遗憾的是，这些人并没有给予这种风格的创造者以其应得的声誉。在此之后，凯撒勒设计了一系列这一风格的作品，从小尺度的住宅设计到宗教建筑等，如后页图

锡安路德会教堂，是 20 世纪继富兰克林·德拉诺·罗斯福纪念堂之后，又一“多立克主义”的“目标”建筑作品。主要的承重结构包括四根柱子和两根巨大的横梁，使得二级结构得以被支撑且延伸至悬挑，整个设计作品的形态都是上面那些结构简洁清晰且诚实的展现。凯撒勒用他特有的方式，将许多现代建筑师特有的建筑语言整合了起来，从密斯和诺伊特拉，到勒·柯布西耶和路易斯·康，抑或是由保罗·鲁道夫到 S.O.M. 建筑事务所的罗伊·艾伦，无一例外

勒工作过的同事，陶德·汉密尔顿（Todd Hamilton）。在陶德搬到得克萨斯并于 UTA 工作之前，曾在匹兹堡（Pittsburgh）为凯撒勒工作过一段时间。他当时向我表示，十分喜爱自己的老板，我们两人甚至还曾一同讨论过我们的老板到底谁更出色，是凯撒勒，还是保罗·鲁道夫。陶德·汉密尔顿毕业于麻省理工学院，凯撒勒则毕业于卡耐基设计学院（Carnegie Institute of Design），而美国的一些著名期刊也已经发表了凯撒勒在匹兹堡的建筑作品。那时我和陶德都是学校的新进职员，他被聘为助理，我则是作为一个希腊与新墨西哥州的注册建筑师被聘为副教授。对陶德·汉密尔顿来说，塔索·凯撒勒是直至当时为止，他所为之工作过的最杰出的建筑师，受到全美的尊重。能够为凯撒勒工作曾一直是陶德的目标，也就像那时我一直努力，都是为了能够到保罗·鲁道夫的事务所工作一样。每当我称赞鲁道夫时，陶德都会立刻同我讲塔索会如何处理同样的问题。而最令陶德钦佩的，还是塔索在面对潜在客户时而展现出的个人魅力，而这主要体现在每次项目洽谈时，他总是能让客户迅速同自己站在同一立场之上。陶德曾于我讲过，塔索是如何成功地谈下圣文森特修道院 6 层宿舍楼的项目，而我相信这在后来还对詹姆斯·斯特林（James Stirling）所设计的皇

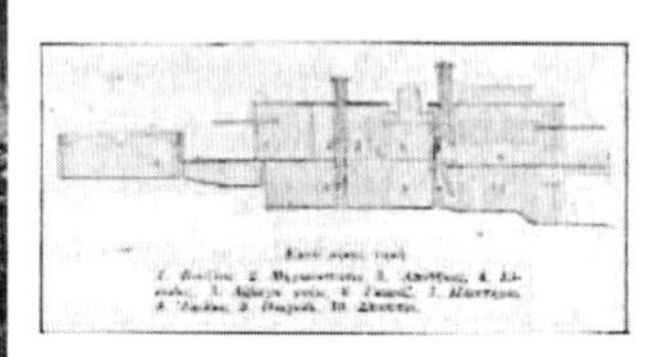

塔索·凯撒勒和他的建筑（项目概要由笔者总结完成）

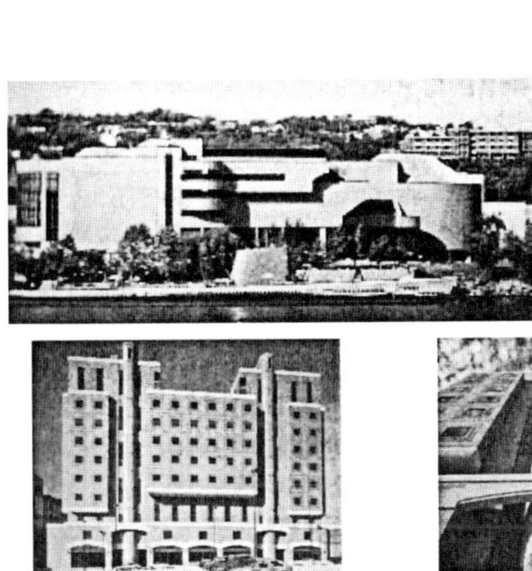

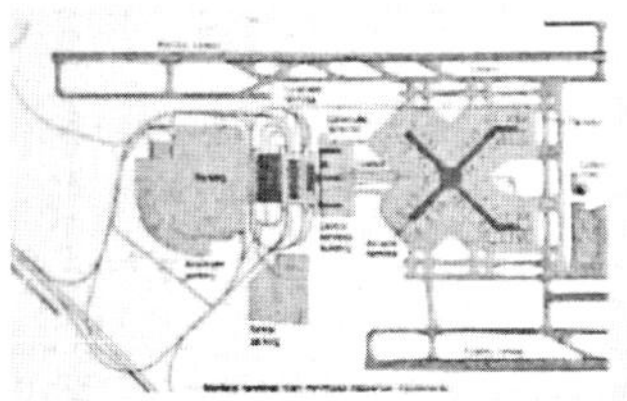

Tasso Katselas
Architect
Planner

4951 Centre Avenue
Pittsburgh
Pennsylvania 15213
412/681-7242

Mr. A. C. Antoniades
School of Architecture
University of Texas
Arlington, TX 76019

Dear Mr. Antoniades:

I will be going to Greece for a brief visit on November 16. I would be most anxious to meet some of the outstanding architects of Greece. Can I impose on you for names and introductions.

I would also like to know how the article came out.

Many thanks for your efforts and perhaps, we will encounter each other soon.

Very truly yours,

Tasso Katselas

November 5,1976

塔索·凯撒勒
建筑师
规划师
4951，中央大道，匹兹堡，宾夕法尼亚，15213
412/681-7242

安东尼·C. 安东尼亚德斯先生：
建筑学院
得克萨斯大学
阿灵顿，得克萨斯，76019

亲爱的安东尼亚德斯先生，

我将在11月16日到希腊做一次短期的访问，我十分激动并希望届时能有机会同希腊当地一些杰出的建筑师见面。不知您能否于我提供一些名字和信息呢?

我也希望能于您了解一下文章的出版情况。

非常感谢您为此付出的努力，且期待我们可能的会面。

非常真诚的您的朋友，

塔索·凯撒勒
1976年11月5日

这两页为凯撒勒与笔者的通信内容，当时凯撒勒要到希腊访问，希望笔者能介绍他一些希腊当地杰出建筑师以及相关信息（1976年）

Tasso Katselas
Architect
Planner

4951 Centre Avenue
Pittsburgh
Pennsylvania 15213
412/681 7242

Mr. Anthony C. Antoniades
School of Architecture & Environmental Design
The University of Texas
Arlington, Texas 76019

Dear Mr. Antoniades:

Thank you for your references of Greek architects.

Three lines erased by the author / Personal. For original see ACAarchives, letter Dec.28, 1976

However, I did get to see Mr. Zenetos, Mr. Papayannis and Mr. Constantinides. Your introduction and calls by friends arranged these conferences, the most interesting of which was Aries Constantinides.

Perhaps, some day we will meet and I will be able to personally thank you for your efforts.

Very truly yours,

Tasso Katselas

December 28, 1976

塔索·凯撒勒
建筑师
规划师
4951，中央大道，匹兹堡，宾夕法尼亚，15213
412/681-7242

安东尼·C. 安东尼亚德斯先生
建筑与环境设计学院
得克萨斯大学
阿灵顿，得克萨斯，76019

亲爱的安东尼亚德斯先生，

非常感谢您给我推荐的希腊建筑师。

此处三行内容出于隐私原因由笔者删除。如果需要，请详见 ACA 档案，1976 年 12 月 28 日来信。

不过我还是见到了泽内托斯先生，帕帕扎基斯先生和阿里斯·康斯坦丁尼季斯先生。是您的介绍和召集才促成了这次会面，而他们当中最有意思的是阿里斯·康斯坦丁尼季斯的设计。

或许哪天我们也会相见，好让我能当面感谢您的努力与付出。

真诚的您的朋友，
塔索·凯撒勒
1976 年 12 月 28 日

后学院也起到了一定的影响。陶德告诉我说："那天有好多著名的建筑师，他们都带着大量的项目简历来参加招标。塔索来得最晚，他也是最后一名介绍方案的建筑师。许多修道士围着他，塔索不慌不忙地从他上衣的内衬口袋里拿出一张画有他设计草图的白色借书卡。塔索告诉他们，这是他为这栋建筑所绘制的'总体概念性方案'的分析图。对于这个方案他思考了许久，而鉴于他一直东奔西走地忙于其他事情无法脱身，于是只好在刚刚等待汇报时，才将这张图画在了读书卡上。在场的评审人员在看了他的方案后，当场就将这个项目任命于他。"这是我第一次听一位美国同事如此充满激情地讲述一位我的"同胞"建筑师。塔索在他的口中是一位相当成功并十分受人尊敬的建筑师。而他也可以称得上是匹兹堡市的首席建筑师，如同陶德告诉我的，多年后我逐渐发现塔索在当地被任命设计了许多重要的项目，无论公共或是私人项目。而有关于塔索的这些事，他的祖国希腊却一无所知。于是我决定要更深一步地了解他的建筑。陶德给了我塔索的地址，我便给他写了一封信。信中也与他提到了陶德对他的欣赏与赞扬。那时，我作为希腊、新墨西哥州和得克萨斯州三地的注册建筑师，成为雅典《技术》(*Texnodomica*)杂志的"美国地区编辑"。这本杂志主要以希腊语出版，同时也发行同名英文版本《技术》(*Technodomica*)。在英文版中，还附有阿拉伯文的摘要。而这些内容的翻译工作，都是由这本杂志的辛勤创始人，出生于埃及的科斯塔斯·杰兰塔里斯完成的。这也是那些阿拉伯人在酒店里唯一能找到且读懂的杂志。这本杂志的合作编辑来自世界各地，包括道萨迪亚斯、坎迪利斯以及其他一些知名编辑人。而我在名单上的介绍则是"美国编辑"。即便与这本杂志的合作并没有任何费用或是金额补贴，但我仍旧十分喜欢这份工作，因为它为我提供了一个卓越的平台以发表我的文章和主张，这些都能从学术角度为我提供很大的帮助，而且很显然也确实如此。我向凯撒勒说明了上面提到的那些细节，也向他保证我会亲自写一篇关于他的评论文章，客观地将他的建筑作品放在更宽泛的理论与设计背景下，并发表在《技术》杂志上。凯撒勒收到信后，既没有追问其他问题也没有要求先看一下文章，就立刻回复了我。他后来寄给我的项目之多，远远超出了我的想象，而且其中很多项目陶德·汉密尔顿都未曾与我提起，我想很可能是因为他也并不知道这些项目内容。凯撒勒那种柯布式的"粗野主义"使我印象深刻。此后我花了不少时间去浏览挖掘各种杂志，并在心中将凯撒勒的作品和一些我已知的建筑师作品进行比较。尤为令我难忘的，是他那被我称之为"粗野多立克主义"(Brutalist

Doricism）的设计风格。只是在当时那个年代我并没有勇气去使用这个特殊的词汇，因为那时的"粗野主义"已经是一个内涵过分丰富的风格定义，并且我也不想再在班汉姆所提出的这个"粗野主义"之上附加更多令人不安的"多立克"元素。同样的，当时的我也不想向他询问关于他所设计的路德会教堂，同罗伊·艾伦所设计的、位于迈阿密一家银行的结构体系的相似之处。因为当我在纽约的 SOM 事务所工作时，恰巧曾在罗伊的手下做事，而同样的相似之处还出现在 SOM 在艾奥瓦城设计的一座办公大楼之上。我一直没有勇气，无论是过去还是现在，去向凯撒勒询问这件事，到底是他，还是 SOM 最早开创得这一风格形式，虽然我个人一直坚信那个人是凯撒勒，因为多立克主义的风格很显然早已在他早期的作品中有所体现，尤其是他那获奖的富兰克林·德拉诺·罗斯福纪念堂的设计，而这我也会在本书后面名为"诗意的纪念碑"（Poetic Monument）的文章内容中详细地剖析这个作品。凯撒勒寄给我的其他作品，总能让我联想到勒·柯布西耶，而有些细节的处理手法也能看得出是受了马歇尔·布劳耶的影响。我写的文章虽然能够及时出版，但遗憾的是排版实在是不尽人意，整个版面将凯撒勒的作品全部都挤到了一起。不过凯撒勒十分友善，他从来没有因此而对我抱怨过什么，并且还时常会将我在《技术》杂志上发表的这篇文章同《纽约时报》（*New York Times*）、《先进建筑》《建筑论坛》等知名国际杂志上的同类文章一同引用。凯撒勒在收到寄给他的《技术》杂志样刊后，还曾打电话向我表示感谢，并亲自邀请我去到匹兹堡参观他的建筑作品。不过很遗憾，我最终也没能腾出时间。当时科斯塔斯·杰兰塔里斯，那位敬业的《技术》杂志的出版商，同时也是社会关注的电视节目的制片人过世了，于是时间便如同白驹过隙。那个时期的我主要着手忙于两件事情，一是让希腊公众开始关注在美国大环境下发生的事情和兴起的一些理论，另一件就是向国际社会宣传一些希腊早期的鼻祖建筑师，让更多人认识他们，因为他们的作品能够为当今西方学术界提出的那些"新发现"的美学和理论上的问题提供解决方案。凯撒勒曾写信给我，请求我为他推荐一些值得在他将要到来的希腊之旅中拜访的希腊建筑师。我立刻在回信中列出了我认为绝佳的人选，同时，也把在雅典可能能够帮上他的朋友名单一同发给了他。凯撒勒很感谢我的建议，并且在随后的行程中拜访了名单中的部分人，在返回美国时，给我写了一封感谢信（详见 ACA 档案中凯撒勒与安东尼亚德斯的往来信件：1976 年 2 月 25 日、1976 年 11 月 5 日、1976 年 11 月 10 日，1976 年 12 月 28

日和 1977 年 1 月 17 日的信件内容）。即使对一个非希腊裔的观众而言，也值得一提的，这也是凯撒勒这次希腊之行最为难忘的部份。便是与阿里斯·康斯坦丁尼季斯的会面。即使凯撒勒并未在信中于我特意提起，对此我也深信不疑。因为这两位建筑师的设计风格特点十分相似，且他们都是通过材料的使用、粗野主义和结构的真实性来追求建筑之“真理”的。在凯撒勒到希腊同康斯坦丁尼季斯，还有泽内托斯见面之后，我们之间的联系一直维持到 20 世纪 90 年代初。那段时间，我开始和另一本优秀的希腊杂志《建筑的世界》合作，出版商是安东尼斯·波利蒂斯，这也是 90 年代希腊市面上最贵的建筑类杂志。整本的彩色印刷，为建筑师们提供了一个全新的、就以更丰富的色彩来展示其设计作品的可能性。我也在这本杂志上发表了很多与知名建筑师相关的评论性文章，如弗兰克·盖里、休·纽厄尔·雅各布森（Hugh Newell Jacobsen）、路易斯·巴拉甘、里卡多·莱戈雷塔等，这些建筑师我不仅私下认识、并也曾亲自拜访过许多他们的建筑作品，甚至还拍摄了许多私人照片。我再一次邀请凯撒勒将他近期的建筑作品寄给我，以便我撰写相关文章。然后，我便根据他发给我的那些资料，撰写了一篇名为《塔索·凯撒勒，在美国的 40 年建筑历程》（*Tasso Katselas, 40 years of architecture in the USA/Τάσος Κατσέλης 40 Χρόνια αρχιτεκτονική στις， ΗΠΑ*）的文章。整篇文章都是用颇具厚重感的纸张印刷而成，且所有的插图，也都是大画幅的彩色高清图片。这一次提及的建筑作品主要是一些公共建筑，如卡耐基科学中心、法院大楼和阿勒格尼惩戒所（Corrective Institution Allegheny），以及匹兹堡大学的媒体中心。尽管我对于这篇文章本身十分满意，但是对于凯撒勒的作品，我当时确实还是有所保留，并且也不想做太多的负面评价。但实际上我认为，在某种程度上，他的这些更大规模的建筑作品，已经没有了早前我在《技术》杂志上所发表的那些“粗野多立克主义”设计作品中的亮点和激情。我在这里陈述这些的目的，是对我自己的一种批判，批判当时的我并没有把我真实的想法在文章中表达出来，批判我作为“希腊人”的自豪感占据了我的“审美裁断”。对此我表示十分后悔，而我也相信，至少现在我已再次纠正了我这次的“过失”。不过，这一切都是出于十分单纯的目的，而这些其实都是为了揭示一个事实，那就是我个人对塔索·凯撒勒设计作品的欣赏，他是唯一一个我没有亲自拜访其作品便撰写了相关文章的人，包括读者们正在阅读的这一篇，所有关于他的文章，都是基于早前的一些出版资料，我个人所看到的照片以及陶德·汉密尔顿描述所完成的。即使如此，我也不会感到内疚，因为大部分的建筑历史学家以及大多数杂志的评论家都是如此：几乎没有人会亲自去参观他们所写的建筑，且大多数评论家都仅仅是依靠于建筑师寄给他们的那些图片和图纸来撰写文章的。曾有一位非常知名且重要的评论家，也是我的朋友，他住的地方距离位于海牙的由阿尔多·凡·艾克（Aldo Van Eyke）设计的帕斯特·范·阿尔泽克天主教堂（Pastor Van Arkserk Catholic Church）只有 20 英里远，但他却从未去亲自参观过这所教堂。当我向他询问要坐哪班有轨电车才能去到这所教堂时，他十分惊讶地对我说："你要去亲自参观这座建筑？……我一直都只需要看图就能写作"……所以，这就是这个行业的"真相"，也算是对评论家的批判吧，尤其是在这个时代，美国大部分建筑类杂志的年轻记者都并不是建筑师出身，甚至很多人连最基础的建筑导论都没学习过，对建筑与设计的概念一无所知，而他们中的绝大多数人同样从未拜访过他们所写的那些建筑。而大多数的读者也都跟他们一样，在所谓的"博客"里大声"赞扬"或者"谴责"一些他们从来没有亲自到访过的建筑，而所有的依据都仅限于杂志上的那些内容。

ΤΑΣΟΣ ΚΑΤΣΕΛΑΣ
40 ΧΡΟΝΙΑ ΑΡΧΙΤΕΚΤΟΝΙΚΗ
ΣΤΙΣ Η.Π.Α.

Ο Τάσος Κατσέλας είναι σήμερα ο αδιαφιλονίκητος πρύτανης των αρχιτεκτόνων ελληνικής καταγωγής στην Αμερική, όπου έργα μεγάλης κλίμακας πιστοποιούν το μέγεθος και την ποιότητα επαγγελματισμού αλλά και που δείχνουν το επίπεδο της ειπεριεκτικής φιλοσοφίας του.

上述所有照片都由塔索·凯撒勒本人慷慨且善意地提供，照片出自发表在希腊《技术》和《建筑的世界》杂志上的文章中

本章开头部分的照片是凯撒勒年轻时期的肖像，照片来自笔者的作品集《塔索·凯撒勒：建筑师与规划师》。本页凯撒勒的照片来自建筑师网站

除了我所坦白的那些过错，我依旧会为我对我的同胞凯撒勒所付出的那些时间和精力而感到自豪。因为我相信，像他这样多产、敬业且极具才华的建筑师应当受到人们的称赞。尤其是我在上文中提到的那座，极具诗意的富兰克林·德拉诺·罗斯福纪念堂，这在我看来可以称得上是 20 世纪被忽略得最有价值的伟大“诗意建筑”，即使最终没能建成。对凯撒勒来说，他完全不需要别人去撰写文章来宣传他的作品，因为他的作品遍布美国与匹兹堡，无人不知，无人不晓。而一直以来真正让我苦恼的是，在他父母的故乡，在他“希腊同胞”所在的故乡，人们却对他的作品、他的价值以及他建筑的“政治才能”不闻不问。我很遗憾那些在希腊当权阶层的权利所有者和机构，包括建筑师家庭，建筑教育者以及建筑学生，都没能注意到凯撒勒这位伟大的建筑师，同时也没能将他的名字以及他的作品记录为“源自希腊的建筑资产”。我希望若是上述的这些人中有人能读到我所写的这段话，能够去研究并且重新有深度地去评价这位伟大建筑师的价值，以及他的“粗野多立克主义”，尤其是我在之前提到的那些作品。“如今这个时代的市场促成了专业领域之间的同类相食，因此也导致了处于‘内陆’的建筑师对于‘身居国外工作的希腊建筑师’产生了憎恶与敌意”，而这种行为，早应当适可而止了……

坎迪利斯、池田，反歌剧，雅典卫城博物馆以及各种费用……

……乔治·坎迪利斯第一次到访美国是在 1966 年。他受邀来到哥伦比亚大学做讲座，邀请他的是城市规划学院的教授哈利·安东尼（Harry Anthony）博士，他们二人是在勒·柯布西耶事务所工作时相识的。当时是我在哥大建筑学院念建筑学研究生的第一个学期，那也是我在哥大参加的第一次客座讲座。我甚至把讲座的内容用我的录音机录了下来，一晃就是 45 年，而那盘磁带至今依旧能清晰地播放那次讲座的内容。坎迪利斯以一种让人印象深刻的夸张语气开口道："L'architect est an avocat!"（即"建筑师都是倡导者！"）……而这句话显然激励了不少人，其中包括保罗·达维多夫（Paul Davidoff），大概在两年之后，他发起了一场名为"规划倡议"（Advocacy Planning）的运动……1969 年时我住在伦敦，于是我去拜访了位于巴黎的坎迪利斯事务所，以探望在那里工作的、我在国立雅典理工学院念书时的同学，塔基斯·弗兰格里斯（Takis.Frangoulis）和乔治·德里尼斯（George Drinis）。塔基斯是那段时间坎迪利斯最得力的助手，并和他一起完成了很多项目。不过我真正能有机会正式与坎迪利斯本人私下见面，是在 1978 年 11 月的墨西哥国际建筑师协会会议上，那次会议结束后，我陪同他在得克萨斯待了 3 天，这对我们二人的人生经历来

说，都是一次十分难忘的体验。在那次会议中，他和丹下健三都是国际建筑师协会邀请来的荣誉嘉宾，同时还授予了他们二人荣誉博士的称号，并让他们为大会致辞。丹下健三是当时国际社会上最炙手可热的建筑大师，而在他之前 10 年左右的时间里，那个人则是坎迪利斯。那个时期的丹下十分活跃,在中东设计了很多项目。而我一个希腊人，作为那次大会中的“小众类”发言人之一，在我的学校得克萨斯大学阿灵顿分校的赞助下,代表美国参加此次会议。我参加了由布鲁诺·赛维作为主席的建筑评论会场，而副主席则是于尔根·约迪克。

我在一个座无虚席的露天剧场里做了一场 10 分钟左右的演讲，主题是“建筑与社会文化的发展”，主要是针对在第三世界国家和东欧国家不假思索地引入高科技手段这一做法，可能带来的问题和潜在的风险。这实际上是批判了丹下健三在沙特阿拉伯的沙漠中间为某所大学设计的高层建筑，当然针对这些问题我也提出了一些正确合理的设计解决方案，如哈桑·法赛、里卡多·莱戈雷塔以及路易斯·巴拉甘的作品，这三个人中一个是埃及人，另外两个则是墨西哥人。遗憾的是，尽管他们的作品在海外广受好评，但是墨西哥主办方却没有在会议中心的前厅展出他们的作品。我当天演讲的相关内容，已经附在本书详写里卡多·莱戈雷塔的章节中了。很显然，当天台下的听众深受触动，并激动地报以雷鸣般的掌声，尤其是那些来自东欧社会主义国家和东南亚国家的建筑师们，他们占据了会场左上角位置，还有来自非洲和地中海东部地区的建筑师们，他们坐在会场中部靠前的位置。许多墨西哥本地的建筑师，尤其是年轻的一代，都在会议结束后来向我表示祝贺，其中还有一些来自塞浦路斯的代表，都很热情地对我的演讲表示认同，不过令我感到好笑的是，前来祝贺的人中，竟没有一个人是来自我的故乡希腊，而他们确实也派了代表团来参加此次会议。我在会场中时不时会遇到他们当中的一些人，但是没有一个曾过来与我讲话。我不是很确定，但是似乎还能记起其中一个人的名字，而她的父亲曾经是希腊军政府的内阁成员，是专门由道萨迪亚斯工作室委派来辅佐上将们的工程师……显然这个女孩并没有追随她父亲的脚步。不过我记得我在国立雅典理工学院念书的那段日子里，见过很多老院士以及学术教授，都是“官僚主义类型”的建筑师，即在人生中随波逐流，并会依据政治倾斜而“见风使舵”的类型……坎迪利斯也听说了我这次演讲的相关消息，他在当晚我们正式见面的招待会上，向我表示了祝贺，而我也恭喜他此次获得了荣誉博士称号。自从那之后，在会议剩余的日程里我们几乎形影不离。晚上我回到酒店之

1978 年在墨西哥城举办的国际建筑师协会大会会场
及笔者在会上发言（题目为《建筑与社会文化的发展》）
（左图由笔者提供，中图和右图由会议摄影师提供）

后，给我的系主任乔治・赖特打了个电话，询问他是否可以邀请坎迪利斯到达拉斯参观我们的学校，他立刻就同意了，我在征得了他的同意后，我隔天便向坎迪利斯发出了邀请。随后我们便在会议结束的当天，乘坐飞机一同前往了达拉斯。这也是他第一次来到美国的“心脏”位置。那时我告诉他说，我有他早在 1966 年到访哥伦比亚大学进行讲座时的录音带，并告诉他说我至今都还记得的、他的那句开场白“建筑师都是倡导者！”，而他在听完我说起这些事情后，立马变得轻松自在了许多。当我跟他谈起我正在收集建筑界的趣闻轶事时，他马上就像变成了另外一个人。我跟他说了一些关于我曾听到的关于勒・柯布西耶的事情，还有我从安德烈・品诺（Andrej Pinno）那听到的一些关于他自己，还有他的搭档诺克西（Josic）和伍兹（Woods）的事，随后坎迪利斯便开始滔滔不绝地讲起了新笑话和各种趣味故事和轶事……在之后的三天里，他告诉了我许多关于勒・柯布西耶的事情，关于他和他客户之间的关系，他和事务所里其他建筑师的经历和对峙，当然也谈到了在勒・柯布西耶事务所里的那几位是我好友的希腊建筑师的事，还有关于他每天都会接到的扬尼斯・利亚皮斯（Yannis Liapis）的电话。利亚皮斯当时是雅典理工建筑学院的主席，也曾是皮奇欧尼斯的助理，而我在理工大学的那段时间，他则是室内设计专业的教授。坎迪利斯说，“利亚皮斯几乎每天会为了各种各样的事情打电话给我。”利亚皮斯在做任何一件事之前，都会先寻求坎迪利斯的建议，尤其是在他为雅典卫城博物馆设计项目立项的那段时间。当时我也曾参加过这个竞赛项目，并获得了入围奖，而这个竞赛没有一等奖，只有第三、四、五等奖，几年之后大家才明白，主办方之所以这么做，是因为他们那段时间其实完全不想要建造这座博物馆，并在之后的多年里，也一直使其处在“政治”争论当中……几年后，我发现这次竞赛最大的获益人有两个，而他们都来自坎迪利斯事务所。一位是玛利亚・坎德威图（Maria Kandreviotou)，她在第一轮整个希腊范围内的竞赛中获得了“一等奖”，而我只获得了“入围奖”，另一位是曾经在更早期时的坎迪利斯事务所工作过的伯纳德・屈米（详见坎迪利斯，1975 年，第 120 页）。在谈到利亚皮斯的时候，坎迪利斯还提到了他收集了许多托内特（Thonet）家具，并称利亚皮斯的藏品绝对是“世界上最多的”，当中，坎迪利斯还掺杂地谈论了许多他在日常生活中，和“街上普通人”的聊天内容。他还总是寻求民众的意见，坎迪利斯对我说:“和他们聊天，至少能够了解他们的生活习惯和思维方式，当然并不是说他们的意见都是可取的。”他还同我讲了他在去法国前，在希腊设计的唯一一栋独立建筑作品，一座为 ΔEH 设计的变电站，位于斯基罗斯岛（Skyros）上，一个“只有一个房间的项目”。之后他又和我谈到了希律王阿提库斯（Herodus Atticus）剧场和康斯坦丁国王街转角处、就坐落在大理石建造的雅典竞技场对面的那栋建筑，当时这座建筑的设计师也是他的朋友，在如何处理这座建筑的立面方面，也曾咨询过他的意见。他可以从宏伟的规划方案聊到最平凡的使用者，不管是细节还是设计风格，他总能给出自己的理解与建议，而且他的结论时刻都会考虑到方案的“经济性”，而这令我感到十分印象深刻。“费用”“开销”“利润”等一系列和经济相关的问题总会重复出现在他的建议当中。“我在雅典只做了一栋建筑的其中一个立面，就是那栋紧挨着竞技场的建筑的立面，简洁且经济实惠。他们使用的希腊本土彭特利克白色大理石也是我的建议，这也是我当时唯一的建议，这样就能与一旁的竞技场在水平方向上形成一种连续性。只有那一个立面是我做的，因为这个立面在城市中所处的位置比较敏感，所以我的朋友寻求了我的帮助。”我从未查到过这座建筑的建筑师以认证坎迪利斯所说的这些话，不过我相信他的这些话应当大部分都是真的，尤其是考虑到这座建筑顶层住的是多次连任希腊首相，且后又成为希腊共和国总理的康斯坦丁诺斯・卡拉曼利斯（Konstantinos Karamanlis)，坎迪利斯曾告诉我说，在他被流放到巴黎的那几年里，卡拉曼利斯是他很好的朋友。

我非常喜欢听人这样娓娓道来这些专业领域内的小秘密，因为这些事情教会你如何在听证会和规划方案汇报时去表达自己，如何与人

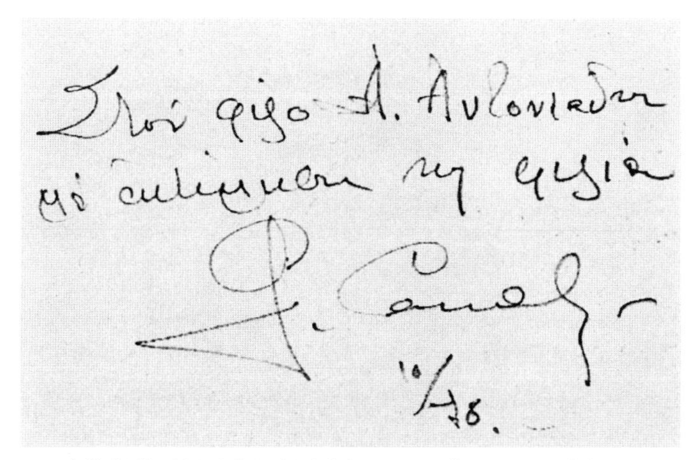

1978 年坎迪利斯到访得克萨斯时送给笔者的签名书［《图卢兹大学城》（*Toulouse Le Mirail*），卡尔 · 克莱默出版社，斯图加特（Karl Krämer Verlag Stuttgart），1975 年出版］，ACA 档案

交流，如何说服对方，当然最重要的，是如何去说服那些政治家、政府，以及甲方。多年后，我将坎迪利斯告诉我的这些事情，以及我多年来收集的其他人的一些轶事整理成了文章，并发表在日本的《A+U》杂志、美国的《建筑》（*Architecture*）和《大都市》杂志，还有希腊雅典的《人类 + 空间》（*Anthropos + Choros*）杂志上。我后来发现，坎迪利斯告诉我的那些事情，尤其是那些关于普通人以及他建筑作品使用者的那些事情，他早已在他法语版的自传中发表过了。不过我印象中他从未说过与此相关的任何事情。接下来我将要写一些坎迪利斯的书中从未写过的，即关于他本人初次见识真正的“美国”的重要经历，这些也是我和坎迪利斯在得克萨斯共同的经历，在接下来的内容中，还包括了一位著名的歌剧高音男演唱家扎卡里亚（Zacharia），以及一位著名的日本工程师池田武邦。

自我们从墨西哥城起飞抵达美国的最初两天里，坎迪利斯都待在阿灵顿这个典型的美国城市里，1978 年的阿灵顿拥有 36 万居民，占地面积约 80 平方英里。它的面积和巴黎相近，人口大约有 1000 万。阿灵顿恰好位于 DFW（达拉斯 – 沃思堡）两座城市区域之间的中心位置，地广人稀，从东至西有 50 多英里。我在当地最好的汽车旅馆预定了一个房间，这也是我们学校通常招待贵宾的旅店，随后我开车

乔治·坎迪利斯在雅典唯一的建筑作品，且只有图中所示的立面是由他本人设计完成的。该建筑位于希律王阿提库斯剧院和康斯坦丁国王街转角处，雅典竞技场的正对面（照片由笔者拍摄）

带着他到市里转了转，并参观了两座城市的建筑景点。当然，我也没忘记特意带他去看了看我当时在阿灵顿设计的一座刚刚完工的“被动式太阳能住宅”。坎迪利斯显然对美国城市蔓延的巨大尺度颇感兴趣（城市蔓延与低密度），而这显然也是他第一次亲身感受到这种独特的城市形态。下午的时候，他参观了我教授的设计课，还点评了学生们的设计作品，当时的课题是设计一座位于达拉斯的城市博物馆，是一个 8 周长的设计作业。他表扬了那些展示了绘制的草图和我所要求的多种备选方案的学生。而对于那些注重表面文章，只展示了最终图纸的同学，虽然他们的图纸既干净又漂亮，但是坎迪利斯却并没有多作评论。这些学生主要都是从其他老师的设计课转过来的，在他们的概念里，草图那种“脏衣服”是上不了大雅之堂的。对于这些“脏衣服”，我们讨论了许久，很显然坎迪利斯并不认为这些在设计初期能够清晰明确地表达设计主要理念的草图是“脏衣服”，当然我也如此。他同时还谈到了剖面图和场地规划的重要性，而不是所谓的“建筑立面次要性”的观点，同时他也全面地肯定了研究模型的重要性。当时我便回应说，我还记得 1969 年我去他事务所参观时，看到了图板上放着相当多的研究模型，那使我印象十分深刻。随后我补充说，这是我在鲁道夫事务所工作时所习得的重要技能，并在之后自己的设计生涯中进一步加深了对研究模型的认识，当然也从坎迪利斯那里得到了进一步发展。坎迪利斯听到这里对我说："看来我们是同一建筑学派的。"请允许我再次强调，坎迪利斯是何等轻松地就可以将自己评论的重点从"规划"和"城市设计"尺度过渡到"建筑"尺度，据我所知，这与许多我所了解的美国规划师、甚至是全世界的规划师都有巨大差别，尤其是在英国，他们很难将这几门不同的领域融会贯通，甚至有些规划师都无法看懂建筑图纸……他们只知道数字和一些社会性的讨论 [在这里我想补充一下，利奇菲尔德曾聘用我和"建筑电讯派"（Archigram）的汤姆·汉霍克（Tom Hanhock）一起做他的城镇规划和效益分析课程的助理，而目的仅仅是为了教会剑桥和牛津大学的学生们能看懂建筑图纸]。第二天他在全校范围内做了一场正式的讲座，观众人数超过了一千人，而我为了能让更多的人知道这次讲座的事情，在他来之前也在当地的报纸和电视上做了宣传。当看到竟有如此多人前来听他的讲座时，他很惊讶竟然有这么多美国人认识自己……！因为我的法语并不好，所以他决定用希腊语进行讲座，而我则在他身旁为他进行翻译。那是我人生中第一次也是最后一次进行口头翻译，不过我相信一切都进行得很顺利。最后一天我开车带他去沃思堡参观了路易斯·康的大师之作——金贝尔艺术博物馆。那天我们开着我的那辆并不舒适的旅行车上了路，这辆因那段时间我频繁往返于新墨西哥与得克萨斯而十分疲倦的小车，加上连续两天舟车劳顿而疲惫不堪的坎迪利斯。更不幸的是，那天是星期六，博物馆在这一天闭馆。这感觉就好像你从很远的地方来看"帕提农神庙"，但是你去参观的时候却刚好赶上了那儿的工作人员罢工一样。

他同时举起两只手遮住玻璃墙的反光，努力将头贴在入口处中心拱顶下的玻璃上，竭尽全力想要看清建筑的内部，而我则在一旁跟他描述内部的图书馆、天井，以及光线的韵律，试图用语言描述出内部

金贝尔艺术博物馆，路易斯·康的杰作（照片由笔者提供，2002 年摄）

讲堂等一系列的设计到底有多么精彩。作为一位建筑师，坎迪利斯能够从中明白那种感觉。在我们围绕着建筑外部欣赏它室外场地的细节，并尝试透过拱顶之间那条狭窄的玻璃缝隙多看几眼建筑内部的情况时，我们发现了另一个同我们有着同样举动的访客，也带着相机，努力地拍着照片。那是一个日本人。于是我向前问道："建筑师吗？"他满面微笑，并以日本人典型的方式礼貌地跟我点了点头并不断地鞠躬，他从口袋里拿出两张名片，递给我和坎迪利斯每人一张，"是的，我叫池田。"当我们接过他的名片后，他操着典型的日本英语问道："建筑师？"我们回答："是的。"于是他便询问我们的姓名，我对他说我是托尼·安东尼亚德斯，而我身边的这位是乔治·坎迪利斯。显然他并不认识我们。于是就好像什么都没发生一样，我告诉他说我们很遗憾今天不能进去参观。他说他也有同样的感觉。

然后我问池田几天前是否参加了在墨西哥市举办的国际建筑师协会会议，他说他完全不知道这个会议的事情。"环游世界"是他的回答。然后他用他那相当蹩脚的英文告诉我们说，每年他都会到世界上不同的国家去看看，参观一些著名的建筑和规划项目，每年都积累并更新一些信息。然后他便开始跟我们说他都去过哪些城市，看过哪些项目。而当他提到"以色列"的时候，坎迪利斯也用他不太熟练的英文告诉池田他是以色列规划设计的首席顾问。池田先生显然是没有听懂这部分内容，无论是坎迪利斯的名字还是头衔，并继续跟我们说他知道的建筑师和看过的项目，他还说他自己刚去过英格兰和法国南部等地参观……当我听到"法国"时,我抬起我的手,并说:"停！"……然后向这位日本人郑重地介绍了一下坎迪利斯："这位是坎迪利斯先生，他是法国南部朗格多克（Languedoc）的规划师"……当我说完这句话时，所有的一切似乎都开始变得清晰起来。在我说出朗格多克这个地名的时候，这个日本人恍然大悟地说道："啊！！！坎迪利斯先生！！！"然后他又从另一个口袋里再次拿出两张名片，首先递给了坎迪利斯，然后又给了我。这张名片上写着：池田武邦博士，总建筑师、日本建筑师，工程师，新宿，东京。他是日本最大也是世界上最大的建筑施工公司的总裁，这个建筑公司的建筑工程量惊人，且相当多的建筑和城市设计项目都是由他亲自设计的。

因为这次偶遇，我们结束了不断尝试的"瞥看"与"照相"，而后我问池田当天还有什么打算。他说他要赶回位于达拉斯沃思堡国际机场旁边的酒店，因为他要搭乘明天一早的飞机离开。我们主动提出开车送他回酒店，这样他就不用打车了。他高兴地接受了。我们一起

December 1, 2003

Mr. Anothony C. Antoniades, AIA, AICP
Architect-Planner
P.O.Box 46, Hydra 180 40
Greece

Dear Mr. Antoniades,

Thank you very much for your letter of September 13 , 2003.
Your letter brought back precious memories to me.
In Oct. 1978 I traveled in a group from Europe to America to inspect some cities. And I visited the Kimbell Art Museum alone aparting from my group in Dallas. I certainly remember that the museum was closed and I met you and Mr. Candilis there.

As I had taken many pictures during my travel, I tried to find your picture. I am really sorry, but unfortunately I could find not find it. So, for your reference I enclose my picture which was taken in other town during that travel.

It was so nice to hear from you after such a long time and glad to know that you have been fine in Greece and write the book on architecture.

I had retired from the president of Nihon Sekkei in 1993. Although I am still Honorary Chairman, I do not participate in management directly now. I moved from Tokyo to Nagasaki in Kyushu Area, and spend my life in a house on the seaside and go back to Tokyo only once a month to spend 4 or 5 days. I became a chairman of NPO (Non Profitable Organization) Foundation and sometimes give a lecture about environmental problems at Universities or in town communities as social service.

Thank you for your letter and I hope the completion of your book and wish your good health.

Yours sincerely,

Takekuni Ikeda
Honorary Chairman
Nihon Sekkei, Inc.

2003年12月1日
安东尼·C.安东尼亚德斯先生
美国建筑师学会会员，理事
建筑师，规划师
邮箱46，伊兹拉岛，18040
希腊

亲爱的安东尼亚德斯先生，

很高兴收到您2003年9月13日的来信。

您的信将我带回到了我们相遇的那天。

那还是1978年10月，我跟着一个旅游团从欧洲一路来到美国，以考察一些城市。为了能亲眼看看金贝尔艺术博物馆，我那天一个人去了达拉斯。我清楚地记得那天博物馆闭馆，但也是在那天我遇见了您和坎迪利斯先生。

那次旅行中我拍了很多照片，所以我本来以为能找到与您相关的相片，只是很抱歉，无论我如何翻来覆去，也并没有找到。所以为了能给您提供一些相关资料，我附上一张我此次旅行中，在其他城市的照片。

很高兴在这么多年之后能听到您的消息，很高兴听到您很好的消息，并为您依旧在写作关于建筑学的书籍而感到欣喜。

我在1993年的时候辞去了日本设计株式会社总裁的职务。虽然我现在还是这家公司的荣誉主席，但是我已经不再直接参与公司的行政管理事务了。退休后我从东京搬到了九州岛的长崎，住在一栋位于海边的房子里，每个月会回一次东京，但每次只会待个四五天。我现在还是一家非营利组织的主席，有时还会去大学或者社区里做一些环境问题的讲座作为社会服务。

感谢您的来信，希望您的书能够顺利出版，同时也祝愿您身体健康。

您真诚的朋友，

池田武邦
荣誉主席
日本设计株式会社

池田给安东尼·C.安东尼亚德斯的信，日期为2003年12月1日。信里提到了在得克萨斯与坎迪利斯和安东尼亚德斯的见面，信里他向安东尼亚德斯介绍了自己作为日本设计株式会社荣誉主席的日常事宜

向下一个街区停车的地方走去，就在一家麦当劳的对面。于是两位巨人建筑师和我，顺路去了趟麦当劳，人手一个汉堡一袋薯条，坐在麦当劳门口的塑料椅子上吃了起来。随后我们上了车，池田坐在后面……然后，那该死的发动机竟然怎么都启动不了！我们只好又从车上下来。我打开引擎盖，而池田主动走过来说："我是一个工程师，我的船曾差点沉在太平洋，当时我在海上待了整整一周……所以汽车，不成问题……！"他看了一下引擎盖里面的情况，然后一声令下："推！"坎迪利斯和我都对车一窍不通，所以我按照池田的指示坐回车里控制方向盘，而他们两个在外面，池田指挥，坎迪利斯负责推车，在车移动了一小段距离后，感谢上帝，引擎立马就重新启动了！我们都坐回车里，引擎运转着，我们三个坐在车里吃完汉堡后，就把池田送回到了他的酒店，准确说是一座位于机场旁边的"看起来像酒店的汽车旅馆"……离开前我们多次握手鞠躬，礼貌地微笑告别。"如果你们去日本，一定要来找我。"池田说道……几个月之后，我把池田的名片给了我的一个学生，他当时正在写一篇关于新宿交通节点的文章，恰好是池田负责的项目。于是我的学生给池田写了封信，随后便收到了大量的相关资料。池田还特意让这位学生转交了一封给我的私人信件，并托他向我带好。

因为第二天一早坎迪利斯也要从达拉斯的拉菲尔德机场由阿灵顿飞往纽约，所以当天我也帮他办理了退房手续，将他的行李装上车，并直接开车把他送到了达拉斯，打算为他找家酒店歇脚。不巧的是那天达拉斯在举办一个大型会议，几乎所有的酒店都被预订了。到处挂着"没有空房 – 没有空房"的标志。在我多番寻找酒店无果之后，坎迪利斯决定先在美洲酒店外给他在纽约的妻子打个电话，并告诉她隔天一早他会到纽约，只是当前实在是很难能找到可以歇脚的酒店了。我站在美洲酒店的电话亭下等待，这时一个衣着讲究像是政治家一样的绅士向我走过来，很显然他听到了坎迪利斯在用希腊语讲电话。他走过来后，以彬彬有礼且十分令人难忘的腔调，用希腊语问道："您是希腊人吗？""是的。"我回答道。

他接着说道"我是男高音歌唱家扎卡里亚，"然后礼貌地伸出手来要与我握手。

这个人正是尼科斯·扎卡里亚（Nicola Zaccaria，在希腊语中写作 Nikos Zachariou），他是米兰斯卡拉剧院著名的男高音歌唱家。他那时经常到达拉斯来，因为自玛利亚·卡拉斯（Maria Callas）时代起，他便就与达拉斯的歌剧院有着永久的合作关系。在坎迪利斯打完电话回来后，我同他们相互介绍了一下。“扎卡里亚？”……坎迪利斯惊讶地说道，一边准备握手，一边摇着头毫不犹豫地接着说：“我并不喜欢歌剧”……那一刻我真是想找个地缝钻进去……

这位非常善良的男高音歌唱家以李尔王一般的声音，颇具绅士风度地轻声说道“是的，确实并不是所有人都喜欢歌剧，这也是我们的一个小麻烦”……但坎迪利斯貌似并没领情，开始解释他为什么不喜欢歌剧。我简直无法相信居然会有这样的事！所以为了制止坎迪利斯继续他反歌剧的说辞，我转向扎卡里亚并对他说：“我们无法找到空房，所有的酒店都订满了。”于是扎卡里亚便马上抓住了这个“报仇”的良机，他说道：“我可以帮助你们。我认识这家酒店的主管。我们是多年的朋友了。”于是他从旁边的桌子上拿起了酒店的电话拨了一个号码，他说话的语气就令人感觉他与这位总管女士十分熟络，然后他用特别洪亮的声音，一字一句地对着电话的那头说道：“给这位不喜欢歌剧的著名希腊建筑师准备一个房间。”

就是这样！而且在那之后我再也没有见过他们两人中的任何一个。我回到了阿灵顿。坎迪利斯那天晚上住在了达拉斯的美洲酒店，隔天早上就返回了纽约。我也不知道我在写这篇文章的此刻扎卡里亚在哪里，也不知他是否还健在，但是我之所以会把这次经历全部写下来，是因为他教会了我一件事：到底什么才是真正的谦虚和淳朴，而这和那些不在意是否会冒犯别人的人形成了鲜明对比……虽然至今我仍不知道像男高音歌唱家扎卡里亚这样谦逊的品质是否能有助于一个建筑师的事业。但是我确信的是，任何一位著名歌剧演唱家或者知名音乐家的成就都必是实至名归的。他们都极具才华，并为了他们的艺术奉献了一生，始终严于律己，而最重要的，是他们都很谦逊！我们都知道弗兰克·劳埃德·赖特是个相当自大且任性的人，而在这方面也有很多相关的记述文章。勒·柯布西耶也如出一辙，他在很多场合中都是十分傲慢的态度。同样是艺术领域中举足轻重的人物，为什么总是建筑师主动挑起一场正面冲突，这样的例子不胜枚举，不得不让我开始反思……而这一切让我想起池田谦逊的态度，却也从未给他带去什么过失！也正是因为他的谦逊，才有许多人委托他来做设计，而他自己也随之积累了快乐与财富，直至他的暮年！

这一章节我想以一些关于设计费和建筑行业薪水的内容作为结尾。当我开车带着坎迪利斯参观完那栋我所设计的刚刚完成的房子后，我又跟他谈起了另一个我正在设计的项目。于是他问我，我期望能通过这个项目挣得多少设计费。我便告诉他每平方英尺大致的收费标准，这栋住宅的面积，以及我的费用占总施工费用的百分比。他快速的算了一下然后对我说："这听起来并不是很多啊。"他继续说道："所以这也是我一般更倾向设计居住小区而不是私人住宅的原因。因为在这些项目中，你不用要求从整个施工费中扣除你应得的百分比，而是你只需要做出一个基本的规划平面图、一个基本的户型，再做几个不同的户型结构，之后你就可以按照每单元 1000 美元的标准来收费了。如果他们要 300 个单元，你就可以一次挣 30 万美元，而不是 1.7 万美元……"这就是一个狡猾的老狼教给一个涉世不深年轻人的简单数学计算。不过我一直没能这么做。我想如果一个人能够在完成值得称赞的建筑设计的同时，还能让这个设计项目对他的钱包来说也同样的可观，那么这一定是一种天赋了。

这也是我第一次意识到，在资本的土地上，所谓"资本主义"的样子不过是社会主义者的想法，不过是用金钱去衡量的社会。或换句话说，那些公共的或者社会保障住房，那些为穷人提供的社会主义性质的住房项目以及那些所谓的社会福利工作，其本质并不"单

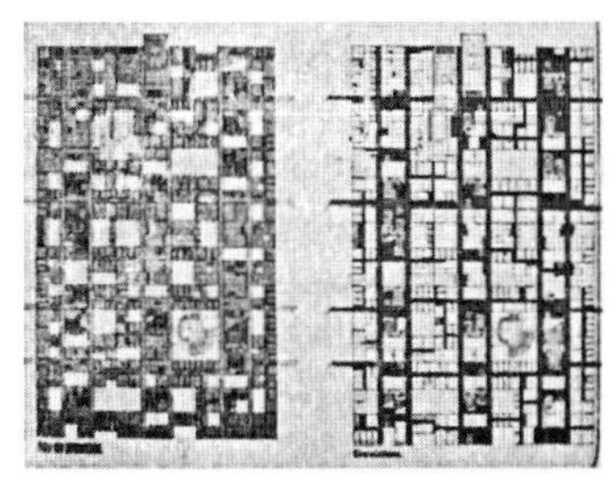

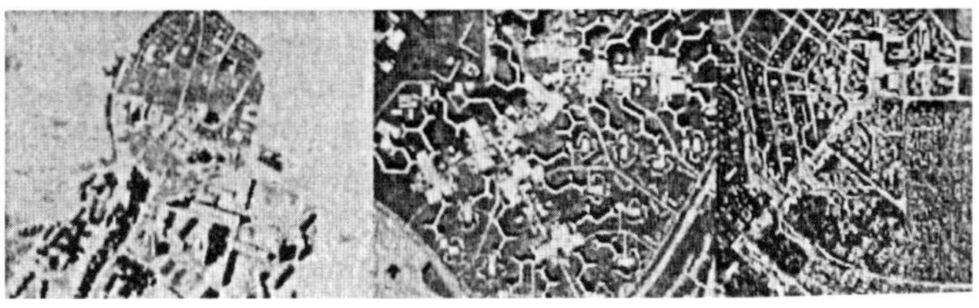

坎迪利斯－诺克西－伍兹："我们通过一系列的研究和实践形成了一种新的城镇规划组织体系，能更好地服务于人的行为发展，不受地域和时间的限制。"［摘自：《图卢兹大学城：一座新城市的诞生》（*Toulouse Le Mirail: Birth of a New Town*），第 105 页］

纯”，只因以资费……而且还是按照每单元的资费的方式去设计这些住房！

后记

鉴于我并不想让读者对坎迪利斯留下一种消极的印象。而我的英语水平着实是有限以至于无法表述出我在希腊语版本中所表述出的坎迪利斯的那种诙谐。所以我想在此声明一点，那就是我从来不认为坎迪利斯是一个不好的或者是阴险狡诈的人，并与此相反，我一直认为他是一个十分直爽的人。每当他有想法时都会直言不讳，并总是尽其所能地将他所想进行最准确的表达，并以最朴实无华的语言讲述他所切实看到与感受到的事物。很多时候他的话似乎对于非希腊人而言会显得过于突兀，甚至很没礼貌，但是仔细一想却总会发现，他的话实则都极易引起人们的共鸣，逻辑清晰且才华横溢。他是一个伟大的建筑师与规划师，却非常低调且没有任何“明星”架子，也是一个简单纯粹的邻家普通人，但同时也有着不平凡的个人魅力和睿智的头脑。我特别钦佩他的主要原因就是，他是唯一一个将希腊诸岛的经验教训以及当中“生活与活动的乐趣”的设计语言，应用到巨大尺度和规模的建筑当中的希腊建筑师。即使并不是次次都能成功，但是却都十分恰当地进行了应用。他成功地将诸如“中庭”（Megaron）经典的“村庄”“庭院”等设计概念引入到了一些大尺度的项目如村镇区域、大学园区和居住区等的设计当中。比方说他所设计的、位于图卢兹大学城的建筑学院楼，就是我参观过最成功的综合体建筑之一。这也是一栋颇受赞誉的建筑，在遵循建筑自身的模数规则的同时，有着丰富的光影变化以及吸引人的建筑比例和人性尺度。而整座大学校园则融入了一系列如“瑞士奶酪”般的中庭露台，也因此形成了良好的、不受天气影响的空气循环，这就好像是看到了古希腊的奥林索斯（Olynthus）城的平面图，是大学建筑哲学的最完整的典范：即行人在行走时，始终都能看到内部空间以及当中事物的大致情况，上面半层和下面半层。乔治·坎迪利斯和他的两位合伙人，艾丽克西斯·诺克西和沙德拉·伍兹在他们的设计中沿用了一种理念，即高于三层的建筑在他们看来并不利于人与人之间的沟通和交流，因此这在他们的“普世价值”中便早已被抛弃。他们还在其他一些大学的设计方案中也坚持了这一理念，比如对此进行应用并实施在了位于柏林和波鸿市的一些大学校园的设计当中，而相关的设计方案也在国际竞赛中获得了一等奖的殊荣。而他们曾亲自监工建设的图卢兹大学城是他们所有项目中最为成功的一个。

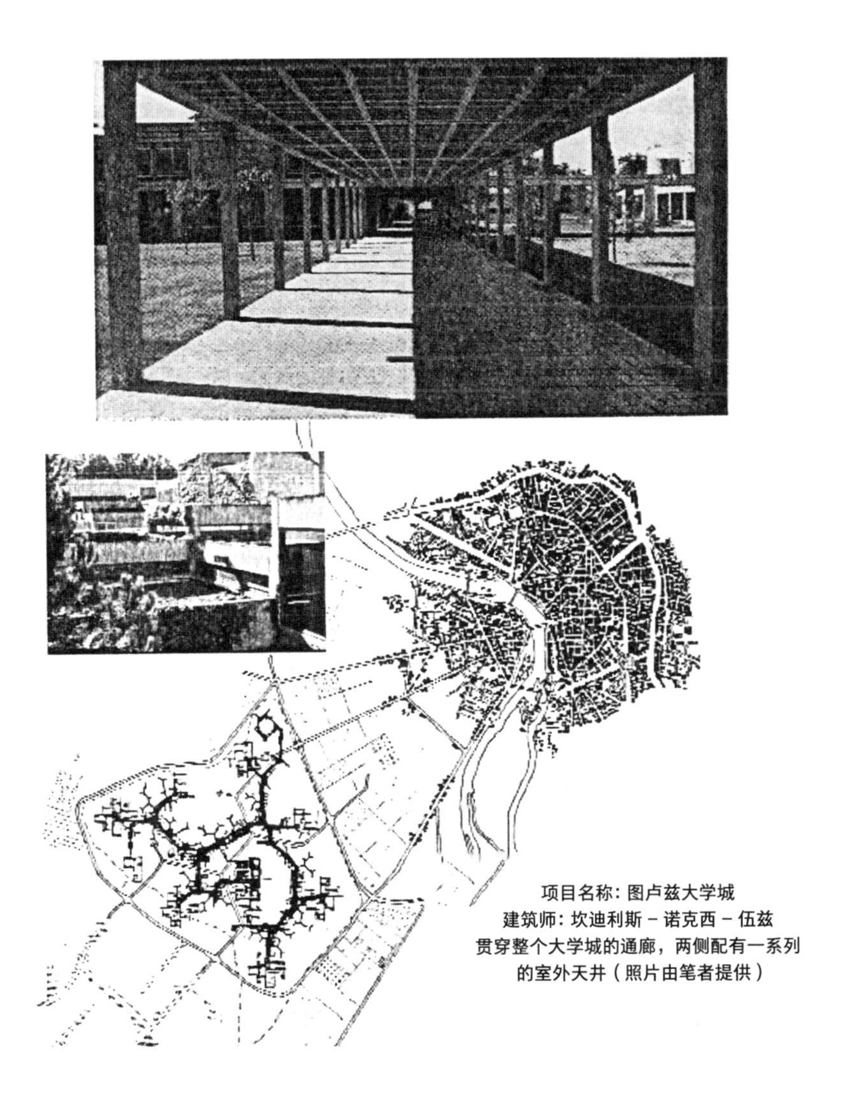

项目名称：图卢兹大学城
建筑师：坎迪利斯－诺克西－伍兹
贯穿整个大学城的通廊，两侧配有一系列的室外天井（照片由笔者提供）

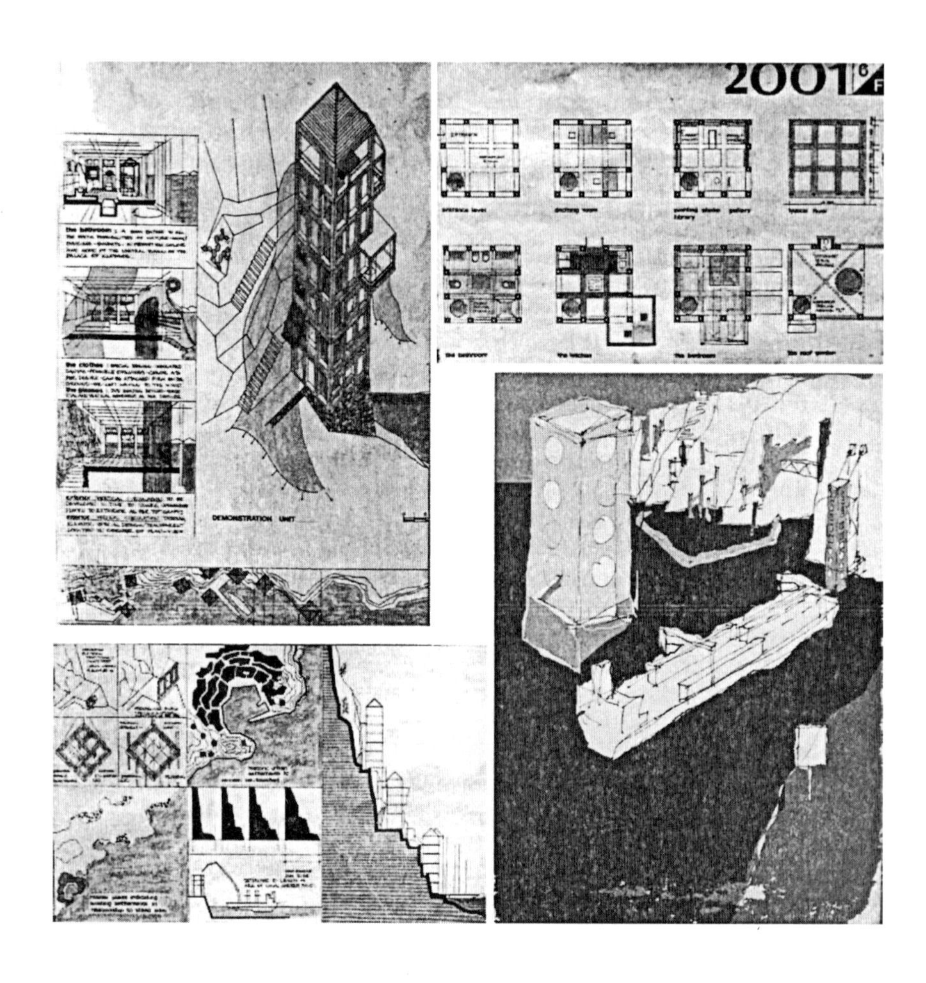

"逃离雅典"

生活趣味:"解禁时光"里的原创生产力

爱琴海岩壁－艺术家的殖民地:预制构件，混凝土墙体或特制的轻质举架，通过货船海运到基地，然后利用船只按照传统方式完成混凝土地基的浇灌过程，利用岩石固定吊车和电缆设备

安东尼·C.安东尼亚德斯的方案草图

两篇关于布鲁斯·高夫的文字

第 1 篇

“不要效仿我，因为连我自己都不会这么做”……

来自高夫在阿灵顿分校的第二次讲座

时间如白驹过隙转瞬即逝，真是不可思议！所有的事情仿佛都发生在昨天。20 世纪 60 年代中期我还在修习建筑学时，感觉 19 世纪就像是远古时代，而 20 世纪 20 年代的勒·柯布西耶和 1933 年才颁布的《雅典宪章》则听起来就像是祖父母那一代发生的事。前些年，人们才开始通过解读柯布写给他母亲的信，重新理解这位烙印在整个时代的建筑伟人的真正模样。于是人们便立刻开始“深度剖析”像他这样的建筑师的心理状态，不放过任何值得注意的，重要的抑或是琐碎的事情，人们为了探寻他创造力的根源，分析从他母亲十月怀胎直至离开人世的每个细节，因为母亲，往往是灵感和责任感的来源，是他的“自我”形成的根源，因为在母亲眼里他永远都是自己长不大的儿子……于是关于柯布的事情逐渐一一明晰，尽管始终有人坚持永远不要尝试凭借艺术家的性格来分析他的作品，而应当仅看作品本身，因为这才是纯粹的艺术。很多闻名于 20 世纪 60 年代的艺术家至今仍然健在，并且形成了一个十分特殊的群体，因为他们在不知不觉间共经历了三个世纪的变迁。当我在写这篇文章的此刻，一些更年长的艺术家们同样健在，如今都已是 90 多岁的高龄，比如已经 93 岁高龄的约翰逊，虽然他还健在，但是如同他孩子一般的作品们，有的却都已“离世”。这些作品有的被拆除、有的被毁坏，还有的被人忽视或者遗忘。在我看来，这些作品中仍有很多，依旧是大师级的佳作……不论我们喜欢与否，我们中的一些人在毫无意识的情况下见证并参与到了某段历史当中……多么难以置信啊！我永远也不会忘记当我第一次走进还没翻修过的霍普维尔教堂（Hopewell Chapel）时，脚下那咯咯作响的地板声，我也永远不会忘记，20 世纪 60 年代中期赖特所设计的蜀葵之家（Hollyhock），或是约翰逊设计的哑剧剧院（Mummers Theater），虽然我最后一次去参观时它已停止使用，但仍旧称得上是一座美轮美奂的建筑作品……我也还记得布鲁斯·高夫演讲的那天，在演讲结束之后，我开车将他送回了那座汽车旅馆。那家价格虽便宜却很不错的旅馆，我们一起坐在旅馆中间一个不大的中庭里，方形中庭的上方覆盖着木质桁架，周围环绕着瓦楞锡板，在椭圆形游泳池的正上方，光从天窗直射下来，3 层楼高的棕榈树围绕着整个中庭，外围都是房间，房间外侧安置着尺度恰当的垂直金属护栏，每一个金属杆之间，间隔着 9 英尺的距离，它们排布在一起，就好像是废旧马戏团的动物笼子……高夫从自动贩卖机买了杯樱桃果汁，从而缓解刚刚在学校礼堂五小时无间断讲座的口干舌燥，所有的听众都被他那智慧的头脑和对建筑的热情所深深地吸引。那是我第二次见到他，距离上一次见面已有三年之久。我的学生特里・穆尔（Terry Moore）是高夫的狂热门徒之一，当时他已经在高夫的事务所工作了一段时间，并时常会开车到汽车旅馆以载高夫回到泰勒市（Tyler）。特里・穆尔也很喜欢我，当年他在我的建议下说服高夫来我们学校进行讲座。而我们三人之间没有任何繁文缛节或是矫揉造作，有的只是特里・穆尔和他喜欢的两位老师。那段时间的高夫已很少会离开泰勒市，所以特里花了很大工夫，才让这位年过七旬的“妈宝”高夫同意花上一两天的时间，离开自己的工作室和他钟爱的音乐，以及最重要的，离开他的母亲，来到这距离泰勒市 100 多英里的地方。高夫那段在俄克拉何马生活并且在他设计的位于诺曼（Norman）的杰西・欧文斯体育馆（Jesse Owens Stadium）下方的俄克拉何马大学建筑学院正式教书的日子，也早已成为过去，暮年的高夫，与他的母亲以及一些追随他的学徒们一起住在泰勒市。

这家汽车旅馆是高夫自己选的，因为他说先前每次来阿灵顿都会住在这。与他第一次来时我们给他预定的单层豪生酒店（Howard Johnson’s）相比，显然他更喜欢这里。他从未抱怨过。只是说他更喜欢这家汽车旅馆的天井，因为这里就像是一个“神圣的”中央空间，被世俗的种种琐事环绕，周围的客房里住着卡车司机、旅行推销员，还有来自隔壁建筑院校做讲座的客座演讲者们，天井空间里既没有书籍也没有包装精美的杂志，是一片被放逐的世外桃源。

所有的这些汇集于心，令我想起当年我曾经给学生们布置过一个包含 1200 个酒店房间和会议室的设计项目，那时高夫参与了最终评图环节，点评环节持续了整整一个下午，他那逍遥学派的讲话方式以及一针见血的点评内容无论对学生还是我来说都相当难忘。他的每一句话，都包含了对设计美学的思考，他时常回忆起当年，和他人生中第一个雇主拉什 [Rush，安德特 & 拉什建筑事务所（Rush，Endacott & Rush）的创始人之一] 先生的故事正是这位在俄克拉何马州的拉什先生，让高夫知道了赖特。因此，我决定在这里以“回忆录”的形式把它写出来，也可以算是对建筑历史做的一些补充，以传达这位建筑师的“内在深度”。建筑是源于DNA并从母亲最初的孕育开始，便存在于建筑师大脑当中的事物。仅仅通过与高夫的两三次思想交流，再加上与他相处的几次经历，以及仅有的几栋我曾经拜访过并进到建筑内部体验过的，位于塔尔萨和俄克拉何马的建筑作品。虽然我与高夫相处的机会不多，但是却让我印象深刻且受益匪浅。除了重复先前关于他的作品的种种记述，我已不知道还有什么更多的话可说。而所有的这些经历当中，最为令我难忘的还是我在先提到过的、同他一起在那家汽车旅馆内部中庭的经历，那是一种能通过最平凡的空间而创造出超一流作品的可能性……是为每个平凡人而创造的伟大建筑。

高夫总能以立柱和横梁为基本元素，运用最简单的几何学原理，利用廉价的材料并发挥其原有的价值，使建筑达到一种“最内在且不可否认的卓越”，并以此创造本质，创造“精华”和多样性。哪怕是在我们这个计算机时代，最优秀的设计师以最昂贵的材料，也很难做到这点。

在继续本节内容之前，我想先写一些关于我参观过的高夫的建筑设计作品。首先就是位于俄克拉何马州塔尔萨市的卫理公会教堂（Methodist Church，1924–1929年）。这是一栋十分震撼人心的建筑作品，位于安德特 & 拉什建筑事务所旁边，布鲁斯·高夫是这一作品的总建筑设计师，至于内部空间的设计，则是由当地建筑院校的一位系主任所完成的，他同时也是建筑历史学家。这栋建筑是纽约地区外体量最大的一栋装饰艺术风格（Art Deco）建筑。建筑立面有着明显的外部装饰和尖角图案的雕塑，整个建筑的体量感拿捏得十分到位。

再加上塔楼的突出效果，整个宗教功能的综合体成为这个城市的主要地标（照片由笔者提供）从更为广泛意义上讲，高夫在安德特 & 拉什事务所做的第二个项目更具有独一无二的特点，即1929年建造的位于俄克拉何马州塔尔萨

市的滨江工作室（Riverside Studio）（如上图，照片由笔者提供）。据传言说，整个建筑的方案都是高夫一个人完成的。这个设计不论是从功能还是美学的角度讲，都是极具先锋性的。整个综合体包含了一所私人音乐学校和一个音乐演奏大厅，一些必要的私人工作室和雕塑室，以及生活区。音乐厅是整个建筑的主体，包含了一个可升起的舞台以及一个位于入口处的巨大圆形窗户。建筑外立面上的许多小窗口起到装饰作用，并象征着音乐当中的“音阶”。大约过了30多年，世界上才出现与其类似的建筑设计形式，比如勒·柯布西耶的朗香教堂，或者是扬尼斯·克塞纳基斯（Iannis Xenakis）设计的拉图雷特修道院（La Tourette）的西立面。在这栋建筑中，内部廊道所设计的竖直窗中梃，则是基于《皮托普拉克塔》的乐谱而设计的。

我要讲的另一个高夫的作品，是位于俄克拉何马州诺曼的建筑学院大楼。高夫将这栋建筑安置在了杰西·欧文斯体育馆的下方（杰西·欧文斯是一位在1936年柏林奥运会获得冠军的黑人运动员）。高夫的这一做法不仅解决了从那个时期开始直至今日，最为重要的问题，即兼具功能性和“节能性”，有效地利用了体育馆下方的闲置空间，还完成了这所学校的室内设计，并在此亲身执教了许多年。只是可惜命运弄人，这也是他个人生涯以及名誉上的一个“诅咒”。后来学校以

杰西·欧文斯体育馆，在其下面设置了建筑院校（照片由笔者拍摄）

所谓的师生丑闻为由将他从学校开除。几年之后，这所学校又“宣告他无罪”，并且“恢复了他的声誉”。学校还以他的名义颁发奖学金和设置奖项,甚至还以他的名字“起誓”。布鲁斯·高夫一生追随者无数，单是卡比亚小组（Friends of Kebyar）的成员数量就超过500人。

同样在俄克拉何马州的诺曼，巴维格住宅（Bavinger house）相对而言是高夫更加为人所知的作品之一，同时也是20世纪在结构上最大胆尝试的建筑作品之一。建筑以中心的柱子为承重基础，其他所有的构件均是通过缆绳悬挂在空中的。平台、“桥梁”以及“T台”，全部按照平面图上的螺旋形状盘旋上升，外部由许多承重的螺旋砌筑墙体围合而成，而建筑所需的石材，也都是就地取材。我当时恰好在当地参加一个建筑类的教学会议（ACSA，Association of California School Administrators），因此顺便同来开会的许多建筑师们一起参观了这个建筑作品。当我们一路“旋转”上升，所有内部的悬浮构件都在晃动，就好像这座建筑的设计者就是为了吓唬那些胆小的入侵者似的，当然也包括了我们。因为我知道高夫在设计这所房子的时候，并没有考虑过会有如此多人同时拜访这栋建筑，所以出于个人人身安全考虑，我决定尽快从房子里走出去，因此并没能去到顶部。高夫当年是为一户人家设计的这所住宅，而不是一群“狼”……

巴维格住宅，建筑师：布鲁斯·高夫（照片由笔者拍摄，1982年10月13日）

俄克拉何马州诺曼市，列得贝塔住宅（Ledbetter house），建筑师：布鲁斯·高夫，照片由笔者拍摄

高夫在诺曼设计的另一栋小型住宅项目的主入口也传达了同样的感受。建筑的外形酷似一把倒置的雨伞，悬挂在一根水平的金属悬臂梁上。这座住宅位于典型的城郊街区转角处,也是大学校区的居住区。伞的造型为极其朴素简约的外部空间赋予了高贵的个性，极其引人入胜，与此同时内部空间的也采用了流动三维空间的处理方式，无论是细节、家具以及装饰，全部都是由布鲁斯·高夫“亲手制作”，而所有的事物也因此都被幻化得更加别具匠心与独特。我去参观这栋建筑时，发现房子的主人是一位上了年纪的学者，他是一位非常真诚友好的老人，且显然十分喜爱自己的房子并对此非常的自豪。这栋建筑绝对是一次伟大的建筑实验！

鉴于我们之前说到，我和一大群人涌进巴维格住宅内部后所感受到的那种“天摇地动”的感觉，你觉得，当我决定在熙熙攘攘的星期日，去霍普维尔教堂参观时，又会有什么样的感受呢？当我打开大门进入教堂二层中殿时，地板随着我所迈的第一步就开始吱嘎作响。教堂内的所有人都转过头来看到底是谁闯了进来。不知高夫是否故意为之，还是这栋建筑年久失修而导致了这一切。我想应当是第二个原因吧。只是那次进入教堂的空间体验和我的尴尬经历确实使我终生难忘。后来我在某处看到有报道称人们翻修了这座教堂，并把它还原成了最初的模样。我不知道如今这座教堂的地板是否仍然会吱嘎作响，但是可以肯定的是，所有我参观过的高夫的建筑，在那个时代里绝对是史无前例的。高夫不仅为当时那些由知名建筑师设计的大规模相似的建造形式提供了新的方向，如 SOM 事务所或丹下健三的作品，还为如今圣地亚哥·卡拉特拉瓦（Sandiago Calatrava）所建造的桥梁、大礼堂和体育馆等设计奠定了基础。多年以后，布鲁斯·高夫的设计始终保持着谦逊与节俭的态度，甚至或许还有些“粗鄙”的特性。他的作

品如实验性建筑的丰碑，展示了一种“为客户－使用者的体验而服务与实践”的态度，成就了一系列高贵、独特且造价实惠的建筑作品，与那些过于强调“自我”意识的建筑大师不同，高夫的建筑往往会让使用者备感自豪（以上照片由笔者提供）。

我在 1966 年的时候还去参观了波洛克之家（Pollock House）。住宅的所有者是一位老艺术家，我去参观时他刚刚完成住宅的扩建翻新工程。当时他以为我是来买他房子的。而实际上我只是希望能够进到住宅里面感受一下建筑的内部空间。在这之前我早已经研究过这栋住宅的开放式平面图，一系列倾斜 45° 交错的正方形空间，我也在住宅外面拍了一些照片。但是当我走到内部时，我感觉我好像对所有事物都无比的熟悉。无论你站在室内的哪个位置，都能明显地感受到住宅的整体性。快速地环视内部四周，你会立即对周围的一切事物都有所把握，并可以得到一种内部空间和户外繁茂树木紧密连接的感受。此时我发现房子的主人有些怀疑我的来意，我便让他继续讲明翻新后这栋建筑的资产价值……“我在 1957 年花费 67000 美金买下这栋住宅，而当时周围的其他住宅只需要 36000 美金。一年半之前我又花了 30 万美金的翻新费用”……当他说这些话的时候我就在想，这座建筑可以算得上是可持续性住宅的典范，而当时“可持续性”这个术语

俄克拉何马州波洛克住宅（照片由笔者拍摄）

才刚刚出现不久。如果房子的表面能够正朝向太阳，然后覆盖上一层太阳能电池板组件，这座建筑便绝对会是一座完美的可持续性住宅，整座房子就会像一个“太阳能聚集器”，同时也完全不会影响建筑的整体形式，而面朝森林方向有良好视线的一面会被保留下来，毕竟也没有阳光照射那里。不过我所想到的这些并没有空闲和业主讨论。我只是问了一下业主关于这栋住宅内部轻质悬臂的事，因为我曾在《建筑设计》杂志上看到过相关的图纸。这个悬臂将车库与居住空间合并在一起，为使用者提供了避雨空间。最后业主也没有告诉我为什么去掉了这个悬挑结构。

任何读到这部分内容的人，尤其是学生朋友们，我强烈建议你们去仔细研究一下高夫在《建筑设计》（1978 年第 10 期，第 48 卷）杂志上刊登的所有建筑平面图和相关图纸。尽管他设计的建筑都各不相同，但是无论是哪一个，都拥有它们自己的灵魂，也是高夫的灵魂！我相信他那自由创造的精神与意志如今也吸引着无数当今的年轻人。如今在高消费和持续经济危机的形式下，“大规模电子计算机创作的悬浮结构”不断出现，随着人们对可持续性建筑需求的提升，最终会回归到一种建筑的多样性当中，一种“小规模”且“规范”的多样性。在这种形势下，布鲁斯·高夫的作品将会被作为典范在建筑界起到举足轻重的作用。

自高夫第二次到阿灵顿做演讲的 40 多年之后，我收到了一封来自我曾经的学生利兰德·德克尔（Leland Decker）的来信。他当时在我的网站上读到了一些关于布鲁斯·高夫的内容，也正是这些早期的文字启发了我写下上述的那些内容。利兰德在信中写道：

> “我至今仍记得布鲁斯·高夫在阿灵顿的第二次讲座。那也是我人生中参加过的最精彩的一次客座讲座。能有机会和他一起欣赏那些他倾尽一生完成的建筑作品让我感到无比荣幸，我甚至因此终于将詹克斯给我签名的《后现代建筑语言》（*Language of Post Modern Architecture*）取下书架，努力读完。遗憾的是因为当年我所处的年级比较靠后，所以没能有福分和其他人一样在您的工作室里待上一个学期，但是我认为，那些学生所展现出的活力和自信依旧感染了整个学校。
>
> 我还记得高夫先生在俄克拉何马州给那些模仿他作品的学生们的建议是：
>
> **“不要效仿我，因为连我自己都不会这么做。”**
>
> 感谢多年前您为我们创造了那样难忘的一次经历。

……而现在我想要说的是，我也要感谢利兰德·德克尔，是他让我想起上面信中那段加粗的文字……可惜的是，只有很少一部分他的学生可以坚持不去模仿他的风格……”

布鲁斯·高夫的学生和助手在俄克拉何马州设计的建筑作品。从左到右：俄克拉何马城市银行、社区寺庙和赫布·格林（Herb Green）在俄克拉何马州诺曼设计的住宅（照片由笔者提供）

巴特·普林斯

布鲁斯·高夫

查尔斯·詹克斯

巴特·普林斯

我第一次见到巴特·普林斯（Bart Prince）已经是很多年前的事情。他的年纪比我小，那个时候他刚来到阿尔伯克基（Albuquerque），满怀期待地准备开始他出色的建筑职业生涯。那也是我在新墨西哥州的第一年，那时安托内·普雷多克刚离开新墨西哥大学，并已经以独立建筑师的身份做了一年。他那时刚完成了乔治·赖特法学院大楼项目，委托人是沃尔特·格罗皮乌斯的一个学生。那之后又过了几年，我在得克萨斯遇到了布鲁斯·高夫。有时，仅仅是知道或者是遇见某个人，可能就会对你有莫大的帮助！尤其是这个遇到的人对你个人做了些特别有意义的事情时，可能是通过他们所设计的作品，所写的文章或者是直接给予你的教诲，即使他们可能并非刻意，甚至是一些极其微小的建议或者窍门，都能为你后来的人生提供莫大的帮助。查尔斯·詹克斯就曾给过我这样的小建议。当年我们一同在达拉斯旅行，途中在韦尔顿·贝克特设计的凯悦酒店顶层的旋转餐厅吃饭，他告诉我只要在拍摄过程中使用一个简单的偏光镜就能使我的幻灯片有完美的深蓝天空，同时避免曝光过度。而这仅是我从詹克斯一人身上得到的帮助！类似的事情还有很多，我会在关于里卡多·莱戈雷塔和约兰·希尔特的章节中进行详细说明。我和巴特、里卡多二人都是多年的故交，我在新墨西哥州时就与他们相识，直到我被迫返回希腊，我们一直都保持着联系。我与里卡多·莱戈雷塔之间伟大的友情，曾支撑我走过无数次人生低谷，不管是在得克萨斯州还是在新墨西哥州。我们都曾在我们各自的职业生涯中经历过极大的痛苦。莱戈雷塔是建筑界的伟人，而我只是一个普通的外籍学者，因此如今看来我们之间的革命感情显得过分的亲近与私密。无论在严格意义上的设计是什么，设计都应当是基于实际的情况且满足现实需求的。可以明确的是，这本书中的我还会陆陆续续提到很多人，但是在这章里，我只想写一些与巴特·普林斯有关的事。

我可以很自信地说，巴特在早期时是非常尊敬甚至可以说是崇拜我的，谁知道当时他能从我这个比他稍微年长、“颇具胆识”的年轻希腊人身上看到什么。或许是因为我敢于在一些公开场合与那些故步自封、束缚了巴特创造力双手的迂腐传统思想叫板的关系？这位当时刚刚成为注册建筑师的年轻同僚，当年同样勇于质疑那些来自西南地区的“建筑大师”，比如约翰・高・米姆。当他尝试利用当时还没有人使用过的新材料和建造手法，建造十分适宜当地情况的建筑形式和结构的同时，还要忍受周遭的谴责和反对声音。巴特自始至终都十分支持我，无论是以信件还是言语的方式，就像我一生的挚友莱戈雷塔一直以来对我的支持一样。我遇见巴特的时候，他正在乔治・永利（George Wynn）手下工作，乔治・永利曾在菲利普・约翰逊的工作室工作过，后来在阿尔伯克基开了一家规模不大但是十分活跃的建筑事务所，他们的作品风格大胆新颖，与当地“模仿传统”的大部分专业人士截然不同。巴特始终支持那些与我类似的、能为他的研究提供理论基础的人。他自己的立场也随着他设计的犹太教会堂的建成而更加明晰。据传当时永利的那些专业对手，一些年轻的建筑师以及建筑学专业的学生们，纷纷议论谁才是这个建筑真正的设计师，直到后来由克里斯托弗・米德（Christopher Mead）撰写的关于巴特・普林斯的书出版之后才有了答案，书中明确地说明了巴特，这位在永利事务所工作的才华横溢的年轻雇员，为这个方案提供了决定性的设计意见。于是巴特・普林斯由此成为当时镇上的热门话题。他的设计方案总是如此独特，即不是“奇怪”，但明显和那些随处可见的传统土砖房屋截然不同。这个话题在当时的热议程度，简直就好像是某些化学反应将要发生一样！……在随后的一次当地美国建筑师学会会议之后，我针对“盖章平面图”（plan stamping）的这一问题提出了更明确的强调和声名，因为我认为只有真正设计了那些建筑并且对于这些建筑建造的实施具有“战略实践性的责任感”的建筑师，才能最终负责为设计图纸审核盖章，而不是近年来越来越多的、试图追求拥有这项“生杀大权”的室内设计师或者是其他人，因为他们的工作主要是根据并尊重建筑师所设计的内容本质和性能来进行的。几天后，巴特给我写了一封信，我一直保留至今。也正是这封信，开启了我们之间持续多年的友谊和相互尊敬。让我印象最为深刻的，还是他对设计的一腔热情，这一点甚至体现在他书信文字的构成与布局，甚至整封信的构成都是如此。除此之外，便是他对书信内容的极度关切与细心，无论是字迹的清晰度，手写字体的圆润度以及用词的简练度。这位年轻的建筑师显然是想让我明白，他不仅仅是认同我的一些观点，更是在以这种方式告诉我，他自己对设计的定义。自那以后的很长一段时间里，我和巴特・普林斯都有书信往来。甚至在电脑出现后，仍旧保持着手写通信的方式。他总是用浅灰色的信封上点缀着有金色叶子的

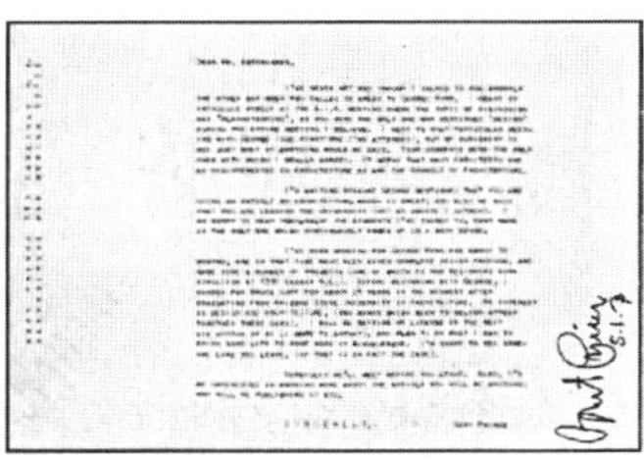

以色列会议中心，建筑师：乔治·永利，1971 年竣工，照片由笔者提供，选自《阿尔伯克基的建筑》(*Albuquerque Architecture*)，美国建筑师学会版，1973 年

Dear Mr. Antoniades,

I've never met you though I talked to you shortly the other day when you called to speak to George Wynn. I meant to introduce myself at the A.I.A. meeting where the topic of discussion was 'plan-stamping', as you were the only one who mentioned 'design' during the entire meeting I believe. I went to that particular meeting with George (the first one I've attended), out of curiosity to see just what if anything would be said. Your comments were the only ones with which I really agreed. It seems that many Architects are as disinterested in Architecture as are the Schools of Architecture.

I'm writing because George mentioned that you are doing an article on architecture, which is great; and also he said that you are leaving the university (not by choice I gather). I am sorry to hear that, as, of the students I've talked to, your name is the only one which continuously comes up in a good sense.

I've been working for George Wynn for about 14 months, and in that time have been given complete design freedom, and have done a number of projects (one of which is now beginning construction at 1830 Vassar N.E.). Before beginning with George, I worked for Bruce Goff for about 2½ years in the midwest after graduating from Arizona State University in Architecture. My interest is DESIGN AND ARCHITECTURE, (two words which seem to seldom appear together these days). I will be getting my license in the next six months or so (I hope to anyway), and plan to do what I can to bring some life to some work in Albuquerque. I'm sorry to see someone like you leave, (if that is in fact the case).

Hopefully we'll meet before you leave. Also, I'd be interested in knowing more about the article you will be writing; who will be publishing it etc.

Sincerely,　　　　Bart Prince

亲爱的安东尼亚德斯先生，

尽管我从没见过您本人，但我曾在您打电话找乔治·永利时和您有过一次短暂的交流。我本想在那天您关于“盖章平面图”的 AIA 讨论会上向您介绍我自己，如果我没有记错，您是在整个会议期间唯一一个曾提到过“设计”（Design）这个词的人。那天我和乔治特意赶去参加了那次会议（这也是我第一次参加的会议），并一开始只是好奇大家会说些什么。而您的一些观点是众多观点当中我唯一认可的。那场会议让我觉得，包括很多建筑院校在内，很多建筑师对建筑设计本身实际上都没有什么兴趣。

我会写信给您是因乔治曾提到过您正在撰写一篇关于建筑学的文章，我认为这实在是很棒的一件事。此外我还听他说您将要辞去大学里的工作（我猜测并不是您自己的本意）。对于这个消息我真的感到很遗憾，因为您是唯一一个，在我所有谈论过的学生当中，只有正向风评的人。

我已经在乔治·永利的事务所工作了大约 14 个月了，这段时间里永利给了我完全的设计自由，并且至今为止也已经完成了一些实际项目（目前正在建设的项目位于新英格兰瓦萨大街 1830 号）。当我从亚利桑那州立大学（Arizona State University）建筑学院毕业后，我曾在美国的中西部为布鲁斯·高夫工作过两年半的时间。我的兴趣是**设计和建筑学**（如今这两个词似乎很少一同出现了）。在未来的半年里我应当可以（至少是我希望）得到注册建筑师的证书，并且也希望可以在未来的日子里为阿尔伯克基带来一些更富有生机的设计作品。看到像您这样的人的离开我感到很难过（如果这一消息属实的话）。

我希望在您离开前我们能见上一面。同时，我也很希望能了解一些关于您日后所写的那篇有关于建筑学的文章的事，如“谁将会对其进行出版”等等。

真诚的，
巴特·普林斯

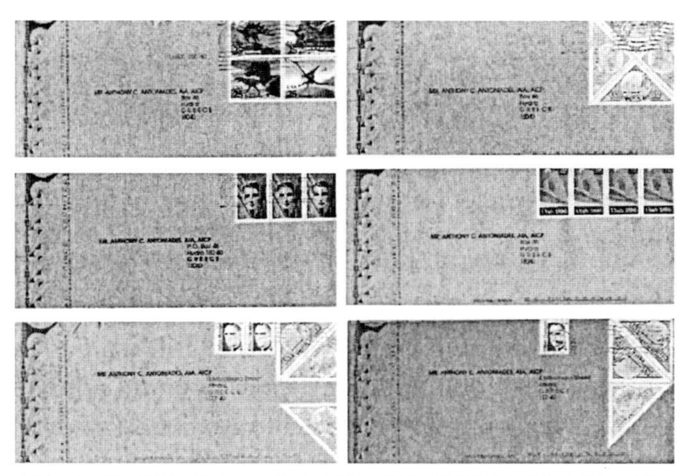

巴特·普林斯寄给笔者的来信，我们可以看到甚至是信封的表面他都会进行一番精心的排布设计
体现了“日常设计中的非对称性”：柏拉图风格、现代主义、多视角等（ACA 档案）

信头，他甚至会考虑邮票在信封上的构图，从而让信封表面极具平衡感，让每次打开信箱和收取信件的过程都变成了一种享受，这与一个人经常在他的信箱中收到的那些垃圾相比,简直就像上天赐予的礼物。信封上的邮戳自身也是一种设计，无论从知性上还是从更宽泛的理性意义上，都格外地具有象征意义:艾恩·兰德（Ayn Rand）、路易斯·奈维尔逊（Louis Nevelson）、欧文·柏林（Irvnig Berlin），还有美国的地貌风情等……只要是巴特·普林斯的建筑作品，简直都是格外的赏心悦目！我曾经到新墨西哥州参观过巴特的一些建筑作品，并也曾在一本希腊杂志上发表过相关的建筑评论文章。

在我继续深入探讨我自己的感受之前，我想先给大家分享一个小故事，那是我第一次到巴特家拜访时亲眼看见的一件事情，只是那天巴特本人并不在家。于是我穿过巴特家前面的人行道准备驾车离开，就在我车后面不远处站着一个小男孩，身旁站着一位牵着他的手的女士，可能是他的母亲或是保姆，小男孩指着巴特的住宅问道：“这是什么？”那位女士回答“这是建筑”（This is Architecture）……“我想成为建筑师”小男孩立刻回答道……当我正想打开车门的时候，这位女士发现我听到了他们的对话，于是我向这位女士询问这个小男孩

蒙特维斯塔（Monte Vista）的巴特·普林斯住宅，在一层有螺旋工作室（左上）
从入口方向看住宅（右上，照片由笔者拍摄，1999 年）

的年龄和名字，她微笑着答道："他叫约翰·休斯顿·德拉蒙德（John Huston Drummond），带'u'的 Huston 而不是 Houston，今年 5 岁了"……之后我把这段对话发表在一篇用希腊语撰写的关于巴特的文章开头。如今我也将这段对话写在这本书中，因为此时那个小男孩很可能已经成为一位建筑师，并且也说不定会读到这本书……对我来说，我当时还算幸运，因为过了两天巴特就回来了，于是我在 1999 年的时候有幸首次参观了这栋我曾无数次地从外面观察过的建筑。整栋建筑像是一朵绽放的巨型花朵，也像是一件珠宝，一件手工打造的"艺术品"。这件艺术品给干枯的阿尔伯克基带来了生机，人们甚至可以从这件艺术品中发现帕提农神庙的影子，虽然建造材料不同，但是却有着同样的关怀和逻辑。在参观巴特·普林斯的建筑之前，你应该已经看过弗兰克·劳埃德·赖特和阿尔瓦·阿尔托的作品，以及巴特的良师益友布鲁斯·高夫（尽管巴特并没有正式在俄克拉何马州念过书，巴特念的是亚利桑那州立大学）的一些建筑，因此看到巴特的设计作品时，你已拥有了一副开阔的心胸和成熟的人生。因为只有这样，你才能意识到这种卓越建筑构造的禁欲主义，以及这种对美学与视觉纹理的遵从与投入，这才是对艺术的传承，是建筑师通过个人的天赋和努力而将我们带到文明的今天，是每一个人的努力，而不是那种集体大生产的工业模式的结果。巴特·普林斯的住宅，将建筑中所有元素和谐地组合在一起、物质的和精神的、有形的和无形的，以创作的方式形成

巴特·普林斯工作室内的模型（照片由笔者拍摄）

艺术：明晰的几何形式、触觉性（Tactility）、材料与细节的结合、细腻的光影变化、丰富的内外部空间、寂静与喧闹、音乐与生命，并且表达了明晰的生活理念与人生观。巴特住宅的中心，是位于首层的一个圆柱形的工作空间，你可以把这里看成这座住宅的大脑。住宅内部的墙上摆满了那些他引以为傲的建筑模型，不管是否建成。这栋建筑你只有亲自去过，亲身去感受过，才能明白当地那些对巴特和巴特住宅尖酸刻薄的批判和指责是多么的荒谬。这些指责其实是那些低劣的、所谓专业人士的别有用心，因为他们无法忍受任何新生创意的存在，无论是出于个人的自卑或是同行之间的嫉妒，显然他们永远也不会有勇气来参观这栋住宅，因为这栋住宅可以直接与他们对话，使得他们哑口无言。

巴特·普林斯可以说是我见过的建筑师和学者之中，最好的人之一。他是一位伟大的艺术家–建筑师，毋庸置疑有着比晚年的我要丰富得多的经验。这个人或许也曾经在他年轻的岁月中崇拜过我，也许是因为年少的我曾在别人无法想象的短时期内，在那种特殊的环境下，竟然能有所作为。我也曾在我尚未出版的书中，表达过对巴特·普林斯的钦佩。坦率地讲，除了欣赏他的作品和他的才华，我更欣赏他的人品和谦卑的性格；他在这个充满嫉妒与敌意的环境中，在不断地流

巴特·普林斯住宅上层的门（左）
《建筑的世界》杂志的封面（右），笔者曾在这期杂志上发表过有关巴特·普林斯的文章

转与繁忙的工作中，依旧关切曾经的故友，关切那些曾经或多或少以各种方式对他的人生和发展有帮助的人们,他总是充满了人性的关怀，并且也总是渴望与他人分享自己的故事和近况。最好的证明便是巴特在 2002 年 11 月 13 日时给我的来信，我也亲自手写了一封回信，信的内容我仅仅和少数朋友分享过，这也是那些“将在几年之后发表”的内容之一。信中巴特向我询问了关于乔治的事情，因为我说过乔治曾和肯尼迪一起搭乘过 PT-109 号船，他想知道这是否属实。为了回答这个问题，我花了好一段时间通过网络寻找乔治当年的一些海军同事，我十分确信我找到了这件事情绝对准确的答案……首先，巴特所说的“乔治”是乔治·安塞利威士斯，然而我实际上指的是乔治·赖特。几年之后，我给巴特打过一次电话澄清这件事，并告诉了他我所指的是乔治·赖特，这是我从网上看到的，原文是由乔治的一位海军同事所写。而那个编号应当是 PT47 而不是 PT109，详细的内容都会被记录在本书第六部分“将他铭记在心”（*Keep him in mind*）的章节里，所以我就不在此赘述了……与此同时，请翻回前面那页，让我们一同来品味巴特·普林斯的来信，因为我认为这着实是十分美妙的体验……

鉴于这一章已经被我写得如此私人且主观化，那么就让我以一种更为主观的，却也是更为严肃的方式来表达一下我的“批判性”观点，这些观点基于我多年对以下会提到的那些建筑师的作品的观察和研究，也是对我那些希腊语的文章进行的凝练和总结，我相信，这对一些知名建筑评论媒体和一些所谓的“先锋派”们而言可能并不是什么悦耳之言：在我看来，弗兰克·盖里、埃里克·欧文·莫斯（Eric Owen Moss）的一些作品，莱伯斯·伍兹（Lebbeus Woods）的一些从未建成的概念项目，还有扎哈·哈迪德一些已经

November 13,2002

Mr. Anthony C. Antoniades, AIA, AICP
Box 46
Hydra 180 40
GREECE

Dear Tony,

It was great to hear from you again and especially since you included me among the few with whom you have shared your 'book'. I certainly have kept your confidences and nobody has seen this but me. What a story! You indeed HAVE had a difficult though very interesting life! I suppose that if you could find an interested publisher there is probably a market for this story. I don't know how many would really 'understand' but as long as the names were changed you should be covered in terms of making additional enemies. I certainly would not want certain of these people here to see this since they are obnoxious enough as it is! I see Anselevicius, Schleger, Cherry etc. on occasion. Most recently was at a memorial for Michel Pellet who died in Paris a few months ago. I don't recall whether you knew him though I imagine you might have come across him over the years. One surprise concerned the PT109. Was it your understanding that George served on that boat with JFK? There's a good tale. Knowing how George likes to tell stories, I'm surprised that hasn't come up. I see him nearly every day since we eat at the same restaurant though we speak only on occasion. He is always very pleasant and has shown a new interest in my work after I completed some townhouse (he calls them row houses) projects here which he likes. He keeps taking his students out to visit which is a nice compliment for me.

How is your work coming along? I hope you are getting some interesting work to do. Thank you once again and my best to you as always.

Sincerely,

Bart Prince

BART PRINCE ARCHITECT
3501 MONTE VISTA NE • ALBUQUERQUE • NEW MEXICO 87106 • PHONE 505 • 256 1961 • FAX 505 • 268 6045

2002 年 11 月 13 日

安东尼・C. 安东尼亚德斯先生，美国建筑师学会、美国泾州规划师学会会员
45 号邮箱
伊兹拉岛 18040
希腊

亲爱的托尼，

很高兴再次收到你的来信，尤其是感谢你将我算作少数可以分享你自己作品的人之一。我一定会保护这本书的秘密性，除了我之外不会再有其他人知道这件事。书中的故事实在是精彩极了！您着实拥有一个艰难却充满乐趣的人生。我想如果您能找得到合适的出版商，那么些故事一定会颇有市场。我不知道有多少人能够真正地“读懂”，但是只要没有提到他们的真实姓名，我想您应该就不会引来不必要的麻烦，尤其是有些人已经足够令人不悦的人，我也着实不想让他们看到这些，就比如说可能会时而出现的安塞利威士斯、施莱格尔、谢里（Cherry）等。前一阵子我参加了几个月前在巴黎离世的迈克尔·佩莱（Michel Pellet）的追悼会。我不记得您是否认识他，不过我想您可能曾几何时遇见过他。有一件有关 PT109 的事情让我颇为惊讶，不知您是否说过乔治曾和肯尼迪曾一起在那艘船上工作过？这真是一件相当有意思的事情。因为乔治特别喜欢讲他自己经历过的那些事情，所以我很惊讶认识他这么久竟然从没听他提起过这件事。我几乎每天都能见到他，因为我们总是在同一家餐馆吃饭，虽然只是偶尔有空的时候才在一起聊天。乔治总是十分亲切，并在看过我最近完成的一些连排别墅的设计后（他管这种建筑叫作排房）表示出了浓厚的兴趣，他还告诉我他经常推荐他的学生们去参观一下我的作品，对此我感到颇为荣幸。

不知道您近来工作如何？希望您能做一些自己感兴趣的事情。再次感谢您的来信，一如既往地祝您一切顺利。

真诚的，
巴特・普林斯

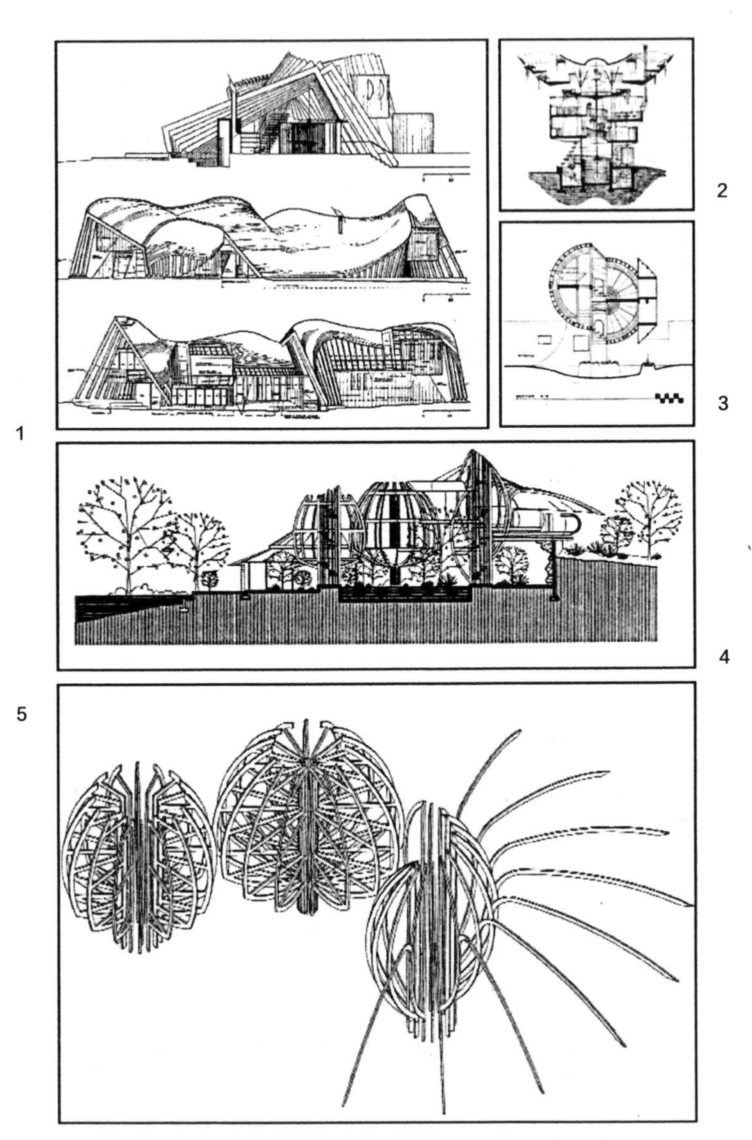

1. 顶点住宅（Height Residence），加利福尼亚门多西诺；
2.&3. 位于新墨西哥州阿尔伯克基的汉娜住宅，剖面；
4. 希尔肯（Skilken）住宅剖面，1 号方案；
5. 希尔肯住宅设计方案的花形结构构建轴测细部

建成的作品，甚至我敢说还包括建筑大师圣地亚哥·卡拉特拉瓦和伦佐·皮亚诺（Renzo Piano）的作品，都应当归功于，或很可能是受到了巴特·普林斯，以及必定是受到了布鲁斯·高夫和赖特的影响。遗憾的是，这三人中只有赖特受到了大众的认可。如果你留意他们作品的完成时间，你就会发现，那些20世纪80年代莱伯斯·乌兹工作室中的草图，普林斯在70年代早期的时候就画过了……只是巴特那时在“建造”，并且作品中没有所谓的“包豪斯项目”罢了。巴特总是在自我演化，他会去感知自然的流动和韵律，倾听云与风的声音，从植物、花朵和所有鲜活事物的碎片中，从沙漠中的蜥蜴、天空中的老鹰和大海中的贝壳中去探寻几何的构筑方法，他会通过自己热爱的音乐等事物来寻找灵感并逐渐成长，他是一位才华横溢且格外勤奋的“注册建筑师”；他是通过高夫，由赖特进化而来的、拥有自身独特色彩且独树一帜的建筑师，他的作品着实是对灵魂的一种表达！未来的历史学家，这些“客观的人”，无须付诸过多的努力便可以还他以“公正”。我曾拍摄过很多巴特完成的绘画和模型作品，他曾夜以继日地工作，没日没夜地画图，不放过任何细节，除了在巴特个人作品的展出中，还可以在我曾发表过的三篇关于巴特作品的文章中了解到上述这一切，其中几篇发表在中村敏男的《A＋U》杂志上，这些内容绝对可以帮助学生们认识到巴特作品的价值，从而自然就能明白我为什么说巴特是很多成功且知名建筑大师的灵感来源。当然，在通往建筑真理的路上，我现在也应该停止“假设”了。不过请告诉我，你怎么可以说希尔肯2号住宅（Skilken Residence #2）的剖面没有对伦佐·皮亚诺在新喀里多尼亚努美阿（Noumea New Caledonia）的部落文化中心（Tjibau Cultural Center）起到影响或者是启发呢？至于他对盖里、哈迪德的影响也是显而易见的，这一点仅从我在书中所附上的那些草图中就能看得出来，希望读者们能有所思考，并也能因此而感到愉悦和满足。

巴特·普林斯不仅创造了优秀的建筑作品，从哲学价值的角度上来说，也称得上是一位名副其实的建筑大师，这一点毋庸置疑。所以任何一个诚实的人（至少是对自己诚实的人），都会看到他的实力，天赋和毅力，都可以从他的作品中感受到力量，就像我们之前说过的那个小男孩一样，他在看到巴特的建筑时，就埋下了成为一名建筑师的理想种子……

1

3

2

汉娜住宅仿佛是沙漠中的一朵娇艳的鲜花，巴特在当地传统砖土住宅的基础上进行演变，逐步将其发展成为一种沙漠中新的“植物”或“动物”：

1. 位于阿尔伯克基的阿克希尔住宅 [Akhil Residence，照片由克里斯特尔·安德森（Crystal Anderson）提供]

2. 位于里奥兰珠市的茱莉亚·芙住宅（Residence of Julia Fu）

3. 巴特·普林斯 [照片由克里·贝克（Cory Baker）提供，1999 年]

4. “拉伸的琴弦和通往天堂的台阶”：上图是巴特·普林斯住宅大门的细部，下图是图书馆的塔楼（照片由笔者提供）

5. 位于加利福尼亚的拉霍亚（La Jolla）海湾附近的铜矿山和博物馆方案

4

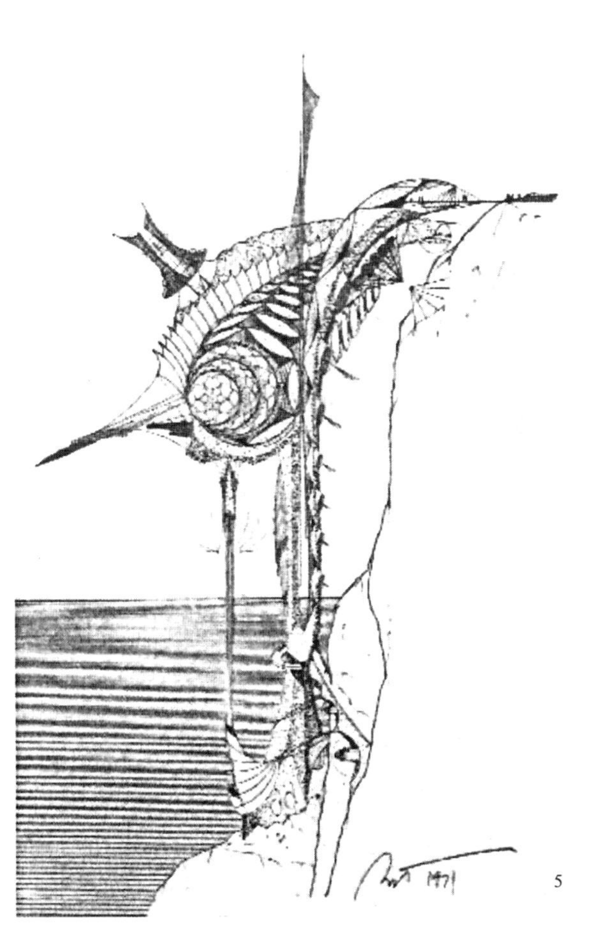

5

布鲁斯·高夫和查尔斯·詹克斯（1974 年与 1979 年）

在本书前面的章节中，我曾介绍过布鲁斯·高夫作为一名建筑学老师的一些事，和他在设计教学方面传授给我的一些经验。鉴于写到这里我的心情已经愈发地放松自在，所以我打算谈谈我和高夫第一次见面时的情形。我们真正意义上的相识，是从那次我去位于得克萨斯的阿灵顿的汽车旅馆接他开始的。前一天晚上，当时在他事务所工作的特里·穆尔也是我的学生从泰勒市把高夫接了过来。在这之前，我也尝试过通过书信邀请高夫来我们学校做一次讲座，但是他始终都没有答应。直到后来我发现特里在高夫位于得克萨斯州泰勒市的工作室工作，而且那里距离阿灵顿只有 100 英里时，我便决定再做最后一次邀请的尝试。高夫从特里那听说了关于我的事情后，终于接受了我的邀请，并且再三确定需要由特里负责把他送到阿灵顿。于是就有了我们之间的第一次会面。我将汽车旅店预定和安排的细节交给了特里，毕竟他显然比我更了解他老板的喜好，令我惊讶的是，如此著名的建筑师竟然十分乐意住在汽车旅馆这种便宜且狭小的地方。高夫本人极其真诚亲切，这让当时的我感觉他简直就像是我的故友一般。他完全没有对略显简陋的住宿环境有任何抱怨。我们彼此聊了许久，一起谈论了很多关于学校和他讲座的话题。讲座在学校的汇报大厅举办，当天吸引了相当多的观众。讲座结束后，我们三个一起共进了晚餐。整个晚上我一直记录着同高夫的谈话内容，因为他谈到的所有话题都充满想象力。他谈到点的要素、音乐、德彪西（Debussy，法国作曲家）、韵律，每一件事，真的是每一件事都不容错过！“赖特先生”高夫说，“赖

PROF. ANTHONY C. ANTONIADES,
DEPARTMENT OF ARCHITECTURE
THE UNIVERSITY OF TEXAS AT ARLINGTON

DEAR MR. ANTONIADES ::

THANKS FOR YOUR LETTER OF JANUARY 21 REGARDING MY VISIT TO YOUR SCHOOL.

THE EVENING OF FEBRUARY 6 AT 7PM IS STILL FINE WITH ME AND YOUR SUGGESTIONS ABOUT TERRY MOORE PROVIDING TRANSPORTATION BOTH THERE AND BACK AND YOUR ARRANGEMENTS FOR MY OVERNIGHT ACCOMMODATION AND EXPENSES (TO BE TAKEN CARE OF BY YOUR SCHOOL) IS FINE WITH ME.

I WILL NEED A 16MM SOUND MOVIE PROJECTOR AND OPERATOR, AS LARGE A SCREEN AS POSSIBLE, A 35MM SLIDE PROJECTOR AND 5 EMPTY CARROUSSEL DRUMS 88 CAPACITY EACH. ALSO A MICROPHONE AND PODIUM. TERRY MOORE HAS SAID HE PLANS TO TAPE THE TALK.

I AM ENCLOSING A COPY OF SOME BIOGRAPHICAL NOTES AND A RECENT PHOTO FOR PRESS MATERIAL. PLEASE RETURN THE PHOTO AFTER THEY HAVE USED IT.

I LOOK FORWARD TO MEETING YOU BEFORE THE TALK AND BEING WITH YOUR SCHOOL.

YOURS SINCERELY,

JANUARY 30, 1974

安东尼 · C. 安东尼亚德斯教授
建筑学院
得克萨斯大学阿灵顿分校

亲爱的安东尼亚德斯先生，

非常感谢您在 1 月 21 日邀请我到你们学校去的来信。

我在 2 月 6 日晚上 7 点的时间依旧是比较方便的，我也十分同意您让特里·穆尔来负责我的整个往返行程的建议。关于住宿和其他花销（由您所在的学校方面负责）方面的安排我也没有任何意见。

关于设备方面，我需要一个能播放 16 毫米胶片的有声投影仪以及能够操作投影的工作人员，同时我还需要一个尽可能大的屏幕，一个能放 35 毫米幻灯片的放映机和 5 个空的旋转鼓，每个鼓要有 88 张幻灯片的容量。再就是我需要一个话筒和一个演讲台。此外特里· 穆尔告诉我说他会把演讲内容都录制下来。

我随信附上了一份我的个人简介和一张我近期的照片，以供相关印刷材料使用。并希望能在用完之后，将照片归还于我。

我很期待在演讲前能与您见上一面，也很高兴能有机会去到您们学校。

真诚的，
布鲁斯 · 高夫
1974 年 1 月 30 日

BRUCE GOFF ARCHITECT　　Brief Biographical Notes

Born June 8, 1904 at Alton Kansas (on Frank Lloyd Wright's birthday)
Apprenticed to Rush, Endacott & Rush, Architects, Tulsa Oklahoma at age of 12 years. Remained with this firm for 15 years, became partner in 1929 when licenced by examination in Oklahoma. Designed the Tulsa Building for Chamber of Commerce and Tulsa Club in 1923, the Boston Avenue M.E.Church at the age of 22, the Page Warehouse in 1928, etc..all in Tulsa.
Dissolved partnership with A.Endacott in 1934 in order to move the Chicago and work on architectural and industrial projects with the sculptor Alfonso Iannelli. Also taught at the Chicago Academy of Fine Arts and became design director for the Libbey Owens Ford glass company.
Resumed own private practice in the Chicago area until 1942 when he enlisted in the U.S.N. Seabees (world war "2"). Designed many structures for them in the Aleutian Islands and later at Camp Parks California. After his discharge, 3 years later, he opened his office in Berkley California and practiced there until 1947 when the University of Oklahoma invited him to head their School of Architecture as chairman. He held this position for nine years until he resigned to resume his own practice in Bartlesville Oklahoma.
Six years later he moved his office to Kansas City Mo.
In 1969 he gave a lecture tour on Japan, followed by visits to Thailland, Bali and Hawaii. Later that year he was selected by the Colloquim of Architecture International to represent the United States at their meeting in Liege Belgium. After that he lectured in Belgium, Holland, Germany, France and Spain with exhibitions showing his work.
Upon his return to the United States a large exhibition of his Architecture and paintings was sponsored by the Architectural League of New York.
The first "complete" monograph of his work "Bruce Goff in Architecture" by Takenobu Mohri was published in Japan in 1970.
Bruce Goff then moved his office to Tyler Texas where he continues his practice there and in many other states.

Publications of Goff's work have continued to appear nationally and internationally, since the first in 1918, in Architectural and other journals, books, films etc., and he has lectured at many Architectural schools, Professional conventions, as well as with the general public. These lectures are still part of Goff's activities and this year he has been invited and sponsored by the Taiheiyo-Kohatsu Co., and the Asahi Newspaper syndicate to give major lectures to the general public in Osaka and Tokyo, including T.V. and Newspaper interviews.

The February issue of Bruno Zevi's magazine L'Architettura, published in Italy, will show the first of a series of recent works by Goff.

At the age of 69 Bruce Goff is still a [illegible] iting and painting.

1302 Roseland

布鲁斯·高夫的官方简历（ACA 档案）

建筑师布鲁斯·高夫生平事略

1904 年 6 月 8 日，布鲁斯·高夫生于堪萨斯州奥尔顿市（Alton Kansas，与弗兰克·劳埃德·赖特出生的日子相同）。

12 岁时便到俄克拉何马州塔尔萨的安德特 & 拉什建筑事务所（Endacott & Rush）做拉什的学徒，并在这里工作了 15 年之久。于 1929 年在俄克拉何马州通过考试成为注册建筑师。1923 年为美国商会和图尔加协会设计了图尔加大楼；22 岁时设计了位于波士顿大街的 M. E. 教堂；1928 年设计了纸仓库等……以上所有的设计都位于图尔加。

1934 年与合作伙伴 A. 安德特（A. Endacott）分道扬镳，并来到芝加哥与雕刻家阿方索·伊安内利（Alfonso Iannelli）一起开始从事建筑及工业设计项目。期间曾在芝加哥艺术学院任教，同时还是利赛·欧文斯·福德（Lissey Owens Ford）事务所的主创设计师之一。

1942 年第二次世界大战时应征入伍美国海军，并在服役期间，分别在阿留申群岛和加利福尼亚的柏屋斯营（Camp Parks California）设计了很多建筑项目。退役 3 年后，在加利福尼亚的伯克利建立了自己的事务所，直至 1947 年，应邀接受了俄克拉何马大学（University of Oklahoma）建筑学院院长的职位。在九年的建筑学院院长的工作后，离职并回到俄克拉何马州的巴特尔斯维尔继续开始了建筑实践工作。

6 年后，事务所搬到了堪萨斯。

1969 年时曾在日本、泰国、巴厘岛和夏威夷做巡回讲学。同年被比利时国际建筑学术研讨会（Colloquium of Architecture International）选为美国代表参会。随后又到比利时、荷兰、德国、芬兰和西班牙等地举办讲座以及个人作品展。

回到美国之后，在纽约建筑联盟（Architectural League of New York）的赞助下，举办了一场更大型的个人绘画和建筑作品展。

1970 年毛利武新（Takenosu Mohri）在日本发表了首部关于高夫的个人专著《建筑界的高夫》（*Bruce Goff in Architecture*）。

随后，高夫事务所搬到了位于得克斯萨斯州的泰勒，并且在那里继续着他的建筑设计工作。

自 1918 年以来，国内外经常有媒体曝光高夫的建筑作品，包括建筑等其他类别的杂志、书籍和电影等。同时他还在很多的建筑院校以及一些专业的会议上进行了公开讲座，在普通大众和专业领域学术人群中宣传自己的设计理念。如今，高夫仍旧进行着自己的讲座活动。今年还受到了日本太平洋小松公司（Taiheiyo-Komats Co.）的邀请和赞助，同时日本的《朝日报》（*Asahi Newspaper*）还为高夫在大阪和东京举办了大型的个人讲座活动，当地的媒体也都进行了相关报道。

高夫近期的建筑作品将会在意大利布鲁诺·赛维主编的《建筑师》杂志的 2 月刊发表。

如今，69 岁的布鲁斯·高夫仍然坚持着写作和绘画的习惯。

布鲁斯·高夫

特先生曾这样做过”，高夫时常会以这句话作为连接下一个主题的过渡词。布鲁斯·高夫从不会掩饰其对弗兰克·劳埃德·赖特的崇敬之情，他之所以如此钦佩赖特是因为赖特启发了他去通过生活拥抱建筑。他说了很多关于赖特的故事，比如他是如何在自己老板的私人办公室里无意间第一次看到了一本关于赖特的杂志，以及来自塔尔萨的建筑师老板“拉什先生”在看到他正在阅读有关赖特的文章时，又是如何跟他谈起赖特的伟大。我的笔记对我了解高夫起到很大帮助。直到后来高夫的学生菲利普·韦尔奇（Philip Welch）写了一本名为《高夫言下的高夫》（*Goff on Goff*）的传记，让我对他有了更深入的了解。

查尔斯·詹克斯在得克萨斯大学阿灵顿分校的讲座现场（照片提供：the Shorthorn）

高夫显然对于他个人经历的时间顺序并不是十分清楚，如果我没记错，演讲那天他说自己在15岁时就在拉什的事务所工作了，而在韦尔奇的书中，他去工作时实际已经22岁了。所以高夫很可能是在刻意隐藏一些事。韦尔奇写的这本传记和由詹克斯主编的《AD》杂志均可以为分析高夫的各个方面提供佐证素材。尤其是韦尔奇的那本书，是根据高夫接受主编采访时的对话编写而成的。这本书包含了高夫最纯粹的智慧与精神，是那种可以启发读者并可以使他们的大脑向着美学与创造力的最高层次发展的杰作。亚瑟·戴森（Arthur Dyson）曾在这本书序言的前三句写道，这本书可以说服任何一个人相信，建筑（architecture）并不是像大多数人认为的、仅仅是建造出的建筑物（buildings）而已，建筑是“人类思想的运作成果”的映射……我与高夫的第二次相见也是我感到最为愉快的一次会面。那段时间查尔斯·詹克斯也来过我们学校做演讲。为了能让查尔斯·詹克斯过来，我作为中间人为了谈妥条件下了不少工夫。那时他的《后现代建筑语言》（*The Language of Post-Modern Architecture*）第一版刚刚问世不久。那个学期詹克斯同时在加利福尼亚大学洛杉矶分校（UCLA）、得克萨斯大学奥斯汀分校（UTAustin）和得克萨斯大学阿灵顿分校（UTArlington）三所大学都有任职。其中他在奥斯汀的职位是通过我与院长豪尔·鲍克斯的介绍而得到的，当年也是豪尔·鲍克斯在阿灵

顿当系主任时雇用的我。自勒·柯布西耶的《走向新建筑》(*Toward a New Architecture*)之后，詹克斯成了那个年代最著名的建筑评论和理论家，一共五周的共事时间，也足以让我和詹克斯建立深厚的友情。我和詹克斯的关系最为紧密的那段时间，恰逢布鲁斯·高夫第二次来到我们学校做讲座。一开始我邀请高夫来我们学校做第二次演讲，他听说詹克斯也会在时，便立即接受了。在我将高夫介绍给詹克斯认识时，高夫对詹克斯几个月前在《AD》杂志上发表的那篇关于他建筑作品的文章表示了感谢 [《建筑设计》(*Architecture Design*)，即《AD》，1978 年，48 卷，10 号刊]。高夫对詹克斯的赞美之词表达了深刻的感激之情……“你甚至在不认识我的情况下就为我写了这么多好话。”詹克斯在这篇文章中表示：“布鲁斯·高夫是世俗世界里的米开朗琪罗”(Bruce Goff: The Michelangelo of Kitsch)，这也是詹克斯写过的篇幅最长的文章引言，文中他说到高夫是一位杰出的建筑师，甚至比赖特还要“更赖特”这种表达方式对于经验不足的读者来说很容易造成误解，但是……这样的说法显然使得这位年长文雅的建筑师大为愉悦。其实在詹克斯和西尔弗早期的著作《局部独立主义》(*Adhocism*)中就把高夫奉为他们的英雄，书中用大量的篇幅介绍过布鲁斯·高夫的作品，并将他称为“最典型的独立主义者，因为他在设计中经常采用不同的材质和多样的结构体系”(《局部独立主义》，1972 年，第 84 页)。他们甚至将高夫同高迪(Gaudi)相提并论，因为高夫曾在战争期间的海军基地服役那段经历，“迫使他学会利用一切现有可利用的材料来进行设计。”这一切着实是对高夫这位年迈的大师极大的赞赏和认可，远比什么“世俗世界的米开朗琪罗”要好听的多，因为这种说辞至少在我看来并不是什么恰当的奉承。但是对此我并没有说什么，并且也没有对书中那些早期参考文献引用上的疏漏进行任何评价。在《局部独立主义》中，詹克斯极其详细地记述了高夫所设计的一些住宅，这让我感觉他们二人之间或许早有联系，尽管高夫和詹克斯都

布鲁斯·高夫和查尔斯·詹克斯一起参观得克萨斯大学阿灵顿分校托尼·安东尼亚德斯的工作室（1978 年春），期间学生正在进行一个位于达拉斯市中心的会议酒店项目，项目要求建筑内要满足 1200 个用房。照片中展示的是学生路易斯·奇梅恩（Luis Chimene）的设计方案。路易斯·奇梅恩当时是一位大四设计专业的学生，现在他在尼日利亚成为一名建筑师，同时也是一名建筑学教授

当天下午我们有针对性地讨论的一些酒店方案模型，从左到右的方案作者分别是：戴维·布伦南（David Brennan）、一位波斯女生、一位美国男生（很抱歉我没能记起他们的名字，如果这几位同学看到这篇文章请告诉我你们的名字，我很乐意把你们的名字补上去），右下是阿尔弗雷德·维多里（Alfred Vidaurri）的作品

布鲁斯·高夫和查尔斯·詹克斯在安东尼亚德斯的工作室里一同探讨路易斯·奇梅恩的方案。布鲁斯·高夫十分欣赏这位外国的学生的方案。高夫正好借此机会给学生们讲了一下他知道的关于非洲艺术和装饰的内容，并与此同时非常客气地向奇梅恩建议道，这些显然是那些他应当在回到他的家乡尼日利亚进行建筑实践时应当考虑的内容

声称这是他们第一次见面。谁知道呢，或许书中的住宅照片也可能是查尔斯和西尔弗从杂志中扯下来的，然后通过观察这些照片写下了他们的文章，因为他们的描述实在是太积极正面了。不管怎样，至少可以看出詹克斯并不想掺和那些上一辈建筑师很可能都说不清的陈年旧事。毕竟有时确实会发生类似的事情……

那天我们三人一同在我的工作室里参观了许久，高夫和詹克斯观看了每个学生的课程作品，并且耐心地给学生们提供了很多中肯的评价和建议。詹克斯也饶有分寸地照顾着年迈的高夫，尽可能地让高夫来表达大多数的建议内容。傍晚时分，詹克斯给学生们进行了一场讲座，而布鲁斯·高夫则是当天的特邀嘉宾。高夫的讲座被安排在了第二天。当天晚上特里·穆尔带高夫去了另外一家比较特别的汽车旅馆，名字叫作“金字塔”。翌日，在布鲁斯·高夫做完讲座后，轮到我亲自将他送回汽车旅馆并跟他道别，特里将在隔天一早送高夫回到泰勒。那天是我第一次来到这家汽车旅馆，实在是令人吃惊！从外面看根本无法想象出这个旅馆内部空间的绝妙。穿过门厅后就进入了一个宽阔的室内空间，周围环绕着房间，位于中心的大型泳池上方罩着一个巨大的温室天窗。这个空间看上去更像是一张异国情调的明信片，异国的棕榈树，笼罩着庄严的氛围。尽管内部装饰风格十分简单朴素甚至有些

天真，毫无奢华可言，但是空间本身和自然的结合以及随手可及的亲切触感，使得布鲁斯·高夫感到惬意满满。“这是一个非常巧妙的空间”他说，“也让这座旅店使人难以忘怀。”从那天起，每当有访客来，我都会尽量为他们预定这家旅馆。不过总是很难找到空房。因为所有路过这里的卡车司机都知道这家旅馆，他们总是会为了晚上能在这里留宿而提前做好预定。这也是我通过最简单的方式所获得的一次难忘的建筑学经验。在旅馆的中央上方加上一个天窗，首层再设计一个泳池和一些树木。如此简单的一个空心内部广场空间让我明白，仅仅是通过最简单的一些手法，也可以创造出伟大的建筑，而也正是这种简单经济的平凡空间，为伟大的建筑师们提供了不平凡的空间体验。

然而就在几个月之后，布鲁斯·高夫便过世了！

……查尔斯·詹克斯仍然奔走于世界的各个角落，努力寻找着那些杰出的建筑师，并帮助他们，让他们的作品为世人所知，也让他们的作品能够真正地被建造出来。这些人当中就包括格雷夫斯，以及像他一样的历史主义建筑师。在我看来，詹克斯当时最为杰出的贡献，

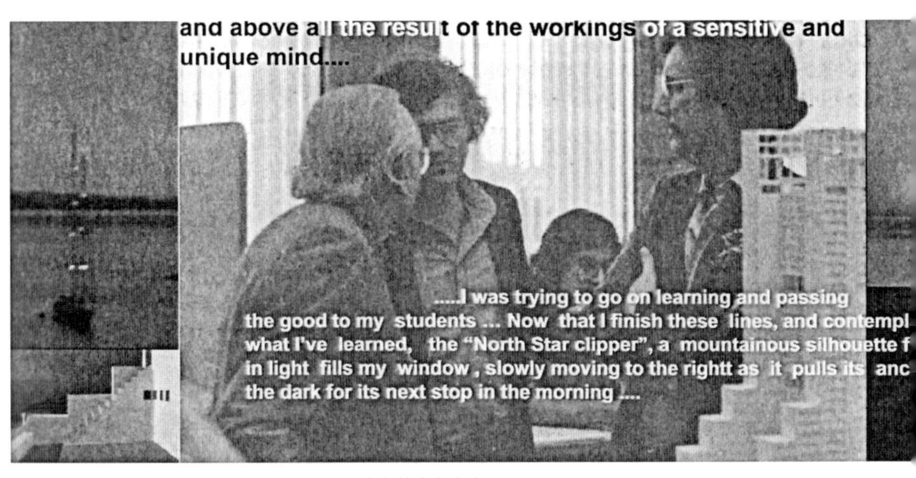

图片上的白色文字：

……我一直在努力不断地学习并尝试将好的事物传授给我的学生们……如今我写下这些话，并思考我所曾学会的事物，窗外“北极星帆船”的巨大轮廓与耀眼的光线一起涌入我的窗户，慢慢地移动到了右边，在黑暗中慢慢地收起了它陈置已久的船锚，准备明天一早再次起航……

Dear Tony, 26.4.87

I do hope the exhibition will be very nice as I ~~do~~ took it seriously and produced new drawings of architectural ideas, kind of blown-up pages of my sketch book in sepia + black ink. Bruno Zevi has written some preview.

I am fine, enjoy life and work, more than before, without any special reasons exept the fact that it is the only life we have been given and shouldnt spoil it.

Yours Foi

1989 年 4 月 26 日

亲爱的托尼，

我期待这将是一场非常成功的展览，我为此作了十分严肃的准备，并且还制作了一些新的建筑概念图纸，就好像我绘图本上的纸都炸开了似的。我也让布鲁诺·赛维帮我提前评估了一下。

我很好，比以前更会享受生活和工作了。因为我终于想明白一件事儿，那就是我们唯一能把握的只有自己的生活，所以没道理让自己不快乐。

你的朋友，
兹维

并非《后现代建筑语言》这本著作，亦不是其他的事情，而是他作为《建筑设计》的编辑，发表了关于布鲁斯·高夫的那期杂志。每当我同我的学生们强调，即便是最廉价的材料也可以创造出“极致”丰富的体验时，我都会提及这篇文章并以当中的内容为例，当然也要在遵循严格的几何原则和笛卡儿逻辑的前提下。远比这些更重要的是，高夫一直都是一位有着包容性“灵魂”的建筑师，他的建筑作品就是他敏感且独一无二思想的最好证明……

兹维·黑克尔

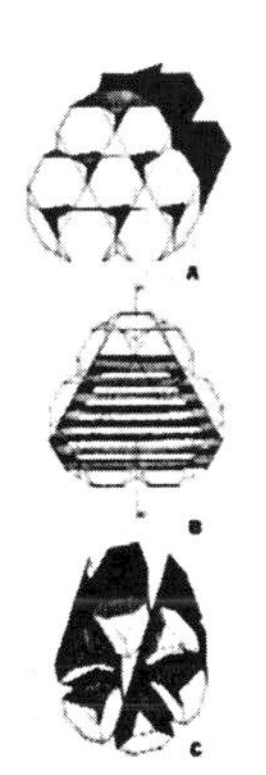

我是在20世纪60年代初第一次看到兹维·黑克尔绘制的极其出色的方案草图，并记住了他的名字。当时我正在翻阅《建筑与设计》（*L'Architecture D'Aujoud'hui*）杂志，在最初的几期中便看到黑克尔的设计。这也是我在国立雅典理工学院上学时，从一位经常出没在我们工作室里的销售员那里购买的第一本外国建筑杂志。我非常自豪能够订阅到这本杂志，并如饥似渴地阅读着1962年7月出版的那期内容，里面介绍了很多弗兰克·劳埃德·赖特和布鲁斯·高夫的卓越作品。几个月后（1963年3月），这本杂志出版了一期关于以色列公共建筑

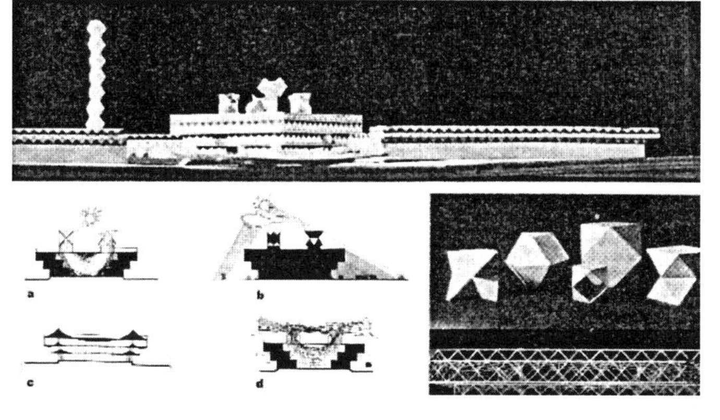

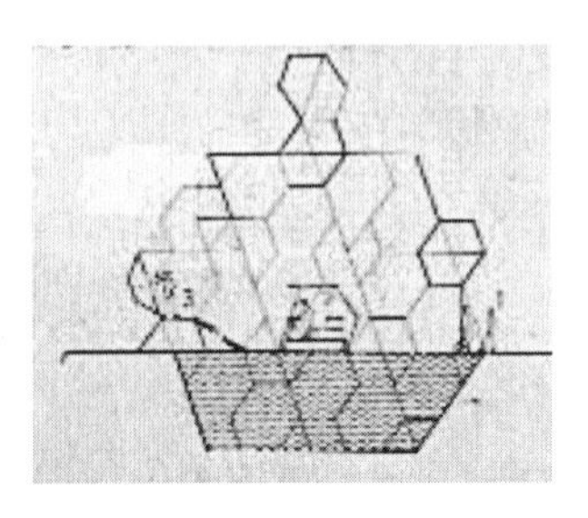

的期刊，其中两个项目的设计师正是Z. 黑克尔、A. 纽曼（A. Neumann）、E. 莎伦（E. Sharon）和工程师L. 赫希霍恩（L. Hirschorn）。这两个项目分别是位于巴特亚姆（Bat Yam）的市政大厅（前页下图）和位于以色列阿尔兹维（Arziv）的地中海俱乐部（club mediterranee）（前页右上图）。不知为何，印象中我以为兹维・黑克尔是整个设计团队的主要设计师，但是多年后这件事情得到了澄清，也通过这件事让我真正“认识了”兹维・黑克尔。那是在20世纪70年代中期，我刚在《AIA》杂志上发表了一篇名为《近代空间》（*Recent Space*）的文章。兹维从以色列给我写了一封充满善意的信表示感谢，感谢我在文章中提到了“6日战争”后他在内盖夫（Negev）沙漠里设计的一栋犹太教堂建筑。

《建筑与设计》在我看来是有史以来最好的建筑杂志之一，在1962年和1963年间，一直在向人们介绍一些先锋性的建筑实践作品，比如拉膜结构（Tensile Structure）、岩土塑膜形式（Earth Sculpted Form）、假想城市（Imaginary City）、多面体结构（Polyhedric Structure）以及涵盖新陈代谢主义（Metabolism）的预制形式与多面体等，极具国际视野。当然，其中一些文章的理论价值也极强，比如黑川纪章等人的文章。黑克尔、纽曼以及莎伦的项目，可以说是当时这些理论最为直接干练的实践作品了，当然，布鲁斯・高夫在俄克拉何马州设计的住宅项目也应当包括在内。这些以色列人的作品深深地印在了我的脑海里！

……当我遇见黑克尔时，也是后现代主义最为流行的时候。那时一大批学者和建筑师每天都把后现代主义挂在嘴边，将严格的几何学和结构原则抛在了脑后，而黑克尔却依然坚守“多面体建筑”的原则，而这也是为什么他在多年后成了几何风格建筑的代表人物……如今，当世界各地的大规模高层和模块式建筑快速发展时，人们却忘记这一风格最初的灵感来源。

我从黑克尔那里了解到，他在以色列理工学院（Technion，即Israel Institute of Technology）念书时的老师就是阿尔弗雷德・纽曼，随后又和E. 莎伦，也是出身于包豪斯学派的以色列建筑师亚利耶・莎伦（Arieh Sharon）的儿子一同成为纽曼的合伙人。中途，黑克尔有

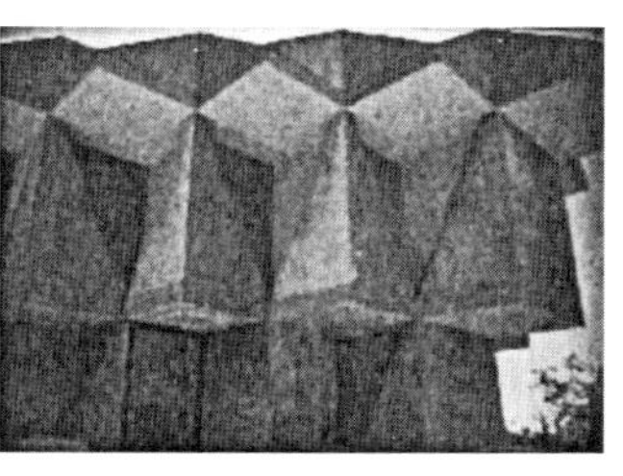

以色列理工学院海法校区实验楼（照片由笔者拍摄）

很长一段时间都是他的导师纽曼的唯一合伙人，后来纽曼不得不离开以色列去加拿大寻求艺术庇护，并在那里成为加拿大魁北克拉瓦尔大学（Laval University）建筑学院的院长。在我看来，位于海法（Haifa）的以色列理工学院的机械工程专业的丹齐格大楼（Danziger Building），以及所有基于巴特亚姆市政厅总体规划方案的建筑项目，都受到了当地大学管理层以及官僚主义人士的反对，因为他们无法接受纽曼－黑克尔提出的创新建筑形式。不愿妥协的纽曼随即便决定离开以色列，并接任了位于加拿大魁北克拉瓦尔大学的院长一职，留下兹维·黑克尔一人继续在以色列工作。纽曼是一位非常重要的变革创新者，但却有着悲剧性的人生。我曾从兹维那里了解到关于纽曼生平的种种遭遇，特别是在我们一同去参观他们所设计的建筑作品时聊过很多相关内容。兹维总是对纽曼颇为赞许和崇拜，却从来不肯多说细节，虽然其中的一些细节，我早已从《模度》（*Le Corbusier and Modular 2*）中有所了解……

不过兹维还是跟我分享了关于自己的一些细节。兹维·黑克尔于 1931 年出生于波兰的克拉科夫（Cracow），他是西蒙·佩雷斯童年的好友，他从不避讳与我谈论他们儿时以及青春期时一起做过的各种事情。我一直以来都认为兹维与他的这位儿时好友有着十分紧密的联系，尤其在佩雷斯当权之后，对兹维还有许多专业上的帮助……只是兹维的童年并不一直都是“如玫瑰般美好”。早期的兹维似乎总是在永远的“奔波”当中。他 9 岁时纳粹入侵波兰，兹维不得不移居到俄罗斯。他还曾在西伯利亚、乌兹别克斯坦的撒马尔罕住过一段时间，那段时间他在伊斯兰文化的影响下，逐渐爱上了伊斯兰建筑和曼陀罗（Mandala）的图式。战后他重返波兰，而后又在 1954 年移居到了以色列。从此以后这种“居无定所”的生活模式似乎成了兹维生活的一部分。和纽曼一样，兹维在艺术方面同样有着绝不妥协的个性，导致他无法容忍那些反对自己艺术风格的人，这也使得他在自己的创作生涯中树立了很多敌人，因此他时常不得不为了寻找更和平的环境而一次次离开，在学术界的丛林法则里一次次寻找所谓的和平。

我和兹维的个性十分相似，所以我们成了极其要好的朋友。我们经常会在世界上不同的地方遇见对方，在同样的平台上进行讲座，尽管会场空间的大小略有不同。兹维一般都会出现在主会场里，那里往往挤满了崇拜他并且想找他签名的人们，大部分是一些年轻的女士和他之前的学生，还有很多不知名的人和很多东方美女。从他给我写的第一封信开始，我们之间就保持着定期通信的习惯。我们之间通信的数量同我和莱戈雷塔，以及中村通信的数量旗鼓相当，而我与这二位的通信数量在我的档案里算得上是最多的。我十分确定，尤其当我写完接下来的内容之后，这些信件将会为那些研究兹维生平的建筑历史学家提供很大的帮助，并且我希望他们当中的一些人可以去讲述兹维完整且真实的故事。信中提到的与兹维相关的这些人恐怕早已分散在这个世界的各个地方，也因此这些信件所包含的信息更是难能可贵。兹维是一位非常与众不同且喜好写信的人，不过自从电脑时代来临之后，这种沟通方式也就不幸地被逐渐取代了。自从互联网出现，一封封的长信变成了一张张旅行的明信片、关于他作品展的邀请函，以及一些简短的电子邮件。许多人与人之间的温情与人情味也随之消失了。在 20 世纪 70 年代中期，我们之间总会通过信件来表达对彼此的欣赏和尊重，也是这些信件最终将他带到了我的学校来任教，那时的我是建筑学院的课程指导老师。“好的托尼，发送吧”，当年建筑学院院长乔治・赖特做好预算费用，非常干脆地批准了我邀请兹维任教的意见信（见 1977 年 2 月 21 日、1977 年 3 月 15 日的信件等）。

于是兹维和他的女朋友妮查玛（Nechama）一起来到了阿灵顿，这让我感到惊讶，因为在我们之前的通信中，他从未提到过关于妮查玛的任何内容。妮查玛是一位典型精致的地中海美女，后来我才知道她曾经是以色列的世界小姐。兹维当时负责研究生的工作室课程设计内容，另一个工作室则是由卢伟明（Weiming Lu）负责。当时兹维工作室的学生只有两个选择，要么接受多面体理论，要么就离开他的工作室。我们也是从那时起，正式建立了深厚的友谊。我、兹维和妮查玛还有学生们，经常会在课后一起去喝点东西。兹维是一个声音轻柔且温文尔雅的健谈之人，每当谈起建筑相关的轶事或是八卦时，他总是侃侃而谈。我就是从他那了解到彼得・埃森曼和理查德・迈耶其实是嫡亲表兄弟，我还知道了那些住在美国的以色列人和犹太人其实有

兹维工作室中一名学生设计的达拉斯高层多面体酒店，这一方案比荷兰人设计的“云团”（Clouds）早了好多年；笔者和妮查玛、兹维在阿灵顿学院斯威夫特中心（Swift Center）前的合影，当时刚刚结束评图工作

着很大的区别……兹维十分崇拜弗兰克·劳埃德·赖特和布鲁斯·高夫，毋庸置疑，他也受到了我之前提到的《建筑与设计》杂志的影响。他非常擅长讲故事，而且总有说不完的笑话。我们收集建筑趣事的相同爱好进一步加深了我们之间的友谊。

我和兹维十分投缘，他也讨厌所谓的编制，也讨厌周围那些不尊重建筑和艺术的人。他一直在与这些人和事斗争着，甚至还曾因破坏了以色列理工学院一栋未曾按照他的图纸设计而建造的实验室而入狱。兹维是一个反动分子，他反对现状，反对政治家，也反对那些不相信且不支持“同以色列的阿拉伯邻居和平共处”的人们，他的一生都致力于为巴勒斯坦人争取回归自己土地的权益。他还颇具勇气直言不讳地声称“将他列入黑名单”的以色列政府是“最黑暗的政府之一”（详见从兹维给笔者的信件，题目为“写给托尼”，没有具体日期）。渐渐地，也随着他生活与事业的发展，我发现兹维竟是我所见过最多产的建筑师和艺术爱好者之一。他频繁地四处奔走，全年无休地四处举办巡回讲学和绘画作品展览。他的作品大多采用多面体形式以及多面体的处理方法，这种设计理念也逐渐被传播开来。那些最早出现在兹维工作室的建筑方案和设计方法多年后被其他人借鉴，从中获取灵感后并且将这些想法真正建造出来。如今我看到的许多高楼大厦的设计方法，其实都源自兹维·黑克尔工作室的设计理念，如今已在全球范围内流行了起来。放下那些夸张的城市规划和高耸入云的曼陀罗塔楼设计方案，生活中的兹维却是一个非常脚踏实地的人，他很疼爱自己的孩子，总是面带微笑且心地善良，是一个十分高尚的人。作为一个以色列人，年轻时候的兹维很可能有着一头金发，看起来像极了一位来自俄罗斯的王子。他热爱以色列以及中东地区，热爱穆斯林建筑和曼陀罗的几何形态，并总是将他设计中的那些多面体的灵感来源归功于此。

后来兹维回到了以色列。虽然我十分担心，或者说是十分害怕在那个动荡的年代去拜访那里，但是最终还是在兹维的劝说下，终于下定决心在他离开后的第二年夏天去以色列拜访他们。我抵达耶路撒冷的第一个晚上还算顺利，但也不是什么事都没发生。妮查玛当时已经搬到兹维的家里一同生活，所以她把自己的公寓空出来给我住。这栋公寓大楼内部非常漂亮舒适，有着现代主义的风格，并且在高层建筑外立面上使用了石材饰面。我从未见过如此多层的石造外观，实际上这种设计手法让我和兹维都感到不太舒服。这栋公寓位于耶路撒冷的外交区域，旁边就是议会大楼。因为妮查玛非常注意饮食习惯，因此半夜时我在冰箱里只找到了类似黄油和字母饼干这样的食物，我用这种以色列特产的字母饼干沾了点黄油，刚咬了一口，差点没吐出来，这东西居然可以这么酸……第二天他们告诉我那是奶油芝士，是一种我之前从未吃过且对它的味道毫无概念的食物。这就是我在耶路撒冷的第一个晚上……

随后我去参观了圣书之龛（the Shrine of the Book）。这是一座由弗雷德里克·基斯勒（Frederick Kiesler）和阿尔曼·巴托斯（Arman Bartos）设计的纪念碑建筑，之后还参观了兹维设计的拉莫特（Ramot）

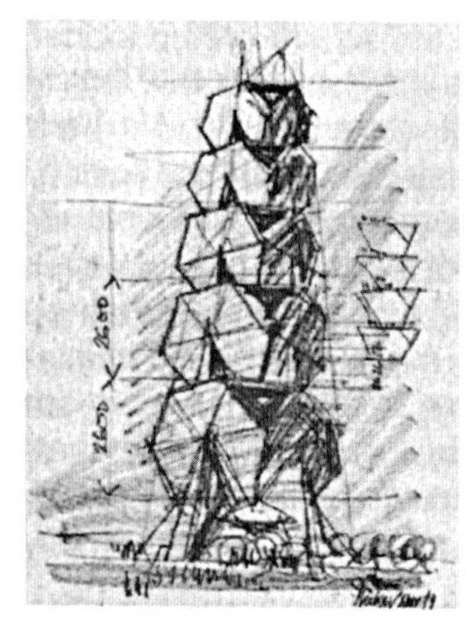

兹维·黑克尔设计中常见的多面体形式。
兹维设计的酒店方案（左）
兹维位于特拉维夫市（Tel Aviv）的个人公寓的内部（右，照片由笔者提供）

住宅。这是一座为虔诚的犹太人设计的综合居所，整个建筑由多面体组成，我去参观的时候正在施工，而旁边就是预制件的加工厂；这次参观过程倒是相当不错的经历；尤其是第一座建筑作品，给我留下了十分深刻的印象，后来我在《史诗空间》一书中对这栋建筑的平面和立面都作了深入的分析（详见：ACA1992，第 265 页）。但是坦白说，拉莫特住宅不知为何总是会让我感到有些不适。至于缘由，我曾在《A+U》杂志上发表的一篇关于兹维·黑克尔建筑作品的文章中，进行了详细的解释,因此在这里我就不赘述了。但是我一定要强调的是，我十分喜爱岩石庙宇（Temple of Rock）和附近的那些基督教纪念碑。时至今日，我仍然记得那天我搭乘一辆公交车到伯利恒（Bethlehem，耶稣降生地）后的经历，在耶稣的圣杯之地（the Grail of Chirst，基督的圣杯，在此处作者应当是指孕育耶稣的出生地——编者注），我同正在值班且曾去过阿索斯山的东正教教徒进行了一场饶有兴致的、关于阿索斯山的对话，在临近他值班结束时，他让我们赶紧把所有信徒们留下的东西带走,包括圣餐（冬青面包）、钱币以及其他所有东西，并对我们说“都带走吧”，这样那些将要接管这里的亚美尼亚人就什么都得不到了。任何教义都只能为自己获取供奉，绝不愿意留给“其他人”任何东西！……我的老天啊，难以置信！

兹维反对耶路撒冷出台的新建造条例，以及那些高层建筑所使用的仿真石材饰面，也鄙视建筑行业中那些反对他的少数派人群的态

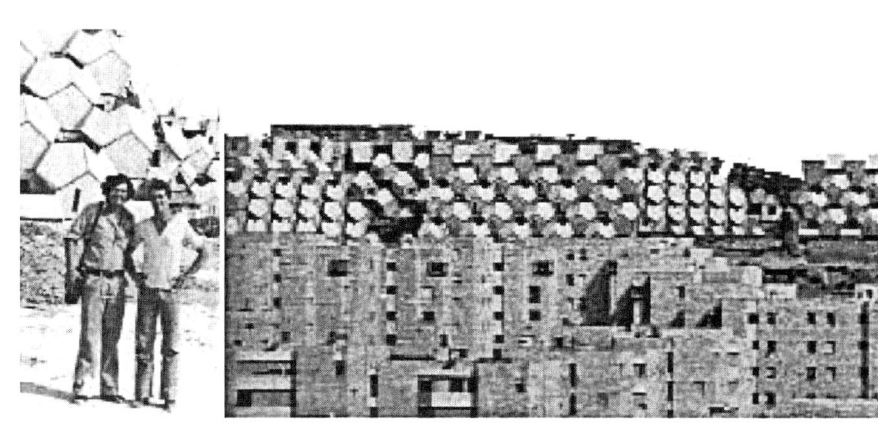

兹维·黑克尔与托尼·安东尼亚德斯（左，照片由妮查玛拍摄）
耶路撒冷的拉莫特住宅（右，照片由笔者拍摄）

度，那些对“正在进行的项目”和新思想引入的背后中伤，以及那些对虚假事物的追捧，因为这些都与真正意义的科技和“传统主义”相左。对此，我十分赞同。当地的住房部显然和兹维之间存在着过节，兹维曾写信告诉我，住房部总是时常找他麻烦。他简直就是处在一场危机四伏的战争中。兹维一直等待着自己人能出来掌权，期盼着多面体建筑设计理念的“出头”之日。然而他们甚至极端地指控兹维“为了讨好阿拉伯人而将建筑标准提升到了普通犹太大众能够接受的水平之上”[详见黑克尔的五要点：“托尼收”（Hecker five Points：“to Tony”），没有具体日期，由笔者提供]。

之后我们去了特拉维夫市。那次的经历令人十分难忘，却也是十分的令人战栗。我从未入住过任何一个需要带着枪的武装人员看护，且四处都是警察和全副武装的士兵的酒店。之后我单独去参观了兹维的建筑作品，就像我跟他说的，我不想有人打扰或是听到任何人的任何解释。只有“我和建筑”。我参观了巴特亚姆市政厅，兹维曾居住的综合公寓大楼，其中兹维的公寓让我联想到了弗兰克・劳埃德・赖特的住宅内部设计，以及位于俄克拉何马州的普莱斯塔楼（Price Tower），因为这些空间内部都充满了各式各样的几何图式。最后，我参观了位于海法的以色列理工学院的建造实验室。建筑采用了简单的几何外形，并且通过折叠屋顶的混凝土板从而提升建筑内部光线品质，当光线照射在室内红色、黄色、蓝色墙壁上，让人心旷神怡，美不胜收！同样在海法，我也看到了一栋至今为止我所见过的、设计最为糟糕的高层建筑，那是位于当地市郊山顶上的海法大学行政大楼。看上去就像是一个带有两三层基座的蛋糕一样，而这栋建筑竟然是这所大学唯一的新建筑……不过谢天谢地，还好那时兹维在我旁边，他跟我解释道：“尼迈耶（Niemeyer）之所以这么设计其实是在向黎巴嫩竖中指，”说着，他便用他的手和手指比画，“就像这样”……这着实好笑，不过这个设计确实太糟糕了……这也许是尼迈耶一生中最差的建筑作品了。几年

之后，我将这件事讲给了斯泰利恩·菲利浦欧（Styliane Philippou），她曾写过一本关于尼迈耶的优秀著作，只是我从未从她那里得到关于“手指故事”的任何回应……兹维是个幽默的人，尼迈耶也是，只是斯泰利恩或许有着不同的看法，她或许比较谨慎，抑或是想法更先进……说不定这其中隐藏着“惊天”内容！谁知道呢，毕竟女人心海底针嘛。

兹维几乎认识以色列所有的知名人士。虽然我察觉到以色列建筑师之间存在着很多敌意，但是这对于我来说并不陌生，因为希腊的建筑圈子也是如出一辙。兹维认识一些当地著名的艺术家、记者、作家，当然还有政治家，而且也是托他们的福，兹维才一直有项目在做。我有一种感觉，那就是兹维就是大家口中的那种所有人都会非常尊敬的“圈外人”。兹维曾同我提到过关于马纳舍·卡迪希曼（Menashe Kadishman）的一些事情，于是我才能够在从希腊回到美国的跨大西洋的航班上认出了他。当时我走到马纳舍身边告诉他我认识兹维之后，余下的整个横渡大西洋的旅程我们就像是认识了多年的朋友一样聊天。马纳舍还为我画了一幅肖像，我一直小心保存至今。他还画了一些他前年在威尼斯双年展上展出过的活羊羔，还有他为一位在得克萨斯的百万富翁设计的花园雕塑。这也是我首次在著作中公开这些珍贵的手稿！我珍贵的卡迪希曼的礼物！兹维多才多艺，他的绘画水平也很高，绘画技法无比流畅与熟练，就像文艺复兴时期的艺术家。在他轻柔的铅笔下绘制出的“多面体”建筑，简直好似达·芬奇的亲笔之作，都是毫无疑问的艺术品！他还会以这些手稿为基础创作雕塑作品，这些手稿在他的手里变成三维作品，最终成为美术馆中的展品，贯穿兹维的一生。兹维对秩序，几何形状与结构都有着很敏锐的直觉，并且都是通过自学而得来的。尽管业内的许多专业学者都颇为反对兹维的设计理念，但他还是一直坚持到处走访授课。当兹维来到我们学校时，他已经在加拿大魁北克的拉瓦尔大学等地从事过一段时间的教学工作了。他曾在美国停留了几个月，在各地进行讲学和展览工作，他喜爱盖得布鲁克（Gradbrook），也爱塔里埃森（Taliesin），还有拥有孟德尔松、迈克利兹和安塞利威士斯的圣路易斯（St. Louis）。不过对兹维来说，

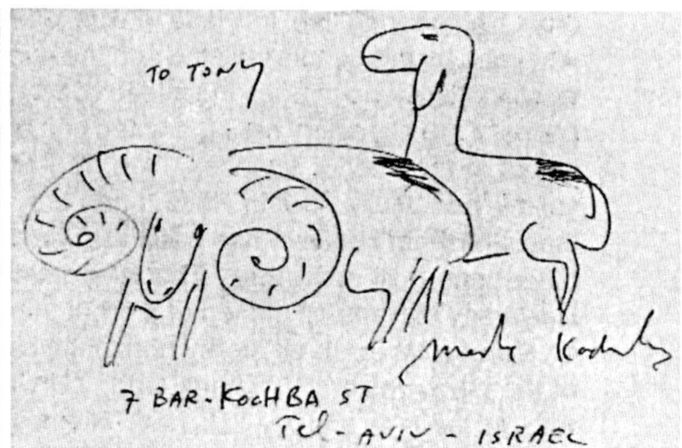

那些在美国度过的时光中最令他开心的还是在得克萨斯的那段日子。当然，他并不喜欢得克萨斯人和在得克萨斯的犹太人，我也曾多次在这些面前为兹维辩护……在这里我就不想多说了！兹维绝对是一位公关大师，心地善良且异常幽默，还充满绅士风度，同时他也对于自己认同的建筑形式有着明确的，甚至近乎教条的评价标准。

他在阿灵顿分校工作了一年后，便到圣路易斯去任教了。当时在我的推荐下，康斯坦丁·迈克利兹向他提出的邀请。除了对多面体建筑形式的钟爱，兹维最关心的则是他的女儿纽莉特（Nurit）。那次我去以色列拜访时，纽莉特正在军队服役。一年之后，我在希腊的父母在家里招待了她和另外三位来自以色列的女中尉。我从未见过纽莉特本人，也没见过随行的几位女孩，但是我相信她们一定都非常美丽。我清楚地记得妮查玛也曾在兹维的来信中跟我提到过一些关于纽莉特的事情。比如纽莉特十分喜欢我妈妈做的饭以及米科诺斯岛（Myconos）的人们……！真是神奇啊！不知不觉间，通过翻看那些数不胜数的往来信件，我发现我们曾探讨了那么多关于那些建筑的内容，关于各种事情的批判性思考，关于世界正在发生的与建筑有关的各种“八卦”，关于他在世界各地的作品、展览，关于我的平面图，以及我们对彼此事业的支持与肯定，他对我回到希腊并取得教授职称的支持等等；当然也包括他对中东局势的担忧，对这个疯狂世界的看法，以及他对那些政治界的朋友们和一些当地的建筑行业死对头们的种种看法。在谈到巴特亚姆（Bat Yam）市长对他的市政厅项目采取了一种视而不见的态度时，我真是相当愤怒，甚至还给在华盛顿的以色列大使馆写了一封信，控诉执政人士缺少对这栋建筑的必要维护，因为这在我看来是对极其温柔善良且温文尔雅的兹维的极大冒犯，兹维在 1981 年 6 月 2 日写给我的那封信中，可以很明确地佐证这点。我已经无法想起我之前给他写过些什么了，但是我想我一定是在向他抱怨一些当时正发生在我学校的事情，因为他在回信中一直劝我冷静下来，甚至还跟我坦白了他对那些无聊的学术人士的鄙视，并将这一切戏谑地称为一场“实践与理论之争”。作为他的朋友，我当然毋庸置疑地与他看法一致。兹维曾在一封来信的结尾附上了一张亲笔画的女儿的画像，并且在画像的左侧写道：“一张画得不是很好的我女儿的画像。”但是在我看来，这张画美极了……！

更多的细节我也不想再一一介绍了。我唯一还要补充的就是我曾花了很长时间，撰写了一篇关于兹维的文章并且发表在《A+U》杂志上，文中包含了很多我亲自用相机记录下来的、兹维在以色列的作品照片。在写这篇文章的时候我非常纠结，因为我实在是没有办法彻底抛开我们之间的友情而真正公正地评判他的作品。虽然我肯定了兹维的许多优点，却可能也过分地批判了他的一些不足。兹维看到文章后并不是很开心，因为他曾来信表示，他希望可以再少一些赞赏，也少一些批判。我并不想特意去找这封信。那些有需要的人自会去寻找。不过不管怎样，在那之后的许多年里我们依旧一直都是很好的朋友。我们一直都保持着联系。他时常会发给我一些关于他设计作品的明信片和照片，比如螺旋式公寓，他在移居柏林后设计的学校，以及在那之后完成的阿姆斯特丹史基浦机场（Shiphol）的设计项目等。2005 年我们在伊斯坦布尔相遇，那次会议上兹维、安藤忠雄和我的一位来自希腊的朋友亚历山德罗斯·通巴西斯（Alexandros Tombazis）都是国际建筑师协会会议的主讲人。我也是在那次会议上首次阐释了我关于“建筑和生命的不同阶段”（*Architecture and stages of life*）的理念，而在这之前，中村还曾将这一理念相关的一系列内容翻译成日文在日本发表。受到我上述这一全新研究课题的影响，我自然而然地关注到兹维这位“逐渐衰老的建筑师”，我发现当他被年轻的男女学生团团围住索要签名的时，看得出他在努力证明着自己的愉悦与荣幸，在这浮夸的世界中努力地散发自己诚挚的热情。我后来把一些拍得不错的照片寄给了他。签名的人群退去后，我走近他，并和兹维紧紧相拥，而周围的这群年轻人，并不知道我们有多了解对方，也不知道我们之间深厚的友情。我相信孩子们喜欢看到这样的我们。兹维在德国停留了很长一段时间，这期间他仍是四处旅行讲课。毕竟他是个十足的犹

Dear Tony, 1.6.1981.

On my return from Italy I found your letter of 12.5.81 and though it's not one of those optymistic declarations so characteristic of you, I was very happy to renew our contacts. It seems to me that schools in general and schools of architecture are by their very structure alien to creative people. I am not sure even if it's a new phenomenon or it's always a long tradition dominating the educational system since its very beginning. Think only of August Perret whos atelier at the Ecole de Beaux Art was never officialy recognized, that Le Corbusier was never asked to teach and that F.L. Wright had to feed cows to make his school meet ends. And I am talking only about the recent history, our own century. There is somthing very basic about the University system which makes it a natural asylum for swindlers and unsuccesful criminals who missed their first chance to be bribed and to exploit their natural corraption on a large scale. Ashamed of their failer, they prefare to deny even to themselfs the fact that no good use was made of their natural talents and had therefore to surpressed their instincts, withdrawing from the circulation, and retireing into the protective respectability of the academy. However, very often they discover that after all somthing still could be done in their new environment saturated with characters like their own.... though personaly I shouldn't complain about the treatment I received in verious schools of architecture I worked, it's my indiference to the so called colleques and lack of interest in their motivations that saved me from getting involved in the power strugle. Well, but I should say I gained nothing and I lost nothing. Your personal investment in this business is however of such magnitude that I belive you should strongly defend your rights and "property". I am sure you can do it with the same energy you run the studio, lecture to students and direct the school.

Here in Israel the situation is symptomatic of the world wide disease, a total lack of good intentions. A sinister character runs the show and he lacks no applause or approval. Let's hope the laws of statistics detect no values and take no moral or imoral positions.

My exhibition in Firenze was a great succes in that sense that it most probably will lead to farther exposure of my work in Italy. In the middle of October I will have a one man exhibition in Torino, and I do hope to have a chance next year to expose my drawings in the most prestigious gallery in Milano which actually was the first to introduce architectural sketches, drawings and models into the lucrative art-businees. But this is yet not sure. What seems however possible is a publication of a book about my architecture by italian publication (which I like very much) in a series devoted to architects. It's more of a visual presentation than verbal-didactic, a kind of catalogue-book, not too pretentious in its character & speaking graphically. When back in Italy in the beginning of October I do hope the actual work will start with my bringing

the material for the book. It's a pity but most probably I will not see you this summer and wouldn't gain from your experance in this field. Having no invitations for lectures in US I will concentrate my interests on Europe with one certain compansatory - good food.

Let me know about yourself and your work which is of real interest to me as I feel close to your thinking and perception of our native surrounding, whether probably because of our historical and personal bounds.

Yours Fi.

1982年1月6日

亲爱的托尼，

我刚从意大利回来，便看到了你在1981年12月5日给我的信，尽管回复得有点晚了，但我还是很高兴我们能够彼此告知对方的近况。在我看来，一般的学校和建筑类院校都是用来培养人积极性的地方。我甚至不确定院校体系在最初的阶段是一种新的现象还是一种主流的传统。就好比建筑师奥古斯特·伯瑞特为了建立艺术学院所付出的那些努力，勒·柯布西耶如此著名却从来没人邀请他去学校上课，而弗兰克·劳埃德·赖特不得不靠养牛赚钱来维持学校的运作。而我说的这些仅仅包括近代历史的事情。大学体系中有一些基本的运行原则，这些原则从本质上讲和收容所、关押罪犯的监狱有着类似的地方。学校给那些没有天分的人一个去处，去重新挖掘和培养自己的才能。这些人往往因为不想面对自己的失败，所以通常会否认自己没有才华的事实，他们只能压抑自己的情绪，投身到保守主义的学术圈里。然而，他们通常会发现在这种新的环境中必须要做出一些事情来引起别人的注意。尽管我知道我本来不应该抱怨那些对我有意见的人，但是我确实发现很多学校里的同事都缺乏工作热情，面对困难的时候总是先考虑如何明哲保身。不过我很尊敬你在这个领域所做的一切，我也赞同你维护自己权利和“财产”的做法。我相信你一定能像你当年在事务所里工作时一样努力，把最好的东西给你的学生们。

在以色列也有类似的问题存在，总有人居心叵测。主持大局的往往不是什么正人君子，周围的人为了保全自己既不支持也不反对。我们现在只能寄希望于法律，能够做到一视同仁，能够公正地处理这些问题。

我在法国的展览非常成功，不出问题的话，我很可能会在十月中旬在意大利的都灵举办新的展览。我也希望明年能有机会在米兰最有声望的美术馆办一次我的个人展，到时候我将首次把我的建筑草图、绘画作品和模型一同展出。不过现在还说不好能不能实现。现在可以确定的是一本关于我建筑作品的书正在出版准备中，由意大利的出版社负责出版（一家我非常喜欢的出版社），这也算是我作为建筑师的一次总结。书中主要是一些图解类的插图，而不是那种不停讲理论教科书式的书籍，里面会包括我这几年做的一些项目，但绝不是那种自我卖弄的个人作品集。我大约会在10月份带着相关的资料回到意大利，然后专心准备这本书的出版工作。

遗憾的是这个夏天我无法见到你了，也没有办法和你一起工作和互相学习了。不过既然没有了那些烦琐的讲座工作，我想我会把注意力转移到另一件在欧洲一定要尝试的事情上面，那就是尝试当地的美食。

希望我们能一直保持联系，相互告知彼此的近况，我们对于周边的人和事的看法总是那么一致，所以在我心里你一直是我最贴心的朋友，也许正是我们的出身背景和性格将我们紧密地联系在了一起。

你的朋友，
兹维

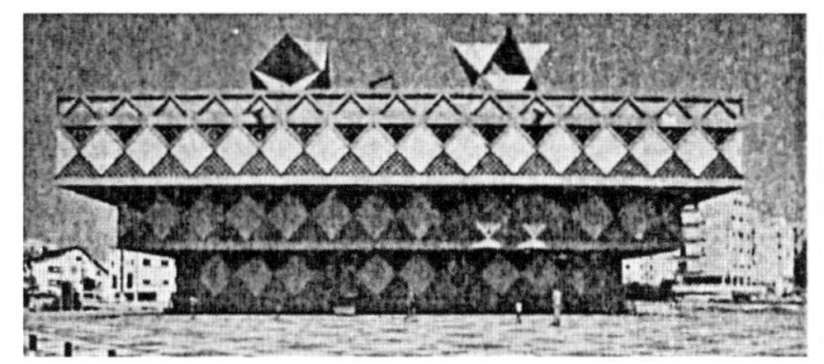

巴特亚姆市政厅（左）
《A+U》杂志（右），封面是兹维·黑克尔的建筑作品（照片由笔者提供）

太流浪者，也是我见过的爱好和平的人中最才华横溢的一位！那时的兹维已经非常了解业内的“游戏规则”。他一直坚持开办个人展，让人们知道他在做什么。他也曾多次邀请我去柏林看展。可惜的是，我终未能参加。如今时代已经变了，我们开始通过电子邮件来保持联络。这简直是文明的一大遗憾！我再也没有收到过他精致的手稿和草图了。

他给我发的最后一封邮件对我的离开起了决定性的作用。邮件中他写道：“……我们一个接着一个地输掉了投标比赛，相信我，那都是些十分出色的设计作品。不过，这就是人生……还好令人欣慰的是，我设计的史基浦综合体建筑项目已经到了最后的施工阶段。”信中他还问我能不能寄给他一份我之前在《A+U》上发表的文章，文章中写了一些关于建筑师们的小故事，其中也包括布鲁斯·高夫。他问我在哪里收集到了这么多“有意思的素材”（详见兹维于2010年9月29日13：10发给我的电子邮件 ）。在回信中，我把我的整篇文章直接发给了他，考虑到可能很多人都对这篇文章感兴趣，并且我也希望将来有人能够从中获益，所以我决定将这封信的内容复制到下面供大家参考：

> 兹维，
>
> 很高兴能够收到你的来信，也很高兴能听到史基浦项目顺利展开的好消息。我很期待他完工后的样子。我最近对建筑行业内正在发生的动态看法等研究内容主要以希腊语为主，最近刚刚写完一本关于弗兰克·劳埃德·赖特的书，内容都是根据我对他的了解以及我在1966年到美国之后特意考察过赖特在美国的那些建筑之后所获得的资料撰写而成的。考察结束后我还曾根据赖特的“规划尺度”（Planning Dimension）写过一篇论文，主要是分析了赖特在城市中设计的建筑作品等［这篇论文当时

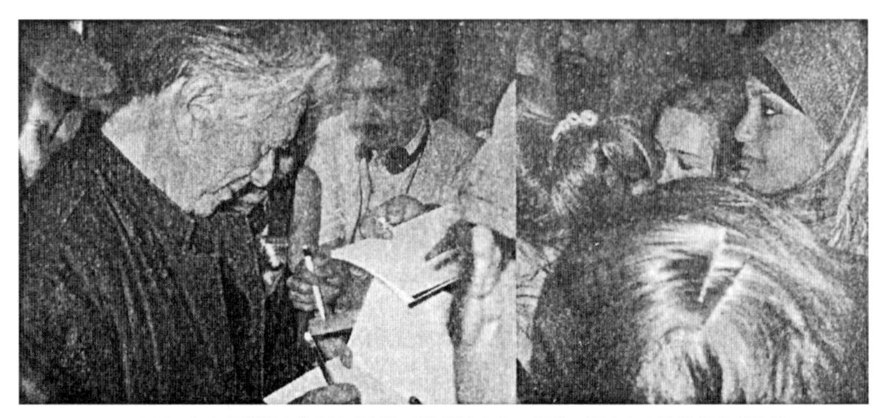

2005年在伊斯坦布尔举办的国际建筑师协会上，兹维·黑克尔在演讲结束后给他的学生和粉丝们签名（照片由笔者提供）

的导师是当时哥伦比亚埃弗里图书馆（Avery Library）图书管理员阿道夫·普莱塞克（Adolf Plazcek），以及珀西瓦尔·古德曼（古德曼是《Communitas》的作者之一，也是我城市规划学位论文的导师）]。我将这本书命名为《从弗兰克·劳埃德·赖特到超资本主义 / 社会主义者的环境设计》（*From Frank Lloyd Wright to Meta-capitalist / Socialist environmental Design*）。整本书都是用希腊语完成的，由希腊当地一个"非主流"出版社负责出版，虽然出版的质量十分一般，但是却是一家非常有创新性的出版社（自由报－自由出版社）。而且最重要的是，我很喜欢这本书。为了完成这本书，我从有关赖特的研究资料中挖掘了许多开拓性的内容，讲到了赖特的"政治维度"以及他与"社会主义 / 无政府主义"的联系。我翻译了其中的一些章节，但是希望你别太较真，毕竟这是我翻译的初稿，在我通读完后我会进行再次编辑和矫正。我相信那些像你一样了解情况并且喜欢赖特的人一定会读懂书中的内容。我也清楚我的这本书一定不会受到那些"塔里埃森"人的认可，甚至那些一直接受着传统教育长大的读者们也很可能不会喜欢这本书。但是无须多言的是，我认为还有必要把这些内容写出来，因为这个时代许多潮流建筑师正在做的，无论是在异域之地还是在杂志上看到的，实际上都是多年前弗兰克·劳埃德·赖特正在做的事。此外，我在这本书的结尾给出了十分明确的态度，将那些现代主义者对他的不满和反对都进行了直接的陈述。不过目前所有的这些内容都只有希腊语版本，但是很快就会有英文翻译版了……不过我是

由兹维·黑克尔设计的特拉维夫市的“螺旋综合大楼”（照片由兹维·黑克尔提供）

想都没想就把我翻译完的部分附在信中寄给你了。

对了，你问的那个关于建筑轶事的问题，其实很多都是你在阿灵顿教书的时候告诉我的，相关的文章在如下一些地方发表过。其中大部分的文章都发表在日本的杂志上：

“Anecdotes About Celebrated Architects”，AIA Journal，January 1979，第 62-74 页

“Architecture from inside Lense”，A+U（Architecture and Urbanism），July 1979，第 4-22 页，英日双版

真的很高兴能收到你的来信。

托尼

安东尼·C. 安东尼亚德斯

另：一个以色列人曾在 5-7 年前写过一封信给我，信中说他正在写一本关于趣闻轶事的书，并且想要一些我在雅典的有趣的故事，我把我的故事手稿复印了一份寄给了他。我猜他可能是通过你找到我的，不过他一直没有向我提起过你（我和这个人也只发过一两封电子邮件而已）。我已经不记得他的名字了，我也从未听说有什么相关的书出版过。

回完信后我找到了一个巨大的棕色信封，里面装满了我和兹维的往来信件。我找出了 2006 年带有史基浦项目效果图的那张新年卡片，仔细地注视着它们。然后我又拿出那本柏林学校的小册子。我一直没能去参观过的这栋建筑。我再一次回忆起我们之间这么多年的友情，然而，却也更多地思考了关于“真相”的内容……评判依据主要基于我多年的人生阅历，包含了我自己的价值观和信仰。不，我绝不能对我的朋友说谎……我说过凡事要做到公平，就像布鲁诺·赛维这样的聪明人所曾经说过的那样……这里没有足够的篇幅让我可以给读者们讲述细节，但实际上我对这所学校的设计并不满意，这种设计手法就

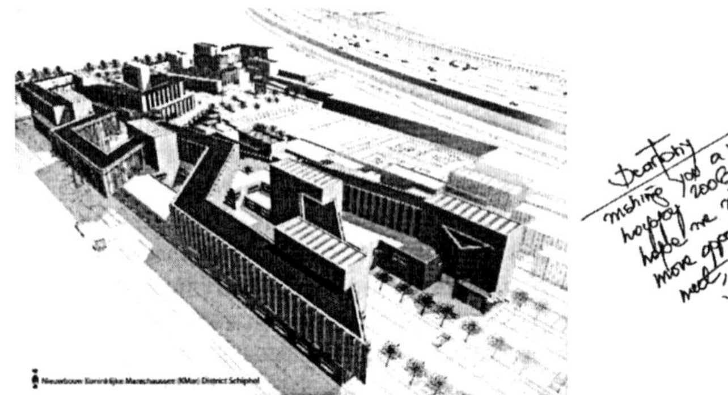

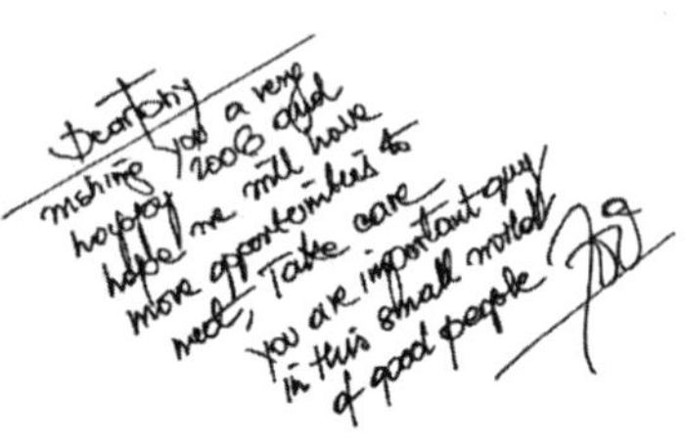

由兹维·黑克尔从纽约寄给笔者的 2006 年的新年贺卡，上面是他设计的史基浦办公开发项目效果图。那时兹维已经把自己的事务所搬到了柏林

明信片上的文字：

亲爱的托尼，
祝你 2006 年新的一年快乐幸福，希望我们能在这一年有更多机会见到对方，照顾好自己，你对于这个好人原本就不多的世界来说是如此的重要。

兹维

像是“强行将兹维－里伯斯金（Zvi-Libeskind）捏合在一起”，我对史基浦的项目也不是特别满意，就像“早期的里伯斯金”设计的那些讨海杜克（Hejduck）喜欢的“Z”字形设计作品类似……不过我所说的一切只是根据这张明信片上的信息得来的，虽然作为明信片来说，我认为还是很漂亮的，尤其是地面上将要起飞的飞机影子。但是，明信片是一回事，而“建筑”则是另一回事。这种大型项目完全是“承包商”的一种“套装交易”，在这些项目中承包商和商人完全是在利用一个伟大建筑师的才能和名字……兹维并不需要做这样的项目……我向来都是更喜欢那个战士般的兹维，那个敲碎玻璃并在建筑上涂鸦的兹维……那个和西蒙・佩雷斯在河畔一同工作的战士兹维……当我下定决心去写这本书的时候，我再次给他写了一封信，以向他确认一些我记忆中他告诉过我的、他和前以色列总统之间的友谊相关事情。因为每当我打算写一本书的时候，或者是在写“任何事情”之前，我都会检索我脑中那些重要的记忆，以确保是我亲耳听到的事情……虽然我最近不断收到他在柏林美术馆举办的展览发来的电子邀请函，但是我依旧一直在等待兹维对于我上面那封邮件的回复……

我相信当我把这本书寄给他的时候，我一定会收到这封期待已久的回信……

特拉维夫市“螺旋综合大楼”的细部
（照片由兹维・黑克尔提供）

“白色蒲公英”

照片由埃蒙·德克尔（Eamon Decker）拍摄（2011 年 4 月 4 日）

由利兰德·德克尔和埃蒙·德克尔提供

诗人的丰碑……

有一天我正在看电子版的《建筑实录》，看到了建筑师吉米·科尔甘（Jimy Korgan）设计的芝加哥诗人基金会大楼的照片和相关图纸。几个小时后他们还上传了诗人比利·柯林斯（Billy Colins）的采访视频。我突然对诗人的这种"商业"化做法感到很反感。我实在无法忍受，于是我便立即在下面的留言中表达了我的想法，尽管网页的上面设计了"匿名"留言，但我还是在下面直接署上我的姓名。立刻有人关注到了我的评论。根据我以往的经验，我知道我的留言很可能不会在那里停留很久，于是我把这条评论发给了我曾经的三个学生，他们身在世界各地、也是我多年的好友，都是不同建筑行业不同领域的成功者，也是"诗人"，当时他们也都已经是50岁左右的年纪。他们收到信息后都给我写了回信，其中第一个回复我的人，主要从事小型建筑项目设计工作，仅在一个小时内就回复了我；第二个人是隔天给我回复的；第三个人几天之后才给我回复，这个人经常游走世界各地，专攻可持续化发展和全球科技进步方面的研究工作。我把我写给杂志的评论一字不差地放到这里与大家分享：

> 在普通人眼中，建筑也好，"诗人"也罢，无论在精神或物质层面，都应把"人"作为自己的"服务"对象，……一栋建筑若是由"诗人"建筑师来完成时，那么这个设计作品也应该如"诗歌"一般。但更重要的是，建筑师或建筑能够从诗人的诗意中学到什么，多年来建筑师都从中学到了什么、又是如何从诗歌中获得灵感的，无论是从文字本身的叙述中，还是当中所蕴含的寓意中。如果一个建筑师不去解读并了解一个地域"人们"诗歌的精髓，也就是他所进行设计的地方的人们的需求，他就不应当在这个地方进行任何建筑实践。因为不论是在古代文字发明以前的口耳相传（史诗时代），还是在那之后，诗人一直通过诗歌传递了灵魂、共同的精神、契约，以及象征性的无论是物质还是精神层次的、人们最深层的精髓信息。史诗诗歌也好，民间打油诗也好，从俳句作者到民谣歌曲，甚至是牢房里罪犯写下的那些诗歌……所有的这些，至少在我看来，诗人和诗歌都是建筑师生命中不可

或缺的一部分，任何人都应如此。但是显然如今“设计”和“诗歌”方面确实存在一定问题：那就是我们一直在试图完成或者“挖掘出”一首可以让全世界一同吟唱的诗歌，这种做法本身就是一种徒劳，尤其是在当下这种四处都是“垃圾”的时代里，不管是物理空间还是在网络虚拟世界，都很难看到真正有价值的东西……这也是为什么在我眼里那些所谓的全球化，明星建筑和明星建筑师都是这一时代失败的产物（从这几年一些人在帕提农神庙西边不远处做的那些设计中就能看出来），而且如果这种现象继续发展下去，只会出现更多失败的作品……我怀疑人们是否能真正地从全球化的角度去思考问题，而不是停留在普世的爱、和平、真诚……或许还有所谓的神这个层面……然而，当所有的这些事情和“金钱”扯上关系，诗歌中所有蕴含的事物便会随之彻底消失……任何一座以经济、市场或者免税条例，甚至以“材料”或者“风格”的角度来评判其“诗意性”的建筑，都终将走向失败的结局……如果卡尔·桑德伯格（Carl Sandburg）、弗兰克·劳埃德·赖特、路易斯·沙利文（Louis Sullivan）都还在世，那该有多好，我十分想知道他们会怎么想，因为他们才是真正了解芝加哥学派诗意所在的人！
最后，我真诚地祝愿这栋建筑能有一个圆满的结果。
真诚的，
安东尼·C. 安东尼亚德斯，美国建筑师学会会员
写于希腊伊兹拉岛
2011 年 11 月 19 日 上午 9：04（美）中央时区

首先身在得克萨斯奥斯汀的利兰德·德克尔给了回复：

托尼，

我认为罗南（Ronan）的方案并没有体现出所谓的诗意。对我来说，他所设计的空间，包括花园都处于一种静止的韵律当中，以一种黑白的方式进行了空间的渲染，单一的玻璃材质和凸出的窗门竖框都让整个空间显得格外单调。建筑中除了人造混凝土，玻璃和金属框架，就是人工预制的胶合板。完全看不到自然肌理的影响。

花园内部设计了几根冰棒一样的树木，而它们的根系和空间，水，以及给予生命的微观生态系统毫无联系，仅有适合植物生长

的土壤也很难让人能感受到慰藉和治愈。顶破岩石生长出来的树苗展现的是一种生命的诗意性，但是一棵长在混凝土板裂缝中的植物只会让人觉得可悲。

当然我也十分认同你对于如今全球盛行的明星建筑的看法，从精神上讲是十分不稳定、且毫无诗意可言的。作为建筑师我们可以从诗人身上学到很多东西，无论是现代简约主义诗人，浪漫主义诗人还是史诗巨匠。更重要的是，我们需要在我们笔下的每一条线、每一个空间、每一种材质背后去探索更深的意义。对我来说，这些意义必定要印刻在使用者的脑海中，并要进而能超越个人或者专业的限制才有意义。作为公共空间的设计者，我们也必须去了解这个空间对使用者产生的心理层面的影响。

不是只有透明的建筑才能让人看清楚。就像雅典卫城一样，虽然整个建筑都是由石材筑成，但是当你从远处望去，可以看到整个建筑局部的韵律性，当你朝着卫城山脚下走去，这些建筑逐渐消失在你的视野里，但是继续向前走去，在每一个转角，每一排石柱中，你会再次领略这座史诗巨作的风采。

一如既往，您的话总是能让我超越眼前工作的种种琐事去思考，谢谢您。

利兰德

利兰德说的这番话，深深地触动了我。整整一个晚上，这件事情在我脑中挥之不去……当我醒来时，就有了这篇文章的标题。对于一个诗人来说，最好的丰碑莫过于他长留与人们心中的诗。对于芭蕉（Basho，俳句诗人）来说，他的俳句诗歌就是他最伟大的纪念碑：

打破寂静
跃入古池的青蛙
深沉的回响
（Beaking the silence
Of an ancient pond
A frog jump into water
A deep resonance!）
（芭蕉，1979，第 6–32 页）

……不过，建筑师脑中的记忆是以完全不同的方式运作的，散落在四处，久久不能遗忘，历史上的那些丰碑时常都会出现在他的眼前、脑中……就像我一直也不曾忘记、当我在国立雅典理工学院念书时，“特别严格”的立体构成学老师季米特里斯·康斯坦丁尼季斯（Dimitris Konstantinides），曾要求我们设计的第一个纪念碑建筑作业。

这个作业是为了纪念如今著名的纽约交响乐指挥家季米特里斯·米特罗普洛斯（Dimitris Mitropoulos），他的骨灰被安放在雅典卫城西面，与希律王阿提库斯音乐剧场入口处的罗马多孔砖砌体墙融为了一体……“长眠于此……”

至今我还保存着当年在雅典考古博物馆拍摄的细颈有柄长油瓶（ληκμθοι，一种古希腊的细颈有柄长油瓶或装饰瓶）的照片，拍照用的相机也是我人生中的第一个相机，是我那每日辛苦工作的裁缝母亲送给我的礼物。我记得我上学的时候曾听一个教授说道：“如果你愿意，你可以把它们放在一个细颈有柄长油瓶里。”那时候我并不知道什么是细颈长油瓶，于是我那时最好的朋友拉斯卡琳娜·菲利皮多（Laskarina Philippidou）告诉我说，我可以在附近的博物馆里看到。于是我去到了那里。但是当我看到它的样子之后，却多少有些失望。相反，我却对曾在建筑历史课上讲到的那些墓石牌坊和巨石柱十分感兴趣，也是同一位老师展示给我们看的……当时的我认为“这种巨大的石柱，才适合那种伟大的音乐家”，于是我设计了一个石柱，还特意用手绘表现了颇为优美的石柱阴影关系效果等……但是这个作业教授却只给了我可怜的“3”分！教授告诉我说：“你认为那些岩石上的细节是由技术人员一点点完成的吗？岩石形状的形成需要积年累月的时间，那是上帝的杰作，是变幻莫测的雨水和风霜洗礼的结果。而人类的建筑师采取的却是一种不同的设计方法，我们善用直线，丁字尺，绘图工具以及圆规来做设计。所以我们在探讨的是建筑，而不是自然界的雕塑杰作”……这位教授说的话在当时来看确实没有什么错误，但是如果他现在仍然在世的话，那么他很可能就需要稍做修改了。电脑的出现几乎让一切形式变成了可能……不过我们在这本书中探讨的这个问题是在那个没有电脑的时代里，因此这位老师对于设计的看法是十分正确的。而就在那时，我在理工学院旁边的考古博物馆里发现了细颈有柄长油瓶。我照了几张照片。然后我又去到了凯拉米克斯（Keramikos）墓地，在那里发现了更多的长油瓶，即使我已经有了许多照片，但是我依旧继续拍了许多。这些照片我现在仍然保留着。回来后我自己做了一个小的长油瓶。还在希律王阿提库斯音乐剧场外面的一个拱桥上做了一个简单的贝壳状设计，并把骨灰放在了长油瓶里面，然后在外面放了一块大理石石板，并在上面刻上“……长眠于此”，这样从外面就只能看见大理石石板，而长颈油瓶则被埋藏在了里面。不过这种古代的长颈油瓶让我多少感到有些不舒服。在我看来，我先前设计的那个石柱和它有着一样的意义，我体内的声音告诉我一定有什么不对的地方才让我决定把长颈油瓶藏到了石板的后面……尽管我有所顾虑，但教授还是把我的成绩从“3”改成了“7”，不过他并没有解释这么做的原因，他甚至对于我把“把长颈油瓶藏起来”的这种“此处无声胜有声”的做法给了满分的“10”。但是从那以后，无论设计什么，我都再也没有运用过任何一种古老的形式，或是任何看起来是自然形成的形式……然而这么多年来，“自然 vs 人造”建筑形式的问题却一直困扰着我。很多年后，我看到了一个类似的作品，不过这次不是石柱，而是树木。那是贡纳尔·阿斯普隆德（Gunnar Asplund，瑞典建筑师）设计的位于山顶的森林（Woodland Cemetery）公墓。我曾见过阿斯普隆德的儿子，汉斯·阿斯普隆德，当时他曾来到新墨西哥州拜访我们。我带着他一同去参观了米歇尔·毕耶在普拉西塔斯（Placitas，美国城市）买下的一栋现代住宅。当时我带着我的 8 毫米放映机，给他们播放了我那时做的一段不长的卡通片。汉斯非常喜欢这部卡通片，并且告诉我他在隆德大学（Lund University）的建筑学院里从未见过类似影片。因为米歇尔也曾去过他父亲设计的公墓，于是我们就此聊起了这座公墓以及纪念碑建筑。他向我们解释了为何他认为这座公墓当中的树木远比其他事物更加令人印象深刻。他所分享的这些旅行记忆令我十分震撼，于是我决定下次去欧洲时，一定要亲自去参观一下。我也同他们说起了我在学校构成课程中的一些经历，也提到了我曾经只拿到“3”分的那个作业。米歇尔曾去过很多地方旅行。汉斯·阿斯普隆德告诉我们，在他还是个孩子的时候，他的父母就分开了，所以他并不是十分了解自己的父亲。几年之后，我自己一个人去了阿斯普隆德所设计的那个公墓。我到现在还留有当时拍的一些米歇尔提到过的树木的照片。我还曾在中村的《A+U》上发表了一篇名为《深入北方的建筑之路》（*Architectural Road to the Deep North*）的文章，分别有英文和日文两个版本。这些树在我的脑海里挥之不去。几年后，汉斯·阿斯普隆德接手了他父亲在斯德哥尔摩的图书馆改造项目。我刚到得克萨斯的时候，我们还彼此通信了很长一段时间……几年后，在我看见另一个纪念碑建筑时，我再一次回想起了那些树木。那并不是像林璎（Maya Lin）的越战纪念碑一样的、用来纪念那些踏上远征的杀戮却被杀掉的在“不知名的士兵”们的纪念

贡纳尔·阿斯普隆德设计的森林墓地中的树木（照片由笔者提供）

碑。那是一座为了纪念一个人，一个真正关心他人且“为许多人做出杰出贡献的人”的纪念碑：那就是塔索·凯撒勒为富兰克林·德兰诺·罗斯福设计的罗斯福纪念碑，这与贡纳尔·阿斯普隆德当年的森林公墓有许多相似之处！不过与之相比，我更欣赏凯撒勒的设计。利用树木、帕提农神庙、混凝土，来纪念那位特定的人和民主本身，这一切都和雅典的民主领导人伯里克斯（Perikles）唯一的古代纪念碑十分相似……，我从中看到了上帝、政治家还有人类……我通过这“一个”看到了所有，这简直可以称得上是整个宇宙的“和谐与统一！！！”

阿斯普隆德和凯撒勒都恰当地运用了艺术本身；第一位运用了造物主的树，这种大自然的产物很好地附和了场地和谐的氛围；第二位则是以雅典卫城及其山门、雅典娜的胜利神庙、伊瑞克提翁神庙和帕提农神庙这样的建筑为先例；且他们这两位诗人也都不约而同地选择了冬青这种植物！当建筑的诗歌得以启发诗人的言辞之时，就有了最终极和统一的诗歌，那也是诗人的丰碑……由科斯蒂斯·帕拉马斯（Costis Palamas）创作的一首名为“那岩石”的诗歌，就是参照雅典卫城而作，它歌颂了“艺术”和“民主”，歌颂了人民、他们的创造力以及他们的生活方式！如果世上的诗人能够以阿斯普隆德和凯撒勒的方法来谱写自己的诗篇，无论是歌颂自然还是咏叹人类的伟大，都将创作出最真诚的诗句，也都将设计出真正属于一个诗人的丰碑！！！

也正是因为这样，我在美国的日子里始终都不曾忘记塔索·凯撒勒设计的富兰克林·德兰诺·罗斯福纪念碑。这几位美国建筑师的理念以及希腊诗人帕拉马斯（Palamas）的诗歌，这两个完全不同领域的事物，都在以一种最为崇高的方式为我阐释了“融合”的定义！这是人类的俳句，宁静且永恒！……当然，也可能是因为凯撒勒的纪念碑仅仅是一个概念方案，所以我才对此如此着迷……它是一座记忆中

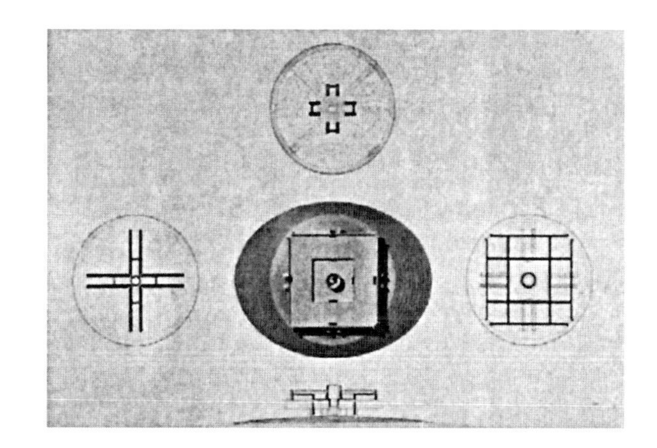

由塔索·凯撒勒设计的富兰克林·德兰诺·罗斯福纪念碑
（决赛备选方案，1961 年）

的丰碑，一座记忆的丰碑，也是诗人的丰碑……正因为如此，在 83 岁的塔索·凯撒勒的同意下，我得以荣幸地在这本书中把与之相关的资料全都发表出来；他在毫不知情我将谈论到什么内容的前提下，便和蔼地通过邮件应允了我……在我心中，我将它看作是历史上最伟大的纪念碑之一。

斯塔夫诺尼基塔隐修院（Stavronikita Monastery）以及它背后的阿索斯山

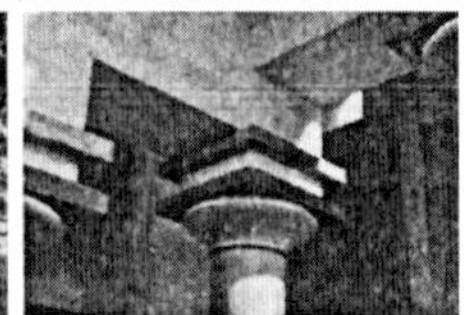

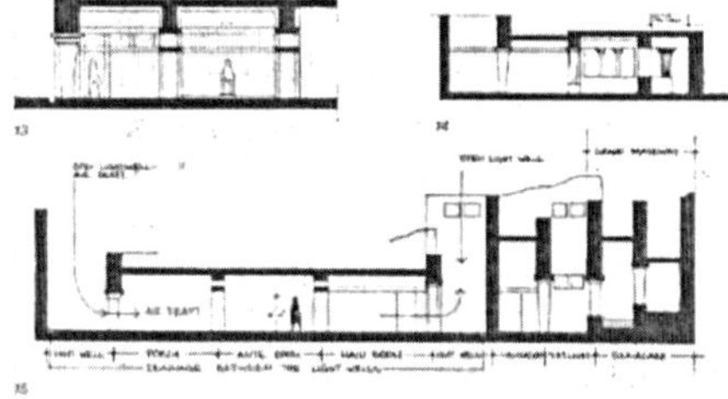

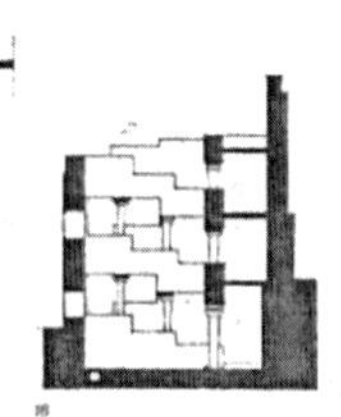

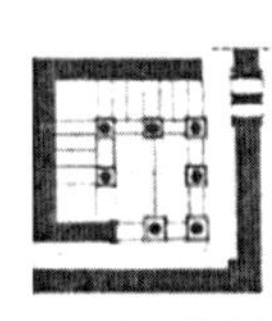

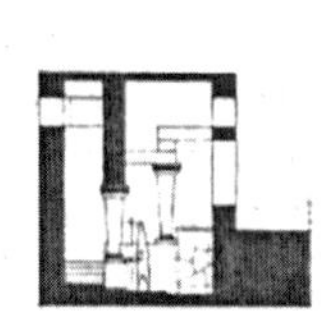

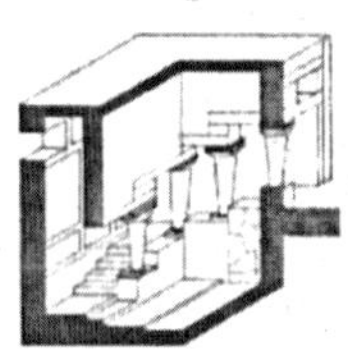

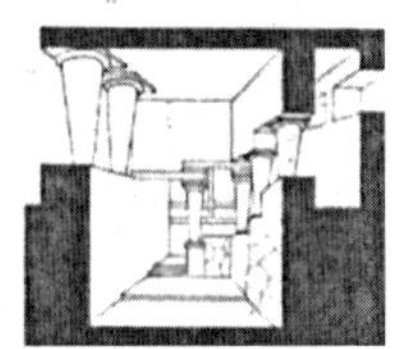

克里特空间（Cretan Space）：自然通风、礼仪活动、三维空间的连续性、自然采光、建筑色彩（照片和图纸均由笔者提供，相关资料来自笔者在《A + U》杂志上发表的文章）

阿索斯山和克里特空间（Cretan Space）

阿索斯山对我个人的“建筑资本”扩容的作用是无法用言语来形容的。我所说的阿索斯山，是那个我可以去参观并做研究，为一位20世纪60年代希腊著名的建筑师保罗·米洛纳斯（Paul Mylonas）进行隐修院的绘画和测量工作的阿索斯山。保罗·米洛纳斯当时是艺术学院（Acadmy of Fine Arts）建筑历史专业的教授，后来也是希腊学会（Greek Academy）的成员。当时他的研究小组一共有三名成员，每个夏天他都会派人到阿索斯山做调研，我和我的同事们一路上被这里近千年的历史环境和美轮美奂的建筑所吸引，世界上只有很少一部分人有幸能欣赏到此等美景。而更幸运的是，作为研究人员，我们得以在隐修院里住上一段时间，如果工作需要，我们也可以住到其他隐修院里，直到我们的研究结束。而对于普通的游客来讲，在每个隐修院里停留的时间都不能超过一天。20世纪60年代早期的阿索斯山对我来说就像是具有“异国情调的旅游景点”，对于许多人，准确的说是对地球上一半的人来说都是无法接近的。因为阿索斯山被认为是“圣母玛利亚的花园”（Garden of Virgin Mary），这里驱逐了所有女性，任何女人都不许踏入这里半步。而在我去到美国读研之后，我开始从不同的角度去“审视”阿索斯山。在美国大家会邀请我展示我在参观隐修院时拍摄的所有照片，还请我去给各种社团组织做专门的讲座，而且有越来越多的社团代表从不同的渠道了解到这件事后，都会蜂拥而至地前来邀请我。自我在纽约现代美术馆参观了一个关于保罗·索莱里（Paolo Soleri）的建筑展，并在这之后又去参观了他在亚利桑那州设计的、那时还在初期阶段的亚高山地（Arcosanti）之后，我开始以不同的方式思考阿索斯山的意义，并且从狭隘的建筑视角中走出来，开始从环境的包容性视角来分析它。我开始将它看作为一种独特的早

期“建筑生态”的范例，而这一点甚至连米洛纳斯本人都不曾想到，他在多年后，也就是我被遣返回国后邀请我去他家里做客时，善良地告诉了我这一点。米洛纳斯那天还给我看了一些我离开后他们绘制的图纸，都是根据我们测量的基础资料绘制而成的。我一直记得米洛纳斯和他身旁侍从的老奶奶，他们戴着白色手套，慢慢地展开那由墨水绘制而成的、大约有 4.5 米长的瓦托佩蒂隐修院（Vatopedi Monastery）总平面图，这也是当年科斯塔斯·克桑索普洛斯、尼科斯·纳索普洛斯（Nikos Nassopoulos）和我在 1962 年测绘过的、最大的一张平面图。这张图纸包含了至少 100 名来自雅典建筑院校学生们的心血，它绝对是世界建筑遗产的珍宝，而它的一部分正隆重地展现在我的眼前，这可以说是我人生中所经历过最为荣光的时刻之一。当这位老院士在被选为学会成员时，他仅仅在当天的展会中展示了这些作品的一小部分。最后他整理了相关的资料，并由沃斯玛彻（Wasmuch）出版社负责，出版了一本同时翻译成四种语言的画册。据我所知，许多著名的博物馆，建筑学院的历史或建筑档案馆都争相想将这些作品购买收藏，以供他们的建筑师、城市规划师和环境学家等相关专业人士、学生们来进行学习研究。然而我坚定地认为，这些画作配得上一座属于它们自己的伟大博物馆。我和米洛纳斯就我在《A+U》上发表的关于阿索斯山的英日双语以及其他相关主题的文章开展了讨论，当然也包括在其他

保罗·米洛纳斯创作并完成的著作《阿索斯的地图》(*Atlas of Athos*)，由德国考古机构代理发表，沃斯玛彻，2000 年柏林，同时被翻译成了四种语言进行出版，其中主要包括由保罗·米洛纳斯完成的测绘图纸。这位伟大的科研工作者，将这本著作作为一份珍贵的礼物赠予笔者，也是雅典理工大学建筑学院曾经的学生，曾协助米洛纳斯完成相关建筑的测绘工作，该书是 20 世纪唯一一本对相关纪念性建筑进行详细研究的著作，绝对是一份“世界的珍宝”，却依旧在等待着属于它自己应得的那一座博物馆

杂志上发表的相关文章、比如在希腊当地的《技术》《*Technocomica*》杂志上发表的文章。在这里我希望再次对日本以及中村本人表达我诚挚的谢意。正是因为他的帮助，阿索斯山的环境以及城市 / 区域规划价值才得到人们的重视，而不再是仅仅作为又一个“异域风格”的独立建筑或者建筑风格的范例罢了。借此机会，我还想说，若不是雅典建筑学院对我们在“建筑印象”（Architectural Impression）方面培养，即对古代纪念碑建筑美学艺术的测量，以及由已故的帕纳约蒂斯・米凯利斯（Panayiotis Michelis）教授和他敬业的助手在建筑形态学方面的高强度的培训，我们又怎么能对不同形式之间的内在联系和逻辑、建筑细节以及整体产生了强烈的好奇心；也正是这种好奇心，帮助了我们，使我们可以去“帮助”米洛纳斯，进而得以更深度地去探索发现，将重要历史丰碑的经验作为我们当今现代设计有据可循的范例，而这一切在日后也丰富了我们自己学生的想法维度。米凯利斯先是让我们从历史风格的细节开始进行测量练习，如门、窗、门框造型等建筑元素，然后再进阶至整个建筑的测量，测绘的内容从古典风格建筑到拜占庭式风格，再到当地岛屿的一些地方特色风格建筑。通过测绘，你能够从图纸中发现很多不同寻常有意思的事物，有的时候你会发现某处的墙有 10 英尺厚，于是你仔细检查墙体的四周，最终发现一个墓园礼拜堂，礼拜堂圣坛的下方有一个楼梯，沿着楼梯走下去会发现一个很长的地下走廊，一直通向隐修院的藏宝库，而这一切都开始于一周前你测绘的那道 10 英尺厚的墙壁。这样的发现通常会需要一两年的时间，我们首先需要根据测量的数据和在实地绘制的草图按比例绘制正规图纸，然后与此同时的下一年，将会有第二组的人被派去实地进行测绘结果的核查以及进一步的研究发现工作。通过这个过程，我们可以得知每一种形态的起因，无论是直线形还是曲线形，也能学会如何辨别原创和仿制作品。我相信，与其他教师相比米凯利斯和米洛纳斯为日后建筑工作室中的教学和发展奠定了不可替代的基础。在我个人看来，是哥伦比亚大学的克里斯特 – 雅内尔最早提倡将早期的建筑作为现代建筑的灵感来源的做法，随后再通过大量文字的记述，让人们开始思考早期的建筑形式，设计方法，以及建筑含义……维克托・F. 克里斯特 – 雅内尔虽然从来没有去过阿索斯山，但他却是一个十足的宗教“神秘主义者”，他经常可以激励别人超越任何宗教和教条来思考问题，从而启发人去思考事物的本质意义以及对建筑的影响。如果不是因为维克托，我永远也不会以我最终选择的那个方式夫思考并接近阿索斯山，这对我的未来来说既是一种启发也是一次难得的教训。因此，阿索斯山的意义对我来说，不仅是古老的拜占庭建筑细节和建筑形式的经典范例，更体现了一种独特的“选择方式”“生活方式”以及社会的构成形式与实践经验。除此之外还可以学习到，作为设计师我们应该给人们提供尽可能多的选择，因为每个人都有所不同，一些人喜欢集体生活，另一些人则更喜欢在一个小团体里，当然也有一些人喜欢独自一人。而且每个人的生命也分为多个阶段，人们会逐一地经历这些阶段，也就使得建筑师、规划师、政治家以及所有其他行业的设计师的责任更加繁复，因为他们要为不同年龄层的人提供不同的“选择”。阿索斯山最终以一种自由的规划和表达的方式展现在我的眼前，即使是在如此严谨的教条和规则当中，却依旧能展现出它的包容性，虽然它在本质上还具有一种歧视的惯例，即对女性的排斥和驱逐，而在这一点上，我也是一直无法接受的。此外，它的设计体现了个人主义与集体主义之间的对话，在这里设计与自然直接或间接地融合在了一起。这也是我在学习阶段所见过最好的早期案例，不仅体现在单体建筑的尺度上，还体现在基地与周边区域，乃至整个“场地”的设计方面。这里可以说是根据阿索斯山的地形优势而得来的精心设计，为生活在这里人们提供了可选择的、多种多样的生活方式，而我归纳总结了当中的四种。这种设计手法让整个区域都更加“富足”起来，而这满足了多种多样独特人群的需要，使得“人体”与“整体”得以协调在一起，这种做法不管是在规划理论还是实践中都是史无前例的。从这个意义上来讲，我们如今可以将阿索斯山视作一座“生态建筑”（Arcology），尽管只是针对男性群体而言，但是在方案的自由度方面，还是比保罗·索莱里设计的亚高山地更具有借鉴价值。保罗的亚高山地在建成后的40年中出现了诸多的问题，相反，阿尔索斯山却很好地将多个“亚高山地”结合在了一起，而每一个都融合了不同的生活方式，在区域层面将各种各样的选择都结合在了起来。此外，在这之后每当我看见勒·柯布西耶的一些规划方案，尤其是“光辉城市”（Cite Radieuse）的规划方案时，便总会感到有些过于千篇一律，还有那些位于英格兰以及我曾亲自拜访过的、有着迷人风景的斯堪的纳维亚半岛地区、瑞典和芬兰的田园城市（Garden City），都缺少足够的多样性和个性化的设计。同样让我十分失望的还有由“坎迪利斯、诺西克 & 伍兹事务所”（Candilis-Josic-Woods）在国际竞赛中拔得头筹的图卢兹大学城的城市规划方案（Toulouse le Mirail），这也是当时欧洲城镇中规模最大的城市扩展方案之一。虽然我事先告诉了自己“要去喜爱”这个方案，因为我内心深处一直认为有着希腊血统的乔治·坎迪利斯一定也早就被我曾在阿索斯山上所体验到的那种多样性所洗礼过。可惜不然。这个方案整体十分单调，低质量的细节以及为了迎合“承包商利益”而设计的侧重视觉呈现的效果图，在完成初步设计意向便昙花一现，最终导致了悲剧收尾。整个图卢兹大学城规划项目中唯一一栋在我看来还算称心如意的建筑，便是建筑学院的综合体，该建筑一共两层，内部设计了多处天井空间，建筑的人行道和城镇的主要步行道路位于同一条轴线上，这样人们走在城市道路上就可以看到校园里面发生的事情，可以看到学生们和建筑模型等，可以感受到里面青春的氛围！

不过图卢兹的规划方案让我意识到，索莱里在亚利桑那州偏僻的亚高山地所做的设计，虽然作为“一个人的建筑”令我颇为不满，但却是迄今为止我看到过的最好的、最接近阿索斯山规划方案的设计。带着这些批判性的想法和脑中持续不断的辩证争论，多年后在我某次返回家乡时，再次参观了克诺索斯皇宫（Palace of Knossos）。我当时突然想到，即使是对最古老的阿索斯山来说，克诺索斯皇宫都可以算得上是环境－生态建筑的典范。这栋建筑历史悠久，在其中，自给自足结合充满仪式感的生活方式，在一个高度复合的机制中有机结合，良好的自然通风，以及对全部生活垃圾的合理处置，所有的一切都完美融合在一起并通过色彩得到了丰富，颇具象征意义，与周边的自然景观相互协调，从某种程度上甚至可以说，这里的包容性超越了阿索斯山，是一种为**所有人**而作的设计，为男性以及被阿索斯山所排除在外的女性。象征主义也是克诺索斯皇宫设计的一部分，无与伦比的包容性，自由主义以及宣泄（Katharsis，亚里士多德曾用“Katharsis”用来表示一种悲剧的效果或功能），无论是精神还是肉体，可以说是为所有感官而存在的鲜活的乐器……在一个公正国王正义的系统之下。这便是我所谓的“克里特空间”……渐渐地，在阿索斯山的基础之上，结合我时而停留在过去、时而又游荡在未来的思绪，我开始意识到，希腊许多早期的设计之间都有内在的紧密联系，和谐统一，而我相信这一点只有中村敏男能够理解、接受并使得这些观点有机会在国际平台上表达出来。在 3 年的时间里，他在《A+U》杂志上发表了很多这一看法的相关文章，一些关于历史学家的轶事，以及近来一些关于后现代学者宣传的思想观点的文章，这些学者中的大部分人都是我的朋友，比如查尔斯·詹克斯。中村给了我一个与世界沟通的机会，我得以在一个世界平台上通过对阿索斯山、克里特空间以及希腊岛屿的分析，将什么是真正的“希腊之本”,什么是“希腊为世界提供的灵感之源”展现出来，而这些内容却从未被希腊本地的建筑师们所重视，因为他们被那些无缘由的焦虑所控制去模仿并尝试超越那些在希腊之外被奉为“流行”的设计形式，如现代主义、后现代主义、历史主义、新现代主义、新历史主义以及最近比较流行的“希腊风格”……他们从未思考过，这些可能早就存在于他们自己的建筑当中，甚至远早于任何外国人的理论……!

阿索斯山的设计理念对我设计教学的影响，不仅体现在我的理论和整体思想方面，还体现在设计和工艺制作方面，这是对建筑而言十分重要的两个方面：大规模集体住宅设计应当具备足够的自由度，并充分地考虑到使用者自身的多样性，就像伊维若（Iviron）隐修院，虽然使用者密度较大，但是却充分地考虑了与周边的自然环境，并与山丘和山脉融为一体，设计者并没有采用塔楼或是高层的建筑形式。相反，许多设计师，那些超高层建筑和摩天楼的倡议者，都宣称他们自己的这种做法是为了节约城市用地，并没有意识到（对于这一点我表示怀疑）其实这样做的真正受益者是那些开发商，而开发商一直最为关注的是政府的变动，执政党的变化，规划标准开发强度的变化，他们一有机会就打算用那些高层和超高层建筑填满那些“闲置的空间”。那些提倡高层建筑的建筑师们，尤其是年轻的建筑师们，并没有考虑绿色生态建筑的未来发展，而只是在做着一个虚无缥缈的纽约梦……克诺索斯皇宫和阿索斯山，瓦托佩蒂、伊维若和拉瓦莱（Lavra）隐修院这样的设计，才是真正适合希腊未来发展的案例，同时也适用于许多其他国家。

最后我想说的是，阿索斯山让我学会了感激，并赋予了我设计内部空间最原始的灵感与工具。它所营造出的氛围、光线，还有教堂的尺度，都是极佳的学习范例。在建筑事务所工作的时候，学习内部空间氛围营造的最好方式，便是使用大型的泡沫板来制作模型，就像保罗·鲁道夫所做的那样。我经常会让我的学生做一些教堂设计，尽管每一个人的信仰和宗教教义并不相同，但是这并没对课程本身造成过任何困扰，信仰佛教或者穆斯林的学生可以设计一个基督教教堂，或者反之亦然。我了解那些教条，也了解那些事实，我能够给学生们阐释我展示给他们的不同宗教建筑背后的设计理念，任何一个设计决定的来源，而所有的宗教建筑所塑造的，并非宗教或是教条，而是“空间”，因此学生们所设计与挑战的是空间本身，而非宗教……我在晚年的时候曾去参观过圣索菲亚大教堂，而在这之前，我课件中所使用的那些极好的圣索菲亚大教堂照片，都是哈桑·塔里克提供给我的。哈桑是 20 世纪 80 年代早期我在得克萨斯教书时的一位非常有天赋的土耳其裔学生。直到现在我还保留着这些照片，在这里我也要再次对他表示感谢……

与圣德米特里（St Demetrius）教堂的两个僧侣的合照
（照片由科斯塔斯·克桑索普洛斯提供，1963 年）

海报……

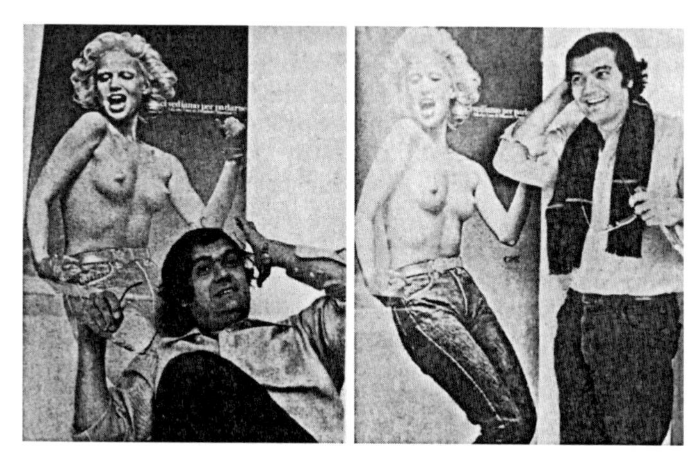

照片由汤米·斯图尔特（Tommy Stewart）提供

从“我们见面谈”
到“如果我是院长，早就把你扔出去了”

上图拍摄于我与乔治·舒佩（George Shupée）的事件之后，他是我到得克萨斯教书之前的建筑学院院长。

他的办公室就在走廊的另一边，而我和威廉·托马斯·奥德姆（William Thomas Odum）共用一间办公室，楼上就是新院长、也就是聘用了我的那位豪尔·鲍克斯先生的办公室，他是“普瑞特、鲍克斯&亨德森公司”的股东之一，他为了到学院里出任院长一职跟公司请了5年之久的假。威廉比我大8–10岁，差不多和豪尔同岁，毕业于宾夕法尼亚大学，是路易斯·康的学生，如今却是阿尔瓦·阿尔托的崇拜者。事实上他曾在芬兰的于韦斯屈莱的阿尔托办公室里待过两个星期，临摹了一些阿尔托的设计方案的图纸。一天早上，他在上课之前把一张海报贴到了我桌子旁边的墙上，上面是一位美丽的意大利人。威廉经常提起到康、阿尔托，以及他去意大利和斯堪的纳维亚半岛地区的游学经历。他刚刚结婚不久，且没有孩子，他也会时常跟我们聊起音乐以及他在南卫理公会大学（SMU）教钢琴的妻子。有意思也挺奇怪的是，威廉虽然是一个地道的美国人，但是他貌似更希望自己能是一个欧洲人。他在得克萨斯出生并长大，却一点也不喜欢这里。我从心底里喜欢他带来的那张海报。这个小小的办公室瞬间充满了活力，并十分有助于工作和思考。我们所有的年轻同事都排队来参观这张海报，甚至连我们学院唯一的女同事，娇小的奥尼・史密斯（Ony Smith）女士，也在留下了一句"她可真高"的评价后，便默许地离开了，嘴角还藏着笑意。

威廉是在中午的时候才来的，我虽然住在距离学校仅有两个街区的地方，但是却一早就来到学校里备课，作为一个新人，我那时通常整日整夜地待在学校教学楼里。

某天早上，我安排了一个学生为我拍了些照片，我想把这些照片寄给杰克・莫斯利（Jack Moseley），他是《纽约时报》驻沃思堡的记者。当时杰克想把一些照片整合在一起，然后以我们共同的名义在《花花公子》上发表一篇名为《城市的性别理论》（*Sexual theory of Cities*）的文章。可惜这篇文章与《花花公子》并没有什么缘分，但是却最终被《给男人的真相》（*TRUE for men*）杂志买下了。我们平分了那笔还算是体面的酬劳，但是他们最终却没有发表这篇文章。通过这件事我才知道，一些杂志社会花钱买一些不想他们的竞争者会买的文章。我们并没有告诉《给男人的真相》其实我们已经把这篇文章发给了《花花公子》并且还收到了回复，"我们杂志感兴趣的是人们的性和欲望，而不是城市"……

我们办公室的门时常为了能有更好的采光而保持敞开，有次乔治・舒佩穿过走廊走向他的办公室，他却突然停在了我的办公室门口，像一个"间谍"一样，吓了我一跳。他以一种极为恐怖传教士式的声音说道："如果我是院长，早就把你扔出去了。""但是她真的非常漂亮，乔治・豪尔已经看过了，"我笑着对他说。他嘟囔了几句，也许是在说他继承人的坏话。我没有对他多说什么，也没有向他解释那张海报其实不是我带来的，而是威廉。因为我并不认为他那传统的得克萨斯浸礼会（Baptist Texan）的大脑会作出什么改变，他一定会偏见地认为，这个袒胸露乳的女模特一定是那个"肮脏的希腊人"的杰作。乔治・舒佩那时刚成为美国建筑师学会的成员，鉴于我对他以及他的保守主义和天真无知的了解，我逐渐在心里树立起了一种无法被动摇的保守派美国建筑师学会会员的标准形象，所以我这辈子从来都没打算要在学会中去追求“晋升”，从而得到某种可以得到“认可”却“彻头彻尾的因循守旧且心胸狭隘”的级别。实在是对不住其他美国建筑师学会成员，对不住当中那些我钦佩的对象，比如托尼·普雷多克、查尔斯·摩尔、理查德·迈耶还有弗兰克·盖里，对不住你们这些优秀的人……虽然我也时常会好奇你们为什么要选择经历这一切？这是我时常会思考的问题……同样的感受在我回到故乡后也依然存在，那些所谓的“院士”或者“学者”的称号……以及难以置信的“副院士”这种称谓……总会让我情不自禁地替他们感到难过和凄凉……！你们可能会说，这是我自己的问题……坦白说我也不知道，不过大家可以仔细想想这个问题。

话说回来，威廉·奥德姆这个名字听起来十分像北欧人的名字，威廉是一位非常出色的建筑师，虽然在得克萨斯长大但却好像受够了那里的生活。他曾去过世界很多地方学习进修，是一个有着高水准学习能力和专业经验的人。只是，我到现在也搞不清他到底更想要成为谁那样的建筑师，到底是康还是阿尔托？他上课的时候总是喜欢引用“路”（Lou）作为例子。“路可能会这么做，路可能会那么做”，他总是在讲一些自己的案例，不过我却从来没有看过他画草图。我们共事的时候，他同时还在为奥吉尔斯比集团（Ogilsby Group）工作，而“教书”看起来对他来说更像是一个兼职。除了那次著名的海报事件，他还在四处展示“超专业风范”，就好像他的大脑被病毒感染了一样疯狂……这种新的状况以及大学教师的身份，可能在一定程度上提高了他在专业领域中的知名度，随后他开始自主创业，并且成功地得到了达拉斯奥克朗图书馆（Oak Lawn Library）的设计委托，这个图书馆也是世界上第一个采用电子目录的图书馆。图书馆的设计方案十分精彩，是一座有着极好的通风系统的小型建筑，典型的阿尔托风格，完全没有康的影子。我很喜欢这个建筑，特意写了一封信向他表示祝贺，还在《达拉斯晨报》（*Dallas Morning News*）发表了这封信的内容（1981 年 2 月 6 日）。尽管发表时内容做了一些删减，但依然表达了我对于这栋建筑的感受。让我惊讶的是，编辑之所以删去我的一些关键看法，是为了迎合所谓大众的审美标准，迎合当时那些严格按照“房地产”标准和土地成本来评价建筑的读者们。威廉并没有在学校呆很长时间，不久后他就有了一个儿子，随后便移居到了达拉斯，主要承接一些小规模的建筑设计项目。那些关于他设计的那栋图书馆的负面评价显然对他的内心造成了不小的影响。这对他来说并不公平，我也时常为此而感到难过。

如今我再次回顾当年的一些事情，似乎才明白到底发生了什么。我质疑这个体系，包括当时同一地区的一些知名建筑师，或许他们把有才华的学者都看成了自己承接大型项目委托的一种威胁，于是他们可能动用了一些手段，使得威廉不得不最终决定离开学校。后来结合我自身一些类似的经历以及从中了解到的一些信息，让我更加倾向相信威廉的离开确实是因为发生了诸如此类的事情。不过具体内容我并不清楚。如果我知道，那么这些内容肯定会成为关于他的故事的一部分，被我记录在这本书中。然而几年之后，那些有着“利益集团”和“房地产商”心态的人再次对威廉的设计进行了报复，这栋图书馆最终还是没有逃出悲剧的结局，成为历史上又一栋短命的优秀建筑，尽管整个设计无论是在美学上，还是对于周边环境的考虑上都十分出色，但是最终还是成了房地产市场导向下的牺牲品。随着当年批准建造了这座建筑的政府换届之后，新的执政者也认为，在地价如此之高的地方建造这样一栋小体量图书馆实在是有些不划算。所以政府批准了拆迁要求，并且将这块土地租给了克罗格（Croger）公司，紧接着就在这里盖起了一座巨大的“方盒子”超市，同时作为协议补偿，又重新建了一座图书馆。虽然新图书馆确实被建了起来，但是却是作为旁边巨型超市的附属建筑，像是挂在大象身边的一个小方盒子……如今这栋图书馆还在那里，相关的故事在网络上都能找到，只是无论如何，这栋建筑与我的朋友威廉·托马斯·奥德姆当年设计的那个美丽且独一无二的图书馆没有一点相似之处。威廉是一位建筑师，也是一个十分有尊严的人，据我所知他在过去的十多年中，都致力于设计一些小型的私人建筑项目，就像我先前所说的，在我当年住所的附近，距离莫宁赛德（Morningside）向南两个街区的地方，曾住着一位与世隔绝且有着创造力的冥想者。我上次到得克萨斯时拜访了他，他那时刚做完手术。他的妻子依旧一直在教授钢琴，并且时常会举办一些钢琴演奏会，演奏的主要都是 180 多年前那些作曲家们的作品。威廉也是唯一一个一直支持我的美国同事，在我最需要的时候，对我这个深陷个人悲剧、在他的国家工作了 32 年之久的外来移民说了一些来自他内心最真诚的话，甚至还“赋予”了我这个移民者坚持有话必言、绝不说半句虚假之言的勇气，这也是我一直坚信的，也是我应当坚持的，当年我在哥伦比亚大学上学时，一位和我一样的身为移民者的教授说过：“大学是真理的殿堂”，不过他却并没有提及这种坚持可能会导致的“后果”……而如果要详述这个故事的前因后果便又是说来话长了……

等以后有机会再讲吧……虽然也可能会在我离开人世之后……!另外三位在学校里一直支持我的朋友分别是:墨西哥人里卡多·莱戈雷塔,芬兰人约兰·希尔特和意大利人法比奥·法比亚诺(Fabio Fabiano),其中法比奥·法比亚诺在学校里做了8年室内设计的课程主任……不管怎样,威廉·奥德姆当年设计的小型图书馆,着实传达了一种生机和活力,就像当年他带到我们办公室里的意大利美女的海报一样……

说回到乔治·舒佩:他在退休之后特意到我位于新建筑楼里的办公室找过我,当他敲门的时候我透过门上的玻璃挡板直接认出了他。他说他来找我是想让我帮他一个忙。我提议说我们一起去喝杯咖啡,边喝边聊,然后便带他去到餐厅,那样更自在些。他略显为难地对我说道:"我想要去趟欧洲。不过我从未去过那里。我想去希腊,想去看看希腊圣托里尼岛。只是我有些害怕。所以希望你能带着我一起去……"

于是我告诉他,如果他能去到那里的话一定会不虚此行,他一定会十分喜欢希腊,圣托里尼岛也是十分的美丽。他稍微放松了一些,然后告诉我说,他曾在一张海报里看到过圣托里尼,而且自那之后,他心里再也无法忘记这个地方。我告诉他不要害怕,放心地去就行了。"希腊是地球上最安全的国家,那里没有像这里一样的犯罪活动。"我尽我所能地保持着礼貌的态度。其实没有人害怕去希腊,他的这种畏惧是毫无缘由的。"恐惧"和"恐怖主义"这样的词在那时已经很久未被人提及,或者说至少我从没有听到过这样的词,除了称呼巴勒斯坦解放组织(POL)和卡扎菲(Gaddafi)这些人的时候。我想:"天知道他在那些教堂和组织里都听到了什么。里根(Reagan)总是想恐吓他们,好阻止游客去希腊,好让他们全部都到夏威夷去。"不管怎样,我不想再赘述与此相关的其他内容,而且我也并不想护送这位老建筑师坐飞机去圣托里尼。如今我跟他已经有20多年没有见过面了。当时我告诉他说,"乔治,我们有空再聊这件事吧,看看明年行不行,因为我这个夏天并不打算回希腊。"我并不记得我那个夏天是否真的回去过,这只是我婉拒他的说辞。我当时也有可能推迟了我的希腊之行,或者说因为乔治·舒佩所以我改变了我原本的出行计划。也许吧!我是真的记不得了。我甚至不知道他最终是否一个人去了希腊,还是和其他人一同前往的。不过大约在第二年春天的时候,我收到了一个通知:

乔治·舒佩,美国建筑师学会会员,与世长辞!

上天保佑那位来自意大利的美女，当然也请保佑优秀善良的威廉·奥德姆，此篇文章只为纪念这位年迈的得克萨斯建筑师……

Give New Library A Chance

To The Dallas Morning News:

One of my architectural students brought to my attention a comment by one of your readers calling the new Oak Lawn Library on Cedar Springs an "eyesore" (*The Dallas Morning News*, Jan. 17).

The fundamental virtues of this building, which include utilizing abundant natural lighting from the north (which is good for reading), the creation of individual territories for personalization of interior space, etc., are rather difficult to assess with the eyes alone. This becomes more difficult to assess when the eyes have been conditioned by the prevailing shallow mediocrity that has been served to Dallasites over the years, by many builders, designers and, mind you, even some well-known architects of the area. Under these circumstances, the fresh air of William Odum's library may cause some problems to some people's eyes.

What really matters is the building as a whole act of design, where all factors of architecture are considered and resolved to optimization. Give this new library and yourselves some time. In fact, take your children to be shown what is fresh and new in their community, and it is probably very good for them to become familiar with the names of people who have contributed to the creation of promising good works.

ANTHONY C. ANTONIADES,
Professor of Architecture,
University of Texas at Arlington.
Arlington, Texas.

笔者发表于《达拉斯晨报》的信件内容　　1981 年 2 月 6 日

给新图书馆一个机会

致《达拉斯晨报》，

有一天，我的一个建筑学专业的学生拿给我一份贵报，并让我阅读了其中一条读者的评论，那条评论认为新奥克朗图书馆是卡德尔·斯普林斯大道上“最碍眼的一栋建筑”（《达拉斯晨报》，1 月 17 日）。

这栋建筑出色的地方在于，他首先是对北面自然光的充分利用（为阅读提供足够的光线），其次是设计者通过内部空间的个性化设计为使用者创造了独立的个人领域空间等。而所有的这些设计层面上的点，只用眼睛是很难评估它的好坏的。尤其是这么多年来，在许多建造者、设计师，甚至是一些当地所谓的知名建筑师在达拉斯设计的那些十分平庸的建筑作品的导向下，孰好孰坏便更加难以判定。在这种情况下，威廉·奥德姆如一股清流般的图书馆设计可能会使一些人感到不适。

最重要的是这栋建筑是在将周围环境作为一个整体的考量下而设计的，所有的建筑要素都是经过深入考量和优化后才得出的。请给这座新图书馆，也给自己一些时间。带上自己的孩子去看看这座建筑吧，让他们领略一下自己所居住的社区里那些新鲜的事物，并让孩子们知道那些真正为这座城市的创造力作出贡献的人们的名字。

安东尼·C. 安东尼亚德斯

建筑学教授
得克萨斯大学阿灵顿分校
阿灵顿，得克萨斯

“将他铭记在心”或“保留此文件以便日后参考”——罗伯特·A. M. 斯特恩、乔治·赖特与ACA

……有一天我和我曾经的一个学生聊天，他当时在纽约已经是一位比较成功的建筑师了。我们聊了一些最近城市里发生的事情，比如联合国大礼堂的改造项目，“9·11”事件后相关建筑项目的进展工作，《纽约时报》里最近发表的一篇关于罗伯特·斯特恩的报道，以及雷曼兄弟公司（Lehman Brothers）的总裁修建了一座价值4900万美金的公寓。当时我告诉他，听说罗伯特·斯特恩将在南卫理公会大学负责设计乔治·布什图书馆项目，地点位于一座购物中心的旁边，我住在达拉斯的时候周末还经常去那个购物中心的洗衣店洗衣服。“真可惜你不是得克萨斯本地人，我敢打赌这个项目一定需要一个得克萨斯本地人的协助。”显然我的这位学生已经知道了这个项目的相关事情，他告诉我项目现在进展得很顺利，斯特恩已经完成了一些大比例的研究模型，“他现在正在认真地查验每一块石材以及评估各个立面的效果。”他并不知道斯特恩的设计团队里是否有得克萨斯人，我当时想知道会不会碰巧有我以前的学生在里面。“我不太清楚，不过我很想听听关于斯特恩当年在得克萨斯州发生的那些故事。”他如此了解斯特恩的这个项目，我感觉他正在考虑要到斯特恩那里去工作。

不管怎么说，跟他通完电话后，我便开始在我的档案里查找与斯特恩相关的一些通信和备忘记录，以确保在我开始撰写这些趣闻轶事之前有可靠的书面记录。我十分确定我保留了40年前我和罗伯·斯特恩相识时的所有通信，如今斯特恩的事务所显然已经成为美国最繁忙的事务所之一，或许还是工程量最大、客户群体最高端的事务所之一……

不过让我们一会儿再聊斯特恩的事情，先说说另外一位让我终生难忘的人，乔治·赖特。我在其他地方也提到过，乔治·赖特是沃尔特·格罗皮乌斯在哈佛教书时的学生。当时格罗皮乌斯的助教是贝聿铭，据说乔治当时是这个班里最优秀的学生，而且这个班级里的很多学生之后都成了名人。保罗·鲁道夫、乌尔里奇·弗兰岑（Ulrich Franzen）等一些优秀的学生毕业后留在了东海岸，并且都开辟了属于自己的一片天地，而乔治则跟随自己内心的呼唤来到了离得克萨斯最近的地方，也是他妻子故乡的新墨西哥州。乔治迅速成为西南地区家喻户晓的建筑师，但并不是那种明星建筑师也没有与美国那臭名昭著的建筑圈子同流合污。在我看来，赖特可以称得上是一位杰出的建筑师。如果我没记错的话，他是首位在阿尔伯克基建造了“能源敏感性现代校园建筑”（energy sensitive modern school building）的建筑师。在乔治 50 多岁的时候，他决定投身建筑教育工作，于是他搬到了得克萨斯州。关于乔治我还想透露一个细节：那就是尽管他从来没有公开表态过，但他实际上是美国民主党的忠实支持者。因为在二战期间，他是太平洋上 PT47 号的船长，也正是他给刚到船上来新兵、毕业于波士顿哈佛大学的约翰·肯尼迪（John Kennedy）进行了为期一周的新兵培训。由于乔治肯定约翰·肯尼迪的能力，因此将自己的 PT109 号委托给了约翰，而这位当时年仅 26 岁的未来总统，接替了乔治的工作，成为 PT109 号的船长。大部分民主党员都知道发生在 1942 年 4 月有关 PT109 号沉没的不幸事件，但是几乎无人知道乔治·赖特在整个故事中扮演的角色。更没人听说过“乔治和肯尼迪之间的交情”。有的只是一些模糊不清的“传言”，有些人说，当 PT109 沉没的时候，乔治也在船上，他们落入太平洋后奋勇地与海浪作斗争，相互帮助，最终获救。没有人知道到底发生了什么，乔治对这件事、包括他与这位未来美国总统之间发生的故事，一直只字未提。不过乔治内心很享受这种神秘感……我非常了解乔治·赖特，所以我认为肯尼迪当年在

PT47 号于 1942 年 11 月停泊在新喀里多尼亚（位于南太平洋）的努美阿（新喀里多尼亚岛首都），卸货中。当时的船长就是乔治·赖特，同时他也是美国建筑师学会会员，得克萨斯大学阿灵顿分校的院长正是采纳了乔治的提议，才将得克萨斯大学阿灵顿分校的校园一分为二进行设计（照片来源：the Shorthorn）

乔治船上受训的经历，以及他日后将船交给肯尼迪掌管的决定，对乔治日后事业的发展起到十分关键的作用，远比他在哈佛大学格罗皮乌斯手下念书的经历重要得多。

我也相信，乔治内心深处一直把肯尼迪当做自己学生，由于他十分崇拜肯尼迪，他后来也逐渐习得了一些“政治家的气质”，比如“政治言论”“即便如此”（yes but）、“这些那些”等语言习惯，或者是美国人常说的那些“无稽之谈”（Whishy-Washy），而这些习惯，对那些并不是很了解他的人来说，实在是不怎么入耳。其他人则会说，“哦，竟然是乔治！”乔治说话的语调虽然颇为谦逊礼貌，听上去却像十位总统加起来那样正经严肃……乔治是个好人，人品十分的好，而且说不定他还曾十分期望自己能成为一位华盛顿的政治家……不过他最后还是决定继续当一位院长，因为华盛顿早已经有其他名为赖特的人了，而虽然这位赖特先生也是来自得克萨斯州，但是据我所知他们二人并没有什么血缘关系。在乔治的培养下，又涌现了一批非常卓越的建筑师，其中最为人熟知的或许是安托万・普雷多克，也就是许多刻薄之人言下的法学院大楼的真正设计者，也是乔治・赖特为新墨西哥大学设计的最后一栋建筑……

我曾写信邀请罗伯特・斯特恩来做大师系列演讲的客约嘉宾，斯特恩给我回信后，当我把这封来自知名建筑师的回信拿给乔治・赖特时，这位肯尼迪总统的培训老师却并不知道罗伯特・斯特恩是谁，尽管我已经把斯特恩的相关信息附信附加到信封里，而且也在这封信的页边空白处，特意注释了：“乔治，这是斯特恩的回信。邀请他来演讲大约需要 300+200（机票费用）= 500 美金的费用，我相信这笔开支十分值得。斯特恩如今已经十分出名了……他不仅是一位出色的建筑师，也是一位优秀的学术评论家……如果您批准此次邀请的话请马上通知我，我会给他发一封正式的邀请函”……我特意用红色墨水写的这几句话。两天后，乔治用蓝色墨水给了我带有他的名字首字母的回复，“托尼：保留此文件以便日后参考。斯特恩的价格虽然很高，但是我想我们每学期还是能担负得起一两个‘明星建筑师’的。GW。”（详见罗伯特・斯特恩给笔者的信件，ACA 档案，1978 年 2 月 20 日，第 331 页）

我相信斯特恩的到来会为我们的客座演讲计划增加一定分量。这次邀请的费用确实高于乔治的预算，但是他那句“将他铭记于心”给了我坚持的动力……我把这封信小心地保存了起来……我努力尝试回忆起斯特恩当年到访保罗・鲁道夫事务所的情形，当时他正在为一本名为《美国建筑的新方向》(*New Directions in American Architecture*)的书进行调研工作，并想要收集一些幻灯片。我们都知道他是鲁道夫在耶鲁大学教书时的学生，因此事务所里一些年轻的耶鲁学生会故意说一些只有他们自己知道的事情。而像我们这种非耶鲁的学生则通常会抛出一句话，“哈，又是鲍勃！”斯特恩那时经常会到工作室来，对这里也比较熟悉。不过我只见过他一次，也可能我在那里工作的那段时间里他其实来过很多次，只不过我并没有注意，因为当时我的位置正好在工作室的最前面，正对着窗外的皇冠假日酒店。所以我们通常更感兴趣外面街道上发生的事情，暗中观察那些长期住在这家酒店里长了岁数的百万富婆们。这一活动似乎更能令我们感兴趣，而非用褐砂石装饰的狭长的事务所内部、中间和后边发生的事情，而且直通事务所的电梯到达顶层后恰好会停在玛格丽特的办公桌前。只有当鲁道夫在他位于最顶层的办公室里工作的时候，整个工作室才会像教堂一样安静，也只有这时，人们才能听到是否有特别的客人来访。

最终，那封“将他铭记于心”的信确实起到了作用，但我觉得他之所以同意来做讲座并不是因为我们的那封邀请函，而是因为他的老师鲁道夫曾在这里承接过很多设计项目，甚至用他的作品占据了当地主要的城市景观，所以他想跟随老师的脚步也来到得克萨斯州看一看。鲁道夫在这里设计的第一栋建筑位于达拉斯，随后他又在沃思堡为石油大亨的继承人乔治·巴斯设计了两栋带有玻璃幕墙的高层办公楼。此外，乔治·巴斯的住宅实则也是依据鲁道夫的草图设计，并在埃尔罗·巴伦(Errol Baron)的监管下建造而成的。埃尔罗与我曾在同一时期在鲁道夫事务所工作，后来他去了新奥尔良市的杜兰大学，并且成为一位非常成功的建筑师兼学者。我的一生中曾和埃尔罗有过几次通信，第一次是同他讨论关于查尔斯·詹克斯的一些问题；第二次是因为埃尔罗在希腊有一个别墅的项目，而他曾提出与我合作，虽然这个项目最终并没有落实。罗伯特·斯特恩最终在同年9月到访了得克萨斯大学阿灵顿分校。

当时我开着我的蓝色马自达旅行轿车去达拉斯沃思堡国际机场接他。我们先是绕过了几座风景优美的绿色山丘，然后又穿过了几座我个人感到并不是很喜欢的后现代主义风格中高层办公楼，不过斯特恩对这种后现代历史主义风格的建筑表示了肯定。也正是那时，我开始怀疑自己邀请他过来是否是一个正确的决定。不过我并没有多说什么，也想先听听他讲座的内容再做判断。我们抵达学校之后便直接去到了演讲大厅，那里已经座无虚席了。

他回到纽约之后，给我们寄了一封诚挚的感谢信，并附上一张他此次出行的费用表，并且表示希望以后还能来我们学校进行访问，有更充足的时间看看学生们的作品，同时希望能有机会参加一次评图答辩（详见：1978 年 9 月 25 日的信件）。

这样的机会在这之后确实也出现了许多次。除了作为我们的客邀讲座嘉宾，他还收到过其他许多机构的邀请。1986 年 1 月 16 日，斯特恩第二次来我们学校举办讲座。那时的他已经在业内十分出名，时间表排的也是十分紧张，他这一次的演讲题目是《美国建筑：以史为鉴》（*American Architecture：In Search for a usable Past*）。这次他彻底忘了“现代主义”以及他在《美国建筑的新方向》中的那些偶像，开始研究大量的历史内容，因为当时他正同当地的一些开发商一起推行“复古风格”……这次演讲的几个月之后，我在大草原城（Grand Prairie，得克萨斯东北部城市）的一个地块里发现斯特恩为红地毯房地产公司（Red Carpet Realty）设计的名为“美国新住宅”的历史主义风格住宅建筑，正在被“高调展出”，而这也被称为该地区的“旗舰开放住宅”！

这个设计我并不是特别喜欢；而且那段时间我的心思也并不在此；我正在关注和“能源”方向相关的研究。我当时正在试图把我在希腊学到的一些知识和在新墨西哥州实践工作中得到的一些经验结合在一起，尝试一些新的实践工作。我也打算向银行贷一些款，用来修建一座实验性住宅，学着完全靠自己完成整个项目的“承包”工作。这是我的首次尝试。不过我并没有能够成功地说服银行借给我这笔不多不少的贷款：6 万美金。银行的回复是“市场行情无法为负担现代设计”。尽管我一共做了三种备选方案，但银行的答复始终都不乐观（详见：给银行的两个设计，第 367 页）。最后我从另一家瑞士的银行那里借到了这笔钱。于是我用这笔资金建造了“被动式太阳能住宅”，尽管当初向银行借款时所提供的设计方案有些“缩水”，但是我仍然感到十分开心。我甚至还扮演了大约 4 个月之久的地产经纪人角色来尝试出售这栋住宅。我所有的学生都来参观了这个设计作品，他们都很喜欢它。年轻人以及一些新婚夫妇也十分喜欢这个房子。但是银行拒绝给喜欢这栋住宅的人办理贷款，理由是拒绝给该街区内“建筑师设计的住宅”贷款。值得庆幸的是我曾教过的一个阿拉伯学生对这栋建筑十分喜爱。不过这个学生非常善于讨价还价，提出要一次性购买这栋住宅以及我当时一同购买的另一个地块，而我最初是以 12000 美元 /

由美国建筑师学会会员，建筑师安东尼 · C. 安东尼亚德斯设计的位于得克萨斯阿灵顿的实验性“被动式太阳能”标准住宅。建筑师本人负责了从设计、提供资金、建造到出售的整个过程，1983 年（照片由笔者拍摄，ACA 档案）

块的价格买下的这两块地。我当时是希望能先把第一个住宅卖出去还上贷款，同时从第二个地块的设计赚点利润。不过因为我当时亟须向瑞士银行还款，所以我只能同意把这房子以及另一个块地一起卖给他。那个学生自然是很开心，他的两个兄弟也都搬了过来，以便在这边继续完成学业，他们的父亲什克（Sheick）也因此省下了房租。后来，作为我第一批毕业的学生，他的第一个项目就是说服当地政府更改城市规划功能分区，并在他从我这里购买的第二块地里，为当地的穆斯林设计建造了一栋低层的清真寺建筑，就在我所设计的住宅旁边。我后来也没有拍过那个清真寺的照片。我想说的是，结合我那段时间的建筑实践工作，你可以看出我并不是很喜欢之前斯特恩所设计的那些住宅，而对此我也思考了很多。此刻，我才知道真正的问题所在：我一直都在尝试全部依靠我自己来做所有的事，为自己贷款，并为自己建造。而斯特恩却是在为那些本来就有相关资金支持的人进行设计，比如开发商、银行家和地产经理人等。因此，我总结的教训就是“最好首先找到一个银行家，一个有钱的地产发展商或是一个合同公司，然后再为他们设计房子”……我并不是想在这里比较我们二人的作品，而且事实上我很喜欢斯特恩所设计的住宅平面，我之所以把这些故事都写到这本书中，是为了总结当中的教训，斯特恩掌握了方法，同时也具备勇气，或许还有机会去认识除了保罗 · 鲁道夫和菲利普 · 约翰逊之外的那些坐拥巨额资产的甲方，如银行家，布鲁明代尔住宅公司

"新美国住宅"，罗伯特 · A. M. 斯特恩设计的住宅原型，位于得克萨斯大草原城的温斯顿大街，4308 号，由斯坦福住宅（Stanford Homes）以及特拉梅尔 · 克罗住宅公司共同出资完成，1986 年（照片由笔者拍摄，ACA 档案）

（Bloomingdales），特拉梅尔 · 克罗公司（Tramel Crow Company）以及雷曼兄弟公司这些大牌企业！！！实际上斯特恩几乎认识"美国设计圈"里所有有势力的人，而如果你不能打通这层人脉关系，那么你做的所有事便都只会停留在"具有一定的学术研究价值，抑或从学校校长那里获得进行某项实验项目许可"的层面，如果你想全靠自己，你会发现在事情进行到某个阶段的时候，这件事即使是在没有任何风险的情况下，也无法再进行下去了。这些有足够资金的人，就像老鹰一样，随时准备猎取你的想法，等到时机成熟也就是他们能够最大的压缩成本并提高利润时，等到"这种风格"开始被大众接受并且逐渐具有一定特色之后，他们就会想方设法对这类项目进行投资。所以当时，斯特恩正是感受到整个市场正从他国家历史中寻找着些什么，所以他才那么做了，而且也做到了……不管怎么说，尽管斯特恩所设计的那栋住宅在我看来并不及我所设计的那一栋，但是和那些"蹩脚"的历史风格住宅相比，已经可以算是当中最好的了。而且我通过解读斯特恩的设计，学到不少实用的小知识，比方说南方人需要提供专门品茶的房间，叫作"景观门廊"（Screen porch），这是一种三面都用夹丝屏障围合而成的空间。我之前从未见过这样的房间。所以我拍了很多斯特恩设计的住宅中，关于这类空间的照片。我不知道他是否发表过相关内容的文章，毕竟这同他时常发表在那些主流建筑杂志当中的文章相比，无论是体量还是规模方面都显得不值一提……

Gwathmey
Siegel
&Associates
Architects

475 Tenth Avenue
New York, N.Y. 10018
212/947-1240
Fax 212/967-0890

3 February 1995

Anthony C. Antoniades, AIA, AICP
Box 46
Hydra, Greece 117 42

Dear Anthony:

Thank you for sending me *The World of Buildings* magazine with you piece on our work.

I appreciate the courage, your persistence and all of your efforts.

Have a productive year in Greece. I am envious.

Yours truly,

Charles Gwathmey

CG/jp

Charles Gwathmey
Robert Siegel

Jacob Alspector
Gustav Rosenlof

Bruce Donnally
Gerald Gendreau
Dirk Kramer
Thomas Levering
Joseph Ruocco
Tsun Kin Tam
Richard Velsor

Susan Scott

来自：
发送于：2010 年 9 月 22 日，星期三，14：55pm
给：每一个人
主题：足球！！！
足球赛邀请函
来源：网络

格瓦思梅 / 西格尔
& 合伙人
建筑师事务所

纽约第十大道 475 号
纽约
邮编 10018
212/9474240
传真：212/967-0800

Charles Gwathmey
Robert Siegel

Jacob Alspector
Gustav Rusentof

Bruce Donnally
Gerald Gendreau
Dirk Keumwe
Thomas Latering
Joseph Rwocco
Tsun Kin Tam
Richard Velsor

Susan Scott

1995 年 2 月 3 日

安东尼·C. 安东尼亚德斯，美国建筑师学会，学会理事
希腊伊兹拉岛博克斯大街 46 号
邮编：11742

亲爱的安东尼，
感谢您把发表有您关于我们作品文章的这期《建筑的世界》（*The World of Buildings*）杂志寄给我们。

我很欣赏您的勇气，您的坚持和您所做的所有努力。

希望您在希腊能做出更多、更好的作品。对此我深表羡慕。

敬启，

查尔斯·格瓦思梅

CG/jp

当我写下这一篇文章时，罗伯特·斯特恩已经73岁了。他工作室的官方网站上，还有他穿着球服踢球的海报，而且据说他周末都会鼓励自己的员工组织球赛，此外还会在一些会议以及公开场合中，支持那些后现代历史主义的建筑师们。斯特恩是一位典型的“建筑明星”，他是一位学者、历史学家、评论家，也是一位相当专业的成功人士，无论是喜欢“米老鼠”，或是怀旧主义的客户要求，他都可以游刃有余地处理，甚至包括从世界上任何地方进口一些极为昂贵的大理石石材或是稀有材料的特殊需求。斯特恩也是耶鲁大学建筑学院的院长，而建筑学系馆的设计师正是他亦师亦友，也是他曾经的老板保罗·鲁道夫。这栋建筑的扩建工作，则由与斯特恩的师弟查尔斯·格瓦思梅（Charles Gwathmey）负责，这是一位我十分尊敬且崇拜的建筑师，尤其是他设计的古根海姆博物馆扩建项目，着实令人钦佩。我在回到希腊后，曾写过一篇关于格瓦思梅/西格尔事务所作品的文章，查尔斯·格瓦思梅曾表示十分认可这篇文章的内容。

……希腊伊兹拉岛上美丽的海景启发我去回溯那些我所看到过的“**好的**”事物。斯特恩也曾领略过类似的景色，甚至可以称得上“绝美”的风景就在布莱恩公园，越过纽约公共图书馆屋顶北面，可以看到许多世界“知名”的建筑。很可能就是这些建筑，帮助他成为如今这些极其出色作品的设计师，不管是在设计方面还是在费用方面，而当中最为精彩的，是他为雷曼兄弟公司总裁设计的公寓，且这座公寓所在的超高层公寓大楼也是他的杰作。《纽约时报》的一篇文章曾报道，这个公寓一共花费了4900万美金。而他为耶鲁大学设计的一个学生宿舍据报道称，竟花费了6亿美金。他最近设计的那个项目，即位于南卫理公会大学校园里为小布什总统设计的图书馆。这个图书馆距离我曾在达拉斯的住所只有10分钟的步行距离，那时候我每个周末都会去对面的自助洗衣店洗衣服。我当年从DFW机场接斯特恩来阿灵顿演讲时，就猜到这将又是一个昂贵且耀眼的建筑。不过，可别忘记了，他当年第一次来到得克萨斯州，坐着我蓝色的马自达旅行轿车，一场演讲的费用就有300美金，还需要附加200美金的机票钱……！很明显，乔治·赖特当年说的那句“将他铭记在心”，以及他在信的边缘写的那句“保留此文件以便日后参考”，对鲍勃都起到了很好的作用！……对我来说，我确实是按照乔治的指示，小心地将这封“保留此文件以便日后参考”的信件保存了起来……当然，我也小心保存着唯一一张我所拍摄过的他的照片……

由笔者拍摄的乔治・赖特的照片。照片拍摄的时候乔治正在墨西哥－瓜达拉哈拉（Guadalajara）参加 ACSA 会议，此时他在酒店里刚起床，正打算去吃早饭（拍摄时间 1980 年 10 月 10 日）

200 West 72nd Street, New York, New York 10023　212-799-9690

February 20, 1978

Prof. Anthony C. Antoniades, AIA, AIP
Associate Professor of Architecture/UTA
The University of Texas at Arlington
Arlington, Texas 76019

Robert A. M. Stern Architects

Dear Prof. Antoniades:

Thank you for your letter of 13 February and the invitation it contained. I'd be delighted to lecture at Arlington in the Fall Tuesday or Thursday is the best night in any given week. I think virtually any time after the 20th of September would be fine.

As to the expenses/honorarium situation, I believe about $300.00 is an appropriate fee plus round trip travel expenses. Please let me know as soon as you can about dates, etc.

My best,

Robert A. M. Stern

RAMS:jm

Tony
Save for future reference
his price is high
but we can afford
one "top star" to a seminar.
GW

in front of Don he said: go ahead and write Stern a letter.

George,
here is the letter of Stern.
He will finally cost us approx. $500
300 + 200 travell expen
I believe this money is worth it these days
Stern is a Big name Architect-scholar-critic.
Tony.
Please let me know if it is O.K. To send him a formal invitation.
Tony.

纽约市西部72号大街200号，邮编：10023，电话：212-799-9690

1978年2月20日

安东尼·C. 安东尼亚德斯教授，美国建筑师学会会员

得克萨斯州大学阿灵顿分校建筑系副教授

得克萨斯大学阿灵顿分校

阿灵顿，得克萨斯州，邮编：76019

建筑师罗伯特·A. M. 斯特恩

亲爱的安东尼亚德斯教授，

感谢您在2月13日寄来的信和邀请函。我也很高兴能在秋天的时候到阿灵顿去做讲座，我在周二或者周三的晚上都有时间。实际上在9月20日之后我的时间会比较宽裕。

至于费用方面，我一场讲座的价钱大约在300美金，同时还要另外加上所需的机票费用。请尽快让我知道你们认为合适的时间等具体的安排内容。

谨致问候，

罗伯特·A. M. 斯特恩

（下方手写文字）

“乔治，这是斯特恩的回信。邀请他来演讲大约需要300+200（机票费用）=500美金的费用，不过我相信这笔开支十分值得。斯特恩近来是个十分耳熟能详的名字，他不仅是一位出色的建筑师，也是一位优秀的评论家。如果您批准此次邀请的话请马上通知我，我会给他发一封正式的邀请函。”

左侧手写文字：

“托尼：保留此文件以便日后参考——他的价格的确很高，但是我们一学期还是能负担起一到两个‘明星建筑师’的。

乔治·赖特”

后记

献给所有为罗伯特·A. M. 斯特恩工作的人，

他在耶鲁教过的那些学生，以及那些很可能会读到这篇文章的人：

我在这里写的所有内容绝不是出于“娱乐大众”的目的。我相信任何一个在网上看到过斯特恩作品的人，都会惊叹于他作品的多样性、地域的广泛性以及惊人的项目数量。如果你仔细研究他的作品，你会发现从地面到屋顶，从光线变化到家具的设计，他从来不放过设计中的任何一个细节。任何一位资深的评论家，都会对他设计的那种“适应性风格”的超高层住宅留下深刻的印象，从他所设计的那栋破碎的盒子（波士顿的克拉伦登），到受工业化生产启发且无处不在的“历史特色”，以及“上流社会挥金如土的那些客户的需求”。一个人如果在看到了他的作品、并体会到他根据地点和不同地区的灵魂而对自己创造力“游刃有余的调整和制约”（如，他所设计的图书馆）之后，又怎么可能不去尊重他呢？多年来，他创作出了如此之多的作品，也为许多年轻人、无论男女提供了工作和学习的机会，这样的人，又怎能不让人肃然起敬呢？是的，我敬佩罗伯特·斯特恩，无论是多年前乔治·赖特给我回信时，还是当下，我对他的敬意都是难以言表的。对于我在这一章所写的内容，我并不打算进行过多的修改，因为在写这篇文章的过程中，更是进一步加深了我对斯特恩的敬佩之情。斯特恩，这个男人所做的一切，甚至可以与乔治·赖特的“总统标准”相提并论……我相信如果保罗·鲁道夫还在的话，他会比我更有资格来评价他的这位学生的建筑作品……如果鲍勃·斯特恩（Bob Stern）能看到这篇文章，而且我也正打算给他的办公室寄一份这篇文章的副本，我希望他能将这篇文章保存在他们的个人图书馆里，以便让他事务所里的其他人能读到这篇文章，并能从中有所启发，希望他们所有人都能从“……300 美金附加额外费用……”一路晋升到斯特恩今天的位置……

南北坐标轴与帕特莫斯岛（Patmos）的洞穴

我的档案里有许多关于芬兰的资料，因为那是我去过次数最多的国家，虽然每次我最多也只会待上一周左右的时间，但是总会时不时地去到那里。阿尔瓦·阿尔托的建筑作品遍布芬兰。而我之所以会频繁地过去，可能是因为我的朋友约兰·希尔特在那里的缘故。我的一本希腊语著作《民主主义中的规模与尺度》[*Κλίμακα και μέτρο στη Δηοκρατία*（*Scale and measure in Democracy*），主要内容是基于我在斯堪的纳维亚半岛地区的所见所感，同时我还在根据相关内容在《A+U》上发表了一篇名为《深入北方的建筑之路》的文章（12/1975）]中曾写过关于约兰的一些内容。我的档案里至少保留了10封我与中村敏男关于这个主题的通信。信里主要是一些拼贴在一起的文字，内容都是我在参观现场记录下来的，我会在每天晚上回到当地的酒店后，将白天的参观纪要整理出来。这些文字都是我的肺腑之言，从赫尔辛基（Helsinki）、伊马特拉（Imatra）、伊克纳斯（Ekenas）的塔米萨利（Tammissari），阿尔托设计的银行、坦佩雷（Tampere），一路到了罗瓦涅米（Rovaniemi），然后又从罗瓦涅米通过瑞典的基律纳（Kiruna）到达挪威北部，然后又回到瑞典的哥德堡。随后再从斯德哥尔摩坐火车一路向南，途经丹麦、哥本哈根，到德国，而停留了仅两三个小时之后便再次上路，“即停即走”，至于为什么……或许是因为我是在德国殖民时期出生的缘故吧。我在想曾经是如何能允许自己追随扬尼斯·季斯波托洛斯的脚步，去了斯图加特和柏林，并在希腊军政府统治的那段岁月里去那里寻找着大学课程……坐着火车，循环往复……其中，最令我难忘的一段记忆，是1985年在斯堪的纳维亚半岛地区

阿尔诺·卢瑟瓦里（Aarne Ruusuvuori）、埃莉萨·阿尔托（Elissa Aalto）、克里斯蒂安·古利什森、丹尼尔·里伯斯金（Daniel Libeskind）（位于穆拉萨罗岛的赫尔辛基科技大学实验大楼，1985年8月，照片由笔者拍摄）

举行的阿尔瓦·阿尔托颁奖大会，在那次大会上，我和许多来自世界各地的人们见面并交流了看法。那次会议的主办单位以及主要嘉宾中就包括我非常要好的朋友约兰·希尔特，他的助手克里斯蒂安·古利什森以及当时在实验大楼接待我们的主持人埃莉萨·阿尔托（Elissa Aalto）。当时许多著名的建筑师和一些建筑界的新星都出现在这里，我们相互握手，彼此结识。其中包括汉宁·拉尔森（Henning Larsen，丹麦建筑师）、安藤忠雄（Tadao Ando）、迈克尔·格雷夫斯、丹尼尔·里伯斯金、查尔斯·柯里亚（Charles Correa）、尤哈尼·帕拉斯玛、彼得·帕帕季米特里乌以及朱哈·利维斯卡（Juha Leiviskä，芬兰建筑师）等许多建筑师都在此汇聚一堂。也正是在这里，我认识了马尔库·柯曼尼（Marku Kommonen），那次会议的多年之后，他还曾到伊兹拉岛拜访过我。当时介绍我们认识的是我最好的朋友科斯塔斯·克桑索普洛斯，一位异常热爱芬兰的希腊建筑师，无论从精神还是物质上都是如此。他的三任妻子中有两位都是芬兰人，并且他有两个芬兰血统的孩子。我与马尔库一起，步行游历了伊兹拉岛。我们在马尔库的钢琴家朋友威尔玛·瓦塔宁（Vilma Vatanen）的陪伴下，从卡米尼（Kamini）到弗洛霍斯（Vlochos），再从弗洛霍斯一直到卡拉

威尔玛·瓦塔宁、马克·柯曼尼，以及 kai o Syggrafeas stin Ydra。左图位于卡拉皮加季亚区，右图位于弗洛霍斯，2009 年（照片由笔者、瓦塔宁提供）

皮拉季亚区 [Kala Pigadia 希腊语，意为“好井”（good well）]。当时是 4 月，我们实在是无法说服威尔玛从大海中出来……因为海水的温度对于这位芬兰女士来说十分温暖。我们并没有谈论太多关于建筑的话题，他们当时来只是想单纯地体验一下希腊这个国家的气氛，以及周边的建筑。他们两位之前都从未来过希腊。我带着他们去了亚历克西·哈基米哈里斯（Alexis Hatjimihails）的住宅、我自己的家以及巴拉特塞拉酒店（Bratsera）。伊兹拉岛的春天是最好的旅游季节，对于那些不会说希腊语，不谙世事或是不了解这个国家的人来说，希腊确实是一个绝美的地方……而对于那些真正热爱这个国家，怀揣着正义感的希腊人来说，这里却是一个十足的伤心地！可是对此又能说些什么呢？要从何说起，什么当讲，什么又不当讲呢？

无论你欣赏哪一种设计思想，芬兰总是可以给你无穷无尽的启示。季米特里·波菲利坚信，阿尔瓦·阿尔托是延续了阿斯普隆德的古典主义思想，摆脱现代主义的束缚并且遵循“古典主义”的典型代表。我也曾和汉斯·阿斯普隆德讨论过他父亲的建筑作品，比如斯德哥尔摩公共图书馆主要入口处门把手的象征意义等，也同他提到过瑞典建筑对芬兰的影响，以及波菲利可能就是斯堪的纳维亚半岛地区古典主义的起源。不过无论是阿斯普隆德还是阿尔托，对我来说都是无关痛痒……在我看来，阿尔托和古利什森、柯曼尼、帕拉斯玛、皮蒂拉、塔莎、瓦拉卡（Vallaka）一样，都是芬兰的孩子，都是维奈莫妮

约兰·希尔特和彼得·帕帕季米特里乌，旁边的是迈克尔·格雷夫斯，此时他们正在等待去穆拉萨罗岛的巴士
芬兰于韦斯屈莱，1985 年 8 月 23 日（照片由笔者拍摄）

恩（Weinaimoinen）和伊尔马里宁（Illmarinen）的继承人……也都是《卡勒瓦拉》(*Kalevala*，芬兰民族史诗，又名《英雄国》) 的子民……这些内容我曾在我撰写的《史诗空间》一书中详细地介绍过……！我曾和克里斯蒂安·古利什森一起踢过足球，我们大家还在位于穆拉萨罗岛的阿尔瓦·阿尔托私人桑拿浴室里一丝不挂地泡了个澡，这次体验也是阿尔托的妻子，埃莉萨·阿尔托回馈给所有来参加阿尔瓦·阿尔托建筑奖的人们的特殊礼物，感谢他们以这种特殊的方式来纪念阿尔托。这些人当中无论是具有声望的知名建筑师，还是不知名的普通人，都不远万里来到芬兰，以阿尔托的名义为安藤忠雄这位当时大家还不怎么熟悉、甚至从未完成过正规建筑学教育的建筑师颁奖，这位建筑师那天也和大家一样，在人行道边上等着什么人来接他去参加属于他的颁奖典礼……约兰·希尔特和克里斯提娜、马尔库·柯曼尼、艾尔玛·瓦提恩（Ilma Vatinen）、科斯塔斯和克里斯蒂安以及奥尔加（Olga），都曾在多年后站在我位于伊兹拉岛上的自宅平台上……由北向南的漫漫长路，由光洁的芬兰湖泊到埃尔佩诺尔的平台（Elpenorean Terrace，Elpenor，埃尔佩诺尔，《荷马史诗》中的主角奥德修斯最年幼的同伴，从特洛伊战争中幸存——编者注），这一路仿佛是一首歌颂建筑与人生的诗歌……希腊也好，芬兰也好，仿佛是颂赞建筑的诗歌，也好似吟唱建筑的诗人，从遥远的过去到现在……不同的思想、不同的人、不同的姓名，还有每一个独立的个体……就好像两条相切的 DNA……根据一个不可否认的历史证据可知，阿尔托正是在希腊找到了自己所一直坚信和追寻实践的事物！几年前，约兰·希尔特曾写信告诉我这一切……同样的，我也将我所知道的全部信息都告诉给了约兰……

……20 世纪整个建筑历史文献主要记载的都是从东到西之间的历史。勒·柯布西耶的东方之行。包豪斯由欧洲中部向西方传播，即从柏林一直到美国的东岸地区和哈佛。尽管有一些关于芬兰建筑的专题文章和几本不错的专著[如，斯图尔特·弗雷德（Stuart Wrede），珍妮·哈林（Janne Ahlin），罗杰·康纳（Roger Connah）的一些作品，以及约兰·希尔特所撰写的阿尔托传记]，但是从没有人研究甚至是公开地建议过以南北轴线为主的 20 世纪建筑历史研究：按照从波罗的海到地中海从北向南的顺序，从整体上去观察以及思考那些正在发生以及可以激励他人的事情！我先从北部说起，因为一切与气候有关的“极致建筑作品”往往都是由对抗寒冷为起始的，从“寒冷”过渡到“温暖”地区，从天寒地冻到四处是蚊虫的湖边，再到阳光灿烂无忧无虑的地中海地区，最后直至希腊的诸多岛屿和美丽的海边。就像当年年轻的克里斯蒂安·古利什森、约兰·希尔特和阿尔瓦·阿尔托以及很多人所走过的路线一样，是一部由北到南的建筑历史！通过两种虽然不同却内在有着紧密联系的设计理念，两种不同的建筑基因相遇了！相互对立却又相互吸引，就像是被晒伤的白肤碧眼金发之人，也像是相互连接的对角线、风景地貌、不同的建筑材料，甚至是花盆中栽种的花朵，而芬兰即是这种理念中的先行者，比如阿斯普隆德、阿尔托、埃尔曼（Eiermann）、皮奇欧尼斯……！

在以东西为轴线的建筑理论方法中，学者们普遍关注的是理论和风格上的差异之争，而像丹麦、瑞典这样的斯堪的纳维亚半岛国家，以及芬兰则并非如此。很可能是因为芬兰所处的“北方”特殊的地理位置，或者说是基于这种地理位置下所特有的气候特点，而逐渐形成了自己特有的“环境 DNA”，于是他们在设计单体建筑时都会将其作为一个完整的个体并考虑和周围环境的结合[详见：Antoniades *Epic Space*：*Toward the Roots of Western Architecture*，Van Nostrand Reinhold，New York，1992，see chapter on *Finnish architecture and the Kalevala*]。斯堪的纳维亚裔建筑师，如：凯·费斯科尔（Kay Fisker）、

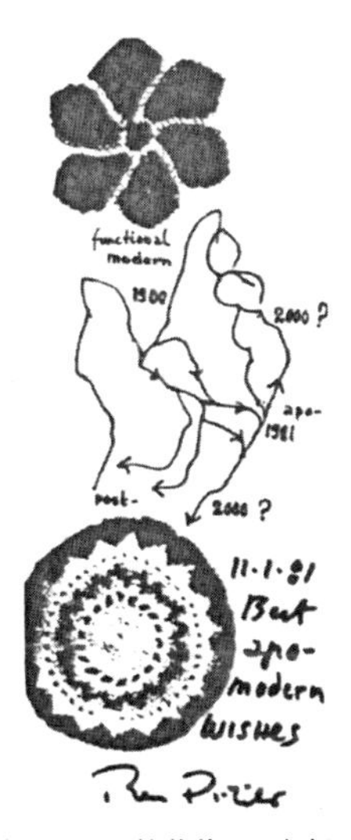

左上：阿尔瓦·阿尔托颁奖大会，穆拉萨罗岛。阿尔诺·卢瑟瓦里、埃莉萨·阿尔托、克里斯蒂安·古利什森、丹尼尔·里伯斯金。照片由笔者于 1985 年拍摄
左下：位于奥塔涅米建筑学院的“绿植墙体”（Green Wall）
右：雷马·皮蒂拉寄给笔者的圣诞贺卡

斯文·马克利乌斯（Sven Markelius）、奥利斯·布罗姆斯迪特（Aulis Blomsteadt）、贡纳尔·阿斯普隆德，以作为“关注环境”演化过程的代表人物建筑大师阿尔瓦·阿尔托为榜样，都是关注环境问题的“后阿尔托时代”（Meta-Aalto Generation）的继承人，他们反对“风格”，且坚持关注“环境”。即使他们当中有一些人确实有些“古怪”，但他们所创造的作品却是真正富有深意的原创设计。在这方面最为杰出的，可以说是建筑师兼教师的雷马·皮蒂拉。遗憾的是，在西方有很少有人了解他的作品，大部分“东西轴线”的建筑师很少会留意这些经验教训，甚至包括那些从事教师行业的建筑设计师，几乎很少有人会将“多元化”和“可持续发展”的设计理念传达给他们的学生。而之所以阿尔瓦·阿尔托能得到他们的注意，或许是因为他的个人魅力，也可能是由于许多“东西”轴线上知名建筑师（密斯、格罗皮乌斯、勒·柯布西耶）的离世，当 1974 年阿尔瓦·阿尔托去世之后，便迅速受到了人们的关注以及追捧。

阿尔托的设计之所以能够开始对一些建筑工作室造成影响，还要感谢那些曾到他工作室参观以及工作过的美国建筑师们，此外，还有

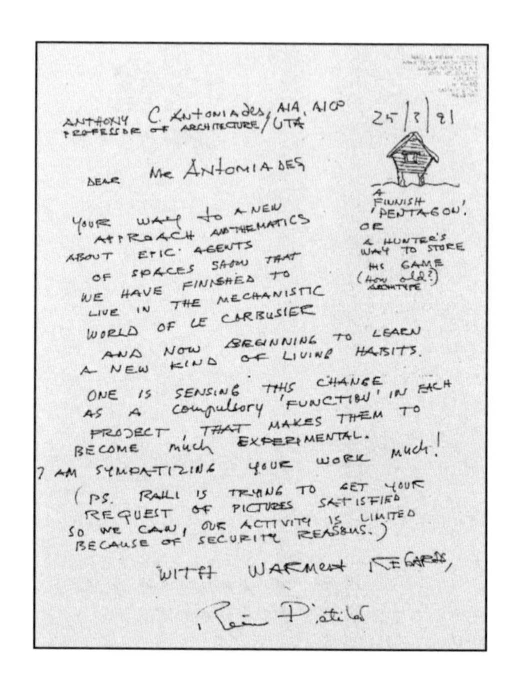

ANTHONY C. ANTONIADES, AIA, AICP
PROFESSOR OF ARCHITECTURE/UTA

25/3/91

DEAR Mr ANTONIADES

YOUR WAY TO A NEW APPROACH MATHEMATICS ABOUT EPIC AGENTS OF SPACES SHOW THAT WE HAVE FINISHED TO LIVE IN THE MECHANISTIC WORLD OF LE CARBUSIER AND NOW BEGINNING TO LEARN A NEW KIND OF LIVING HABITS.

ONE IS SENSING THIS CHANGE AS A compulsory 'FUNCTION' IN EACH PROJECT, THAT MAKES THEM TO BECOME much EXPERIMENTAL.

I AM SYMPATIZING YOUR WORK much!

(PS. RALLI IS TRYING TO GET YOUR REQUEST OF PICTURES SATISFIED SO WE CAN, OUR ACTIVITY IS LIMITED BECAUSE OF SECURITY REASONS.)

WITH WARMEST REGARDS,

A FINNISH 'PENTAGON', OR A HUNTER'S WAY TO STORE HIS GAME (how old?) ARCHITYPE

安东尼·C. 安东尼亚德斯先生，美国建筑师学会、美国规划师学会会员
25/3/1991
得克萨斯大学阿灵顿分校建筑学院教授

亲爱的安东尼亚德斯，

您提出的“诗史性空间”的新思路把人们从勒·柯布西耶的机械世界中解放了出来。并且开始尝试了解一种新的生活方式。同时，人们也开始注意到了这种转变。如果所有的项目都能认识到这种强制性的“功能”，那些设计师会因此而掌握更多的设计经验。

我十分欣赏您所做的一切！

备注：罗利（Ralli）会尽量找到您需要的照片，出于安全性的考虑，我们的行动目前还处于受限的状态。

祝好，

雷马·皮蒂拉

芬兰的“五角形”小屋，也称为猎人的游戏仓库（这种建筑形式出现多久了？）

那些曾在哈利·威斯（Harry Weese）这位阿尔托最早的美国崇拜者的工作室工作过的人们。哈利·威斯是阿尔托在美国的阿泰克家具公司（Artek Funiture）的总代理［如，Pat Spillman、Martin Price、来自得克萨斯州的 William Thomas Odum，也可参见 Antoniades（1985），*Studio Design Methods of Clebrated Architects*，ACA 档案，未发表］。

人们把阿尔瓦·阿尔托设计的那些精致的木质建筑模型从芬兰运到美国，举办了一场摄影展，此后又陆续在其他国家里进行了相关的展出活动。这次展览十分成功，也让世界开始关注芬兰建筑。展览最先举办的地点就选在了得克萨斯大学阿灵顿分校。阿尔瓦·阿尔托的挚友菲勒利恩·约兰·希尔特在莱罗斯岛有套房子，这次展览的成功举办也让他开始着手编写一部共有四册的关于阿尔瓦·阿尔托的传记。阿尔托的建筑经常使用“绿植墙体”（Green Wall），这种设计手法远早于一些关注可持续发展的杂志广告和出版物中所提到的“绿色幕墙”（Green Curtain Walls）。我与约兰·希尔特以及一些芬兰建筑师保持了多年的友谊，比如已故的雷马·皮蒂拉，他不仅是一位伟大的建筑师，也是坦佩雷当地一位真实可靠的建筑学教授。自从我和雷马在得克萨斯州相遇之后，他便一直对我十分真诚热情，总是耐心地满足我偶尔提出的要求，耐心回复我关于他设计教学的问题，为我将要发表的文章提供高清照片素材，尤其是那些由他设计但还在施工中、我无法前往参观的建筑项目的图片，当中包括他为芬兰总统设计的住宅项目；而这一项目我在《史诗空间》一书中也曾详细地介绍过。此外，我的诸多关于他的文章中也使用了我亲自去参观他设计作品时拍摄的照片。在我个人的档案里，有一个名为“雷马·皮蒂拉的工作室设计方法”的专题，这些材料都是从他的学生以及他本人那里收集而来的。整理后的研究内容，我也曾发表在希腊版《建筑诗学》第一版中。但在这本书的英文版中并没有包含这些内容，因为其中大部分图纸已经在一本意大利著作中发表了，这本书的作者是卡尔米内·贝宁卡萨（Carmine Benincasa，详见 Benincasa，1979 年），所以我的出版商决定在英文版中去掉相关重复的内容。对此我表示十分抱歉，因为我本打算在这里将我在本书中首次提出的“南北轴线”的观点进行进一步的说明。

尽管我个人一直在强调，但是西方主流建筑学者仍然坚持以“东西轴线”的角度来研究“形式主义”，关注勒·柯布西耶、包豪斯的“图解现代主义”（Diagrammatic Modernism）、预制件系统，以及大规模生产，所有的这些研究都是建立在一个共同的基础之上，那就是将承包商的利益最大化，尽管这一点从未被公开承认过。

“现代主义”的建筑大多都是线性元素构成的，代表作品有包豪斯大学的魏玛大楼（Weimar Building），密斯的巴塞罗那德国馆，相关的设计方法和理论资料在柯林·罗和罗伯特·斯卢茨基（Robert Slutzky）所写的《透明度：实质与现象》（*Transparency: Literal and Phenomenal*）一书中有详细的说明，不过这些理论和实践项目往往忽略了公平与人性，而这些正是南北轴线下芬兰建筑所提倡的包容性环境设计手法所提倡的。1973 年的环境危机使得很多人开始关注环境问题，甚至也让一些人开始小心地尝试“关注能源与环境的设计方法”……这便是包容主义的方式，而这些内容其实早在南北轴线的建筑作品中有了一定的应用和发展。

第三届阿尔瓦·阿尔托国际大会的主题是“现代主义与大众文化”，此时阿尔托传记的作者约兰·希尔特正处于他人生的巅峰时期，负责管理一切和阿尔托相关的资料文件。他撰写的阿尔托传记很快就从四册变成了五册。而阿泰克家具公司的监管权也全部落在了希尔特的手中。阿尔托死后，埃莉萨需要一个信得过的朋友来帮助她打理这一切，而原来曾在阿尔托他手下工作的那些人都离开了，那些曾经狂热追捧阿尔托的年轻建筑师们，也随着这位建筑大师的离世而逐渐地冷静了下来……他们开始关注自己的建筑事业，希望自己也能踏上属于自己的荣耀和成功之路。几乎所有建筑圈里的人都出席了这次会议，约兰·希尔特更是最合适的管理人，是他保证所有的一切平稳进行，在年轻建筑师的雄心勃勃和属于阿尔托的那些伟大的记忆之间找到了平衡点。作为一个瑞士裔芬兰人，希尔特一直十分热爱芬兰，并且他的血液里流淌着他父亲的作家基因，他本人更是一直潜心钻研北欧文明。他曾上过战场，他的身体中一直带着战争中所残留的弹片，而这逐渐成了他的脊梁，他的灵魂，所以他在这次会议中，也体现出了这种无畏的精神。

继雷马·皮蒂拉和约兰·希尔特之后，我和于尔基·塔莎的关系也越走越近。我一直十分欣赏他的作品，他的勇气以及他出色的创造力。他是一个纯粹的现代主义者，并且预见了随着计算机的出现会逐渐成为可能的新的建筑形式，早在计算机被大众广泛接受之前，他就开始尝试用早期的计算机去生成一些不仅具有外观、同时具备工匠灵魂的建筑艺术品。其中尤为令我感到印象深刻的，便是他所设计的私人住宅，相关的图纸和照片我还曾在他的帮助下在希腊的《建筑的世

于尔基·塔莎的私人住宅（照片由于尔基·塔莎提供）

界》杂志上发表过。十分遗憾的是，目前这本杂志没有英文版，所以英语国家的学者们都没法去了解其中的内容！每年新年，塔莎无一例外地都会给我寄一张附着他建筑项目的节日贺卡……我总是十分钦佩他对尺度的处理方式，作品中所表达的“二元性”，一种“文丘里式”的“复杂性与矛盾性”，这种设计手法在很多状况下能够将现代与传统风格很好地融合到一起。他的作品中会使用真正属于当下那个时代的材料和技术，没有单调的模仿或者直接采用所谓的“历史主义”，甚至多年前当他在设计位于罗瓦涅米（Rovaniemi）的“哥特式”购物中心的入口时，都会采取创新的手法。为了平衡并且了解他的“现代主义设计作品”,我开始越来越关注“象征主义”以及创造才能的更新。对我来说，这个男人既是一位出色建筑师也是一位优秀的老师，饱读诗书且紧跟时代步伐，在阿尔托和赫尔辛基的建筑圈子之外，在坦佩雷大学以一种十分恰当的方式坚持了雷马的精神,所以在雷马去世后，塔沙理所自然而然地承接了他的衣钵。据我所知，塔莎的设计作品偏重概念化，从设计初期的草图到最终建成，不仅注重人性化并且能够将其提升为真正的建筑，即使是他为那些只注重眼前利益的开发商而设计的先锋派建筑项目，与其他拥有此等大型主流开发商或者大型承包商的建筑项目相比，也是独树一帜的。在诸如西班牙和希腊这类国家中，提倡图解式新现代主义的设计师数不胜数，而塔莎却是一个独具匠心的“包容主义”设计师。跟塔莎一样，还有一位尚不知名的外

斯堪的纳维亚半岛地区的后历史主义者的“新哥特”风格尝试
建筑师：努尔梅拉－赖莫兰塔－塔沙（照片由于尔基·塔莎提供）

国建筑师，名为塔索斯·比瑞斯（Tasos Biris），也是一位优秀的建筑师兼教师，也是阿克托（AKTOR）建设公司总部的设计师。塔莎将资本驱动的建筑变得人性化，将“升华”的设计元素重新展现到设计中，让那些住在开发商要求的大尺度建筑中的普通群众，比如工人、低收入人群，雅皮士和经济上并不富裕的人们，真正地享受这些空间。正因如此，塔莎的建筑才不同于其他建筑师的作品，比如“坎迪利斯、诺西克 & 伍兹事务所”在图卢兹设计的那些建筑项目。虽然塔莎一直没有成为所谓的“明星建筑师”，但对我来说，他一直都是一位真正“伟大的建筑师”。我之所以会撰写关于塔莎作品的文章，是因为我觉得他的作品恰巧出现在时代交接点，过去那种毫无人性，毫无特征的现代化主义产物正在结束，一个充满希望的“多元化现代主义”时代正在来临；也是手绘－手作，以及前电脑制图时代的开始，而对于 CAD 制图的未来，我想再次在这里强调的是，在我看来，希腊的“变形”（ANAMORPHOSIS）设计小组一直坚持的“多元化的设计方式”是未来发展的趋势，这也是我所提到的南北轴线的建筑发展方向（南北轴线建筑发展内容详见我的个人网页：www.acaarchitecture.com）……然而遗憾的是，很多人并没有意识到这条南北方向的建筑发展轴线，虽然在一些地区和国家中，也有个别的建筑实践者和学者以此为依据发展自己的风格理念 [如当代作家罗杰·康纳（Roger Connah）、美国的建筑师哈利·威斯（Harry Weese）等]。随着 CAD

逐渐成为想象力的工具，年轻人都焦急地想挤进明星建筑师的殿堂，于是出现了大量“非线性”或者“折断割裂式”的建筑形式，盖里、哈迪德、里伯斯金的崇拜者在视觉舞蹈的冲击下像是发疯了一样，世界各地的建筑杂志以及网络，尤其是一些博客上，也开始铺天盖地地出现“9・11 恐怖事件新双子塔”“空中城市”“天空云”“阿卡迪亚之树”（acadia trees）等与“摩天大楼”相关的内容，相关的评论也是褒贬不一……可惜我对于这些仅仅停留在视觉上的审美满足是拒绝的，然而那些杂志却并非如此，不过此处我就不用图片来阐释我的这一观点了，因为我觉得这是在浪费时间……这些内容在网络上随处可见……虽然我承认这些“可笑”的作品确实具有激发想象力的作用，但是这些缺乏“包容主义逻辑性”的“玩笑”无法带来平等性……毕竟在回到真实的世界时，我更喜欢切切实实的蓝天……不过感谢上帝我们还是有一些手法来治理这些来自上空的垃圾的。加利福尼亚的建筑师戴维・赫兹（David Hertz）回收并改造的一架位于马里布的波音 747 飞机就是一个很好的案例……

以上就是我对那些我所钦佩的斯堪的纳维亚建筑师，以及一些和他们持有共同看法的人的观点。现在我想写一些和“南北轴线”相关的事，这些事是我们所处的消极窘境的核心，也是当下我们所面对的这些问题的症结所在。自由手绘、素描与纪念碑测绘这些设计技能，有些甚至可以说是南北轴线的学派特有的学习与表达方式，如今已被很多建筑学院从设计课程中剔除了。30 多年以来，以电脑辅助设计和计算机为基础的建筑教育模式，是典型的由东西轴线所衍生出来的一种设计理念。就在我写这本书的时候，似乎已经没有人会站出来强调徒手绘制图纸与草图能力的重要性了。尤其那些在设计的最初阶段，在“概念形成”阶段，在设计构思阶段，设计师在进行“方案对比”的过程中所绘制的，带有简单的注释，只有“设计师自己看得懂”的、对整个设计起着决定性作用的草图在逐渐消失。那些草图所花费的“时间”，带来的“想法”以及每次“方案调整”，从某一刻起，你开始“思考”，然后你的那些想法会通过你的大脑，带动你的手臂，再到你手中的铅笔，随着笔尖的移动将方案呈现在草图纸或是随便一张“纸巾”上，而这一过程似乎已经被人们遗忘了……“思考 – 下决定 – 创作”，这种以人为中心的设计方法，才能真正实现“创造想象”的过程。而电脑的出现却将这一过程抹杀了。对埃罗・沙里宁（Eero Saarinen）和阿尔瓦・阿尔托这样的建筑大师而言，同样对希腊的季米特里斯・皮奇欧尼斯、比瑞斯和“变形”设计小组的人，以及所有的其他人，还

由空中的那些“恐怖分子”改造而成，而如果这些“天空上的事物”可以被服务于普通大众脚踏实地的生活，则会更加的称心如意：来自加利福尼亚的建筑师戴维·赫兹对从马里布回收的波音 747 飞机进行了一次真实的改造再利用！！！

有我的学生戈登·吉尔而言，最重要的并不是“你画得有多好”，而是要通过这个人为的过程学会如何“思考”，对设计师而言最重要的是大脑这个人类的“硬盘”。美术功底并不是这里的核心问题，思考才是！！！像阿尔瓦·阿尔托以及其他的“南北轴线”的建筑师们一样，他们正是通过手中柔软的铅笔才练就了一身“硬”本事。他们通过一次次的绘制线条，一次次的重新调整，才能做出最终的设计方案，而每一个设计作品的背后，都有无数张“乱七八糟的草图”……当然，并不是说东西轴线上的建筑师们都并非如此。比如保罗·鲁道夫“游刃有余”的草图，尤其是他的剖面图。此外还有阿尔托，甚至是盖里，他们的草图都要比他们最终建成的成品要人性化得多。而那些不会徒手绘制草图的人，却都通过 CAD 成功地进行了“复仇”。我确实在 20 世纪 60 年代末到 70 年代初，认识了一些完全不懂手绘的建筑师，他们放弃了真正的建筑，而选择致力于他们自己的 CAD 事业（对于建筑行业来说这是多么可怕的一个词），并通过这种方式促进了这种软件程序的发展，在整个过程中挣得盆满钵满，但却也因此，对真正的建筑设计造成了不小的伤害。当然，如果你十分擅长手绘，而且能够“手与脑的统一”地表达自己的创意，如果还能演奏某种乐器或是擅长音乐的话可能就完美了，这一类人如果使用电脑并能熟练运用这些新技术，那么他们绝对会超过那些不知手绘为何物也不热爱音乐的人。说到这里我就不得不提起我在前面已经提到过的我的学生戈登·吉尔，如果不是他卓越的手绘与绘画技能，他便不可能在如此的短的时间内便拥有如此大的成就。我在《AR》上针对数字时代手绘技巧重要性的评论，引起了戈登的注意，他的话也让我更加确信了这一点，当时他告诉我："您说得十分正确，如今我依旧会依靠绘画去'看'（To 'See'）。如今我们需要将手绘和电脑结合在一起，才能完成整个设计过程，而其中的关键就在于千万不要在这个电子的时代失去艺术的光环。"（详见戈登·吉尔写给笔者的信，2012年2月25日）

除了手绘和素描的技能外，对纪念碑建筑以及普通建筑的"素描和测绘"（整体的平面、剖面、立面以及相关细节）也是建筑学习的重要方法，此外，还要"像建筑师一样思考"（此处借用了豪尔·鲍克斯写的一本特别好的书的书名）。只有这才能帮助你在建筑之路上变得富有创造力，而不是仅仅局限在风格和计算机的层面上。这会让你学习到在那些关于"建筑风格"或者名为"你不曾看到过的建筑技术"之类的书中永远学不到的事物。我永远不会忘记当年在雅典理工学院的那三个夏天，已故的保罗·米洛纳斯教授曾教给我们的事，以及让我们去阿索斯山测绘那些修道院建筑、与他一起研究纪念性建筑（Paul Mylonas，2000年）的时光。我相信，所有的建筑院校都应当拥有他那本阿索斯山的测绘图集。而所有的这一切也是南北轴线上特有的传统建筑教学方法，人们通过这种方式学习，最终设计出真正伟大的建筑。从古至今自始至终都不可否认的是，在斯堪的纳维亚半岛地区和欧洲南部，人们一直都将建筑师的美学教育视为重中之重。没有人能够像文艺复兴时期的画家和建筑师们一样擅长素描与绘画，而希腊建筑师们则是对"测绘"更情有独钟。3年纯粹的手绘表达，至少每周一次，两年的雕刻练习，也是至少每周一次，接着进行大量古典建筑的测量实习（甚至可以去到罗马进行一整个夏天的手绘练习，如格雷夫斯和普雷多克曾经做过的那样），这一切的训练对建筑创作起到很大的帮助。在这一阶段，电脑能够提供的帮助只有"自律"，或最好是在短时间内"限制使用"甚至干脆禁止在学校设计部门中使用。工作室中人与人之间的交流，思想的碰撞，"创造力爆棚"的氛围一去不复返，取而代之的却是那种"过分整洁和缺乏人性化"的氛围。我清晰地记得我在SOM工作时，亲耳听见一位与我相隔两张桌子的、当时在负责赫希杭美术馆项目的年轻阿根廷建筑师问戈登·邦夏："为什么不尝试用电脑绘制效果图？"邦夏回答道："只要我还活着，电脑就不能进到这间工作室里。"很抱歉我不记得这位阿根廷建筑师的名字，也不记得那天早上邦夏带来的那位渲染绘图师的名字。不过我十分同意邦夏的观点。我们应该把所有建筑事务所里的电脑搬到一边，或是藏起来，抑或放在其他的楼层，把它们和工作图纸以及一些说明书放在一起……

让我们再给建筑软件一些时间以补充一些“新・纯艺术 – 包豪斯 – 柯布”的规则……只有这样我们才能看到一些希望，否则的话……我们所得到的只会是地产和银行建筑（Bankitecture），而不是真正为人类服务的“真建筑”（‘A’rchitecture）……因此，此刻我们所有人都需要再次仔细且全面地思考一下所有的这一切，而这也是为什么我们应该系统地考量南北轴线的真正意义……

对此我也不想再多说什么了……如我所说，不仅是在欧洲，在美国也存在一条南北轴线。并不是只有东西轴线，并不是只能从德国 – 波士顿 / 纽约 / 哈佛 – 耶鲁再到哥伦比亚，或者从德国 / 法国 – 康奈尔再到普林斯顿。还有墨西哥 – 加拿大，就像希腊 – 芬兰一样。欧洲的南北轴线主要强调的是建筑的“包容性”，公众的兴趣倾向以及环境的和谐，其中最卓越且具有的代表性的就是我之前提到的阿尔瓦・阿尔托的作品，并因历史建筑与希腊建筑所特有的精雕细琢的特质而得到了进一步的丰富，其中最具代表性的当属著名的希腊建筑师皮奇欧尼斯的作品、塔基斯・泽内托斯的前卫方案、康斯坦丁尼季斯的国际影响、季斯波托普洛斯的精神设计教学理念以及年轻一代的贡献，比如塔索斯和季米特里斯・比瑞斯（Dimitri Biris），以及他们的学生，比如尼科斯・乔治亚迪斯和我的好朋友科斯塔斯・克桑索普洛斯等，甚至还有那些在美国和欧洲受教育的许多年轻有为的、在国际上不为人所知的希腊建筑师们，他们的无人问津除了可以归咎于语言问题，更主要是因为他们都是现代希腊“灾难”（可能是指近代希腊内战和军阀政府统治下的社会——编者注）的受害者，当然，最大的问题，就像是传说中所说的，希腊“会吃掉她自己的孩子们”[希腊神话中的泰坦神克洛努斯（Kronos/Cronos）因担心自己的孩子会像自己夺取自己父亲的权力时一样夺取自己的权力，所以每当一个孩子降生他都会把自己的孩子吃掉——编者注]……我曾在希腊多次发表过与此以及种种问题相关的文章。这里已经没有足够的空间供我详细描述了……我感觉我已经在这本书里写了太多的内容，有可能对于读者来说很难消化甚至感到了些许疲惫，而鉴于我许多关于阿尔托和希腊建筑的资料读者们可以在别处找到英文版的相关内容，所以我想在此以一些照片回忆作为

迈克尔·格雷夫斯，当时所有的学生以及一些知名的编辑都想要和他一起合照。照片中有：马克·特雷布、克里斯蒂安·古利什森、尤哈尼·帕拉斯玛、彼得·帕帕季米特里乌、丹尼尔·里伯斯金、查尔斯·柯里亚（Charles Corea）、阿尔诺·卢瑟瓦里、罗伯特·山姆布恩（Roberto Sambone）、约兰·希尔特和克里斯提娜·希尔特（Kristiina Schildt）（ACA 档案，笔者拍摄于 1985 年 8 月）

结尾，从于韦斯屈莱到珊纳特赛罗（Säynätsalo），再到芬兰的穆拉萨罗……

南北轴线：以希腊为例

帕诺斯·尼克丽·雅勒皮斯作品展，巴黎

1925 年

斯塔莫斯·帕帕扎基斯（Stamos Papadakis）在《建筑实录》上发表的作品，美国

1936 年

1938 年

帕特洛克罗斯·卡兰提诺斯（Patroklos Karantinos）、修昔底德·瓦伦蒂（Thucidides Valentis）和伯莱维斯·迈克利兹（Polyvios Michaelides）的作品，发表于意大利的《Nuova Architettura del Mondo》杂志（1938 年）和英格兰的《The Architects Journal》杂志（1947 年）上

1947 年

保罗·米洛纳斯（左）和阿里斯·康斯坦丁尼季斯（右）的作品，发表于《Architecture d'Aujourd'hui》杂志，1962 年 12 月–1963 年 1 月刊

这本杂志是 60 年代希腊建筑辉煌时期，唯一的一本关于希腊建筑的国际出版刊物

1963 年

在斯图加特举办的包豪斯展览中，提到了扬尼斯·季斯波托普洛斯的作品

1969 年

塔基斯·泽内托斯参加的在华盛顿举办的 ASC/AIA 展

1974 年

1976 年

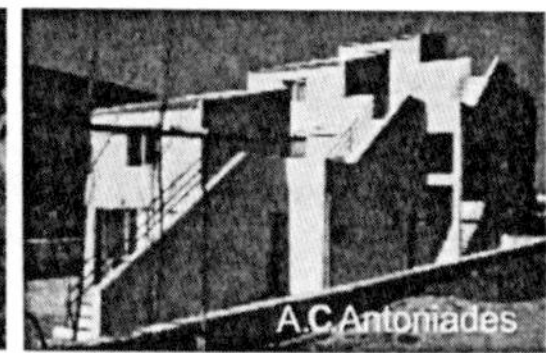

由笔者发表于《A+U》，《AIA》杂志，《建筑》，《景观建筑师》，《JAE》，《建筑师》，《技术 A+X》

Charis+Alexandros Kalligas
The "BAUHAOS" group
A. Damala
N. Georgiadis
Tota Mamalaki
Nikos Theodosiou
Alexandros Tombazis

《现代建筑》
St. James Press，Muriel Emanuel。其中提到了皮奇欧尼–泽内托斯和安东纳卡基斯–以及坎迪利斯（相关提名详见 ACA 档案中穆雷尔·伊曼纽尔的相关文件）。

1995 年

由笔者总结（2007 年，第 259 页）

明星建筑与建筑真理

在通往建筑真理的路上，我们经常需要停下来好好思考，沉思。也许你会一边走一边思考，但是总会有相对更漫长的停顿，你从中也会领悟到一些事……由此，也会为你的下一步奠定更坚实的基础。就如我之前所说的那样，在这一路上，最难做的、也是最容易造成反效果的，就是坚持“批判性的客观”，尤其对你这一路上结交的建筑师挚友们要一直秉承这种态度，甚至在你因为要为他们的作品撰写著作或文章而难免产生一些经济上的往来的时候……虽然这样写会让人感到有些难以接受，但是事实就是很多建筑师其实“有些害怕”写评论的人，而且确实有一些建筑师亲自跟我讲过这个问题，因为有时候那些比较直接的评论经常会伤害建筑师的感情。

新墨西哥州有我看到过这个世界上最美的日出和最壮丽的日落。而这样的美景，是不可能被带到伦敦的。如果你也有幸见过这番景象，我相信你也一定会对此久久不能忘怀，只要一有时机，你便会选择立即回到那个地方……幸运的是，我的人生际遇给了我这个从英格兰返回新墨西哥的机会。当我在纽约待了 3 年、又在伦敦待了两年半之后，我有幸在伦敦大学城市规划学院的布告栏上看到了这样一则通告：新墨西哥大学正在邀请一位为期一年的建筑学客座教授。于是我立刻发电报表示了我对此的兴趣，同时我也立刻邮寄了我的申请信，以及一系列我与当时新墨西哥大学的建筑学院院长唐·施莱格尔（Don Schlegel）之间互通的电报。唐给了我很大的帮助，从基本的住宿安排，到处理我与希腊政府之间的所有问题，当时希腊政府一直不肯批准我护照的延期申请。长话短说，之后我便搭乘了一趟从伦敦到阿尔伯克基中途还要在底特律过夜经停的航班，拿着一个到美国 3 天后就要过期的希腊护照，而不是要求中的、在申请一年工作签证前要有半年的有效期……不过我在阿尔伯克基机场收到了一份很大的惊喜！航站楼里有两个人在迎接我的到来，是唐·施莱格尔和玛格丽特·摩尔（Margaret Moore），他们二人满面微笑，看起来也十分开心，我也终于顺利抵达。玛格丽特是我当年在纽约的朋友，后来她为了攻读课程时间比较紧凑的建筑学专业硕士学位而搬到了新墨西哥州。而这个玛格丽特是两个在我生命的特殊时期帮助过我的玛格丽特之一。在我不知情的情况下，她一直跟施莱格尔对我赞不绝口。她告诉我说，当年正是因为受到了我的启发，她才决定从护理专业转到建筑学专业，并专门研究医疗保健建筑的。玛格丽特的话要远比施莱格尔在决定是否要录用我时打给鲁道夫或者是克里斯特－雅内尔的电话要重要得多，由此我便得到了这份工作……我后来在新墨西哥州大学一待就是 3 年，从许多角度来看，这 3 年是我一生中最美好的一段时光……我这一生到过美国纽约、英国伦敦、新墨西哥州的阿尔伯克基，而在此之前的 24 年我一直沐浴在希腊的太阳之下，享受着爱琴海上的新鲜空气和希腊岛屿上的绚丽阳光……我亏欠唐・施莱格尔许多，就像我亏欠玛格丽特这位如我的守护天使一般的人的一样多。我当时接替托尼・普雷多克的工作在大学里负责教授规划理论课和 3 年级的设计课程。当时我并不知道普雷多克是谁，但却在后来与米歇尔・毕耶成了很好的朋友，米歇尔・毕耶也来自欧洲，并负责教授研究生的设计课程。很多年来我一直以为普雷多克是欧洲人，因为他总是称自己为安东涅（Antonie）。在我们相处的几年里，他逐渐成为我最钦佩的建筑师之一。何等的才华！他的作品又是何等的富有生命力！我曾住过普雷多克设计的光之公寓（La Luz apartment），这是他在格兰德河边设计的第一个综合体建筑，住在里面便可以眺望桑迪亚斯山（Sandias）。我还记得我曾在客厅楼上的阁楼里找到了一辆用了 5 年之久的自行车……

我还在新墨西哥州参观过很多普雷多克的早期建筑作品……其中位于美国亚利桑那州图森的美术馆设计的特别出色，尤其是其中光影的变化，以及材料和“整体氛围”的营造，使得整个建筑内部充满了神秘感！他总是比那些家喻户晓的知名建筑师要先进许多……毋庸置疑，他是一位出色的光影建筑师，善于通过体量的变化来营造一种神秘的空间感，他几乎可以用这种设计手法解决任何问题，可以通过任何形式、任何“冲击与破裂”、任何“碰撞与冲突”而设计出仿佛是来自太空的建筑作品……为了让那些此刻无法亲自去参观这些建筑的人们能够感受到他设计作品的魅力，我在这篇文章中，将这一切都转化成一种纯粹的“虚拟”感受……我真的非常欣赏且尊敬普雷多克……但是……

La Luz: Antoine Predock

普雷多克曾在他那十分精致的个人网站里，用简短的文字声称，他可以将地域主义随身携带，并将其称为“便携式地域主义”（Portable Regionalism）！对此我表示质疑，因为这个词本身就是自相矛盾的。任何一种文化和地区都是根植于自己的土壤的，具有自己的独特特征，是根本不可能移动的。这就像希腊语中的“Εφὰπαξ σε δόσειζ ”（字面意思是：“一劳永逸的，一点一滴积累起来的”）一词，通俗点来说，就是想要把一些逐渐积累的东西一次性地拿到手。这种说法本身就存在一定的问题而且十分的自以为是，这就像虚伪的法律，通过建立一些新的政策和暗箱操作，通过“惩罚”那些低收入和领取养老金的人，来拯救一个陷入经济危机的国家，从而包庇那些真正造成经济危机的人免受牢狱之灾……

在过去，建筑都是具有地域性的。比如中国的、日本的、印度的、波斯的、埃及的、希腊的、罗马的、文艺复兴时期等的建筑。而你必须要去到每一个国家才能真正体会到这些国家特有的建筑。就像你要到芬兰才能看到真正的阿尔瓦·阿尔托，要去法国才能了解勒·柯布西耶，只有到美国花 99 美元乘坐着灰狗长途巴士，花 99 天环游美国去看弗兰克·劳埃德·赖特的那些建筑，才能真正对其有所体会……而如今，随着“全球化”和网络技术的发展，我们只需要在一些知名的网站上就能看见他们的作品，但是却永远也无法真正地进入这些建筑，因此也就不能真正地体会到那里的地域风情。于是人们试图通过拍摄一些电影和小视频将这些建筑作品变成“虚拟的”影视作品，然后通过网络传播给大家。

我们那个年代的明星建筑将建筑从实体的、包含所有感官体验的事物，变成了“乏味的标签”！包括托尼·普雷多克在内的这些“明星建筑师”中极具才华的人，在 21 世纪资本主义和社会主义一同发展的大时代链条下，却都只是桑海一粟……那些所谓的“明星建筑师”，在一些遥远且富有的异域国度里，“讨要和谋取”了许多建筑项目。对于那些大型财团和合作承包商所组成的商业链条下，建筑师成了最微不足道的存在，他们必须和专业的工程师合作，在一些特殊的项目中需要和一些“有经验”的大型事务所合作，和一些来自特定国家的建筑师合作，尤其是来自美国和欧洲的建筑师。你唯一需要做的，就是看好那些身在中东甚至远东国家富有企业的设计需求，然后提交一个投标方案。举个例子说，当我在写这篇文章的时候，卡塔尔的一家地铁公司就对所属的 45 个站台进行着国际招标工作……我自己也曾亲眼见过无数次这样的竞标项目，我也关注过这些竞标的后续发展，尤其是那些发生在希腊的项目，这么多年来，我一直通过著书和写文章去提醒人们这些事情，然而这一切都是一场徒劳。我眼看着这些钱不翼而飞,国家的银行开始破产,尽管他们依旧不想承认这种说法……而之所以会这样是因为在整个过程中，出现了一系列贪污腐败以及偷税漏税之类的问题，而每当电视和报纸“觉醒”开始报道此类消息的时候又总是为时已晚……那些所谓的“明星建筑”完全是一种进口来的标示性产品，设计时完全没有考虑到建筑自身的功能性需求。媒体和建筑类的文学作品通常会对当中的大部分进行大肆宣传和报道，而那些学者们永远无法了解的暗箱操作或上不了台面的交易，则都被排除在了“建筑理论和文学”的“研究”之外。除非某个人是所有这些的受害者，再或者除非某个人为了提高他或者她“游戏人生”的体验感而以个人的身份成为“参与者”，并将自己的道德感和职业荣誉感隐藏,否则所有人都会选择对这些事三缄其口……这不为人知的一切，将永远被隐藏起来，而所有的“回扣”（kickback，作者原文使用的“MIZA”一词——编者注）也永远不会被提及……那些明星建筑师，为了保证能拿到所谓的“委托”，选择对这一切视而不见并且默许这种回扣形式，尤其是那种大规模高预算的项目。回扣越大，项目的相关决策者和中间人所获的利润也就越高，而这些最终却都是由纳税人和公众来买单……或许对于那些以石油来付费的客户和拥有储备的国家来说，这并不是什么大问题，但是对于那些人们每日努力工作的民主国家和一些新兴国家来说，这是一个相当严重的问题。收取回扣的方式可以是直接也可以是间接的，通过一些“巧妙”的渠道，而“明星建筑师”以及在整个“委托”过程中参与其中的人，共同促成了这笔不可见人的交易。对“明星建筑师”而言，拥有一个在瑞士或海外的银行账户和事务所都是必须条件……这样一来，那些政客和中间人便能顺利拿到自己的“那一份”，然后用这些钱养肥了那些“明星建筑师”账号或是所谓“中间人”的机构。当地的建筑事务所，在了解本地这些腐败问题的情况下，会沦为项目方案和“明星建筑师”之间的协调人，当地的学术经纪人大多亦是如此。所有这些内容虽然没有办法通过列举案例逐一证实，但同样也不能被证伪。这类事情通常都被一些人小心翼翼地通过一些合法的手段掩盖了起来。比如说在希腊这样的小国家里，这样的事情不胜枚举，每天新闻会不断地报道大型或小型建筑项目背后的贪污腐败事件（例如，一位身家百万的住房部官员，曾给一违章建筑开绿灯，竟然通过法律途径让违法建筑合法化，然后明目张胆地通过这种实际上违法的行为来增加税收剥削百

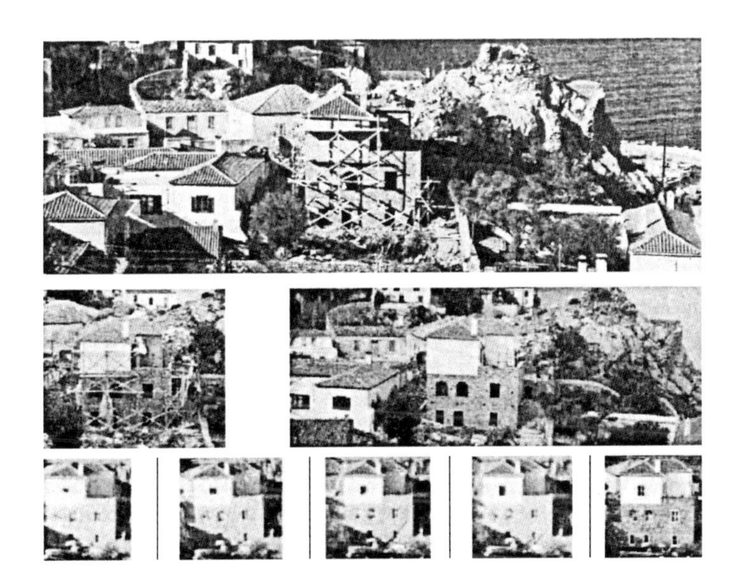

最下方一排照片：从建筑内部用锤子砸了一个窗户，整个过程耗时 15 分钟。此次非法占有的行为为电力公司所为，这一做法背后包含了一系列的腐败、贿赂和“恃强凌弱”（ Τραμπουκισμό ）等现象，不过相关的证据估计都被销毁了（照片由笔者拍摄，希腊伊兹拉岛）

姓）。笔者曾出版过一本关于这方面内容的书，书名为《等待着：建筑空间背后的故事》（*κατωπεριμενώματα*：*κριτική του Μετα Αρχιτεκτονικου χώρου/Waiting under*：*Critique of the Meta-Architectural Space*，详见 ACA，2007）。出版后，我把这本书寄给了当时的一些政治家、市长和各行各业的人们。然而，随后出现的希腊“危机”再次证明，我真的是寄给了错误的人！诸如此类的剧情每天都在世界各地上演，而这一切的副产品，即伪善和所谓合法化的途径成了那些进口“明星建筑”不可缺少的一部分，通常伴随着国际招标，而当地的建筑师却只能吃那些明星建筑师剩下的项目或者转身做学术研究……是的，我不相信所谓的建筑全球化，也不相信那些“明星建筑”，更不相信一个地方特有的地域特色和地域主义能够被随便移植到另一个地方……是的，通过成为国际明星建筑师，确实可能会家喻户晓，但是一个地方的建筑特色是不可能移植到另一个地方的，因此，我不相信普雷多克所说的便携式地域主义。但是我尊重且支持地域主义建筑师楚尼斯和勒费夫尔提出的“批判性地域主义”。因为这一理念符合批判性原则和多元化新环境的特点，提倡新材料的应用，以及所有符合当地时代背景和地域要求的新事物。引进任何一种地域特色的代价都是十分昂贵的，小到邀请建筑师所需的差旅和住宿费用，大到从一个地区出口或运送材料的费用等等。一个区域所特有的"氛围"是不可能被出口的，就像阿尔伯克基的日落不可能被进口到伦敦一样，也无法在一栋红色楼房上再添红色，当年年轻且才华横溢的建筑师普雷多克所设计的那栋精美绝伦的"血站"（Blood Bank），也不可能会出现在伦敦……

那些所谓的"明星建筑"背后的明星建筑师们确实都是一些非常有才华的人，但是他们同时也在政治、交际以及顺从配合方面的心态超出常人，所以他们总是"毅然绝情"将自己贡献给那些规模庞大，天价预算的项目，然后在符合法律条文的情况下进行实践工作。忍受着那些反人性且有压迫感的设计，只为满足掌权人士的"形象"。有时一些做法甚至是反自然的，是违背道德底线的……你是否曾问过自己，在这类所谓的"明星建筑师"里，为什么只有一位女性建筑师？……在许多和建筑相关的领域中，我都能够想到多位伟大的女性建筑师和学者的名字，比如帕梅拉·杰尔姆（Pamela Jerome）、斯蒂利安·菲利浦（Styliane Philippou）、利亚纳·勒费夫尔（Liane Leffaivre）、苏珊娜·安东纳卡基斯和阿尔基斯蒂斯·特里查（Alkistis Tricha），其中最著名的是茱莉亚·摩根（Julia Morgan），她的成就远远超过了很多男性建筑师。所以在"明星建筑师"里并"没有女性"的一席之地，这难道听起来不会很奇怪吗？对此我确实知道一些答案……而这当中实在是有太多无法启齿的内容……所以有些人宁愿选择"更聪明"的角色，例如公关、采访、写评论或者做杂志编辑。我们先不谈女性明星建筑师，你是否问过自己，那些被事务所或是公司开除的同事，建筑师也好，学者也罢，是出于什么样的原因而被老板炒了鱿鱼？而那些被要求离开，或

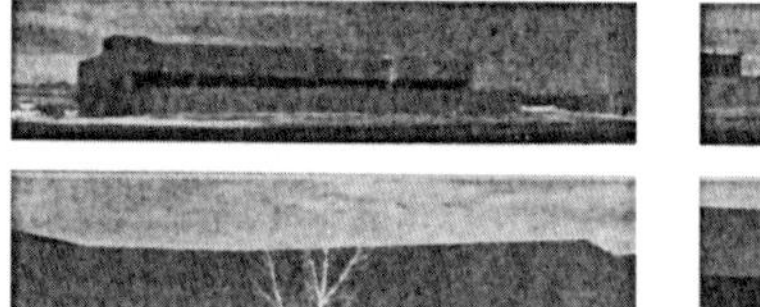
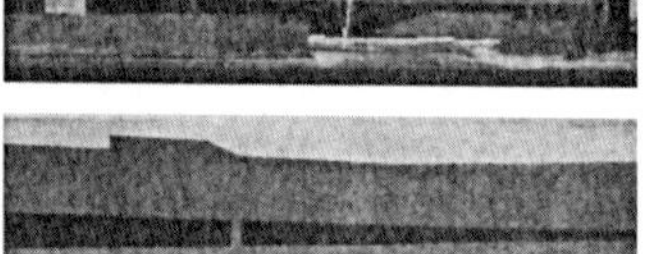

位于阿尔伯克基的血站，是一栋"全红色"的建筑，位于新墨西哥州的阿尔伯克基。建筑师安东尼·普雷多克（照片由笔者拍摄，详见笔者发表在1989年3月《建筑师》杂志上关于普雷多克建筑作品的文章，杂志的编辑是布鲁诺·赛维）

者是通过各种难以想象心理手段或是所谓的治安策略被强制离开、辞职以至终止自己的事业的人又是因为什么？有多少人这么做仅仅是为了救自己的一条性命，在某些灾难性的事故后，不得不在医院做出放弃自己事业的决定，只因为他们的想法和上述观点类似，所以被“老大哥”盯上……我不想在这里过度谈论这类问题，因为那些“明星建筑师”以及那些国内国外的“大规模建筑项目”背后，都有完善的法律手段进行自我保护，他们可以聘请 30 个律师，而你恐怕连一个律师几个小时的钱都付不起。在他们的地盘，你不可能有任何话语权……只是你们中又有多少人曾经询问过为什么这种事会发生在这位同行的身上，而这种事又带来了什么样的后果……

当然，假如你是个公众人物，是个知名演员，刚好在头天晚上与美国总统奥巴马共进了晚餐，那么你或许还能承受，并可以如英雄般潇洒，虽然在第二天你可能会和你头发花白的父亲一同被警察拷走，并被拘留几个小时，罪名是越界示威……而如果你不是这样的公众人物又会怎么样？？？在这样的事件之后，尤其是在警察出现在你工作了 24 年的地方，并以“被举报携带枪支”为由将你逮捕，即使你这辈子都没碰过枪。这种精心设计的行动能立刻把你送进医院，然后你的职业生涯就此毁了，而你有可能永远都无法从这伤害中恢复过来……在这些策略，这些“大范围”长周期的策略中，建筑通过“明星建筑”之手成为同谋者，而那些有才华的明星建筑师，尤其是当中天赋异禀的设计师，对他们自己专业的副作用可能闻所未闻，因为他们听到的东西都来自专业公关记者、经验不足的建筑评论家以及那些“历史学家”，他们只敢写许多年前的事情真相，而对当下的时局则是以“职业经理人”的态度……我说的太多了，不能再具体了……但有一件事我一定要说，真正的“明星建筑”需要在很多领域都有极高的天赋和雄厚的实力。而这两方面，其实是可以通过“标志性”的作品来证明的。说到这就真的不能再说了，因为我始终坚信，地域性不是舶来品。尽管我确实十分喜欢那些我曾参观过的普雷多克的作品，我欣赏他的才华以及他的作品所营造的氛围，但是当他开始朝着“虚拟的明星建筑主义”发展之后，我发现反而是强调“个体主义”以及人与环境关系的巴特·普林斯更符合我的价值观。我所认同的，是一个致力于为某个地域设计专属于这里的建筑的建筑师，而不是那些无论有心与否、成功地破坏了一个地区文明的“明星建筑师”的建筑作品。在我看来，伯纳德·屈米为雅典卫城设计的新博物馆就是如此，无论他的公关如何费尽心思地雇佣记者来大肆宣传这个作品，这种破坏都是显而易见的……

从巴特·普林斯，我们可以回到高夫和赖特的作品当中，而从中会发现，我们的设计理念依旧停留在一个世纪之前。因为赖特早就做出了我们现在许多所谓有才华的、先锋建筑师正在追求的设计作品，无论是“明星建筑”还是“地域建筑”，是的，弗兰克·劳埃德·赖特早就做出来了！

在我看来，巴特·普林斯是我们这一代人的榜样，我相信他的作品影响了很多人，比如盖里，正是巴特·普林斯使他走出包豪斯的禁锢进而设计出音乐大厅等让人疯狂的建筑作品……通往建筑真理的道路仍需等待……我必须承认我对那些“商业天才型”的学者或是建筑师感到疲乏甚至是厌烦，然而如今这样的人却随处可见，其中许多人都从事学术相关工作，他们有的是学院院长，游走于东西海岸各大高校之间……无论如何……让我们先停下脚步，仔细思考一下所有这些事，世界变化莫测，而且在以难以预计的速度发展着。我们今天处在一个超资本社会主义的时代，我们需要一种可以使我们再次和睦地、作为一个真实且快乐的人生活下去的新意识形态，使我们得以热爱我们所生活的地方以及热爱身边的每一个人。而那些以人为本的设计作品，才能帮我们做到这一点。寻求建筑真理的道路，才能带我们回归建筑的本质……建筑真理的探索之路必定要包罗万象，因此必定是“包容主义”的，就像每一个建筑项目都应当做到的那样……而这些所有的事物也都应当被诉说、被考量、被评估，也需要被“如交响乐般和谐地”跟随，同时也要避免“混乱地堆叠”……

“诗人都去哪了？那些坚持自我的理想主义创造者，智者，理性主义者、崇尚‘人体尺度’的民主主义都去哪了？我们对文明的尊敬，又去哪了？”

上述段落选自笔者的希腊语著作《民主主义下的比例与尺度》，左图是雅典卫城和帕提农神庙，右图是当今山脚下的城市，第 132–133 页）

计算机－欧帕里诺斯的明星建造技艺——换言之：神奇的计算机明星建造技艺（Compeupalenean）

本章我将以对话的形式来探讨21世纪计算机时代人们对于“明星建筑”的看法。

文章中假想的两个人物是两位一生都在追寻建筑真理的建筑师朋友，而对话的背景设定在了2098年。

本章的内容是在以下两段文字的启发下写出来的：

Paul Valéry：<Eupalinos ou L’Architecte>，1923年

Prosper Merimee：<Colomba>，1840年

备注：以下涉及的所有人名及相关内容纯属虚构，如有雷同纯属巧合。不过，本章所讨论的所有内容均和“通往建筑真理之路”相关，我们将一直沿着这条路不断向着顶峰前行。

A：你看过彼得最近设计的建筑了吗？真没想到这种建筑也能引起这么大的反响。

B：我也一直觉得他的建筑设计很糟糕，感觉是对历史遗迹的一种亵渎。我之前尝试打开过，但是一直显示下载失败。你知道怎么回事吗？

A：估计是你的“芯片”起反应了。很可能你并不想看这个，于是被你的芯片知道了。据说他们刚完成了调研工作。猜猜他们发现了什么？

B：对啊，我的芯片！也许你是对的！他们发现了什么？

A：这位明星建筑师通过自己在起司国（Cheescountry）的账户把所有的回扣（Mizas）都转了出去。

B：又是这个希腊单词！不过他们不选在天堂干这件事也是够愚蠢的了，毕竟那里有那么多……

A：他们花了好几年时间才成功开设那些账户。

B：我们早就知道这件事了……不过我并没有因为这件事而感到困扰……毕竟总要有人来做这个设计……

A：好吧，如果你并不是因为这件事苦恼，那么是因为什么呢？

道德吗？我总是说我们应该坚持做正确的事情。

B：但是他们所做的每一件事都是合法的。也没有超过预算。“中介费”，你听过“中介费”吗？你还记你跟我说的那个设计医生住宅的家伙吗？你还记得当时他侄子在自助餐厅里问你索要他的中介费的事了吗？

A：记得，我花了很大的工夫才理解他在说什么。不过他不是医生的侄子，他是那天跟我一起在自助餐厅吃早餐的承包商……他当时告诉我如果我肯给他 10% 的中介费，那么他会在我能够承受的范围内给我介绍足够多的工作。话说回来，到底是什么让你如此困扰呢？

B：让我困扰的是如今我们再也无法亲身去体验任何一个建筑作品了。你还记得我们曾一起搭乘灰狗巴士，花 99 美元环游美国 99 天的那次旅行吗？我们当时几乎看了赖特设计的所有作品，真的是每一个都看了！你是不是都忘了我们当时在赖特位于洛杉矶的家里，和一个画家一起待了一个晚上的事？

A：我当然记得……她的爱人去了匈牙利，她想找人做伴……我们当时还拍了很多很棒的照片……

B：是啊，但是如今再也没有办法以这样的方式去体验建筑了，我们只能通过屏幕去看。我必须要更新一下我的 iLeg。能编出这个名称的人也真算得上是个天才了！从“kick”（踢）一词想到“my foot”（我的脚），然后编出了“iLeg”（我的腿）这么个词，等一下（真正的含义是）Illegal（非法的）！！！

A：我真的相信当时要比现在好很多……不过，如今我们无法从屏幕上体验到那种感觉，因为建筑毕竟是真实存在的，难道你不这样认为吗？

B：这我当然认同。我曾亲自去参观过希腊的建筑，就是那些他们为了举办奥林匹克竞赛而准备的建筑……我记得他们告诉我，就是这些建筑几乎毁了他们的国家……来自东欧一些国家的移民工人几乎侵占了整个国家，而且还使得整个国家几乎面临破产的边缘，或者是他们已经破产了？我不太确定，需要再确认一下……

A：我也不太知道。不过我认为如今我们不能在现实中看到这些建筑确实是我们自身的错误……那些拿着资本主义养老金的人们，上一代的建筑师们，以及现在那些“荣誉退休者”（Emeritii）或者是按照我订阅的那些杂志上的说法，叫“名誉退休者”（Emeritus）……

B：我非常确定的是，一直让我觉得十分困扰的，就是我可能永远都不能在卡塔尔亲眼看到这些建筑了……这些家伙花费了数十亿的设计费……一共建造了45个站台……一个由多个财团一同打造的明星建筑奶油蛋糕……那些明星建筑师都乞求着从中分一块……这些建筑师几乎都没有名字，最多也只能留下首字母，比如：JP、SOM、HOK、AVAX、USA、EE、USSR等，"明星建筑"的时代已经过去了……不过那些真正有才华的设计师还是会坚持自己的风格，好比普雷多克在印度尼西亚，还是在新西兰？设计了许多非凡的作品，出色的模型和照片，无与伦比的空间氛围……

A：我不太了解普雷多克本人，不过我一直很喜欢他的作品，他在阿尔伯克基设计的那个伟大的"血站"建筑一直让我印象深刻，尤其是那种特有的红色上的红色，配合着建筑背后绯红色的夕阳场景简直让人难忘。你应该跟我一样，亲自去看看这个建筑作品，不过我从来没听说过他和"回扣"有什么关系。不过大家都在议论"明星建筑师"以及他们是如何在背后同那些"官僚主义的中介"，以及负责项目委托的官员之间"运作"，从而捞取自己的"回扣"的。当然，还有他们是如果造成许多国家的破产的。他们简直是贬低了建筑师这个职业。

B：我并不认同这个说法……我始终坚信建筑师是个十分高尚的职业。只是你本身太愚蠢了。

A：愚蠢，因为我曾教过他们而他们随后竟这么做了……因为我曾一直努力帮助他们开阔思维，让他们能真正学会去思考……

B：曾经的你的确愚蠢……你当初就应该给那个承包商10%的费用。更不应该把这些告诉给那个院长……什么修改学制！你应该让他来修改学制！为什么你要带他去"学术自由委员会"，然后让他们获得了"维护全体教员权利"的殊荣，在我看来那时的你实在是太愚蠢了……！

A：我只是做了我认为正确的事情。

B：如果你是院长，而她是参议院的秘书，同时也是这个国家里最有钱的医生的前妻，那么你也会做出一样的选择。

A：我只是从没想到这些人竟是如此狡猾！当时是我推荐的他，让他坐上了院长的位置。你应该看看我当时写的那封引荐信。我当时确实认为他是所有人选中最有才华且最杰出的人选。

B：毫无依据……他只不过在电脑应用方面比你有些优势。当时的你们简直都太傻了……难道不是你告诉的我，他从来没用过你的打印机？难道不是你告诉的我，你必须把光盘给那个秘书，才能打印你的演讲和通信文件的吗？你甚至还在她那里打印了你的私人信件，你竟然相信那些秘书，都是因为这些，他才掌握了你的所有资料。他十分清楚你和哪些人写过信，都说了些什么，他一清二楚。

A：可是到了建筑计算机时代（Archi-COMPUTER-DAYS），我们却什么都不知道了。

B：只有都发生了你才知道到底怎么回事……那些电脑程序，无数次的更新……而每一次更新院长都能从中获取回扣，包括从西班牙和墨西哥的那些别墅项目中。

A：你知道，最让我困扰的是什么吗……是这种现象……你还记得普罗斯佩・梅里美（Prospect Merimée）写的那个故事吗？当时毒药在科西（Corse）、科伦巴（Colomba）和梅里美的手上，晚餐的时候她扮成了一位美丽村妇，在她劝说下，她的陆军中尉哥哥最终同意追寻他们村庄的传统，杀死了真正杀害自己父亲的凶手的两个儿子，从而为父报仇。

B：是的，我记得，很有黑手党的风格！你说是科西嘉岛（Corsica）还是西西里岛（Sicily）？

A：是科西嘉岛，那里也是拿破仑的故乡。

B：所以，你是讨厌他的妹妹吗？

A：让我苦恼的是她后来所有的姐妹们……就是妇女的解放运动，正是因为这个导致了我们这个行业中的很多优良传统都被破坏了。

B：是啊，我记得你曾跟我说过但迪恩（Dandean）和妇女解放运动的事情，你告诉我有个律师将他的妻子送到你的课堂上，然后你跟这位律师说他的妻子永远也不能成为一位建筑师。

A：绝对不可能，我从没说过那样的话！我只是告诉她的律师丈夫，他的妻子需要学习更多的手绘课程以及绘画技巧，我当时建议她去上一门艺术史的和建筑理论的课程，同时还要学会接受批评意见……

B：而他告诉你"我的妻子一直想成为一名建筑师"。

A：是的，然后我回答他说，"是的，但是她必须要具备一些先决条件，即使这些内容并不涵盖在这个课程中，但是她仍然需要去学习……她需要学习一些绘画课程再来上 3 年级的设计课……虽然我也并非本地人，但是在这里我学会了，如果你想要成为美国总统，你就必须出生在美国……我并不具备这些'先决条件'，所以我也不会希望去成为美国总统。同理，你的妻子必须先满足这些前提条件再去学习设计课程，因为这些课程都需要具有一定的手绘基础，而且还需要能够接受批评性意见的能力，同时也需要一定的建筑理论和历史知识基础，所有的这些都是学习建筑学专业必要的前提条件”……

B：是的，这些我都了解。之后他带你一起去参加了妇女解放运动，罗宾·摩根（Robin Morgan）还在会议上提到了你，同时也提到了司法部长诺威尔（Norvel），还有一些来自埃斯帕诺拉（Espanol a 加拿大）的法官，他们一起组织了一个空手道小团体，如今被称为“COLOMBA”小组。我记得你还提到过一个十分欣赏你的学生，她叫什么来着？哦对，芭芭拉·弗兰西斯（Barbara Francis），她当时给你打了个电话，听说你必须要离开之后，她还带着她的丈夫是一起来找你，那是一位嗅到了一个案件的律师。他们把你接走，并在那天晚上让你留宿在他们的家里，以避开那些解放运动抗议者的暴怒，第二天你便和她的丈夫一起去了位于市中心的诺威尔工作室……罗宾·摩根当时还将他称为典型的“应该被消灭的男性沙文主义者”，然后他建议你忘记这件事情，他说“这种话第二天就忘了吧，毕竟她马上要到加利福尼亚了。”尽管芭芭拉的丈夫希望你做些对他们不利的笔录，但是你当时并没有这么做，或许是出于恐惧……几个月之后，你发现诺威尔竟然是参议员的候选人……！这么说来，谁才是那个被捉弄的人？你、诺威尔还是那个女人？……当你回到家的时候，你发现家里车库的后面有一个巨大的洞，住在同一个街区的那些盎格鲁邻居告诉你“那些洞是他们开着大众汽车反复在墙上撞出来的，如果你当时在场，估计他们一定会杀了你。”你还记得那个司法部长告诉过你的话吗：“如果你确定要朝他们开枪，那么一定要在屋子里进行。”你还记不记得报纸对此事的报道了？那位当事人的律师丈夫篡改了你说的话，他说你对他说：“只要我当不上美国总统，女人就永远也别想成为建筑师。”

A：是啊，那个律师确实是这么说的，而且他还把这些话告诉了那些解放组织的人。但是我从来没有说过这样的话。这也是他之所以能赢得那场官司的原因。有些律师就是靠这种方式来赚钱的，利用妇女解放运动、同性恋解放运动、社会运动来炒作话题。

B：不过还有一件十分让人愤怒的事情，那就是到底谁是妇女解放运动的领头人？你不是告诉我一年之后你知道了吗？那时候你在得克萨斯，另一位比较欣赏你的女性曾打电话给你，跟你说她因为当时没能站在你这边而感到十分抱歉，同时还告诉你那场运动的带头人正是主席的妻子，是她一手策划了这一切……而你作为一个年轻的沙文主义希腊人，实在是一个太容易的目标了！

A：确实如此，是她安排了这一切。我很感激这位告诉我这一切的女孩，不过我只记得她叫菲利普斯（Philipps）什么了！至今我还记得那个策划这一切的女人的名字……我想，她应当是叫玛莲（Marleen）。所有的男人们都应该远离像玛莲这样的女人……菲利普斯告诉我她很抱歉当时没能告诉我这一切，她没想到我会因此而丢了工作……她当时觉得害怕所以并没有加入到那些维护我的学生中去，比如大个子的马克等人。但是她说她觉得是我当时拯救了她和自己丈夫的婚姻，因为是我让她的丈夫变得更有自信了。然而当我离开之后，有些事情就变质了，他们随后也离婚了。也正因此，她才意识到自己的错误，一直十分后悔自己当初的决定，并感受到了一些良心危机……我一直没有忘记过她，她是一个伟大的人……

B：现在告诉我，在你生命中最让你感到困扰的是什么，是这些难忘的事情，还是无法亲自去体验建筑的这件事……我倒是很喜欢每天坐在电脑屏幕前浏览这些伟大的建筑……这些神奇的作品很难想象真的能被建造出来，但是所见即所建。你能想象出好多工人每天在起重机里工作，甚至连午餐都顾不上吃，一些操作工人甚至就睡在里面。

A：我过去常常看一些跟建造过程相关的影片……摄影师、电影拍摄师、“明星建筑 – 电影建筑”等……我推荐你看看普雷多克的电影……

B：这是一定的，普雷多克绝对称得上是一位顶尖的建筑师，一位伟大的建筑师，甚至是“明星建筑师”的这种说法我都能够接受……

A：你开始盲目崇拜了……

B：哪里有？

A：因为就像你之前所说，也正是这些人导致了一些国家走向破产的命运，也正是他们剥削了工人阶级的养老金，其中自然也包括那些起重机的操作员。

B：这就是为什么这些操作员不参与罢工。

A：在迪拜，卡塔尔这种地方，根本无法罢工。

B：我们对此无能为力。我欣赏那些有才华的建筑师，我钦佩每一个配得上这些敬佩的人，比如巴特・普林斯、布鲁斯・高夫、弗兰克・劳埃德・赖特等。

A：我知道，我知道，你之前说过，你最欣赏弗兰克・劳埃德・赖特。

B：是的，所有的这些他早在 200 年前就做到了……如今人们做的只不过把这些设计单纯地放大而已。

A：你知道我最想听你说什么吗？就是你自己的解决办法……

B：进入 ACA 程序，只需输入密码即可。

A：我试过这种做法，而且试了很多次。前几天我还试过，但是我没弄明白。你确定有续费你的订阅吗？

B：哦，不，要不是你说我都忘了。

A：所以才说你是个傻瓜……你总是说 FACEBOOK 和 TWITTER 公司的坏话，但是如果你当初加入他们，你现在可能早就和那些人一样，成为一个百万富翁了。点击添加，付费！点击添加，付费！这些年轻人通过这些电子刊物和媒体直播发家致富……这让每一个人都变成了一个电视制作人！

B：我从不相信这些。这是一种晚期资本主义的副作用，也是“明星建筑”的摇篮，下坡路的开始……

A：你现在说的话有些自相矛盾，几天前你还告诉过我，我们就像是 300 多岁的人，很快就要到 400 岁了……

B：我并没有说错啊，计算机是在我们 50 多岁的时候出现的，而那些被踢出市场的则是出生于 1940 年前后的人……

A：现在你想起来了！ 20 世纪 60 年代早期的时候，你还在希腊念书，那时你说那些国际现代建筑师协会（UIA）在 1933 年开的那场会议像是很久以前的事情，等到了 70 年代早期，你认为 19 世纪才是你真正出生的年代，因为你的偶像都是在那时出生的……比如佩雷、赖特、勒·柯布西耶、阿尔托、密斯……你还记不记得你曾告诉过我说，你花了很多精力来学习 AutoCAD，但是最后还是没能学会。但是你学会了打字，你学会了如何使用电脑软件，而且你有了一个笔记本电脑，如今你又有了“ipods”“MePads”和“iLegs”，这让你觉得自己好像是一个 300 多岁的人。

B：是的，的确是这样，我们这些出生在 20 世纪 40 年代的人感觉自己活了 300 年之久……而且感觉马上就要 400 岁了……

A：我觉得现在的人真的是越来越幸福了……这个芯片，就像是一个思想的记录仪，挽救了很多人的生命、给许多人提供了工作，让我们能够生活在一个和平年代……未来，一切只会变得更好。

B：这是一定的，所有的事物都带有自己的“芯片”，前期构思、理念、方案形成，这一切都能被记录下来，只需要轻轻一点，就全部被保存在那里了……不过我还是不能容忍那些偷看别人的资料的人……

A：剽窃者一直都会有……我们唯一能做的就是坚持自己的立场和信誉……这个“芯片”，一直都会在这，真相也一直在这里，没人能否定这一点。

B：但是你永远也看不见它，因为它被隐藏到了天上的“垃圾箱”图标里……

A：不会的，那里是天上的天堂，一切都是符号化的……

B：你知道吗，有时候我还是会感觉自己在某种程度上还是更喜欢一些实实在在的事物，无法实体化的才会符号化。我依旧喜欢人类伟大的作品，那些拥有如天赐天赋般的人，那些可能是**极端自我且极具能力的人，如米开朗琪罗和莱昂纳多、赖特和高夫、普林斯和普雷多克**，还有你的朋友**莱戈雷塔**……

A：不要让我想起里卡多。他的离世至今都令我十分震惊，当时的他竟还如此的年轻，也如此的伟大……！

B：请允许我再多说几句，我的“芯片”刚刚提醒我，这个平板电脑出了点问题。

A：把它倒出来。**欧帕里诺斯、苏格拉底（Socrates）、菲得洛斯（Phaedrus 希腊哲学家）、梅里美**……

B：是的，的确，我们确实需要像今天这样的对话。比如，欧帕里诺斯、梅里美、奥因斯、鲁道夫、克里斯特–雅内尔、巴特、托尼、巴特、托尼、塔索、陶德、尼科（Niko）、施莱格尔、索菲亚……所有的一切都在这个“MePad”里……而这一切要从阿尔伯克基说起。你记得你告诉过我，你第一个客户的儿子，是比尔·盖茨（Bill Gates）儿时的朋友，他们那时候曾因为吸毒被抓走了，所以盖茨才离开了这个团体……感谢上帝，看看我们如今的这个时代……仅仅靠比尔一个人，看看他将我们带到了一个怎样的新时代，一个计算机的时代，一个计算机–欧帕里诺斯的建造技艺，也就是计算机明星建造技艺（Compeupalenean）的时代。

A：你确定你说完了吗？你觉得有谁能明白你说的“Compeupalenean”这个词呢？你最大的问题就是一直造一些只有自己明白的新词……并且还会一直出现一大堆让人费解的拼写错误……

B：新词总是会具有别样的诗意啊！就像诗歌一样……而且，就像我们在这里说的，这是通往建筑真理的道路……而既然如此，又怎能没有诗歌呢？……你觉得，你真的能够找到建筑的真理吗？拼写错误是因为我年纪大了……

A：这些话你之前就说过了，如今的世界总是变化莫测。你也说过“建筑是一种政治行为”，还有那么多要说的……

B：确实如此，而且我认为我可能无法亲眼看着多元化和谐社会的来到了……因为我们还有非洲……这一点海鸥可能比我更清楚其中的原因……

通往建筑真理之路
每天，世界都在发生着翻天覆地的变化

上述对话的背景设定在 2098 年，离 21 世纪结束就差两年，上述对话的人物是以我和我的挚友约兰 · 希尔特为原型设定的。在我的印象中，约兰每次说到“欧帕里诺斯”这个词的时候都会带着一些高亢的希腊斯堪的纳维亚人（Scandinavian Greek）的口音……写于 2012 年 3 月

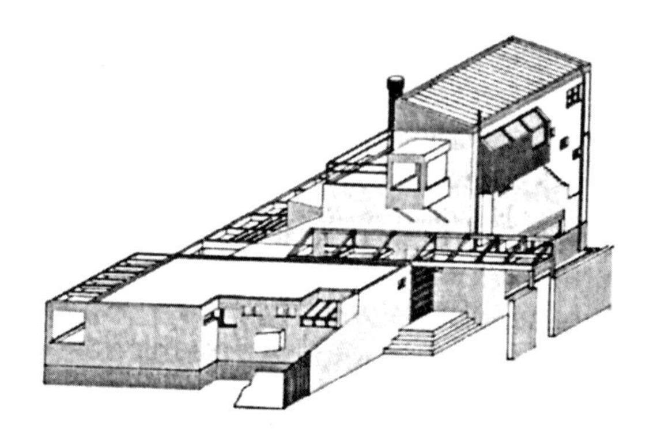

A

……“银行拒绝为两个现代住宅设计提供贷款……”
“……那对新婚夫妇十分喜欢这栋住宅！”
“……银行拒绝贷款给喜欢这栋房子的人。”

B

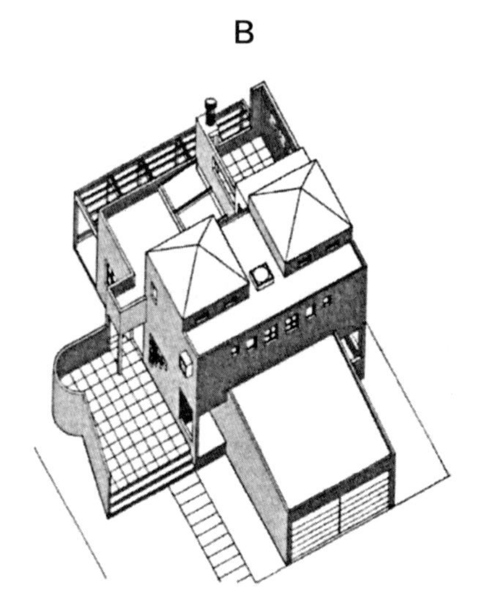

ACA 档案目录

本书大部分参考书目以及个人信件等资料，均来自笔者的资料库，名为 ACA 档案，相关内容如下：

按首字母排序的 ACA 档案目录：

ACA 档案

Aalto, Elissa invitation to Muuratsalo Aug.13-1985

Anderson, Hugh Nov.11. 1986

Andrea, Oppenheimer Dean 34 letters 1975-1987，3 e-mails 2011

Arquitectonica（Laurinda and Bernardo Spear），March 4，1980

Arxitektonikes, Spoudes，Student magazine NTUAG，Spring 1964

Asplund, Hans 8 letters 2 cards 1978-1980

Banham, Reyner 4 letters May 1974

Berkeley，Ellen Perry Two letters Oct.29.1978 and Dec. 14，1978

Baron, Errol one letter. one e-mail

Bibliography / Notes：

Blake，Peter Two letters Aug 29-1974，Sept.25，1974

Bonta，Juan Pablo Ten letters July 10，1985- Sept. 18-1986

Box，Hal over 100 memoranda in ACAadministrative files.

Box，Richard Two letters and numerous e-mails（1988-2012）

Brandle，Kurt Four letters. March 2011

Bunting，Bainbridge Four letters. Oct.14，Sept.12，1974

Candilis，George Handwritten dedication on book Oct.1978

Cantacusino，Sherban Editor AR，Dec. 14，1978

Cardinal，Douglas March 5，1991

Cembalest，Robin Editorial ARTFORUM. April 18. 1983. June 1.1983

Christ-Janer，Victor.F One letter of ACA to VFC-Janer Sept. 14-1973

Cousins，Andrea One letter. Jan 6，1970

Curtis，William One letter. Oct.8，1982

Despo, Jan（Yannis Despotopoulos），Thress letters May 25，1968-Sept.29，1980

Emanuel，Muriel Editor "Contemporary Architects"，several significant letters pertaining to nominations by ACA of Greek Architects for inclusion etc.

Filson, Ron Dean Tulane, 27 Oct, 1981

Fitch, James Marston, Two letters (one handwritten) "14 Sunday" (no date)

Frampton, Kenneth Seven letters. Aug 23, 1982- Sept.16, 1988

Gaw Meem, john Article Feb 1972, in reply to ACA article in NMA

Gawthmey, Charles Feb 3, 1995

Gelantalis, Costas editor Technodomica. Three letters Sept. 11, 1979

Gill, Gordon Carlisle (partner of AS+GG) Two letters, one handwritten, 11 June 1990, and four e-mails (1998 and 2011 -2012)

Goff, Bruce Two letters one Bio, Jan. 21, 1974-Jan. 30, 1974

Goulandri, Elisa Correspondence on Stamo Papadakis

Grondona, Tom Two letters Feb. 2, 1983; Oct.13, 1992

Gullichsen, Kristian Aug. 21, 1990

Hecker, Zvi over thirty letters, several handwritten with sketches and approx 10 e-mails from 11 Nov. 1979- Apr. 16, 2012

Hockney, David one letter, three pages-handwritten, Oct.31, 1970

Hugh, Newell Jacobsen Two letters (and several to Muriel Emanuel)

Ikeda, Takekuni Two letters, Apr. 3, 1979 and Dec. 1, 2003 with photographs

Ishii, Kazuhiro 27 letters from Aug. 3, 1977-1984 (most handwritten, no date)

Jackson, John Brinckeroff Three lettes (two handwritten) 23 May 1978, 27 Oct.1978

Jencks, Charles Fifteen letters, several handwritten no date. 11 April 1978-10 Oct. 1979

Jerome, Pamela Over fifty letters and cards from 1975 till 2012

Juola, Vesa Pietila's sketch, by him, see Pietila 25.3.91 below

Johansen, John one letter 9 Oct.1974

Kadishman, Menashe Original sketches and notes on "Museum Haus Lange Krefeld, and TWA flight menue

Kahn, Louis Original photos by ACA from Kahn's lecture at Columbia in Percival Goodman's class, Oct, 1966

Karagounis, Costas Editor "A-X", over ten letters, several e-mails.

Katselas, Tasso Five letters 5 Nov. 1976- 28 Dec, 1976, two e-mails 21 Nov. 2011

Konstantinidis, Aris Two cards (handwritten) 27.8.79.2.9.89

Kouzmanoff, Alexander 30 Oct, 1978

Kultermann, Udo Two letters typed several handwritten 23 Sept. 1990 and after.

Legorreta, Ricardo Over sixty letters, cards, cables, and 6 e-mails 1977 till 28 July 2008

Legorreta, Victor four e-mails 2012

Lichfield, Nathaniel one letter , Jan.18, 1972

MacNair, Andrew Two letters 15 Oct.1980, 19 Nov.1982

Makoto, Miki one letter dated "Summer 1982" in Japanese

Malczewska, Magdalena Editor Wydawnictwo MURATOR e-mail Sep. 3, 2001

McJones, Hugh two leeters, March 20, 1979, March 28, 1979

Mead, Christopher July 15, 1997

Meier, Richard Six e-mails pertaining, thanking ACA Article in "The World of Buildings" and five e-mails pertaining to very significant for further researchers, correspondence related to the Onassis Cultural Center competition in Athens

Michaelides, Constantine Jan 7 ,1980, Dec 28, 1987, and Numerous Memoranda

Miller, Gladys published letter on Antoniades in NMA, Feb. 1972

Moore, Charles Jan 8, 1985

Morales, Antonio Card, summer, 1966

Mylonas, Paul several handwritten over a very long period of time (all in Greek)

Nakamura, Toshio Editor "A+U", over sixty letters from 31 July 1975-1999 and over 10 e-mails from Nov. 31, 2007 to Mar. 6, 2012

Newhouse, Victoria Editor George Braziller, Inc. June 7, 1973

Odum, William Three letters, two handwritten Nov.16, 1988-Feb. 26, 1998

Osman, Mary , Senior Editor AIA Journal, Sept. 5, 1979

Owings, Nathaniel (founding partner of SOM) Two letters, Sept. 8, 1973- Oct. 1, 1973

Pallasmaa, Juhani Two letters May 24, 1989, April 12, 1994

Papadakis, Andreas editor "AD", 2 letters Feb. 1979

Papademetriou, Peter five letters, May 13, 1986 Oct. 2, 1987, two e-mails 31 Oct.2011

Pietilä, Raili March 27, 1991

Pietilä, Reima Three original handwritten by Pietila with sketches Jan. 26, 1978, 25.3.81, March 27, 1991

Pickering, Jane Editor "Landscape Architecture", Letter Jan. 19, 1977

Pikionis, Dimitris letter to Harry A. Anthony, where "greetings" to ACA (no date)

Placzek, Adolf card Dec. 2, 1968

Polshek, James Stewart Two letters Nov. 22, 1993, Dec. 17, 1993

Prince, Bart 23 letters 1974-2012

Rogers, Archibald President AIA, Feb. 1, 1974

Ronan, John Architects "Poetry Foundation" in

http: //archrecond.construcuon.com/projects/porfolio/2011/11/Poetry-Foundation.asp

Rowe, Colin Three letters Sept.22,1975- Feb.12,1976

Ruusuvuori, Arno only envelope (letter still not located-very positive feedback on ACA book-lost

Schildt, Göran over 60 letters in separate Box (unscanned)

Siry, Joseph M. three e-mails March 2011

Soltan, Sergy Photocopy of note of Antoniades to Sotlan with notes of Xenakis book, April 22, 1988

Sommer, Robert Handwritten note Oct. 17, 1974

Tasa, Jyrki Several letters and Greeting cards (not all arranged yet) Jan. 9, 2007 till 2012

Tsilenis, Savvas Several letters pertaining to publication on Tzonis 29.10.90

Tzonis, Alexander (with Liane Leffaivre) , letter cards 1990, 1991

Valjaka, Ilmo Sept. 2, 1999 see also letter by ACA Oct. 8, 1990

Walters, Robert (**Bob**) Four letters, July 4, 1980-Jan. 2,1983

Wright, George over 100 letters and Memoranda 1973-1985

Zennetos, Takis thanking letter for the ACA role in Washington DC show.1974

Zevi, Bruno 12 letters from Feb.2, 1988-Jan. 23, 1992

参考文献

Ahjlin, Janne "Sigurd Lewerentz architect", Gyggforlaget, Stockholm, 1987

Anderson, Crystal Cai, "Indigenous Architecture of North America and the Design curriculum", in Designer/Builder. Santa Fe, N.M. May 1966, pp. 10-12

Antoniades, Anthony C, “Traditional vs. Contemporary elements in Architecture", New Mexico Architecture ,Nov-Dec. 1971, pp.9-13

——"Education of the Architect". Symposia. Dec. 1972. pp. 19-23

——"Getting Back to the Roots", Symposia .Denver, April 1973

——"The Other Las Vegas, The Urban Design Case of Las Vegas, New Mexico", New Mexico Architecture, July/Aug. 1974. pp. 11-20

——"Recent Space", in the AIA. Journal. November 1975, pp.38-41

——"Architectural Elegy", Architecture Plus. Nov. /Dec. 1974. p. 8

——"Ethics of Space: Space and the Economics of Architectural Aesthetics",

Technodomica .Aug. - Oct. 1975, pp. 16-27

——"Poems with Stones: The enduring spirit of Dimitrios Pikionis", A+U (Architecture & Urbanism) , Dec. 1976, pp. 17-22

——"Recent Space". AIA Journal. Nov. 1975, pp. 38-41. Also published as: "Gümümüzde Mekän: Bir Tipoloji" in "Arkitect", Mimarlik Zehircilik, Turizm Degisi, 362/2. Istambul, 1976

——"Space in New Mexico Architecture, as a resource for an energy ethic", NewMexico Architecture .Jan/Feb. 1976, pp. 10-15

——"The Kimbell Art Museum: Kahn's qualities - classicism and contradictions", Technodomica. June 1976, pp. 30-35

——"Tasso Katselas". Technodomica. Oct. 1976. pp, 19-34

——"The Architecture of Yanni Antoniadi", Technodomica, Dec, 1976, pp. 12-18

——"The Big Idea in Contemporary Architecture in Japan: From Le Corbusier to Tokyo Boogie-Woogie", Technodomica. Dec.1976, pp. 20-27

——"Poems with Stones: The enduring spirit of Dimitrios Pikionis" A+U (Architecture & Urbanism) . Dec. 1976, Tokyo, Japan.

——"Dimitrios Pikionis: His work lies underfoot on Athens Hills", in magazine Landscape Architecture, March, 1977, pp. 150-153

——"Ricardo Legorreta: Mexico's Mexican Architect". "A+U" (Architecture and Urbanism) , April 1978, pp. 11-40

——"Μεταμοντέρνα Αρχιτεκτονική και δυο περιπτώσεις : Ricardo Bofill) και Piano+ Rogers", Ανθρωπος+Χωρος, Νοεμ-Δεκ. 1977, pp. 7-16 (Title Translated: Post- Modem Architecture through the cases of Ricardo Bofill and Piano+Rogers"

——"Columbus Indiana, Showcase of Architecture" , Technodomica, April 1978. pp. 54-61

——"Anecdotes About Celebrated Architects", AIA Journal, January 1979, pp. 62-74

——"Simultaneity in the Design Process and Product Results", Technodomica June 1979, pp. 51-64

——"Architecture from inside Lense""A+U" (Architecture and Urbanism") July 1979, pp. 4-22

——"Naoshima Project, University of Texas at Arlington; Prof. Anthony C, Antoniades" (projects of ACA students) in Kenchiku bunka. July 1979, pp. 126-127.

——"Humor in Architecture", Technodomica, August 1979.

——"Mount Athos: The living precedent of Arcological Post Modernism" , "A+U" (Architecture and Urbanism) September 1979, pp. 9-20

——"Ricardo Legorreta: El arquiteeto Mexicano de Mexico". Sumarios (Buenos Aires)(in Spanish) Vol. 7, no. 39. Jan. 1980, pp. 92-105.

——"Simultaneity: A Methodology in the Architectural Design Process". Perspective Society of Architectural Historians/Texas Chapter, Volume IX , No. 1, 5/1980, p. 9

——"Arquitectonica" in Anthropos +Choros. June 1980, pp. 25-30

——"Greek Islands: A case study in the Metaphysics of Architectural Detail" in "A+U" (Architecture and Urbanism) July1980, pp. 39-58

——"The Architecture of Zvi Hecker" in "A+U" (Architecture and Urbanism) . November 1980, pp. 62-66

——"Architecture and Allied Design: An environmental Design perspective", Kendall/Hum, Dubuque , lowa, 1980, 82-86

——"Texas Towns & Design Education" in Perspective. Society of Architectural Historians/Texas Chapter, Volume IX, Number 2, May 1981 (also presented in ACSA conference in Asilomar. 24 March 1981)

——"Crystal Cathedral. Why? " in "A+U" (Architecture and Urbanism), June 1981, pp. 119-120

——"The Truth About Architects" in Express, New York, Summer 1981. p. 10.

——"Architectural Road to the Deep North" in "A+U", (Architecture and Urbanism) Sept. 1981. pp. 87-112

——"Late Lessons from the Late Entries" Ex-Novo UTA, Fall 1981 .

——"Ignored Internationalism: the Architecture of Lakki", Anthropos + Choros #20, pp. 27-38, Antoniades

——"Evolution of the Red". "A+U". Sept. 1983, pp. 19-28

——"Cretan-Space" in "A+U". Oct. 1984

——"Italian Architecture in the Dodecanese", JAE (Journal of Architectural Education), Fall 1984, pp.18-25

——"The Design Instructor as an Architectural Journalist"in"Architectural Education and the University", Robert M.Beckley and Hugh Burgess, Editors. Proceeding of the 70th Annual Meeting of the Association of Collegiate Schools of Architecture, 1982. Washington. D.C., 1983, pp. 177-182

——"Ό Αρχιτέκτων Πάνος Νικολή Τζελέπης" , Εικαστικά. Τεύχος 30, Ιούνιος

1984 p. 58. (Title translated: The Architect Panos Nikoli Tjelepis)

——"Cretan-Space" in "A+U" (Architecture and Urbanism) . Oct. 1984, pp. 83-90

——"The Exotic and Multicultural in Design Education" in "The Cultural Responsiveness of Architecture: Proceedings of the 1984 A.C.S.A. Northeast Regional Meeting" School of Architecture. McGill University, Montreal. Canada. Oct. 1984. Section 18, also in Addendum of above volume

——"Italian Architecture in the Dodecanese: A Preliminary Assessment". Journal of Architectural Education .Vol. 38.Number 1, Dec. 1984, pp. 18-25

——"Greece: Restoration and Exploration of the Avant-garde" in Architecture the Journal of the American Institute of Architects. Sept. 1985, pp. 138-141

——"Greece; A Generation of Respectful Buildings in an Ancient Town" , in Architecture (Journal of the AIA) Sept. 1986, pp. 44-45

——"Peoples Palaces" , Architectural Creativity Through the Obscure; "A+U", 1986. No. 188, p. 79-90

——"GREECE: Housing complex takes its form from the Hilltowns" in Architecture, Sixth Annual International Review of World Architecture, The American Institute of Architects. Washington. D.C., Sept. 1987, p. 84

——"Ricardo Legorreta: Una arquitectura Mexicana- Ricardo Legorreta: A Mexican Architecture" , Summa (Argentina) . No . 235, March 1987, pp. 37-49

——"Alvar Aalto: The Decisive Years".Göran Schildt. (Rizzoli 1986) .Book review, on the above book. In "Architecture" . Journal of AIA Sept. 1987, pp. 131-135

——"Evolutionary Eclectic Indusivity: On the work of Kristian Gullichsen. "A+U" No. 209. Feb. 1988 , pp. 106-127

——"Antoine Predock: A Case of Synthetic Inclusivity", L'arquitettura. March 1988, pp. 178-198 (in Italian and English)

——"Πικιώνης σε τέσσερις διαστάσεϊς" σε "Δημήτρης Πικιώνης, Αφιέρωμα στα εκατό χρόνια από τη γέννηση του". Εθνικό Μετσόβειο Πολυτεχνείο, Αθήνα 1989, pp. 15-24. (Title translated: " Pikionis in four dimensions" in book " Dimitris Pikionis , One hundred years from his birth", Editions, National Technical University, Athens 1989)

——"Poetics of Architecture: Theory of Design", Van Nostrand Reinhold, New York, 1990

——"Anthony C. Antoniades - Architecture Through the Odyssey", "A+U"- July

1990, pp.82-87

——"Condominium in Saronis, Saronis/Athens, Greece", "A+U" (Architecture and Urbanism), July 1990, pp. 88-91 (English &Japanese)

——"Architect's Residence in Hydra. Hydra/Greece". "A+U" July 1990. pp. 92-95

——"Architect's Residence in Hydra. Hydra/Greece", "A+U" July 1990, pp. 92-95

——"Private Chapel in Private Garden, Andros Island/Greece", "A+U" July 1990, pp. 96-100

——"Η Πρωτογενής συνεισφορά του Αλεξανδρον Τζώνη", Δελτίο Συλλόγου Αρχιτεκτόνων, Ιούλως- Αύγουστος, 1990, pp. 36-39 (Title translated: "The original contribution of Alexander Tzonis", Journal of the Greek Society of Architects, July - August 1990, pp. 36-39 Special note: this was the first critical mention in Greek Architecture literature on this renowned Greek Architectural scholar-for more see present Book)

——"Alvar Aalto: The mature years". Inland Architect, November-December, 1991, p. 70 (a book review of the omonymous book by Göran Schildt. Rizzoli, 1991)

——"Tom Grondona of San Diego", "A+U", October. 1992, pp. 34-53

——"Americanizzazione antiamericana" (Un-american Americanization) . in "L'architettura." no. 447, January 1993, pp. 51-55 (In Italian and English)

——"Epic Space: Toward the roots of Western Architecture". Van Nostrand Reinhold, New York, 1992

——"The Architecture of Tasso Katselas The last twenty years" in "The World of Buildings". Spring 1997 (in Greek)

——"The Architecture of Bart Prince", "The World of Buildings" no.13, Athens Greece. June 1997, pp.64-78

——"Antoine Predock: a case in Synthetic Inclusivity ", in L' architettura, March 1988, pp.178-198 (in Italian and English)

——"Inclusivist Architectural Poetics". "Architecture + Design", A Journal of Indian Architecture, vol xviii, no.4, New Delhi, July-August 2001, pp.102-105

——"Architecture and the Stages of Life" UIA2005 (International Union of Architects World Congress. Istanbul. 2005)

——"The Architecture of Gwathmey Siegel and the expansion of the Guggenheim""The World of Buildings". no.6, December 1994 , pp.66-75 (in Greek only)

——"Paolo Soleri and the American Dream", "The World of Buildlings", no.19, Athens-Greece, pp.46-60 (in Greek only)

——"The Getty center by Richard Meier". The World of Buildings.no. 24, Feb 2001, pp.72-94 (Only in Greek, with original photography by the Author and George Trivizas. with specially hired Helicopter: for future researchers: see Richard Meier in ACAarchives file)

——《ViolletleDuc: Lectures and Greek Architecture》.Editions Stachi. Athen 2002, (in Greek)

——《Eric Owen Moss: Introduction in a personal tone》,《A+T》(Architecture and Technology- ACAgeneral editorial consultant) . Editions Papasoteriou, Feb.2003, pp. 64-68 (in Greek)

——《Interview of the Finnish professor Jyrki Tasa》,《A+T》(Architecture and Technology- ACAgeneral editorial consultant), Editions Papasoteriou, Feb.2003, pp.88-91 (in Greek)

——"Popular and High Art: The House of Edgar Kaufmann Jr. in Hydra" in www. acaarchitecture.com see: (MAGAZINE section)

——"Native American Architecture and broader Architectural-Environmental Planning: USA-Mexico ", Free Press. Athens 2006 (in Greek)

——"Notes on Stamo Papadaki (1906-1992) a neglected pioneer from Greece and his contribution to the architecture of twentieth century", (original research by the author and original material, first published. with the permission of the Princeton University Library), www.acaarchitecturecom/Mag27, htm. oct.2008

——"From Frank Lloyd Wright to Meta-Capitalsocialistic environmental Design" Free Press, Athens 2010 (in Greek)

Blake, Peter "The Case against Postmodernism". Interior Design, 1/88 Blake, Peter, "Frank Lloyd Wright: Architecture and Space", Pelican Book, New York, 1960

Blake, Peter "No place like Utopia: Modern Architecture and the company we kept "Alfred A.Knopf, New York 1993

Benincasa, Carmine "II Labirito dei Sabba; L'architettura di Reima Pietila", Dedalo Libri, Bari.1979

Box, Harold John, J.Wiley, J.Pratt, B.Booziotis, "The Prairie's Yield: Forces shaping Dallas Architecture from 1840 to 1962", Dallas Chapter AIA, Reinhold Publishing co. 1962

Box, Hal "Think like an Architect", University of Texas Press, Austin, 2007

Bruegmann, Robert "The Architecture of Harry Weese", W.W Norton, New York.2010

Bunting, Bainbridge "Early Architecture in New Mexico", UNMPress.ABQ1976

Bunting, Bainbridge "John Gaw Meem: Southwestern Architect", UNMPress.1983

Candilis-Josic-Woods, "Toulouse le Mirail" Karl Kramer Verlag, Stuttgart, 1975

Candilis, George "Batil la Vie". Stock .Paris 1977

Cholevas, Nikos (Χολέβας Νίκος Θ.) "Panos Nikoli Tjelepis, Architect (1894-1976)" Doctoral dissertation, Aristoteleian University, Thessaloniki 1983 (in Greek)

Chermayeff, S. and Tzonis, A. "Shape of Community" Penguin books Harmonds worth, 1971 Churchill Henry, S, "The Social Implications of the Skyscraper"

Collins, Billy see interview by Rita Catirella *Orrell, in Architectural Record* 11/2011

Collins, .R.G "Broadacre city", βλ "Four Great Makers" 1955, pp. 55-75

Connah, Roger "Finliand", Reaktion Books, London 2005

Dean, Andrea Oppenheimer "Bruno Zevi on Modern Architecture", Rizzoli, N.Y.1983

Deitz, Paula "Machine in the garden: Charles Jencks's Garden of Scottish Worthies", Architectural Record. July 2009, pp.50-54

Doxiadis, C.A. "Between Utopia and Eftopia", Trinity College Press. Hartford, 1966

Doxiadis, C. A. "The future of cities", in Program. School of Architecture, Columbia University, New York. Spring 1962, pp.36-56

Emerson, Ralph Waldo "Art" "Politics" , in " The Complete Essays and other Writings", The Modern Library. New York, 1940

Fitch, James Marston "Architecture and the Esthetics of Plenty", Columbia University Press, New York. 1961

Fitch, James Marston " Four Great Makers of Modern Architecture". Columbia University Press, New York 1955

Fitch, James Marston "The Future of Architecture" in The Journal of Aesthetic Education Vol 4.no.1 January 1970, pp.85-103

Georgiadis, Nikos "Topology and Historic Space: The Museum of the Hellenic World", in "Mathematica e cultura2007", ed.Michele Emmer, Springer Italia 2007, p.57

Gwathmey, Siegel "Buildings and Projects 1982-1992". Rizzoli, New York, 1993

Giedion, Sigfried "Space Time and Architecture", Harvard University Press, 1976

Goff, Bruce "Goff on Goff: Conversational and Lectures" , ed.PhilipWelch, University of Oklahoma Press, Norman, 1996

Goodman, Paul and Percival "Communitas", Vintage books, New York 1947

Gropius, Walter "Unity in Diversity", in "Four Great Makers"1955, pp.216-229

Gropius, Walter "Tradition and continuity in Architecture", Program, School of Architecture, Columgia University, New York, Spring 1964

Harbison, Robert. "Thirteen Ways: Theoretical Investigations in Architecture", MIT Press. 1997

Hitchock, Henry Russell "Architecture: Nineteenth & Twentieth centuries". Pegnuin books. Baltimore 1958, 1963

Hitchock, Henry Russell and Philip Johnson "The International Style", W.W Norton and Company. Inc, . New York, 1966, p.14

Jach, Golden "The Architecture of Bart Prince" in "Friends of kebyar" Special Anniversary edition, 1983-1993 Tenth Anniversary Issue, pp. 2-39

Jackson, John Brinckerhoff "American Space: The centenial yers 1865-1870", WW.Norton, New York, 1972

——"To Pity the Plumage and Forget the Dying Bird", in Designer/Builder, Oct.1996, pp.25-29

Jencks, Charles "Radical Post-Modernism", AD. Sept./Oct. 2011, profile no. 213

Jencks, Charles & Silver, Nathan "Adhocism", Anchor Books / Doubleday. 1973

Jencks, Charles "Bizarre Architecture", Rizzoli , New York, 1979

Johnson, Philip "A personal Testament", in "Four Great Makers "1955 , pp. 109-112

Ivens, Joris "Documentary Film" (Electrification of America)

Ivy, Robert "Biomania, Architectural Record, Απρίλης 2010

Hecker, Zvi "L'Architectural d'Aujourdhui". March 1963

Hecker, Zvi see "The Jerusalem Post" Friday, Dec. 31, 1971 (in ACAarchives)

Holl, Steven "The Alphabetical City'" (1980), Princeton Architectural Press 1998

Holl, Steven "Bridge Houses" (1981) Princeton Architectural Press 1998

Karin, Tetlow & Kevin, Powell & Martin H., McNamara & J.william Thomson, articles on the title "Americans in Europe" in Landscape Architecture. August 1991, pp.43-64

Katselas, Tasso "Tasso Katselas Associates; An architectural Anthology 1955- 1995"

Kaufmann Jr., Edgar "The Fine Arts and Frank Lloyd Wright" in "Four Great Makers" 1955, pp.27-38

Keswick, Family see: hltp: //en.wikipedia, org./wiki/Keswjck_family # cite_note-INDE-0

LeBoutillier, John "Harvard Hates America", Gateway editions, South Bend.Ind 1978

Le Corbusier, "Towards a New Architecture", Praeger Publishers, New York, 1960

Le Corbusier, *Modulor 1*, *Modulor 2*, Reprint 2004, tr.Peter de Francia/Anna Bostock

Liane, Leffaivre & Tzonis, Alexander "Theorieen van het Architecktonies ontwerpen", SUN Socialistiese Uitgeverij Nijmegen1984

Legorreta, R. & Gasparini G., "Muros de Mexico", San Angel editions, Mexico 1978

Libeskind, Daniel "Breaking Ground: An Immigrants Journey from Poland to Ground Zero", riverhead books. New York. 2004

Maggie's centers, see:

http: //en. wikipedia, org./wiki/Maggie_Keswick_Jencks_Cancer_Caring_Trust

Matosssian, Nouritza "Xenakis", Kahn and Averill, London, 1986

Meed, Christopher C. "The architecture of Bart Prince", ww.Norton and co., 1999

Meed, Christopher "Houses by Bart Prince", University of New Mexico Press, 1991

Merejkowski " Leonardo da Vinci" , 1931, (for Niccolo Machiavelli. p.419)

Michaelides, Constantine E., "The Aegean Crucible: Tracing Vernacular Architecture in Post-Byzantine Centuries". Delos Press, St.Louis , Missouri 2003

Michelis. P.A., "Aisthetikos", Wayne State University , Detroit 1977

Moore, Thomas "The Poetic Works of Thomas Moore", Belford, Clarke &Co. New York, (no date: rare books collection. ACAarchives)

Moholy-Nagy, Sibyl "Native Genius in Anonymous Architecture in North America", Schocken. books. New York, 1976

Moholy-Nagy, Sibyl "The Architecture of Paul Rudolph", Thames and Hudson, 1970

Moholy-Nagy, Sibyl "Matrix of Man", Praeger, New York, 1968

Muschamp, Herbert "File under Architecture". MIT press. 1974

Mumford, Lewis "The Fujiyama of Architecture ", και "A Phoenix Too Infrequent" in "From the Ground up". Harvest Books. New York 1947, 1956

Mumford, Lewis "The Story of Utopias, " The Viking Press. New York.1922, 1962

Nakamura, Toshio "The Glass House", Monacelli Press, 2008

Neumann, Alfred see: (Le Corbusier *Le Modulor 2*) and Zvi Hecker file ACAarchives

Neutra, Richard "Survival Through Design", Oxford University Press, New York

Mylonas, Paul "Pictorial Dictionary of the Holy Mountain Athos" in Deutsches Ar chaeologisches Institut, "Ατλας τουΑ θωνος. Atlas des Athos. Alias of Athos. ATJIAC AΦOHA" (vol.one) , Wasmuth 2000, Berlin (Vatopedi Monastery, Table 102. 1 (Bell tower of Vatopedi cross section Al) , Iviron Monastery 103.1

Owings, Nathaniel A., "The American Aesthetic", Harper &Row, New York, 1969

Pensamiento, Critico Indice general del ano 1968 see: "La Universidad al servicio del imperialismo: El Caso Culumbia" pp. 113-150 (see in book at hand chapter on Victor F. Crhist-Janer and Latin American Student)

Rothcopf, David see: Thomas L. Friedman in the NEW YORK TIMES (reprinted in *Kathimerini* as "O Καπιταλισμος του 21ου αιώνα θα βασιστει. σε, διαπραγματεύδεις Καθημερινή " 15March2012, p.17

Rudolph, Paul extended interview by Davern M.Jeanne "A conversation with Paurl Rudolph", in Architectural Record. March 1982

Rybczynski, Witold "Looking around; a Journey Through Architecture", Viking Penguin Books USA, 1992 Sandburg, Carl, Introduction to article: "The Family of Man", in magazine "Arts and Architecture". no.72, March 1972

Sandburg, Carl 'Selected Poems". Gramercy Books, New York, 1992

Schildt, Göran "Alvar Aalto" : The Mature years". Rizzoli. New York, 1991

Schildt, Göran "A1var Aalto" in his own words", Rizzoli, New York, 1997,

Scully, Vincent "American Architecture and Urbanism" Praeger, New York, 1969

Siry, Joseph M. "Chicago's Auditorium Building: opera or Anarchism", Journal of the Society of Architectural Historians, vo.57 no.2 Jan lst, l998

Siry, Joseph M. "The Chicago Auditorium Building", University of ChicagoPress, 2002.

Siry, Joseph M. "Unity Temple; Frank Lloyd Wright and architecture for Liberal Religion". Cambridge University Press, New York, 1996

Stephens, Suzanne "Errol Baron renders volumes in light" Architecture Record 03/07

Stern, Robert "New directions in American Architecture"

Stern, Robert (see: A.Lubow,"The Traditionalist" in the New York Times, Oct. 15,

2010)

Stern, Robert(reference to his web site for Stern in in soccer attire)

Stern, Robert (spec house Grand Prairie Texas - leaflets etc. see Stern in ACAarchives)

Sullivan, Louis H. "The Autobiography of an Idea" Dover publications, (no date)

Sullivan, Louis H. "Kindergarten Chats and other writings", Dover publications, 1979

Tournikiotis, Panayotis The Historiography of Modem Architecture".MIT Press 1999

Τουρνικιώτης, Παναγιώτης "Η Διαγώνιος του Le Corbusier", Εκκρεμές, Αθήνα 2010

Tzonis, Alexander "Towards a Non-Oppressive Environment". MIT Press. 1972

Tzonis, Alexander & Liane, Leffaivre. "Classical Architecture, The Poetics of Order", MIT Press, 1986

Tzonis, Alexander for complete list of architects" archives see: "Garland Architectural Archives" general Editor Alexander Tzonis, Garland Publishing, New York

Weber, Nicholas Fox "Le Corbusier: A Life". Albert Knopf. New York, 2008

Weese, Harry see: Bruegmann Robert above

Woods, Lebbeus "Einstein Tomb" 1980, Pamphlet Architecture 6, 21 November 1997

Wrede, Stuart "The Archiecture of Erik Gunnar Asplund". MIT press, 1980

Wright, Frank LIoyd "An Autobiography", Duell, Sloan and Pearce, New York, 1943, 1945, 1946 (seventh Priming 1958)

Wright, Frank LIoyd. "My Testament.Bramhall House, N.Y1957

Zevi, Bruno Issue twenty fifth anniversary of the Falling water, 《L' architectura》. 1962

Zevi, Bruno "The Modem Language of Architecture". Univ. of Washington Press, 1978

Zevi, Bruno "Archiecture as space; ", Horizon Press, New York, 1974

ΑΝΤΩΝΗ Κ. ΑΝΤΩΝΙΑΔΗ
ΣΥΓΧΡΟΝΗ ΕΛΛΗΝΙΚΗ
ΑΡΧΙΤΕΚΤΟΝΙΚΗ
ανθρωπος
χωρος

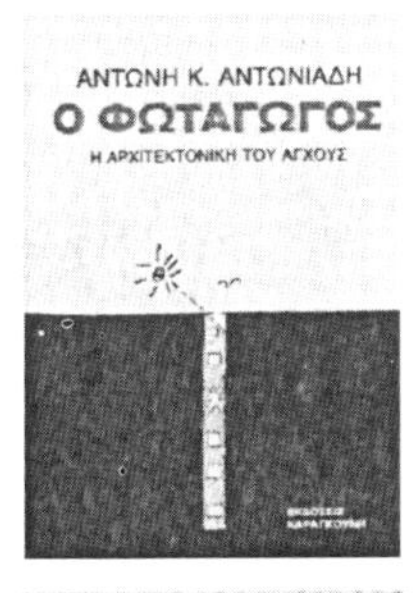
ΑΝΤΩΝΗ Κ. ΑΝΤΩΝΙΑΔΗ
Ο ΦΩΤΑΓΩΓΟΣ
Η ΑΡΧΙΤΕΚΤΟΝΙΚΗ ΤΟΥ ΑΓΧΟΥΣ

ΑΝΤΩΝΗ Κ. ΑΝΤΩΝΙΑΔΗ
ΠΟΙΗΤΙΚΗ
ΤΗΣ
ΑΡΧΙΤΕΚΤΟΝΙΚΗΣ

ARCHITECTURE
AND
ALLIED DESIGN

建築·環境
디자인 原理의 展開
Architecture and Allied Design

EPIC SPACE

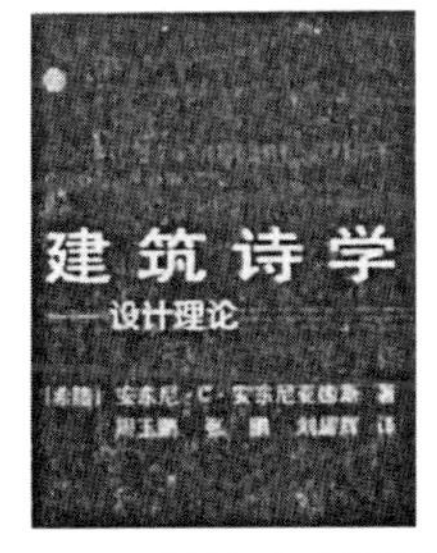
建筑诗学
——设计理论

VIOLLET-LE-DUC

Κατω
περιμενώματα

Dialogues

Αντώνη Κ. Αντωνιάδη
Στα
Παγκάκια
του Αχιλλέα
Ελευθερος Τυπος

Αντώνη Κ.Αντωνιάδη
Ελευθερος
Τύπος

Αντώνη Κ.Αντωνιάδη
Καλλικατζαρινά

Αντώνη Κ.Αντωνιάδη
Απο
τον
FRANK
LLOYD
WRIGHT
στον
Μετα - καπιταλοσοσιαλιστικό
περιβαλλοντικό

安东尼·C. 安东尼亚德斯（1941年–），希腊建筑师、规划师，曾在美国从事建筑和规划方面教学和实践工作近32年。他是AIA（美国建筑师学会）和AICP（美国注册规划师学会）的成员，并曾在伦敦大学、新墨西哥大学，以及位于圣路易斯的华盛顿大学任教，也是得克萨斯大学阿灵顿分校的建筑学终身教授。他的很多著作及文章都被翻译成了多国语言（希腊语、英语、西班牙语、意大利语、韩语、印度语、波斯语、波兰语以及中文）。主要著作有:《建筑诗学与设计理论》《史诗空间——探寻西方建筑的根源》以及《建筑学及相关学科》。其中，中国建筑工业出版社首先将《建筑学及相关学科》翻译成中文并在中国出版，中国建筑工业出版社是中华人民共和国建筑领域中最具权威的出版社。安东尼亚德斯在美国的主要出版商是John Wiley and Sons Inc.，Van Nostrand Reinhold Co. 和Kendall/Hunt Co.。目前本书的英文版是由希腊的自由出版社（Free Press）出版社负责出版，自由出版社位于希腊的Valtetsiou大街53号。自从安东尼亚德斯回到希腊后，他的全部作品都由该出版社负责出版。作者近期编著的新书都以希腊语为主，最近的几部作品分别名为《等待》（*Katoperimenomata*）、《光明之泉》（*Photagogos*）和《从弗兰克·劳埃德·赖特到超资本社会主义下的环境设计》（*From Frank Lloyd Wright to Meta-Capitalsocialistic environmental Design*），以独特的视角探讨关于"毕业生的建筑与环境设计课程"的问题，其中也包含了作者提出的关于建筑设计方法与理论的"南北轴线"的问题，很多相关的内容都有别于传统的建筑理论及其评论观点。书中所包含的内容完全不同于那些早已被西方业内人士所熟知的建筑案例，主要以非发达国家中一些广为人知的案例为主，且这些作品给这些国家的经济和环境层面，都带来了巨大的负面影响，如希腊，就经受了一场本可以避免的金融危机。

作者的个人网站上也详细地登载了相关内容，以方便世界各地的建筑师和建筑学专业的学生了解。安东尼亚德斯曾在新墨西哥州、得克萨斯州和希腊设计并完成了一系列的建筑作品。

以此书献给四海的兄弟，致我们的合作与世界和平。

致敬无论何地人们的文化真实性。

“亚当和夏娃”
斯德哥尔摩公共图书馆大门上的门把手造型
设计师：贡纳尔·阿斯普隆德
照片由笔者拍摄